材料科技与人类文明

赵建华　主编

华中科技大学出版社
中国·武汉

内 容 提 要

从石器时代、铁器时代到信息新纪元,人类文明史就是材料发展史。新型材料是人类生活及科学技术赖以发展的物质基础,新材料的知识是人们迈入科学殿堂的重要基础。本书通过材料与人类文明的互动发展、材料与人类生活、材料科技与可持续发展等部分的论述,使读者在丰富材料及新型材料科技知识的同时,能够认识材料对人类历史、环境、能源、信息、科学技术及国民经济的巨大作用,从材料科技方面提高科技文化素质。本书在实现人文教育、科学精神、创新思维与材料科技知识的融合,丰富科技文化素质教育课程体系方面均进行了探索。本书可作为大中专院校学生的科技文化素质教育课程教材,也可作为其他人员的科普读物。

图书在版编目(CIP)数据

材料科技与人类文明/赵建华　主编.—武汉:华中科技大学出版社,2011.8 (2024.9重印)
ISBN 978-7-5609-7047-9

Ⅰ.材…　Ⅱ.赵…　Ⅲ.材料科学-普及读物　Ⅳ.TB3-49

中国版本图书馆 CIP 数据核字(2011)第 074136 号

材料科技与人类文明　　　　　　　　　　　　　　　　　　　　　赵建华　主编

责任编辑:吴　晗
封面设计:刘　卉
责任校对:张　琳
责任监印:徐　露
出版发行:华中科技大学出版社(中国·武汉)　　电话:(027)81321913
　　　　　武汉市东湖新技术开发区华工科技园　　邮编:430223
录　排:华中科技大学惠友文印中心
印　刷:广东虎彩云印刷有限公司
开　本:787mm×1092mm　1/16
印　张:17.5
字　数:460 千字
版　次:2024 年 9 月第 1 版第 19 次印刷
定　价:42.00 元

前　　言

文化素质教育是高校人才培养的基础工程,新世纪伴随着教育思想观念与人才培养模式的转变,文化素质教育的作用,引起各国高等教育界极大的重视。在本科人才培养的课程体系中,相关课程的地位也由原来的辅助性地位提升到基础教育平台的高度。我国国务院转发的《面向 21 世纪教育振兴行动计划》特别将"实施跨世纪素质教育工程,整体推进素质教育,全面提高国民素质和民族创新能力,改革课程体系和评价制度"列入规划。教育部在《关于加强大学生文化素质教育的若干意见》中,对我国高校文化素质教育也作了专门部署。

文化素质教育课程一般包括人文科学系列、社会科学系列、自然科学系列、艺术教育系列。自然科学系列对鼓励学生跨学科学习和学术视野交融,开阔学术视野,打破专业局限,培养文化情感和科学精神,具有非常突出的地位。全国许多高校对自然科学系列课程设置进行了探索。

从石器时代、铁器时代到信息新纪元,人类前行的每一个脚印无不印证着材料科学技术的发展,人类文明史就是材料发展史。进入新世纪,人们把信息、材料和能源誉为当代文明的三大支柱,这主要是因为材料与国民经济建设、国防建设和人民生活密切相关。新型材料是科学技术赖以发展的物质基础,是未来新技术革命的先导,新材料的知识是人们迈入科学殿堂的重要基础。由于材料科学与技术的基础性、先导性、人文性特点,国内许多高校均在文化素质教育课程系列中列入了材料科技与人类文明的相关内容。

由于"材料科技与人类文明"是一门崭新的课程,教材及教学资料缺乏,一般借用大众科普读物作为大学生教材,内容显得深度不够,如何将人文教育、科学精神、创新思维与材料科学知识融合的问题还有待完善。本书通过材料与人类文明的互动发展、材料与人类生活、材料科技与可持续发展等部分的论述,使读者在丰富材料及新型材料科技知识的同时,能够认识材料对人类历史、环境、能源、信息、军事、科学技术及国民经济的巨大作用,从材料科技方面提高科技文化素质。本书在实现人文教育、科学精神、创新思维与材料科技知识的融合,丰富科技文化素质教育课程体系方面均进行了探索。

本书章节结构根据重庆大学赵建华授课讲义补充完善。本书绪论和第 2、3 章由重庆大学赵建华编写,第 1 章由华中科技大学叶升平编写,第 4、9 章由重庆大学温彤编写,第 5、7 章由重庆大学王梦寒编写,第 6 章由西南大学陈红兵、重庆大学赵建华编写,第 8 章由重庆工商大学唐全波、重庆大学赵建华编写。重庆大学周芝龙、马薇、孙丽萍参加了部分编写助理工作。全书由重庆大学赵建华统稿、定稿。

因编者水平有限,书中缺点和错误在所难免,欢迎广大师生和读者批评指正。

编　者
2011 年 2 月

目　　录

绪　论

0.1　材料的概念与分类

人类文明的发展已经有七千多年的历史,而材料作为每阶段文明发展的标志,对人类的进步起着决定性的作用,是当代文明的三大支柱之一。可以说材料的品种、数量、质量是一个国家现代化程度的衡量标准之一。材料无处不在,无处不有,工农业、国防、日常生活中,随处可见其身影。那么,到底什么是材料呢? 就广义而言,材料是人们思想意识之外的对人类有用的所有物质。开门七件事,柴、米、油、盐、酱、醋、茶都可以称为材料。狭义的材料可定义为:具有满足指定工作条件下使用要求的形态和物理性状,用来制作机械、工具、建材、织物等的整体或部分的物质。如:金属、木料、塑料、纤维等。

根据材料的定义,我们可以从化学组成、状态、用途等不同的角度对材料进行分类。

1. 按化学组成分类

根据化学组成的不同,材料可分为四大类:金属材料、无机非金属材料、有机高分子材料和复合材料。这四类材料被称为固体材料的"四大家族",其具体分类如图 0.1 所示。

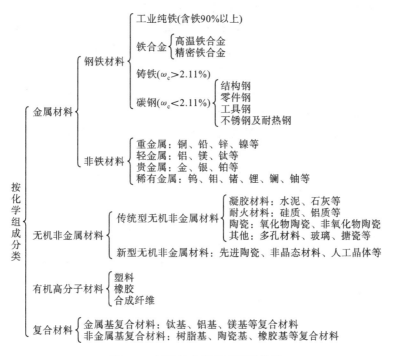

图 0.1　材料按化学组成不同分类

金属材料的制造和使用,标志着人类文明的一个重大进步。从开始的青铜器时代到铁器时代到后来的钢时代到目前,人们对金属材料的使用逐步由单金属向高性能的铝、镁、钛等金属及其合金转变。金属材料在三大类材料消费中占主导地位,表现在:用途大,如钢铁,年消耗全世界 12.72 亿吨,中国年产钢 6 亿吨(2010 年);用途广,遍及几乎所有国计民生的各个领域,如机械、交通运输、建筑、冶金、国防军工、航空(见图 0.2)等。

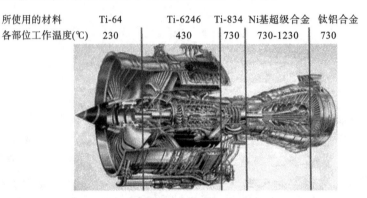

所使用的材料	Ti-64	Ti-6246	Ti-834	Ni基超级合金	钛铝合金
各部位工作温度(℃)	230	430	730	730-1230	730

图 0.2　金属材料在航空发动机上的应用

无机非金属材料是由某些元素的氧化物(如 Al_2O_3、SiO_2、MgO、ZrO_2 等)、碳化物、氮化物、卤素化合物、硼化物,以及硅酸盐、铝酸盐、磷酸盐、硼酸盐等物质组成。比较常见的无机非金属材料就是由上述物质组成的陶瓷材料及钢铁工业中的高温耐火材料。陶瓷材料是目前应用前景比较广的无机非金属材料,因其性能优越而被用于航天器、涡轮发动机等要求较高的领域。

有机高分子材料是与我们生活联系比较密切的材料。制作衣服用的棉、毛、丝等合成纤维,制作日常用品的塑料,制作鞋类的橡胶都是有机高分子材料。物质文明和精神文明都高度发展的今天,近代化学化工科学技术的迅速发展,创造了许多自然界从来没有过的人工合成高分子化合物,对满足各种需求作出了重要贡献。

复合材料主要包括铝、镁、铜、钛等金属基复合材料和合成树脂、橡胶、陶瓷、石墨、碳等非金属基复合材料。复合材料使用的历史可以追溯到古代。从古至今沿用的稻草增强黏土和已使用上百年的钢筋混凝土均由两种材料复合而成。20 世纪 40 年代,因航空工业的需要,发展了玻璃纤维增强塑料(俗称玻璃钢),从此出现了复合材料这一名称。复合材料由于其优良的力学、化学、物理性能而被广泛地应用于航空、汽车、医疗器械等领域。

2. 按用途分类

根据使用目的的不同,材料可分为结构材料和功能材料。结构材料主要用于需要受力的场合,如建筑结构中的钢筋混凝土等。另外,结构材料在受力的同时往往还需要有一定的物理或化学性能,如导热性、抗腐蚀及氧化性等。功能材料则是利用材料的某个或多个方面的特性,包括物理、化学、生物等方面的特性,制成的一类材料。目前比较常见的功能材料有光学材料、生物医学材料、智能材料、航空材料、超导材料等。材料按用途的分类及各类别材料的典型例子如图 0.3 所示。

3. 按材料的状态分类

根据在常温下所处的状态,材料可分为气态材料、固态材料、液态材料。固态材料又可根据原子排列的方式细分为单晶材料、多晶材料、复晶材料、非晶材料。

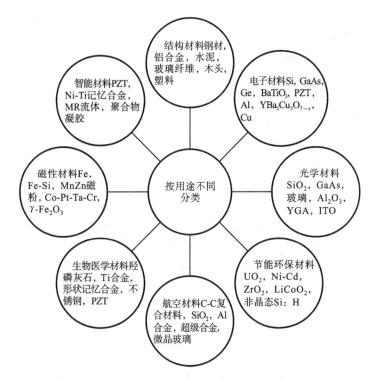

图 0.3 材料按用途的分类及各类别材料的典型例子

0.2 材料科技在人类文明进步中的作用

0.2.1 材料科技的发展历程

人类的历史是一部材料不断进步发展的历史(见图 0.4)。正是在历史发展过程中及与此相联系的人类知识和经验的增长过程中,材料的使用才得以发展。我们可从中得知:是哪些或哪类材料在一定的历史条件下最能满足技术和经济的需要;同时,还可看到,材料的发展与社会的发展以及人类文明之间贯穿着一条辩证的线索。在人类发展史的早期阶段,直接获取的自然财富被用于满足最简单的需要。随着分工程度的深化,人类对在自然界寻觅到的原始材料进行加工的兴趣提高了。由此,材料科技在推动人类文明进步的同时也在不断地被完善。

大约两三百万年前,石器的出现标志着人类脱离动物界,开始进入石器时代。起初人类并

图 0.4 人类进化过程示意图

没有对石头这种质地粗糙的材料进行精加工,而是直接打制成砍砸器、尖状器、刮削器和石核等器物(见图0.5)。这些石器的原料多选择椭圆形和长条形的砾石,岩性多石英岩和石英砂岩,打击方法多使用锤击法和砸击法,以向石料的背面(即砾石面)加工而成。虽然当时的材料的加工方法比较简单,但能够补充手掌、手指、指甲和牙齿的功能,满足人们对于采集与狩猎的需要。这个时期人类还掌握了对组合材料的使用,如将木头和石头捆绑得到的手斧。修理石核技术也在这一时期得到应用,如精致的刮削器和尖状器。50万年前,摩擦生火的发明,使得石料的价值变得更大。火的发现和使用对人类文明的发展有着重要意义,也为后面农业和养畜业的出现奠定了基础。

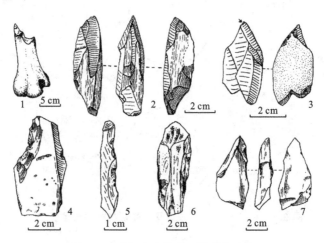

图 0.5　西侯度遗址旧石器时代石器

新石器时代的初期,人类活动由狩猎和采集转向了农牧业。在该时期,人类掌握了磨制石器的技术。磨制的石斧、石锛、石凿和石铲,琢制的磨盘和打制的石锤、石片开始大量的出现。这些磨制石器的出现有着重要的意义,因为它们作为农用工具促进了农业的发展,从而形成了早期的农业。此间产生了人类历史上第一次产业革命——农业革命,进而导致了原始社会的解体。虽然材料在当时仍局限在传统原料之内,但人的能力提高了。他们可以把材料加工得更加精细,而且富有艺术性。

约公元前7000年,最早的社会分工开始出现,游牧部落和农耕业开始出现。同时,材料及其产品有了进一步的发展。此时,人类初步学会了陶器、纺织产品的制作。黏土烧陶技术也为后来的冶铜技术的发明做了技术上的铺垫。六千多年前的西安半坡遗址为我们提供了丰富的文物和史料。出土的汲水用尖底陶罐、鱼纹彩陶盆、口沿有几十种符号的陶钵都十分精美(见图0.6)。半坡人普遍使用磨制的石铲、石刀等石器。他们还把骨、角制成针、锥、鱼钩、鱼叉和弓箭。岩石、兽骨和陶土成为他们熟悉的材料。

图 0.6　西安半坡遗址陶钵

石头是人类使用的时间最为漫长的材料,长达两三百万年之久,几乎占据了人类自诞生以来99%的时间。后来由于生产力的发展,人类在不断改进石器和寻找石料的劳动中,发现了天然铜(红铜),但是其质地软,不适合制造工具。很快,人们发现把它加热锻打,可加工成各种器物,铜首次被有意识地用来作为材料。我们的祖先们发现铜相比石器具有可塑性和延展性等优点,能够根据不同的需要冶炼成不同形状的工具如镰刀、锄头等,且具有更好的耐用性、更高的生产效率,因此铜逐步取代石头的地位而石头作为材料已退居第二位。后来,人们只是无意识地在铜内加入其他金属,如铅、锌、银和锡而得到合金。但不久便认识到,这些真铜和假铜具有比纯铜更好的性质,制成的物品更加坚韧耐磨,这就是青铜。

在青铜时代的早期,由于采用的是不含其他金属或含金属量极低的纯铜或砷铜,人们对铜的加工主要是采用加热锻打的方式进行。由于这种铜强度不高,因此不能满足大部分铜器对使用的要求。对于含其他金属量较高的青铜,虽然强度提高了,但韧性却下降了,锻造并不是最佳的途径。金属浇注这一重要工艺的出现,本质上改变了材料的成分对于青铜器制作的限制,它使得人类能够获得合金含量大于10%的青铜器。在青铜铸造技术刚开始出现时,青铜器还是铸锻并存的,如在公元前2000年的四坝文化、二里头文化等,都出土了一定数量的刀、锥等物品,一部分是锻造一部分是铸造。早期封建社会生产力的发展,促进了青铜铸造技术的提高。当青铜器加工技术发展到成熟阶段时,铸造成为青铜器制作的主要手段。

我国的青铜冶炼始于夏朝(约公元前2070—前1600年)。进入奴隶社会以后,炼铜技术发展很快。当时人们所使用的劳动工具、武器、食具、货币、日用品和车马装饰,都是用青铜制造的。商晚期和西周早期,青铜冶铸业达到高峰。在3500~3000年前的商代遗址中,出土了大量青铜器,包括青铜乐器铜铙;河南安阳出土的商代晚期司母戊鼎重达875 kg,以其精美壮丽闻名中外(见图0.7)。春秋时期,吴越等地出现了复合剑制作技术(见图0.8),在其后相当普遍。剑的不同部位分别制造,然后用铸接技术连接,剑脊的铅含量较高使其韧性强,而剑刃铅含量低而锡含量高使其硬度高。如出土的东周时期的复合剑,剑脊锡含量8.13%,铅含量13.14%,这样的剑身韧性很强,而剑刃锡含量23.72%,铅含量1.42%,因此剑刃强度相当高,这种青铜剑具有完美的刚柔结合的特性。这种技术是中国独有,代表了青铜器制作技术的顶峰。复合剑制作技术说明古人在注重加工工艺的同时有意识地调节青铜剑中的合金如铅锡的含量。

图 0.7　商代司母戊鼎

图 0.8　春秋时期复合剑

青铜冶炼技术的发明和应用,使金属冶炼业得到大力发展,促进了社会大分工,使手工业最终从农业中分离出来。青铜冶炼技术在农业工具制造领域的应用,促进了农业生产技术的革新,提高了社会生产力。用青铜制作武器,青铜武器在战争中的使用,提高了军队的战斗力,也使战争更残酷,更激烈。另外,青铜器在人类生活中的使用,使人们的生活质量也有所提高,并推动了文化的繁荣。

青铜的出现无疑使当时人类的生产和生活方式发生了巨大的变化,但其自身也有局限性。

由于生产青铜使用的锡十分稀有,所以青铜在当时是十分昂贵的,这点从当时的货币由青铜制作而成可以看出。那时青铜基本上为奴隶主贵族所垄断,成为代表他们身份和权力的象征,而农民们得不到金属工具,不得不依靠石斧等石器和木器从事农业生产。因此,青铜器不是当时人们的主要工具。青铜自身的这种局限性促进了从青铜生产工具向铁制生产工具的过渡。

铁器时代是人类发展史中一个极为重要的时代。由于铁相比于铜具有矿藏分布普遍、价格低廉等优点,且铁器具有坚硬、韧性高、锋利等优势,因此,铁器能够被更广泛地普及到社会各个方面,如日常生活、农业、军事等。而铁器的广泛使用,使人类的工具制造进入一个全新的领域,生产力得到极大提高。另外,铁器的使用,导致了世界上一些民族从原始社会进入奴隶社会,也推动了一些民族脱离了奴隶制的枷锁而进入封建社会。最早发现和使用的铁,是太空下来的陨铁。因为地球上的天然铁很少见,所以铁的冶炼和铁器的制造经历了相当长一段时间,当人们在炼铜技术的基础上逐步掌握冶炼铁的技术后,铁器时代真正开始到来。

世界上最早的铁器诞生于公元前1400年的小亚细亚赫梯国。但在当时炼铁炉过小,鼓风力弱,人们只能炼出海绵状的块炼铁,而不能够进行大量生产。由于产量较小,以及赫梯国对于技术的保密,铁器是赫梯国作为外交赠礼的极为宝贵的物品而最先拥有铁制武器的赫梯国军队则是战无不胜。直到公元前12世纪,随着赫梯国的覆灭,炼铁技术才开始传播开来。

当炼铁技术在全世界普及时,世界上出现了两个铁加工技术中心,一个是西亚,另一个则是中国。

当时,在这两个技术中心,炼铁的动力正由人力向最早期的机械过渡(使用动物和水轮作动力的最老的机器),这种最早的机械的使用一直持续到18、19世纪工业革命。由于动物和水轮的使用,人类的劳动力得到了解放,越来越多的手工业者能自力开采和加工铁,铁在公元前12世纪最终占据了统治地位。

图 0.9　春秋战国时使用的铁制农具

我国人民在春秋时代就已经掌握了冶铁技术且掌握了竖式炼铁炉冶炼技术。当时铸铁的生产和应用显著扩大,已经使用铁模铸造农具(见图0.9)。利用这些农具,人们开凿了大量的水利工程如都江堰,极大地促进了农业生产力的发展。白口铸铁、展性铸铁、麻口铁等产品相继出现,进而由铸铁发展到炼钢,并且发展了三种不同的炼钢方法。铸铁柔化术是中国古代钢铁业的一项重大发明,铸铁炼制出来之后,因为性脆、缺乏韧性而不适合锻造优良的铁器。而利用柔化技术可以获得适合锻造铁器的白心可锻铸铁和黑心可锻铸铁。河南洛阳出土的铁铲,湖北大冶铜绿山古矿井出土的六角锄,都是白心可锻铸铁制造的。炒铁是古代中国钢铁冶炼的另一重大发明,通过炒铁技术可以获得含碳量低的低碳钢甚至熟铁。东汉的《太平经》中就明确记载了炒铁技术,在河南巩县的古冶铁遗址中也发现了以炒铁制作的铁币和炒铁炉。

铁器的大量使用,一方面促进农业和手工业(特别是采矿业和冶炼业)的发展,另一方面也带动了商业的繁荣发展。由于生产力的进一步发展,各地经济文化交流日益扩大,文化方面也出现了空前的盛况,如春秋战国时的"百家齐鸣"、古希腊的"伯利克里时代"。铁的冶炼技术在公元1世纪来临时达到了第一个高潮,装备了铁制武器的军队的战斗力得到了极大提升。罗马帝国的崩溃和此后许多世纪许多社会生活领域停滞不前,禁锢了其技术的进步。

　　材料科技进入一个新的时代是在公元 1000 年之后。当时原料的开采和加工已经采用水力驱动能代替传统的人和动物的能量。水力驱动能使精炼铁法成为可能,进而能够大批量地生产高质量的铁。该方法直到 18 世纪才逐渐退出历史舞台。

　　18 世纪炼钢业得到了飞速的发展。钢铁工业作为第一次工业革命的重要产业内容的同时也为产业革命提供了必要的物质基础。在这个基础下,英国人哈格里夫斯·珍妮发明了第一台纺织机器,揭开了工业革命的序幕。随着机器生产的增多,原有的动力如畜力、水力和风力等已经无法满足需要。1785 年,瓦特通过对纽科门的蒸汽机的改进而制成的改良型蒸汽机投入使用(见图 0.10),提供了更加便利的动力,得到迅速推广,大大推动了机器的普及和发展。在蒸汽机、焦炭、铁和钢的推动下,工业革命技术如轮船、铁路等加速发展,而铁路、轮船又促进了钢铁业的发展,人类社会由此进入"蒸汽时代"。

图 0.10　瓦特改良型蒸汽机

　　第一次工业革命极大地促进了生产力的发展,人类社会开始由农业文明向工业文明转变。社会结构、阶级结构和人们的思想开始发生根本的转变。在这一时期,西方国家在工业革命技术的支持下,发动了两次鸦片战争,从而"唤醒"了中国这一沉睡的"东方雄狮"。

　　进入 19 世纪后,钢铁、铜、铅、锌被大量应用于工业生产中,而铝、镁、钛等金属相继问世并得到应用。到 19 世纪中叶,现代平炉和转炉炼钢技术的出现,使人类真正进入"钢铁时代",但这个时代始终没能达到其顶峰,因为塑料这种新材料在 20 年后问世了。天然产物的转换及合成材料的历史同焦油染料工业的历史有密切联系,焦油染料工业在 19 世纪末期是作为有机化学的工业结晶而形成的。随着硬煤炼焦的增多,焦油产量也增加了,因此人们广泛寻求利用这种废物的方法。1856 年,英国人威廉·亨利·泊金找到了一种大规模生产有用染料苯胺紫的工艺。在科库勒(见图 0.11)于 1865 年发现苯的化学式后一个新的工业就诞生了,该工业最初主要生产染料和药品。

　　法拉第电磁理论在工业上的应用标志着"电气时代"的到来。起初,由于电灯等电器还未被发明,因此电仅仅用于电话等通信业,而未真正成为能源。当 1879 年爱迪生发明白炽灯后,电开始真正作为能源进入每家每户,电力革命的曙光开始照耀人间。白炽灯是在爱迪生试验了一千多种材料后最终确认以竹丝作为灯丝才试制成功的。后来爱迪生又进一步采用熔点较高的钨丝,使灯泡寿命进一步延长。灯泡的发明推动了工业的发展,发电厂像雨后春笋般建立起来。电力工业发展又促进了发电机、电动机、变压器、电线和电缆工业的诞生和发展。同时,还推动了材料与加工工艺技术的发展。例如,各种导体、绝缘体,以及后来半导体材料的发现(见图0.12);电镀、电解、电焊、电火花加工等新工艺的应用。

图 0.11　科库勒人物邮票

图 0.12　半导体材料

20世纪以来,科学技术迅猛发展,新材料又出现了划时代的变化。以原子能、电子计算机、空间技术和生物工程的发明和应用为主要标志的第三次科技革命,是人类文明史上又一次重大飞跃。放射性元素镭和钋发现以后,核裂变原理取得重要成果,核能开始被利用。核能不仅被用于军事方面,还被用来作为新型的清洁能源用于发电。20世纪二三十年代,人工合成高分子材料相继问世和广泛地应用,使有机合成材料工业进入一个崭新的阶段。高分子材料以其优越的性能正逐步取代传统的金属材料在国民经济、国防尖端科学和高科技领域发挥了不可或缺的作用。20世纪50年代,合成化工原料和特殊制备工艺的发展,使陶瓷材料产生了一个飞跃,出现了从传统陶瓷向先进陶瓷的转变,满足了电力、电子技术和航天技术的发展和需要。单晶硅的研制成功,使电子技术领域由电子管发展到晶体管、集成电路、大规模和超大规模集成电路,从而促进了计算机的微型化及普及。半导体材料的应用和发展,使人类社会进入信息时代。

近二三十年,材料朝着智能化、绿色化、超纯化(从天然材料到合成材料)、量子化(从宏观控制到微观和介质控制)、复合化(从单一到复合)及可设计化(从经验到理论)方向飞速发展。复合材料的出现,将金属、非金属无机材料和高分子材料紧密联系在一起,人们可根据实际的需要设计出性能独特的复合材料。复合材料(见图0.13)在宏观上实现了不同材料之间性能的"乘法效应",满足了航空航天、医学等尖端领域的需求。生物材料使传统的无生命材料能够通过构建生物结构和功能,参与生命组织的活动,成为有生命组织的一部分。生物医用材料科学将成为人类进入"生物技术世纪"的重要基础,在促进人类的文明发展,探索人类生命的秘密,保障人类的健康与长寿等方面做出极大的贡献。纳米材料(见图0.14)是近些年兴起的一个材料产业,它引领着人们深入探索材料的微观世界,从而挖掘材料潜在的性能⋯⋯

随着科技发展的加快及基础研究与技术的应用开发之间的时间缩短,我们现在很难预测未来材料领域又会出现什么新的科技。但可以肯定的是,不同材料领域科技的迅速进步,将继续标志并丰富我们的时代。

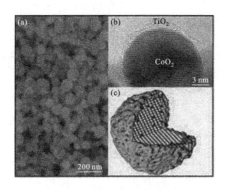

图 0.13　复合材料微观结构模型

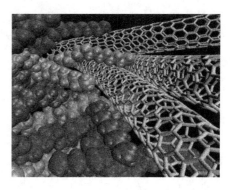

图 0.14　纳米材料微观结构

0.2.2　材料在现代社会中的作用

1．材料与人类生活

20 世纪以来，材料的使用改变着人类的生活习惯和方式。合成纤维的出现，使人类的纺织品和服装变得更加多样化；各种合成洗涤剂的使用为我们带来了更加清洁的生活环境；功能多样的现代建筑材料的出现及其相应新工艺的使用，使高层或超高层建筑得以实现，在为人类提供了美好而舒适的居住场所的同时，也解决了由于人口快速增长以及土地的日趋减少所带来的社会压力；各种先进的轻型材料的应用大大降低了各种交通工具重量及制造成本，使得火车与飞机更加快捷、舒适，而汽车则获得了普及并为人类的个性化生活提供条件；生物材料为人类提供了新的医疗手段，同时也转变了人们关于健康的观念；信息材料的飞速发展，使得人与人之间沟通手段更加丰富，交流更加迅捷，它不仅使人们能够在现实空间，而且能够在虚拟空间里创造自己的个性化生活；新型高性能材料为人类的航空航天事业提供了物质基础，为人类实现拓展生存空间提供可能的机会。

现代社会，材料在扩展人们物质文明的同时，也通过开拓新的精神世界、创造新的艺术形式为人类的精神追求提供了更多的可选择途径，使人类对美的追求与鉴赏更加多样化与个性化，进而使人类得以不断地扩展和丰富自己的精神世界。

2．材料与国民经济

材料产业包括钢铁、非铁金属、建材、高分子材料，是国民经济的重要组成部分，其产值往往占 GDP 的 20％以上，同时解决了大量就业的问题。材料也是发展其他产业的基础，以农业为例，现代农业的电气化、机械化、化学化、水利化、工厂化等，都离不开材料的支持——从耕地、播种用的大马力、高效率的大型拖拉机到智能化的自动联合收割机，我们都能看到材料的影子。2009 年国家颁布的十大产业振兴规划几乎都与材料有关，足见材料在各行业中举足轻重的地位。

我国每年材料的生产量都很大，但个别材料很大程度上依赖于进口，比如铁矿，由于国内铁矿资源缺乏，因此，每年我国要从国外进口 40％的铁矿，这就导致我们在铁矿石的定价上缺乏话语权，进而影响了钢铁等行业的稳定发展，对国民经济产生了一定的不利影响；又如稀土金属，我国虽是稀土大国，但由于技术的瓶颈，我国生产的稀土产品主要是低端产品，高端稀土产品只能靠进口。由此可以看出，材料既能促进国民经济的发展，也能在一定程度上影响我国国民经济的发展。因此，我们应以材料技术的创新为重点，使我国从材料大国变成材料强国，使我国的国民经济健康、快速地发展！

3. 材料与科技进步

材料是世界新技术革命的先锋,是"发明之母"。现代技术特别是高新技术的每一项新进展都和新型材料开发应用有着密切的联系。例如,20 世纪 50 年代镍基超级合金的出现,将材料的使用温度由原来的 700 ℃提高到 900 ℃,从而使得超音速飞机问世;高温陶瓷和涂层材料的出现则促进了表面温度高达 1 000 ℃的航天飞机的问世,实现了人类遨游太空的梦想;合成纤维的出现改变了过去工业对金属和木材的高度依赖,突破了工业产品向轻量化、高性能化发展的材料的技术瓶颈;而如果没有高纯度的半导体材料,就不会有微电子技术;没有低损耗的光导纤维,便不会出现光通信技术……相反,由于某些新材料性能达不到使用要求,许多新技术的研究功亏一篑,难以实现。如太阳能的利用问题,目前还没有能够找到一种价格低、寿命长、光电转换效率很高的材料把光能转变为电能。

材料促进科技进步,而科技进步又为材料开发创造新的条件,两者组成了相辅相成的统一的整体。

图 0.15　国产歼 11B 战斗机

4. 材料与国防军事

1991 年的海湾战争,隐形飞机、反辐射精确制导武器、复合装甲坦克等性能优异的高技术武器装备为我们展示了一个由日新月异的结构材料、不断发展的高温材料、一物多用的复合材料、巧妙神奇的功能材料等构成的"现代高技术武器试验场"。图 0.15 所示为国产歼 11B 战斗机,由于采用复合材料(主要是碳纤维),飞机的机体质量减少 700 多千克,机体寿命增加 10 000 小时。

国防现代化的关键是武器和装备的现代化,无论是常规武器还是核武器,都需要有性能优异的新型材料如钛合金、复合材料等。战争中一种武器或装备的克敌制胜,在很大程度上取决于制造这种武器装备的材料,这一点从坦克与反坦克武器的交替出现的历史中可以看到。因此,谁掌握了新材料的先进技术,谁就能优先实现国防现代化,并赢得现代战争的主动权。

5. 材料与可持续发展

21 世纪有五大时代特点:人口、资源(能源)、环境(生态)是人类面临的三大问题;科学技术是第一生产力,基础研究、开发到商品化周期缩短,甚至融合;信息与经济的全球一体化;人类的寿命将延长,生活质量不断提高,交往更加频繁;知识经济时代意味着科技创新与教育将受到更高的重视。要实现可持续发展,必须解决这些特点所产生的发展的矛盾。材料作为社会发展的重要推动力及其他产业的基础,必须率先实现可持续发展。

目前,材料发展所面临的问题包括资源利用率低、污染比较严重、生产工艺落后于时代的发展等。这些问题导致了地球环境的严重污染,资源的快速消耗,严重阻碍了人类的可持续发展。因此,我们必须通过以下几个方面加以解决:要有效地利用资源,重视废物的回收;改进材料的生产工艺,提高材料利用率,减少环境污染;转变材料的发展模式,大力开发新型材料,使材料与环境友好发展。

我国是一个材料生产和消费大国,由于资金、技术、管理等原因造成资源的不合理开发和利用,使资源效率低下,资源浪费严重。主要原材料工业的废物排放分别占工业废水、废气和固体废弃物排放总量的 31.0%、44.5% 和 66.7%。可以说,材料产业是造成我国环境污染的主要责任者之一。因此,近年来,我国越来越重视材料产业的转型。比如发展绿色材料与工艺,在塑料、家用电器、电路基板、纸等消费品中使用可再生利用材料;加大新能源材料研发的投入,大力发展太阳能电池材料、储氢材料、超临界发电耐热材料等,极大地改变了传统能源的粗放的发展模式。

以超临界发电设备为例,与同容量的亚临界火电机组相比,采用该种材料制成的超临界机组进行发电,供电效率可提高 2%~2.5%,而超超临界机组可提高 4%,发电平均煤耗可减少47%~51%。如果以 2006 年全国燃煤发电厂总量计算,使用该技术后全年大约可节约 2 亿吨标准煤,减少二氧化碳排放约 5.4 亿吨。我国首座装备超超临界发电机组电厂如图 0.16所示。

图 0.16　我国首座装备超超临界发电机组电厂——浙江华能玉环电厂

材料的可持续发展是实现人类可持续发展的先决条件,而要真正实现材料的可持续发展,需要全体科技工作者和管理者的共同努力。

0.3　材料的政治经济学地位

我们知道,政治经济学研究的对象是生产力与生产关系。在物质资料的生产过程中,人与自然界,人与人之间都存在着一定的关系,前者表现为生产力,后者表现为生产关系。

生产力是人们生产物质资料的能力,它表示人们改造自然和征服自然的水平,反映了人和自然界的关系。生产力包括人的因素和物的因素。人的因素,是指有一定生产经验、劳动技能和科学知识,并实现着物质资料生产的劳动者,它在生产中起着最根本的作用;物的因素是指生产资料,在生产资料中,起最重要作用的是生产工具,它是社会生产力发展水平的最主要标志,也是划分经济发展时期的重要标志。

人们要生存,就要吃饭、穿衣、住房,就需要各种生活用品,但是,要得到这些东西,就要经过人们的生产活动。正如马克思所说:"任何民族,如果停止了劳动,不用说一年,就是几个星期,也要灭亡。"所以,物质资料的生产是社会生活的基础,也是社会存在和发展的基础,只有在这个基础上,人们才能从事政治、科学、艺术等其他方面的活动。这就是说,人类的一切活动都依赖于生产活动。因此,可以说,人类的生产活动是最基本的实践活动,是决定其他一切活动的基础。材料作为物质资料生产活动的对象,决定了生产工具和生产力发展的水平,进而区别了各个经济时代的不同特征。

思 考 题

1. 什么是材料?
2. 材料有哪些类型?
3. 材料在政治经济学中属于哪个范畴? 为什么?

参考文献

[1] 世界科技全景百卷书(96) 材料科学.
[2] 师昌绪. 跨世纪材料科学技术的若干热点问题[J]. 自然科学进展,1999(01).
[3] Donald R, Askeland, Pradeep P. Phulé. Essentials of Materials Science and Engineering[M]. 北京:清华大学出版社,2005.

第1章 青铜及古代铸冶技术

1.1 青铜时代的文化遗产

中国青铜时代跨越了历史上的夏、商、周三代,时间跨度近两千年。青铜时代留下的青铜器是古代中国辉煌灿烂的青铜文明之载体。

1.1.1 先秦青铜铸器分类

先秦青铜铸器粗分为酒器、食器、水器、乐器、兵器及青铜杂器等。青铜酒器的主要器型有尊、觥、盉、卣、壶等,参见表1.1;青铜食器的主要器型有鬲、鼎、甗、簋等,参见表1.2;青铜水器的主要器型有匜、盘、鉴等,参见表1.3;青铜乐器主要有铙、钟、鼓等,参见表1.4;青铜兵器包括盔、钺、剑、戈、戟等,参见表1.5;青铜杂器包括生活用器,如镜、燧、灯和枕等,见表1.6;表1.1至表1.6中所列的青铜器均是我国多家博物馆馆藏之珍品。

表 1.1　典型的青铜酒器

类型	特　点	器物实例	器物说明
尊	高体大中型储酒器,分为有肩大口尊、瓠形尊和鸟兽尊三类。在商代,无酒不成礼,尊为尊贵的酒器,用来款待尊贵的客人。"尊"就是"敬",举起酒杯,向天、向神、向幽冥、向亲友,表达内心的敬畏和感激		"妇好"鸮尊,高45.9 cm,重16.7 kg。1976年出土于商代晚期殷墟妇好墓。形体呈猫头鹰状,昂首、圆目、宽喙、小耳、高冠,双翅并拢,双足与垂尾共为三点支撑,上有盖,内壁铸"妇好"铭文。位列传世珍藏十大国宝之二。现藏河南博物院
觥	觥是一种有兽形盖,前有流槽,后有鋬,分为盖与器身两部分。是敬酒用的酒器。觥筹交错出自欧阳修《醉翁亭记》:"射者中,弈者胜,觥筹交错,起坐而喧哗者,众宾欢也。"		折觥,被誉为最神秘的觥。通高28.7 cm,重9.1 kg。盖的头端呈昂起的兽形,高鼻鼓目,两齿外露,从头顶开始在盖脊正中延伸一条扉棱直到尾部,颈部这段的扉棱做龙形,两侧各饰一条卷尾顾首的龙。在饕餮的头端加铸了两只立体的兽耳。1976年出土宝鸡,现藏宝鸡博物馆

类型	特　点	器物实例	器物说明
盉	盛酒器或调酒器。东汉许慎《说文解字》："盉，调味也。"即是用于调和酒味浓淡的器物。基本造型为圆腹，带盖，前有流，下设三足或四足。许多盉还加上弯曲的提梁，并用环索连接盉盖与提梁，造型轻盈秀巧		吴王夫差盉，整个提梁是一条龙，龙体中空，为透雕绞龙纹。盉的肩上有铭文，铭文大意是吴王夫差用诸侯敬献给他的青铜为一位女子铸此盉。这是吴王夫差唯一青铜礼器。吴王夫差当政 22 年，他留下的有铭遗物 20 多件，除了大量的兵器剑、矛、戈外，只有青铜鉴和此盉传世。现收藏于上海博物馆
卣	盛酒的容器，卣主要流行于商代和西周早期。卣的基本形制为扁圆、短颈、带盖、鼓腹、圈足，有提梁。还有少数为直筒形、方形和圆形，还有动物形状的鸟兽卣。商代铜卣多为扁圆体，盖较高，上有钮，圈足较高。晚商还出现动物形卣。卣与壶很相似的，壶没有提梁，而卣大部分有提梁		西周神面卣，通梁高 33.8 cm，重 4.23 kg。神面卣的主题图案为一威严夸张的神面，神面的双角和象首双耳刻有细线云纹。神面卣的这种装饰，表现了古人对鬼神的畏惧与虔敬，整件器物营造了一种庄严肃杀的气氛，具有典型的商周青铜器特征，是青铜艺术品中的旷世珍品。现收藏于北京保利艺术博物馆
壶	盛酒器。可视为长颈容器。壶多为方形、圆形和扁形。方形壶多为成对出土		曾侯乙联禁铜壶，壶为敞口，厚方唇，长颈，圆鼓腹，圈足。壶颈两侧各有一攀附拱屈的龙形耳。壶盖有衔环蛇形钮，盖外沿套装勾连纹的镂孔盖罩。两壶内壁均铸有"曾侯乙作持用终"铭文。1978 年，湖北曾侯乙楚墓出土，湖北博物馆藏

表 1.2　典型的青铜食器

类型	特　点	器物实例	器物说明
鬲	鬲足为中空袋状，以便烹煮时扩大受火面积。鬲除炊粥外，也作为祭器陪鼎使用。流行于商代至战国时期		四足鬲，商代晚期。通高 23.2 cm，口径 21 cm，重 4.8 kg。鬲多为三足，此鬲为四足，全国独一无二。1981 年于陕西城固县出土，现藏宝鸡博物馆

续表

类型	特　点	器物实例	器物说明
鼎	鼎有三足鼎和四足鼎。三足鼎的造型以圆腹、双耳、三足为主，腹用以盛鱼肉等食物，鼎耳用钩钩起或用棍棒抬起鼎体		王子午升鼎，也称为楚式鼎。其特征是束腰和平底。1979 年河南淅川下寺出土。现藏河南博物院
簋	簋是用来盛放稻、黍、稷等食物的食器。簋的基本形状为圆腹，圈足、侈口，两耳或四耳，耳部或作小兽状，或作鸟状，或有垂环，变化较多		牛首饰四耳簋，西周早期，高23.8 cm。四耳同饰 6 个牛首，装饰构思巧妙，古朴典雅。现藏于宝鸡博物馆
甗	甗为蒸食器，甗的下半是鬲，上半是个蒸锅，上下之间隔一层有孔的箅		立鹿四足青铜甗，通高 105 cm。双耳上各立一幼鹿，甗通体饰 4 组浮雕式牛角兽面纹，是我国迄今为止发现的最大连体青铜甗，也是商代唯一的一件四足青铜甗。堪称中华甗王。1989 年江西新干大洋洲商墓出土，现藏于江西省博物馆

表 1.3　典型的青铜水器

类型	特　点	器物实例	器物说明
匜	为盥洗时舀水的器具。其形制有点类似于现在的瓢，前有流，后有鋬		朕匜，西周中期。高 20.5 cm，腹深 12 cm，腹宽 17.5 cm，长 31.5 cm，重 3.85 kg。宽流直口，兽首平盖，兽首鋬，兽蹄足。内底和盖连续铭文 157 字。1975 年陕西岐山出土，陕西省岐山县博物馆藏

续表

类型	特　点	器物实例	器物说明
盘	为盛水器,用于盥洗		虢季子白盘,周宣王时期的青铜重器。通体呈椭方形,长 130 cm,宽 82.7 cm,高 41.3 cm,重 215.5 kg。每边饰兽首衔环二,共八兽首。内底铸有铭文 111 字。该器在青铜盘类中最大最重,酷似现代大浴缸。现存中国国家博物馆
鉴	大盆。造型为圆形或方形。鉴有水鉴和冰鉴。水鉴盛水照面,用作镜子;冰鉴盛冰。冰鉴其实就是个盒子,里头放冰,再将食物放在冰的中间,起到对食物防腐保鲜的作用		吴王夫差鉴,形如大缸,平底。器身上装饰有三圈繁密的绞龙纹,器腹两侧有龙头状兽耳,作为器物把手。器腹另外两侧口沿旁攀缘着两只小龙,它们前两足扒着口沿,后两足蹬着器壁,作探头状,仿佛在向器物里偷偷窥探,形态活泼而充满情趣。器物内壁有两行共 13 个字铭文。中国国家博物馆藏
			曾侯乙铜冰鉴。它是一件双层器,方鉴内套有一方壶。夏季,鉴、壶壁之间可以装冰,壶内装酒,冰可使酒凉。铜冰鉴是迄今为止世界上发现最早的冰箱。1978 年湖北曾侯乙楚墓出土,湖北博物馆藏。2008 年北京奥运会开幕式所用的击缶,就是参造曾侯乙铜冰鉴的外形设计的

表 1.4　典型的青铜乐器

类型	特　点	器物实例	器物说明
铙	又名执钟,铙体是两瓦相合形成一扁体共鸣箱,可敲两种声音。流行于商晚期。铙是我国最早使用的打击乐器。作为乐器,编铙还用于祭祀、宴会上营造气氛		象纹大铜铙,通高 103 cm,重 221.5 kg。是迄今发现的商代最大青铜铙,号称铜铙之王。鼓部各有一卷鼻立象,钲部饰粗线条大兽面,两侧有夔龙纹。1983 年湖南宁乡出土。现藏于湖南省博物馆

类型	特　点	器物实例	器物说明
钟	最初的钟是由商代的铜铙演变而来,按其形制和悬挂方式又有镈钟、甬钟、钮钟等不同称呼。频率不同的甬钟和钮钟的组合,悬挂在钟架上,形成合律合奏的音阶,称之为编钟。青铜编钟是礼乐制度的象征,被誉为八音之首,是中国青铜文明的灵魂		晋侯苏编钟,西周厉王。该组编钟大小不一,大的高 52 cm,小的高 22 cm。钟上刻有规整的文字,共刻铭文 355 字。铭文用利器刻凿,刀痕非常明显,铭文可以连缀起来,完整地记载了周厉王三十三年(公元前 846 年)正月初八,晋侯苏受命伐夙夷的全过程。1992 年 12 月,上海博物馆从香港古玩肆中发现此套编钟 14 件,并抢救回归
铜鼓	铜鼓是靠敲击鼓面而发出声响的,它那雄浑激荡的隆隆之声和强有力的节奏感,给人以昂扬的情感,令人鼓舞。古代铜器中的鼓,常用于战争中指挥军队进退、宴会、祭祀的乐舞等活动		仿木腔皮鼓形铜鼓,商代晚期,鼓高 75.5 cm,鼓面竖径 39.5 cm,重 42.5 kg,造型奇特,主体恰似一横置的腰鼓,上有马鞍状冠饰,下有长方形支座,通体饰阴刻的云雷纹和乳钉组合的饕餮面,双面圆睁。1977 年在湖北崇阳出土,是我国迄今发现的时代最早的铜鼓。现藏湖北省博物馆

表 1.5　典型的青铜兵器

类型	特　点	器物实例	器物说明
盔	即甲胄,保护头部的帽子		兽面纹胄(商代晚期),通长 187 cm,内径 18.6～21 cm。圆顶帽形,盔中部有一脊棱,饕餮纹兽面,尽显狞厉之美!1989 年江西新干大洋洲出土。江西博物馆藏
钺	中国先秦时代武器,为一长柄斧头,重量也较斧更大,但因形制沉重,灵活不足,终退为仪仗用途,常作为持有者权力的表现,具有神圣的象征作用		商代饕餮纹钺,通长 17 cm,宽 15 cm。钺前有弧形刀,两角外侈,身内缩,平肩,内扁宽,肩下两侧各有一长条形穿。钺中部铸一饕餮,双耳外耸,圆目突起,镂空的大嘴中兽牙交错,甚为狞厉。1954 年河南省郑州出土

类型	特　　点	器物实例	器物说明
剑	素有"百兵之君"的美称。商代剑一般较短,为 20～50 cm,春秋之后,不断加长。战国晚期,剑长度一般为 50～70 cm。秦式剑长度达到 85～95 cm		1974 年湖北鄂州战国墓出土的秦式剑(上),长 91 cm,是我国发现最早的秦剑。与秦俑坑出土的 17 把秦剑特点完全一样。楚式剑(下),长 70 cm。湖北鄂州博物馆藏
戈	中国特有的一种用于勾、啄的兵器		卷云纹戈,春秋晚期,通长 27.4 cm。1982 年湖北江陵出土
戟	戈与矛合成体,既能直刺,又能横击,兼有戈和矛的长处		曾侯乙三戈戟,配合车战的勾刺兵器。1978 年出土,现藏湖北省博物馆

表 1.6　典型的青铜杂器

名称	实 例 器 物	器 物 说 明
铜枕		虎牛枕　战国铸器。高 15.5 cm，长 50.3 cm，宽 10.6 cm。整体作马鞍形，两端上翘各铸一牛。枕之一侧有云纹，另一侧为云纹底虎噬牛浮雕图案三组。1972 年云南江川李家山出土，云南省博物馆藏
铜镜		铜镜的使用面为平面，以照面饰容颜。 战国透空蛟龙纹镜，径 10.2 cm。镜背为立体透空蟠绕的蛟龙纹，龙身相互穿插却互不相接。镜背采用失蜡法铸就再与镜面扣合。上海博物馆收藏
阳燧		阳燧的使用面为凹曲面，取火与日。 春秋鸟虎纹阳燧，径 7.5 cm。桥形钮周围有两虎相对环绕，外侧有一圈纹，有龙首有鸟首。镜面略凹，便于聚光取火。1957 年河南三门峡出土。中国历史博物馆藏
铜灯		十五连盏铜灯，战国中期。通高 82.9 cm，座径 26 cm，重 13.8 kg。由灯座和七节灯架组成，全灯仿若茂盛的大树，树干周围伸出 7 节树枝，托起 15 盏灯盘，全灯各盏上下错落有致，无一重叠。每节树枝均可拆卸，榫口形状各不相同，便于安装。树枝上装饰着夔龙、鸟、猴等小动物。座下有三只虎承托。座上有两人在抛食戏猴，构思奇特造型新颖。1977 年河北平山出土。河北省博物馆藏

1.1.2　台湾收藏的先秦青铜器精品

1931 年，"九一八"事变后，日军占领东三省。从 1933 年算起，总计 65 万件故宫以及北平文物，经历了 16 年的南迁，直到 1949 年又由大陆迁徙到台湾。迁徙到台湾的文物至今再也没有回到故地。台湾历史博物馆和台湾故宫博物馆收藏的大量先秦青铜礼器精品与大陆收藏的青铜国宝都是血脉相连。表 1.7 列示了三件台湾与大陆青铜礼器精品对比。

表 1.7　台湾与大陆的青铜礼器精品对比

收藏在台湾	收藏在大陆
 祖乙尊,西周制品。高 34.5 cm,口径 25.6 cm,重 5.7 kg。四面有棱,通体饰兽面纹及夔龙纹,腹部两兽面之眉、耳、下唇均翘起于外,两耳各饰一鸟纹。口缘外壁饰尖叶形简化倒立夔纹,其下为卷尾夔龙纹,腹部正反面均饰巨形兽面,双目、双角、双耳与嘴角獠牙均耸扬出器表,形象森然,挺立的鼻梁取代扉棱,更赋予兽面立体的威势。全尊庄严雄奇,华美富丽	 何尊,高 38.8 cm,口径 28.8 cm,重 14 kg。圆口方体,有四条大雕脊棱装饰,颈部饰有蚕纹带,腹部不显,以细雷纹为地,高浮雕有卷角饕餮纹,器内底部有铭文 12 行,残损 3 字,现存 119 字。铭文中首次出现中国两字!有很高的历史和学术价值。1963 年陕西省宝鸡市出土。现藏于宝鸡市青铜博物馆,是镇馆之宝
 亚丑方尊。高 39.1 cm,口径 29.9 cm×29.5 cm。腹部与圈足有曲折角型大兽面纹,现藏台湾故宫博物院。亚丑方尊与妇好墓所出土的方鼎、方彝、方罍、方缶、方壶、方斝等,共同建构起晚商铜器造型之绚烂异彩	 商尊。商代晚期。通高 45.5 cm,宽 38 cm。大敞口,宽折肩,高圈足。肩四隅有四立体有角象首,肩中部有四双角分叉龙首。圈足曲折角雕成龙形。现藏于北京故宫博物院
 春秋蟠龙方壶,高 90.3 cm,重 49.9 kg。1923 年河南春秋郑国国君大墓出土。台北历史博物馆藏	 龙耳虎足方壶,高 87.5 cm,重 41 kg。1923 年河南春秋郑国国君大墓出土。藏于北京故宫博物院

评点:1937 年"七七事变"后,冯玉祥下达了"河南博物院馆藏精品即刻南迁"的命令。含有春秋郑国国君大墓出土的这对龙耳虎足方壶的重要文物分装到 68 个箱中,转移到了抗战大后方——重庆。1949 年 11 月,这对龙耳虎足方壶被分装在不同的飞机上,其中一只方壶被运往台湾,另一只则被留在了大陆。半个多世纪过去了,战争的硝烟也已消失殆尽。在北京故宫博物院的这只龙耳虎足方壶静静地矗立着,默默地向人们诉说着它所历经的人间沧桑,其身影苍凉而孤独。而在海峡对岸,在台北历史博物馆里的春秋蟠龙方壶(就是那另一只龙耳虎足方壶),也孤单地矗立着。这对出生于 2700 前的春秋"姐妹壶"能有团聚的一天吗?

1.1.3　流失到国外的先秦青铜稀世珍宝

从 1840 年鸦片战争开始,因战争和不正当贸易等原因,致使大批中国珍贵文物流失海外。尤其是在 1931—1949 年,由于日寇入侵以及政治混乱等原因,清末以来的文物大流失达到了高潮。据联合国教科文组织统计,在 47 个国家的 200 多家博物馆中有中国文物 167 万件,其中青铜器至少上万件。

世界上许多著名的博物馆都收藏有中国青铜器。例如:美国华盛顿弗利尔与赛克勒美术馆(The Freer and Sackler Galleries)以丰富的独一无二的青铜艺术精品收藏而闻名,所藏中国青铜器占全美国的 1/5 左右。再如,美国旧金山亚洲艺术博物馆是一座以收藏亚洲文物尤其是中国文物为主的博物馆,收藏有来自中国的青铜器 800 多件。还有,大英博物馆收藏的中国青铜器种类齐全,涵盖了酒器、食器、水器、兵器和车马器等常见器形。其中商周时期的青铜精品不但造型美轮美奂,还具有很高历史价值,任何一件拿回中国都算得上国宝级文物。日本京都泉屋博古馆也是收藏中国青铜器的重镇,该馆所藏青铜器精品不下数百件,其所收藏的商周青铜器宰桷角、兽面纹方罍、鸱鹗卣、虢卣、父己尊、神人纹双鸟鼓、戈父乙尊、候旨鼎等,艺术与科学价值极高,都是中国商周青铜器中的精华。1928 年河南省洛阳金村太仓古墓出土的一套编钟,除 2 件藏在加拿大安大略皇家博物馆外,其余 12 件都藏于日本泉屋博古馆。

从历史角度看,流失国外的青铜珍品永远是中国人的心痛,折射出中国近代的兴衰史。呼唤流失的青铜珍品回家,是一个令中国人世代相继、憧憬不已的梦想。唯一值得庆幸的是,许多浸透中华民族血脉的青铜国宝,尚在人间,它们是世界文明的重要组成部分,向世人展示中华远古的青铜文化。表 1.8 所列举的仅是数万件流失到国外的青铜文物中的精品代表。

表 1.8　流失到国外的青铜精品

带禁成套酒器(有斝、爵、觚、盉、角各一件,二卣一尊)。其中龙纹禁长 87.6 cm,宽 46 cm,高 18.7 cm。1901 年出土宝鸡,现美国纽约大都会博物馆(The Metropolitan Museum of Art)收藏

评点:铜禁在青铜器中极为少见。现藏于天津博物馆的西周龙纹铜禁,1926 年在宝鸡斗鸡台出土,长 126 cm,宽 46.6 cm,高 23 cm。其形制与藏于与美国纽约大都会博物馆这件龙纹禁极其相似。

琱生簋(五年),是周宣王时期的器物。相传原器早年出土于陕西,此簋通高 22.2 cm,以饕餮纹为主要纹饰。器内有铭文 104 个字。早年出土于陕西。美国耶鲁大学博物馆藏

琱生簋(六年)。通高 22.2 cm。这件簋的造型别致,甚为罕见。器体侈口浅腹,腹壁较直,底稍收敛,圈足高于器体而外撇。鸟兽形双耳较粗壮,通体饰宽带组成的变体兽纹。器底铸铭文 103 个字,内容与五年簋前后衔接。中国历史博物馆藏

评点:琱生簋是周宣王时期的器物。共有两件,属孪生青铜器。两件琱生簋上均有铭文,且分为上下篇。记叙了琱生在一次关于田地的狱讼中,为了赢得官司,求得同宗的召伯虎的庇护,得以胜诉的历史事件。铭文记载的情况是了解西周宗法制度与土地制度的珍贵史料,因此琱生簋不仅是一件精美的青铜艺术品,也具有重要的史料价值。

犀尊,又称小臣艅犀尊,高 24.5 cm,堪称动物雕塑的精品。据传清道光年间(也有说是咸丰年间),山东梁山出土了一批青铜器,习称"梁山七器",犀尊就是其中的一件。20 世纪初流失到国外,现藏于美国旧金山亚洲艺术博物馆

子乍弄鸟尊,又称为鹰尊,春秋晚期的器物。高 26.5 cm,宽 20 cm,重 2.55 kg。啄可以开合,鸟首和鸟身可分用榫卯结合。鸟首背后错金四字:子乍弄鸟。山西太原晋国墓地出土,20 世纪初流失到美国,美国弗利尔美术馆的镇馆之宝的藏品

注解:"梁山七器"为在山东梁山出土的小臣犀尊、太保簋、太保卣、太保盉、太保鼎等共七件青铜器,太保簋现藏美国费里尔美术馆,太保卣现藏日本白鹤美术馆,太保盉现存北京文物研究所,太保鼎现藏于天津博物馆。

流失到法国的虎食人卣,高 36.5 cm。是法国巴黎色努施奇博物馆(Cernuschi Museum)的镇馆之宝

流失到日本的虎食人卣,高 35 cm,重 5.09 kg。是日本京都泉屋博古馆的镇馆之宝

评点:流失到法国池努奇博物馆和日本泉屋博物馆的虎食人卣,堪称稀世之珍。这两件几乎是一模双范的姊妹虎食人卣,是我国商代晚期的青铜器珍品,均出土于湖南省安化、宁乡两县交界处,民国早期分别流失到了海外。

大英博物馆藏的双羊尊,通高 45 cm,这件青铜器的形状为高度对称的两只背对背联结为一体的公羊,四只羊腿被巧妙地用作支撑,羊背上驮着的圆柱体则是器皿的口。两只羊都长着弯曲的羊角,眼睛、嘴巴和胡子也被塑造得惟妙惟肖。1860 年"火烧圆明园"后被掠夺并流失到海外

日本根津美术馆收藏的一件中国古代的双羊尊。这只羊尊的造型与英国收藏的双羊尊大致相符。这两件双羊尊据传均出土于湖南省,分别为商末同族的两代首领所制。但不论它们是兄弟还是父子,现在都远离故土,分别身处东西方两个外国博物馆中

象尊(美国美国华盛顿弗利尔与赛克勒美术馆藏),商代晚期的器物,高 17.5 cm

1975 年出土于湖南省醴陵县狮形山出土的象尊,属商代晚期的器物,高 22.8 cm。湖南博物馆藏。其造型和风格与藏于美国的象尊极其相似。都是象鼻卷起。象尊通体布满纹饰,主体部位是饕餮纹、夔纹,鼻上饰鳞纹,额上有蛇纹,只是缺失尊盖。受收藏于美国的这件较小的象尊启发,完全可以推断:那个丢失的尊盖上也应该是一只可爱的小象钮

1.2　中国青铜铸造技术

在生产力极其低下的青铜时代,我国铸造工匠们巧夺天工,发明出高超的青铜铸冶技术,创造出数不胜数的鬼斧神工之铸器。

我国在商代早期就创造了陶范(也称泥范)铸造技术。《荀子·疆国篇》概括出古代用陶范铸造的四大要素:"型范正、金锡美、工冶巧,火齐得"。以西周伯各卣铸器为例,介绍陶范铸造工艺。

1.2.1　型范正——技艺高超的陶范铸造

伯各卣于1976年陕西宝鸡市出土，现藏宝鸡青铜器博物馆，如图1.1所示。伯各卣通高27.5 cm，口径8.5 cm×10.8 cm。伯各卣形体椭圆，直口鼓腹。伯各卣的主题花纹为大饕餮面，分别装饰在盖面和器腹。饕餮各作两组，巨睛阔口，两个巨大的牛角内卷翘起，突出器表，尽显狞厉之美。提梁的两端铸有形象生动的圆雕羊头。羊角大而卷曲，尖部前指，圆目小耳，栩栩如生。提梁上部亦有对称的圆雕牛头，牛角翘起呈月牙状，双耳外展。器内底及盖内各铸铭文六字，记伯各作器。伯各卣铸器的主视图和侧视图如图1.2所示。

图1.1　伯各卣铸器

图1.2　伯各卣的主视图与侧视图

伯各卣的卣体需分铸两次，即先铸卣体，再铸提梁，并将两者衔接。其过程如下。

（1）雕塑制卣体泥模，如图1.3所示。

（2）翻制外范　将混合均匀的泥土拍打成平泥片，按在泥模的外面，用力拍压，使泥模上的纹饰反印在泥片上。等泥片半干后，按照器物的边角特征或器物的对称点，用刀划成若干块范，然后将相邻的两泥范做好相拼接的三角形榫卯，这就成了铸造所用的若干个外范。外范晾干，再用微火烘烤后，将数个外范块细心取出，修整剔补每个范块内面的花纹，图1.4为卣体的其中一个外范块。

（3）刮模制芯　将制外范使用过的泥模，刮去一薄层，刮去的厚度就是所铸铜器的厚度，再用火烤干，制芯即内范。

图1.3　卣体泥模

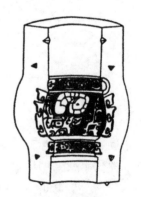

图1.4　卣体范块

（4）合范　将内范倒置于底座上,再将数个外范置于内范周围即形成范围。外范合拢,确保型范正确,再盖上有浇口孔的范块,如图1.5所示。

（5）浇注　将融化的青铜溶液沿浇注孔注入型范中。等铜液冷却后,打碎外范,掏出内范,将所铸铜器取出,打磨修整,精美的卣体青铜器就制作完成。

（6）铸造提梁与卣体铸造过程一样,卣提梁铸型装配图如图1.6所示。在铸造提梁过程中,要考虑提梁与卣体环耳的套接。

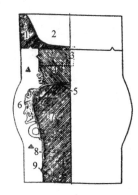 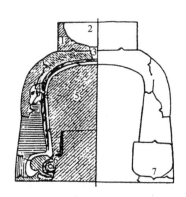

图 1.5　卣体铸型装配图　　　　　　　　　　图 1.6　卣提梁铸型装配图
1—浇口范;2—浇口杯;3—浇道;4—圈足芯;5—铜芯撑;　　　1—浇口范;2—浇口杯;3—浇道;4—型腔;
6—卣体范;7—卣体芯;8—型腔;9—结合卯榫　　　　　　　5—底范;6—卣体;7—卯榫

陶范是我国青铜时代的主要造型方法。为解决复杂铸器的铸造难题,采用了浑铸、分铸、嵌镶铸和焊铸等复合技术。铸造出以莲鹤方壶为代表的精美别致、具有民族风格的艺术精品。

1923年出土河南新郑春秋郑国大墓的莲鹤方壶为一对。收藏在河南博物院的这件莲鹤方壶(见图1.7),通高126 cm,口长30.5 cm,宽24.9 cm。收藏在北京故宫博物院的另一件莲鹤方壶,通高118 cm。莲鹤方壶有盖、双耳,遍饰于器身上下的各种附加装饰。壶身的纹饰为浅浮雕并有阴线刻镂的龙、凤纹饰。圈足上每面饰相对的两虎。壶颈部四面均有龙(兽)形耳。壶腹下部四角又有附饰的有翼小龙,作回首向上攀附之状。圈足下有双兽,弓身卷尾,头转向外侧,咋舌。如此复杂的组合,采取多次"分铸法"和"嵌铸法"的铸造复合工艺完成。即先将虎足、龙耳、莲花以及立鹤等部件分别铸造。在壶身整体造型时,将其预埋到陶范中,再采用嵌铸法或铸焊法,使其和壶身嵌铸在一起,如图1.8所示。

图 1.7　莲鹤方壶　　　　　　　　　　　　图 1.8　莲鹤方壶体与部件铸接示意图

1.2.2　金锡美——铜锡六齐的发明

在制作陶器的长期实践中,人们发现从孔雀石中可冶炼出铜液。加入适量的锡,可减低铜之熔点(加入锡 15%,可使纯铜的熔点由 1 083 ℃降低到 960 ℃,加锡 25%,其合金熔点降到800 ℃)。《吕氏春秋·别类编》提出世界上最早的合金强化理论载:"金柔锡柔,合两柔则刚。"即铜和锡的强度和硬度都比较低,如果把铜和锡配成合金,则会大为提高合金的强度和硬度。这就是"金锡美"。

最早对铜锡合金配比规律的经验总结出自战国初年的齐国官书《周礼·考工记》:"金有六齐:六分其金而锡居一,谓之钟鼎之齐;五分其金,而锡居一,谓之斧斤之齐;四分其金,而锡居一,谓之戈戟之齐;三分其金,而锡居一,谓之大刃之齐;五分其金,而锡居二,谓之削杀矢之齐;金锡半,谓之鉴燧之齐。"齐,剂也,即合金配方。六齐配比中,金应理解为纯铜。将铜锡六齐比例换算成化学成分百分数,如表 1.9 所示。

表 1.9　铜锡六齐的化学成分表

六　　　齐	化　学　成　分			
	铜		锡	
钟鼎之齐	6/7	85.7%	1/7	14.3%
斧斤之齐	5/6	83.3%	1/6	16.7%
戈戟之齐	4/5	80%	1/5	20%
大刃之齐	3/4	75%	1/4	25%
削杀矢之齐	5/7	71%	2/7	28%
鉴燧之齐	2/3	66.6%	1/3	33.4%

考古发现先秦青铜合金实际上是铜锡铅的三元合金,器名繁多的青铜铸器之铜锡合金配比基本符合六齐规律。

例如,司母戊鼎。1939 年河南殷墟出土了司母戊鼎(见图 1.9)。高 133 cm,长 116 cm、宽79 cm,重 875 kg。此鼎是中国已发现的商周时期最大最重之青铜鼎,被誉为青铜之冠。成为中国历史博物馆镇馆之宝。经测定,司母戊鼎含铜 84.77%、锡 11.64%、铅 2.79%,与六齐中的钟鼎之齐的铜锡比例基本相符,但含有少量铅。

又如西周阳燧。"金锡半,谓之鉴燧之齐"。何为鉴燧,鉴为铜镜,以照容颜,燧为阳燧(又名金燧或火燧),取火与日。《梦溪笔谈》:"阳燧面洼(凹),向日照之,光皆向内,离镜一二寸聚为一点,大如麻椒,着物则火。"阳燧似镜非镜(见图 1.10),使用面为凹曲面。古人把铜镜和阳燧的锡量定为最高的第六齐,极有道理。因为鉴和燧都不受冲击力,但需较高的硬度,以便打磨获得较高的光洁度。考古发现中国铜镜起源于商代,铜的含量一般在 50%~74%之间浮动,以 60%多的常见,锡的含量一般在 20%偏上,金锡半解读为金一锡半,即 Cu∶Sn=3∶1;铅的含量起伏更大,最高达 16.9%,最低不足 0.5%,一般均在 10%以内。

阳燧的铜锡比例为多少? 1997 年陕西扶风县在西周墓中发现直径 8.8 cm,曲率为19.8~20 cm 的阳燧。形圆凹面似杯盖、凸面中央有钮(见图 1.10,藏于陕西周原博物馆)。对西周阳燧的表面和内部的合金成分进行了化学分析发现,阳燧内部平均成分为:72.4% Cu、18.3%Sn、5.8%Pb。其边缘和表面成分:24.49%Cu、40.45%Sn、23.63%Pb。可见,西周阳燧是铜锡铅三元合金,但内部和表面成分差别极大。用现代观点解释为:由于铜锡铅合金铸造

图 1.9　司母戊鼎

图 1.10　西周阳燧

时,必然发生"反偏析"现象,造成表面比内部的锡铅量升高。西周阳燧的发现在科技史上具有十分重要意义:3000 年前,中华祖先就制造了阳燧,阳燧取火比钻木取火要轻而易举得多。

1.2.3　失蜡铸造巧夺天工

古代铸造金属器物一般都是采用陶范,然而外形十分复杂的铸器,例如外形呈弯曲状的镂空立体装饰花纹等,采用陶范铸造难以完成。我国古代铸造工匠在长期的生产实践中发明了失蜡法铸造。

失蜡法铸造就是先用蜡料制造一件需要铸造的器物,由于蜡料具有受热变软、遇冷变硬、可塑性好的特点,蜡料就像用水和好的黏土一样,可以塑出各种各样形状不同的器物来。更重要的是:蜡料的硬度低,又可以在制好的蜡模表面制作出繁复的花纹图案来。在制作好的蜡模表面敷以配制好的泥料,干燥后就形成了坚硬的外壳,然后进行加热,因为蜡的熔点很低,加热时蜡模很快就熔化而流了出来,只剩下泥质外壳,这种外壳就是用来浇铸金属器物的范。因为该范是通过蜡的流失而形成的,所以将这一铸造方法称之为失蜡法。

近些年来的考古发现春秋楚墓出土的青铜器中已经有数件是采用失蜡法铸造的,证明我国古代发明失蜡法的时间为公元前 6 世纪前期(春秋中期前后),同时也证明了失蜡法是我国古代劳动人民独创的。

考证一　春秋铜禁

铜禁是古代放置酒器的铜案。它始于西周早期,延续到春秋中晚期。1979 年在河南淅川下寺春秋楚墓出土的一件铜器,造型奇特,纹饰繁缛,工艺精细复杂,采用失蜡法铸造,是一件国宝,在科技史上也有重要意义。铜禁为长方体,高 28 cm,长 107 cm,宽 47 cm。中心平整光亮,四边和四侧面饰多层透雕云纹。器下有 10 个昂首前行的虎形足,四侧攀附 12 条龙头怪兽,头向禁面,形成群龙拱卫的壮观场面。铜禁采用镂空透雕、浮雕和圆雕相结合的技法,使表层纹饰与内部多层铜梗构成复杂的空间立体镂空装饰,层次丰富,花纹精细,是一件完美结合的青铜工艺品,这种工艺不用失蜡法铸造是难以完成的。是目前出土的三件铜禁中最大最美的一件。河南淅川出土的这件春秋铜禁,是用失蜡法铸造的早期铜器典型(见图 1.11)。

考证二　陈璋圆壶

陈璋圆壶通高 24 cm,口径 12.8 cm,腹径 22.2 cm,圈足径 13.8 cm,重 5.59 kg,口部内沿、圈足内侧、圈足外缘有 3 处铭文。壶颈部饰错金的云纹图案,肩腹部饰错银的斜方格云纹图案,外罩铜丝网络。铜丝网络由蟠曲起伏的长龙和梅花钉交错、叠压而成。肩腹之间有圈横箍带,箍带上 4 个立兽形竖环耳,4 个立兽间有 4 个兽面铺首,铜壶造型独特,制作精美绝伦,

图 1.11　铜禁

唯有失蜡法才能铸造。

　　陈璋圆壶(见图 1.12)在 1982 年江苏省淮阴市盱眙县出土,现成为南京博物院的镇院之宝。经专家考证此陈璋圆壶与晚清时流落美国的陈璋圆壶同为战国时期的器物。

考证三　曾侯乙尊盘

　　中国最精美的失蜡法铸造青铜器非曾侯乙尊盘(见图 1.13)莫属。尊盘共饰龙 84 条(尊 28、盘 56)、蟠虺 80 条(尊 32、盘 48)。尊盘中尊与盘的口沿均饰以蟠虺透空花纹,它分为高低两层,内外两圈,错落相间。每圈有 16 个花纹单位,每个花纹单位由形态不一的四对变形蟠虺组成。表层纹饰互不关联,彼此独立,全靠内层铜梗支撑,而内层的铜梗又分层联结,这样就构成了一个整体,达到了玲珑剔透、层次分明的艺术效果,经科学鉴定,系用熔模铸造工艺(失蜡法)制作而成,其铸造工艺达到先秦青铜器制作技术的高峰,反映了中国古代科技的杰出成就。

图 1.12　陈璋圆壶

图 1.13　曾侯乙尊盘

1.2.4　铸器装饰及表面处理

　　先秦时代发明了许多青铜装饰与表面处理技术,使铸器锦上添花,美轮美奂。商代已有镶错绿松石或红铜的戈和钺等。图 1.14 所示为出土河南安阳的商代晚期的镶嵌龙纹铜玉戈,长 35.4 cm,现在美国弗利尔美术博物馆藏。

　　1. 鎏金

　　我国是最早使用鎏金的国家。传统的做法是将金箔剪成碎片,制成金汞齐,涂抹在铸器表面,将汞挥发后,约 10 μm 的金层即紧贴于器面。图 1.15 所示为曾侯乙的鎏金腰带扣钩。

图 1.14　镶嵌龙纹铜玉戈

图 1.15　曾侯乙的鎏金腰带扣钩

2. 错金银

利用金和银的良好延展性,将错银以银丝(或银片)镶嵌到铜器表面,在外加压力下紧固与铜器表面的纹槽之内,然后用错石河磨炭整治抛光,以作纹饰或铭文的一种工艺。图 1.16 所示为美国塞克勒美术馆藏的错金银鸟纹壶。图 1.17 所示为流失到日本的战国错金银双头神兽,长 21 cm、高 7.1 cm。

图 1.16　错金银鸟纹壶

图 1.17　错金银双头神兽

3. 防腐表面处理

青铜时代防腐表面处理工艺最经典的案例是越王勾践剑(见图 1.18)和吴王夫差矛(见图 1.19)。越王勾践剑通高 55.7 cm,宽 4.6 cm,柄长 8.4 cm,重 875 g。1965 年出土于湖北省荆州市附近的望山楚墓群中,其剑身满饰菱形暗纹,铸技工艺精美。剑上八个铭文是:"越王鸠浅自作用铨"(越王勾践自作用剑)。专家通过对剑身八个鸟篆铭文的解读,证明此剑就是传说中的越王勾践剑。而吴王夫差矛,1983 年在离发现越王勾践剑仅 1 km 处的另一座春秋时期的马山楚墓中出土。全长 29.5 cm,宽 3 cm。矛身中线起脊,两面脊上均有血槽,血槽后端各铸一兽头。锋部呈弧线三角形,表面饰以黑色米字形暗纹,一面有两行错金铭文"吴王夫差自作用矛"。

吴王剑和越王矛都在湖北荆门出土,都藏于湖北博物馆,都有精美的八个错金铭文字,表面都有菱形花纹,相映成趣。勾践剑和夫差矛被誉为现存世上吴越青铜兵器中的双璧!

越王勾践铜剑虽已在地下埋藏两千多年,但仍然可以切开层叠的纸张,表面无明显锈蚀。中国科学院上海原子核研究所和北京钢铁学院研究室联合,在复旦大学静电加速器上对越王勾践剑表面作了质子 X 荧光非真空分析,结果见表 1.10。

图 1.18　越王勾践剑　　　　　　　　　　　图 1.19　吴王夫差矛

表 1.10　对越王勾践剑表面质子 X 荧光非真空分析

文物	分析部位	含量/(%)					
		Cu	Sn	Pb	Fe	S	As
越王勾践剑	刃	80.3	18.8	0.4	0.4		微量
	剑身	83.1	15.2	0.8	0.8		微量
	灰色处	73.9	22.8	1.4	1.8	微量	微量
	黑色处	68.2	29.1	0.9	1.2	0.5	微量

分析结果表明:剑的主要成分除铜、锡外还含有微量的砷,菱形花纹还含有少量的硫,这把剑的脊部和刃部含锡量有所不同,脊部含锡为 10%、刃部含锡量高达 20%,表面暗纹是经过硫化铜特殊处理的。

1.3　青铜铸器精品欣赏

先秦王公贵族在进行祭祀、丧葬、宴享时,大量使用青铜礼器。器以藏礼是中国青铜器的一个重要特征。青铜器不仅是政治权力的体现,还承载了丰富的历史、文化和艺术内涵,是中国文物艺术中的瑰宝,是世界美术史上的精华。

1.3.1　铸器铭文记载历史

中国青铜器与世界上其他国家的青铜器相比,一个显著特点是许多铸器刻有铭文。在青铜器上铸刻铭文是从商代中期开始的。商代晚期铸铭字数最多的是现藏日本白鹤美术馆的小子壺,字数为 44 字,开记事铭文之先河。长篇铸铭的是西周早期礼器的重要特征。收藏在台北故宫博物院的西周时期的毛公鼎,其铭文多达 499 字,是中国先秦铭文最长的青铜器,如图 1.20 所示。

青铜铭文成为考证夏商周历史的重要依据。1976 年在陕西临潼出土了一件高 28 cm、直径约 22 cm 的利簋,通身饰有兽纹、龙纹和云雷纹。更为难得的是,利簋内底镌刻着周武王在讨伐商纣之前占卦问神的铭文,共 32 字(见图 1.21)。铭文大意是讲武王伐纣,在甲子日黎明,对伐纣能否取得胜利进行了卜问,兆象很好。专家推测是牧野之战七天以后,武王在驻军处赐给利以金,利觉得很荣耀,遂铸此簋作为纪念。利簋上的铭文为夏商周断代提供了很好的文字依据,是有关武王伐纣史实的唯一文物遗存,价值连城。

图 1.20 毛公鼎

图 1.21 利簋及其铭文

2010 年北京保利艺术博物馆从海外购回一件西周中期遂国的国君"遂公"所铸的盛食器,称遂公盨。该铸器形制一般,但盨内铸有 98 个铭文(见图 1.22 和图 1.23)。遂公盨铭文记述大禹采用削平山岗疏道河流的方法平息了水患并划定九州。在洪水退后,那些逃避到丘陵山岗上的民众下山,重新定居于平原。由于有功于民众,大禹得以成为民众之王、民众之"父母"。铭文以大段文字阐述德政,教诲民众以德行事。这件青铜器铭文证实了大禹治水及夏朝的确存在,现成为保利博物馆的镇馆之宝。

图 1.22 遂公盨内的铭文

图 1.23 遂公盨铭文拓片

青铜器上的铭文展示了风格多样的金文书体,成为中国书法艺术源头之一。1967 年于陕西扶风庄白村出土,现藏周原博物馆的西周恭王时期的墙盘(见图 1.24),盘高 16.2 cm,口径 47.3 cm。圆形,浅腹,双附耳,圈足。器形宏大,制造精良。器腹饰鸟纹,圈足饰云纹,以雷纹为地。造型稳重、制作精工。内底铸有铭文 18 行 284 字,措辞工整华美,颇似《诗经》,有较高的文学价值。铭文字体为当时标准字体,字形整齐划一,均匀疏朗,笔画横竖转折自如,粗细一致,笔势流畅,有后世小篆笔意如图 1.25 所示。

绝大多数青铜器上的铭文是直接铸就的,称为铸铭文。以墙盘为例,工艺上先将这些铭文写在泥模上,刻成阴文,再用泥片复制成阳文。修整后,再嵌到形成盘底的内范平面上,当内外范都烘烤后,装配成铸型。浇注后,其盘内器底上就直接铸出阴文。

从春秋战国开始,铁制工具发明后,出现刀刻铭文,即采用铁质刻刀直接在铸器上刻字。刀刻铭文成为镌刻书法的源头。1977 年河北省平山县中山国君王的墓中出土了九件列鼎,其中最大的铁足铜鼎(见图 1.26),通高 51.1 cm,最大直径 65.8 cm,重 60 kg。这是我国发现最

图 1.24　墙盘及铭文

图 1.25　墙盘及铭文

大的铁足铜鼎,此鼎证明了我国在战国时代就掌握了铸铁技术。铁足铜鼎的历史价值还表现在顶盖外及鼎腹部共刻有 469 字铭文,铭文记述了中山国讨伐燕国,开辟疆土事件,字体瘦长清秀,有悬针篆之风格,成为刻铭文字最多的国宝。

最美的铭文莫过错金铭文。图 1.27 所示为极为罕见的传世春秋栾书缶,现藏中国国家博物馆。其缶上颈部和肩部有 5 行 40 字的错金铭文,线条婀娜多姿,精美无比,记载了晋大夫栾书伐郑败楚的功绩,这是目前见到的最早的错金铭文。

图 1.26　铁足铜鼎

图 1.27　栾书缶上的错金铭文

1.3.2　罕见的人面人像青铜雕塑

带有人面像的青铜器,可谓凤毛麟角。美国华盛顿弗利尔与赛克勒美术馆藏一件人面盉(见图 1.28),全高 18.1 cm。2.78 kg。该人面盉属商代晚期器物,出土地河南安阳,1942 年流失到国外。

与人面盉媲美的是湖南出土的商代人面方鼎,如图 1.29 所示。人面方鼎 1958 年于湖南宁乡出土,通高 38.5 cm,口长 29.8 cm,宽 23.7 cm,现藏于湖南省博物馆。鼎腹内壁铸“大禾”两字铭文,此鼎亦被称为大禾方鼎。在商周时期,青铜器以兽面纹作主题纹饰较为常见,该鼎最让人惊奇的地方是在器物四周各装饰了一个相同的半浮雕人面。高颧骨、隆鼻、宽嘴、双目圆视、双眉下弯。这件唯一的人面纹饰鼎,留给今人无限的想象空间:浮雕人面表现的是祝融?是蚩尤?是黄帝四面?还是大禾方国的女性统治者?

代表商代青铜雕塑的最高水平当属三星堆的青铜突目面具,如图 1.30 所示。纵目面具通高 65 cm,宽 138 cm,壁厚为 5~8 mm,重约 8 kg。该面具造型奇特:阔大的嘴,鼻尖呈突出状,

图 1.28　人面盉

图 1.29　人面方鼎

上挑的眉,两个外凸的眼柱,眼柱外凸 16 cm,眼柱直径为 13.5 cm。双层硕大的耳如扇形置面之两侧,极尽夸张,酷似一幅千里眼和顺风耳的漫画雕塑,这是远古巴蜀的杰作。

　　与三星堆青铜突目面具同时出土的还有几件金面罩人头青铜像。其中平头金面罩人头像的金面最为完整(见图 1.31),高 41 cm,宽 14.3 cm。金面罩为金箔制成,双眼双眉镂空,大嘴和凸鼻尖的造型风格与突目面具相同,这是世界上最早的贴金青铜像。

图 1.30　青铜突目面具

图 1.31　金面罩人头像

　　法国雕塑家罗丹于 1876—1877 年创作了《青铜时代》(见图 1.32),高 174 cm,大小和真人一模一样。令人惊叹的是:罗丹是怎么用手揉捏出这样一个完美健壮的男性身躯?难怪它曾在 1900 年巴黎世博会上展出征服了世界,也让罗丹的艺术生涯达到巅峰。2010 年上海世博会上,《青铜时代》来到中国展出,这是罗丹作品第一次出国参加世博会,对纪念罗丹来说也是非常有意义的。

　　真正是青铜时代的立人雕像应该属于 1986 年在四川三星堆出土的商代青铜立人像,如图 1.33 所示。人像高 172 cm,也跟真人一样高。底座高 90 cm,通高 262 cm,人像头戴莲花高冠,身披法带,端庄肃穆、威风凛凛立于神坛方座之上。其造型气度恢弘,神圣威严,象征着至高无上的神权和王权,展示了一个集神、巫、王于一体的领袖人物形象。这是青铜时代的极富想象力的雕塑作品。这是世界上最大的青铜立人像,被尊称为"世界铜像之王"。

　　春秋战国青铜人雕像更加写实。其典型代表作有曾侯乙编钟立人像(见图 1.34)和战国人立像(见图 1.35)。战国人立像,高 30 cm,双手持筒,筒插铜短棍,棍立一足玉马,1923 年在

图 1.32　青铜时代

图 1.33　青铜立人像

图 1.34　曾侯乙编钟立人像

图 1.35　战国人立像

河南洛阳出土,后流失国外,现在美国波士顿美术博物馆收藏。

1.3.3　编钟——中国青铜文明的灵魂

相传西周武王以后,周公姬旦摄政,他在总结殷商各种典章制度的基础上,制定了巩固统治地位所需的一套礼乐制度,其核心内容就是"乐悬"制度。乐悬的本意是指必须悬挂起来才能进行演奏的钟磬乐器。钟磬乐器上升为礼器,而将其演变成一种制度,这就是后代儒家称颂的"制礼作乐"。从此以后的 3000 多年,"礼乐"成为中国传统的思想准则、行为规范,中华民族"礼乐之邦"的美称便由此而来。

春秋战国是中国先秦的文化高峰。青铜编钟是礼乐制度的象征,被誉为八音之首,是中国青铜文明的灵魂的体现。春秋中期的王孙诰编钟(见图 1.36)和战国早期的曾侯乙编钟(见图 1.37)是青铜时代高峰的代表。

1978 年河南淅川出土了王孙诰编钟。该钟一组 26 件,大小依次递减。钟身呈合瓦状,舞中有柱形甬,甬下部有环带形旋及长方形斡。钟腔正背两面共有柱形枚 36 个。这套编钟铸铭

图 1.36 王孙诰编钟

图 1.37 曾侯乙编钟

文 17 篇,每篇内容相同,长达 117 字。这是目前春秋时期件数最多、音域最宽、音律较准、保存较好的一套编钟,现藏于河南博物院。

还是在 1978 年,湖北随州曾侯乙墓内出土了战国时期的曾侯乙编钟共 65 枚,震惊了考古界。曾侯乙编钟按大小和音高为序编成 8 组悬挂在 3 层钟架上。最上层 3 组 19 件为钮钟,形体较小。中下两层 5 组共 45 件为甬钟,钟体遍饰浮雕式蟠虺纹,外加楚惠王送的一枚镈钟共 65 枚。钟上均有错金篆体铭文,共 3 755 字,除"曾侯乙作持"外,其他铭文都是关于音乐方面的。最为神奇的是,曾侯乙编钟的每件钟都能发出两个乐音。全套编钟有五个半八度,十二个半音齐备,可以旋宫转调,音列如现今通行的 C 大调,能演奏五声、六声或七声的乐曲。在两千多年前就有如此精美的乐器,如此恢宏的乐队,在世界文化史上是极为罕见的。

曾侯乙编钟反映了先秦我国音乐、律学、声学、冶铸等多方面的成就。历史上每逢盛典必金声玉振、钟鼓齐鸣,以显示国运亨通,祥和吉庆。曾侯乙编钟出土后,其原件曾演奏了三次,乐曲包括东方的《普庵咒》、民族的《竹枝词》以及西洋的贝多芬《欢乐颂》。1980 年第一套编钟在武汉复制成功,到 2010 年,曾侯乙编钟已复制了 6 套(赠送台湾一套),仿制了数十套(远销美国和英国等)。代表着青铜文明的灵魂曾侯乙编钟,在中华大地和世界各地传播着中华远古的青铜文化。

思 考 题

1. 为什么说青铜器是古代中国辉煌灿烂的文明之载体?
2. 什么是青铜的六齐?
3. 青铜铭文随时间有什么变化?
4. 列出与青铜有关的成语。

参考文献

[1] 路迪民,王大业. 中国古代冶金与金属文物[M]. 西安:陕西科学技术出版社,1998.

[2] 李建伟,牛瑞红. 中国青铜器图案[M]. 北京:中国商业出版社,2000.

[3] 方辉. 国宝档案——国宝文物背后的历史真相与考古秘闻[M]. 北京:新世界出版社,2006.

［4］　王鹤. 流失的国宝——世界著名博物馆的中国珍品［M］. 天津：百花文艺出版社，2009.

［5］　任周方. 国宝纪事［M］. 西安：陕西人民出版社，2002.

［6］　凌业勤. 中国古代传统铸造技术［M］. 北京：科学技术文献出版社，1987.

［7］　谭德睿. 灿烂的中国古代石蜡铸造［M］. 上海：上海科学技术文献出版社，1989.

［8］　中国传统铸造图典［C］. 第 69 届世界铸造会议主委会中国机械工程学会铸造分会编印，2010.

［9］　彭适凡. 中国青铜器鉴赏图典［M］. 上海辞书出版社，2006.

第 2 章 陶 瓷

　　陶瓷是陶器和瓷器的总称。陶器是在 900～1 000 ℃ 的温度下用陶土烧制而成的,其在最初主要作为生活用具用于取水、储水、储粮及蒸煮食物等。陶器的使用扩大了人类生产和生活的范围,改善了人们的生活条件,从而使人类体质增强。后来,随着审美意识的提高,人们对生活用具的外观艺术和质量要求也越来越高,瓷器应运而生。瓷器原材料采用瓷土,制作工艺虽与陶器相似,但有独树一帜的施釉工艺及更高的烧制温度——1 200 ℃ 以上。由于原料性质及烧制工艺的不同,瓷器相比陶器具有外观优美,胎体坚固致密,断面基本不吸水等优点。

　　在几千年的发展过程中,陶瓷材料的制造工艺不断得到改进,陶瓷制品的性能相应地有了很大的提高,其使用范围也越来越广。陶瓷材料飞跃式的发展出现在 20 世纪。各种新技术(如电子技术、空间技术、激光技术、计算机技术等)的兴起,以及基础理论(如矿物学、冶金学、物理学等)和测试技术(如电子显微镜、X 射线衍射技术和各种谱仪等)的发展为先进陶瓷材料的诞生提供了技术基础。人们通过控制材料化学成分和微观结构(组织),相继研制成功了各种陶瓷材料如高温结构陶瓷、功能陶瓷等。这些材料满足了因科技的发展而对材料的性能所提出的越来越"苛刻"的要求,弥补了传统材料在某些极端条件下使用时的不足(见图 2.1)。

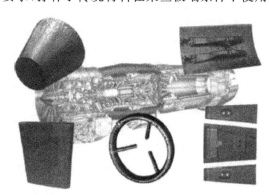

图 2.1　军用发动机加力燃烧室所用 SiC 基陶瓷复合材料部件

　　现代陶瓷材料使陶瓷从一种简单的生活用具或艺术品摇身一变成为"明星材料",并被广泛地应用于社会的各个方面,是人们日常生活和国民经济的重要组成部分。然而,对大多数人而言,陶瓷可以说是一类既熟悉又陌生的无机非金属制品。说它为人们所熟悉,是因为人们在日常生活中几乎处处可见其存在;说它陌生,是因为现代新型陶瓷材料的发展之迅速,其性能之奇异,其应用之新颖与广泛,超出人们的想象。

2.1　古代陶瓷

　　在漫长的蒙昧时代,人类只能"被动"地利用天然材料,将其加工成石器、骨器、木器等,这类器物仅仅改变了材料的外部形态而并未改变其内在性质。制陶术的发明,充分利用火的威力,完全改变了泥土的化学性质,从而产生了一种前所未有的新型人造材料——陶。与石块、兽骨、木材相比,泥土显然是一种更为丰富、更便于加工成形和开发利用的自然资源,因此,新材料"陶"的出现,为人类进一步充分利用自然资源开辟了一个无限广阔的天地。

2.1.1 陶器的出现与发展

陶瓷在考古学上被认为是人类进入新石器时代的重要标志,是人类对火的积极开发和利用的结果。但是,目前仍缺少足够的证据对陶器的起源予以详细的描述,我们只能从前人的一些著作中了解一二,例如:摩尔根在其著作《古代社会》中指出古奎是9世纪最早提出陶器发明的第一个人;恩格斯在《家庭、私有制和国家起源》一书中对陶器的起源做了更加细致的描述,即古时人们喜欢将黏土涂于编制或者木制容器上用于防火,在这个过程中,他们发现成形的黏土可以单独使用亦可达到防火的目的,因此,早期的制陶术便诞生了。

陶器在最初的时候主要作为日常生活用具被使用。人们按照需要烧制了各种日用器皿和生产工具,如灶、钵、盆、壶、陶纺轮、陶刀、网坠儿等。陶器的使用,极大地丰富了人类的生活,在人类发展史上开辟了新纪元。

陶器种类繁多。从陶质上分,有红陶、灰陶、白陶、彩陶、黑陶;从工艺上区分,有手制、模制、慢轮、快轮;从纹饰上区分,有压印、拍印、刻划、彩绘、纹印;从陶窑结构区分,有横穴窑与竖穴窑。正是这些风格迥异,不同类别的陶器,创造了绚丽多姿的陶器文化。

2.1.1.1 灰陶

泥质灰陶是古代最普遍,也是最早出现的陶器,其表面上有绳纹或篮纹、席纹等编织纹的装饰。它的烧制原理是:先将黏土通过手制的方法制成坯体,坯体入窑以后,用还原焰焙烧,陶胎的铁氧化物还原为二价铁,使陶胎现出灰色。烧成温度一般在840~900 ℃,最高可达1 100 ℃。有时,为了使制成的陶器耐水浸或者耐火烧,人们往往在泥土中掺加砂子等,烧制成烹调器、汲水器和大型容器等的泥质夹砂灰陶。

图 2.2 灰陶单耳鬲

灰陶具有代表性的器形是空袋足炊器——鬲(如图2.2所示)。这种器具外形似鼎,但三足内空,目的是为了增大受热面积以更好地利用热能,其足部布满粗绳纹,主要用于煮粥、制羹和烧水。鬲是一种典型的夹砂灰陶,在制作时,一般要在黏土中加入一定比例的砂粒、蚌粉或谷壳,以便在加热过程中能承受高温并保存热量。鬲最初大概出现在陕、晋、豫交界一带,然后传播到各地,在西北、中原、东北和东部沿海地区,都有发现。

陶器表面的绳席纹装饰因具有增加受热面积的功效而在新石器时代的陶器装饰中广为流行,它是在制作陶器时将绳索缠附在拍子上而拍打出来的,具有实用与装饰两个功能,汉代以后逐步消失。

2.1.1.2 彩陶

彩陶是在灰陶的基础上发展而来的,是对古代彩纹陶器的简称,因其表面大多绘有黑、白、红诸色的精美花纹,故名"彩陶"。在诸多陶器中,彩陶的质量是最高的,且其分布最广,历史最悠久。新石器时代的彩陶如图 2.3 所示。

　　彩陶的原料是普通的黄土(不含钙质和钾质),加细沙及含镁的石粉末,但制作技术很精湛。陶土先经过精细的澄洗后,通过手制和慢轮整修得到打磨光滑的橙红色陶坯,再以天然的矿物质颜料(多为天然的赭石、红土或锰土)进行描绘,用赭石和氧化锰作呈色元素,然后入窑烧制。窑火温度可达到 1 000 ℃以上,当时可能已经有了鼓风炉等设备。由于陶土中含铁量很高,在 10%以上,所以陶器烧成后在橙红色的胎底上呈现出赭红、黑、白诸种颜色的美丽图案,形成纹样与器物造型高度统一,达到装饰美化效果。有的彩陶在彩绘之前,要先涂上一层白色陶衣,使彩绘花纹更为鲜明。大汶口文化红陶兽形壶如图 2.4 所示。

図 2.3　新石器时代彩陶　　　　　　　　　　　图 2.4　大汶口文化红陶兽形壶

　　彩陶的器型基本上都是日常生活用品,常见的有盆、瓶、罐、瓮、釜、鼎等,在器型上很难看出来有其他特殊的用途。在仰韶文化遗址中,曾发现用两瓮对合埋葬小孩的例子,瓮上凿一小孔,表达了原始人对再生的向往。彩陶的装饰以花卉纹、几何纹、动物纹三种为主。花卉纹主要包括花卉和几何形图案;几何纹主要有网纹、弦纹、三角纹、锯齿纹等,并有月亮、太阳、北斗星等;动物纹有鱼纹、鸟纹、蛙纹、猪纹、狗纹和鹿纹等,其形态有的奔驰,有的站立……这些动物形象的出现,反映出当时的渔猎在原始社会生活中的重要地位。

2.1.1.3　黑陶

　　黑陶出现于龙山文化时期,是较晚出现的陶器种类。黑陶分为细泥黑陶、泥质黑陶和夹砂黑陶三种,在 1 000 ℃左右烧制而成。细泥薄壁黑陶是黑陶中工艺水平最高的,由于表面黑色非常纯而光亮且壁厚极薄(胎壁厚仅 0.5～1 mm),因而有"黑如漆、薄如纸"的美誉,有时候也被称为"蛋壳陶"。

　　黑陶造型丰富,除了尖底瓶、罐、盆等外,还出现了鬲、豆、杯、鼎等品种,其中豆及鼎、鬲等已经接近青铜器的样式。黑陶的造型有自己简洁爽利的风格特点。它和古代的玉器同样达到相当的艺术水平。龙山文化黑陶陶鬶如图 2.5 所示,龙山文化鸟喙形足黑陶鼎如图 2.6 所示。

2.1.1.4　陶器在中国的发展

　　中国陶瓷,循着 5 000 年的文化传统的轨迹,连续不断地发展,每个时代都各有改进,每个地域都各具特性;大而关系到国计民生,小而关系到日常使用;再由陶衍进为瓷,各代有佳作,各地有习尚;因此,陶瓷也就成了五千年中国文化的具体表现。

　　我国陶器出现的具体年代,目前尚难确知,但关于我国制陶技术的起源,在一些古时的著作中就有很多记载,如"神农作陶"(《汲冢周书》),"黄帝命宁封作陶正"(《吕氏春秋》),舜"陶河

图2.5　龙山文化黑陶陶鬹

图2.6　龙山文化鸟喙形足黑陶鼎

滨,作什器于寿丘"(《史记·五帝本纪》),"禹作为祭器,墨染其外,而朱画其内"(《韩非子·十过篇》)。这些传说,虽然在时间上很不确切,但从一个侧面反映了我国陶器生产最初发生和发展的大致过程。

根据考古发现的结果,可以确定中国的陶器技术主要有六个标志性的发展时期:8 000年前,新石器时代,新石器时代晚期,殷商,汉代,唐代。

裴李岗文化是中国目前发现的最早的新石器时代遗址,距今约八千多年,位于河南新郑县裴李岗村,而在河北武安县磁山考古工作者也发现同时期的文化遗址。由于具有近似的文化遗存,两者因此合称为磁山-裴李岗文化。该文化出土了大量带有一定原始性的泥质红陶和夹砂红陶,包括盘、豆、三足壶、三足钵、双耳壶等,器物以素面无纹者居多,部分夹砂陶器有花纹。这些陶器是目前中国发现得最早的陶器。

彩陶是中国陶器发展的第二个阶段。新石器时代早期的老官台文化是中国彩陶工艺的萌芽阶段。到了母权制繁荣的仰韶文化时期,彩陶工艺已经发展得相当成熟了。在当时,制陶不仅是一门新兴的手工艺,而且也是一种出色的原始艺术。仰韶文化的彩陶器皿具有浓厚的生活气息和独特的艺术风格,种类主要有盆、罐、钵和小口尖底瓶等,质地有泥质陶和夹砂陶,如图2.7所示。

随着制陶经验的积累,人们对陶器的精细程度提出了更高的要求,黑陶由此开始流行。山东龙山镇的龙山文化是最先出土黑陶的文化,因此龙山文化也被称作黑陶文化。龙山黑陶在烧制技术上有了显著进步,它广泛采用了轮制技术。黑陶制品往往具有形浑圆端正,壁薄而均匀,陶器表面因打磨光滑而乌黑发亮等特点,如图2.8所示。龙山文化晚期还出现用高岭土烧制的白陶,为后来原始瓷器的发明奠定了基础。

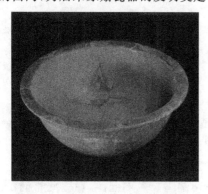

图2.7　仰韶文化人面鱼纹彩陶盆

图2.8　大汶口时期夹砂黑陶鬹

　　殷商时代,尽管青铜器的制作工艺已相当成熟,但陶器仍在百姓日常生活用具中占主要地位。商代初期,灰陶较为流行,但到后期,白陶和印纹硬陶有了很大发展。其中,白陶的纹饰结合了青铜器纹饰的特点,因而其装饰尤为华丽精美,如图 2.9 所示。同时,采用高岭土作胎并施以青色釉的原始瓷器开始出现。陶釉的发明可以说是中国制陶史中一重大突破,它为瓷的诞生提供了必要的条件。这一时期是中国陶器发展史上“第一次飞跃”。

　　到了西周,陶器种类更加多样化,除了日常生活用的器皿外,还有用于盖屋顶的砖瓦、装饰或陪葬用的陶俑及建筑明器等。战国、秦汉时期,随着用陶器作为随葬品习俗的普及,制陶业得到进一步发展。近年来在西安发现的秦始皇陵兵马俑以及在陕西咸阳(如图 2.10 所示)、江苏徐州等地发现的西汉时期的兵马俑,其造型之精美,规模之宏伟,为世界所罕见。

图 2.9　商白陶——雕刻饕餮纹双耳壶　　　　图 2.10　秦始皇兵马俑陶马战车

　　汉代,由于国家强盛,社会稳定、人们安居乐业,农业、手工业有了较快发展。与此同时,厚葬风气在社会上较为普遍,制陶作坊需烧制大量陶器用以随葬,因而制陶规模得以进一步扩大。这时期,彩绘陶器得到了一定的发展,釉陶也开始普遍应用于陶器上,另外,在许多出土的陶器上,我们还可以发现大量用白粉、墨书写的装饰用的文字。到东汉晚期至三国,由于瓷器的烧造技术日趋成熟,瓷器开始逐步取代陶器的地位。浙江的东汉越窑青瓷是迄今为止我国发掘的最早的瓷器。总地来说,陶器在汉代以后完成了发展史上的第二次飞跃。

　　陶器的第三次飞跃发生于唐代。比较典型的唐代釉陶就是铅釉陶器唐三彩。它采用高岭土作胎,胎体经过素烧之后,再用含铜、铁、钴、锰等元素的矿物作釉料的着色剂,在釉里加入很多的炼铅熔渣和铅灰做助熔剂,涂于器物胎体表面,再入窑烧制而成。它是由黄、绿、蓝三色做基调,经过复杂的窑变,进行自然调染,使其流淌,并向四方扩散,浸润成多种色调,呈现出深绿、浅绿、蓝、白、褐等各种颜色。

　　唐三彩的空前繁荣与当时的盛世太平有密切的关系。由于唐代在政治、经济、军事上都非常昌盛,疆土稳固,军威四震,崇文尚武,保证和促进了人民生活的安定与文化的发展。在丰衣足食的基础上,人们将更多的精力投入到对美的享受上。人们对陶瓷的追求除了造型以外,更是想如何使它细腻、轻巧、釉色浓。另外,陶瓷艺术的发展也与“丝绸之路”的“开通”有关。“丝绸之路”所带来的异国的礼俗、音乐、美术、宗教等,形成了空前的古今中外的大交流、大融合,使陶瓷艺术在发展过程中有了更丰富、更充分的养分。

　　除了陶瓷文化艺术外,唐三彩的造型也达到了空前的水平。各种惟妙惟肖的人物俑和动物俑展现了当时制陶工高超的捏塑水平,如图 2.11、图 2.12 所示。

图 2.11　唐三彩镇墓兽

(a) 乘驼乐人俑

(b) 少女坐俑

图 2.12　唐三彩人物俑与动物俑

总地来说,在陶器的这三次飞跃中,实现了三个重大的突破:原料的选择和精制;窑炉的改进和烧成温度的提高;釉的发现和使用。陶器的发明及制陶技术的改进对各个时代的人们的生产、生活及社会组织产生了深刻的影响,它体现了人类对水、土、火的认识和把握,开启了民族传统文化的先河,为建筑、雕塑与工艺美术等奠定了基础。

2.1.2　瓷器的萌芽与成熟

中国是世界上最早发明瓷器的国家,瓷器的发明是我国古代劳动人民对世界物质文明的一项重大贡献。瓷器和陶器都是化泥为物的结果,但瓷器必须具备一定的条件才能制成。

(1) 陶瓷的胎料必须是瓷土,瓷土的成分主要是高岭土,并含有长石、石英石和莫来石等成分。含铁量较低,经过高温烧成后,胎色白,具有透明或半透明性。

(2) 瓷器的胎体必须经过 1 200～1 300 ℃的高温焙烧,才能具备瓷器的物理性能。

(3) 瓷器表面所施的釉,必须是在高温下和胎体一次烧成的玻璃釉。

(4) 瓷胎烧结后,胎体必须坚硬结实,组织致密,叩之能发出清脆悦耳的金属声。胎体吸水率不足 1%,甚至不吸水。

图 2.13　西周原始青瓷尊

人们在烧制白陶和印纹硬陶的实践中,不断地改进原料的选择与处理。在提高烧成温度和器物表面施釉的基础上,创造了原始瓷器。

2.1.2.1　原始瓷器

原始瓷器物理性质及胎质的矿物成分已接近瓷器,系用高岭土在高温中烧制而成,质地坚硬,无明显的吸水性,胎色灰白。由于当时的工艺技术水平较低,原材料处理和坯泥的洗练比较粗糙,胎料中杂质尚多,胎体多见裂纹,釉色也不稳定,如图 2.13中尊的底部就有釉层脱落现象。所有这些,与后期成熟的瓷器比较,便带有明显的原始性,所以称之为原始青瓷。

原始瓷器古朴稚拙,结实耐用,特别是表面的玻璃质釉层,不藏污垢,便于拭洗,深受人们喜爱,故自出现以后,发展较快。原始瓷器在商代早期中国的南方、北方均有烧制,器形多为豆、缸、钵、尊等。发展到战国时期,出现了模仿青铜器的鼎、钟,以及一般的饮食器具,如碗、盘、碟等。

西周、春秋时期的原始瓷器的烧制和使用范围较商代更为扩大,工艺上逐渐摆脱了原始状态,并从陶器生产中分化出来,建立了独立的作坊,成为一种新兴的瓷器手工业。这一时期瓷器的瓷胎较为细腻,大多数器皿由原来的泥条盘筑法成形改为轮制拉坯成形。器型制作得较为规整,胎壁厚薄适中。拍印纹饰仍以方格纹、弦纹为主,其次为云雷纹、蓝纹、人字纹、锯齿纹和席纹等。

到了战国至西汉时期,原始瓷器达到了鼎盛时期,原始瓷器开始向东汉成熟青瓷过渡。在这个时期的遗址和墓葬中出土了大量用作炊食器具的原始瓷器,包括碗、盘、钵、盅、碟、壶、罐、盒等,其中盘的样式最为丰富,碗、钵大小成套,仿铜礼器的鼎、钟等也很常见,证明原始瓷器已成为当时人们重要的生活工具。总地来说,这一时期的原始瓷器具有产量大、用途广、器形种类多、制作规整、胎壁较薄、釉面光滑、釉层增厚等特点。这些特点预示着东汉时期真正瓷器的产生。

2.1.2.2　青瓷

青瓷有"瓷海明珠"之美誉,其釉层相比原始瓷器具有更大的厚度,胎釉结合得紧密牢固,釉色以青绿或青黄为主,少数褐色或黄绿色。根据对出土瓷器的化学分析,可证明当时的釉多是石灰釉,氧化钙的含量都在 $16\%\sim20\%$ 之间。这种化学组成实际上已非常接近现代瓷器。另外,由于青瓷的含铁、钛量低,其抗弯强度也大大超过了其后的许多其他类型的瓷器。

耀州窑中罕见的器形。其侧面深而富于曲线美,高脚稍向外张开。炉旁为圆形,上部向外展开。炉内配有几何形的透雕圆顶,周围是九个开口龙头。炉外侧装饰刻花纹。炉内饰波浪纹。就整体而言,其透雕的精密雕法非常特别。耀州窑刻花花草纹炉如图 2.14 所示。

图 2.14　耀州窑刻花花草纹炉

青瓷的烧制工艺有两个特点——"釉面开片"和"紫口铁足"。"釉面开片"是将釉面上的因胎和釉的热膨胀系数不同而产生的缺陷——裂纹作为美化瓷器的纹路,从而形成了美的韵律和节奏,增添了青瓷的光彩和生机。根据纹片的不同形态,可赋以不同的名称,如冰裂纹、蟹爪纹、兔丝纹、百圾碎、鱼子纹等,如图 2.15 所示。"紫口铁足"是由于青瓷胎在烧造时底部还原焰较强,加上有垫饼的托烧而微露胎色,胎中的三氧化二铁被还原成黑色的氧化亚铁,形成"铁足";口沿部分还原焰虽较弱,但由于上的釉容易下垂,釉层不厚胎质容易显露,所以常常透出灰黑泛紫的颜色,也就成了"紫口",如图 2.16 所示。

图 2.15　青瓷"釉面开片"

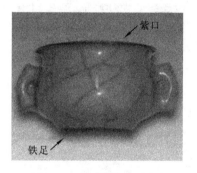

图 2.16　青瓷"紫口铁足"

　　青瓷窑系经历了漫长的发展,以越窑历史最为悠久,在社会上享有很高的声望。从东汉创立以来,经三国、两晋、南北朝至宋代,越窑的青瓷迅速发展,取得了辉煌的成就(见图 2.17、图2.18)。其具有深浅不一的翠绿釉色,人们对这些美丽的绿色釉有形象的描述:"如冰似玉"、"雨过天晴"、"千峰翠色",以及"巧剜明月染春水,轻旋薄冰盛绿云。古镜破苔当席上,嫩荷涵露别江渍"(《全唐诗》)。从这些描述中,足见青瓷的釉色莹润典雅、赏心悦目。

图 2.17　越窑青瓷——牡丹凤凰首壶

图 2.18　越窑青瓷——多嘴壶

　　除了越窑外,另一大著名窑系是龙泉青瓷(见图 2.19)。龙泉青瓷有哥窑和弟窑之分。哥窑特点是黑胎厚釉,瓷器釉面布满裂纹,呈现金丝铁线、紫口铁足的特征。由于窑温不易控制,优等青瓷极难得,往往成为帝王将相专用;弟窑的特点是白胎厚釉,外形光洁不开片。弟窑瓷品青如玉、明如镜、薄如纸、声如磬,赏之让人心情畅然。龙泉窑在南宋时烧制出了晶莹如玉的粉青釉和梅子青釉,标志着龙泉青瓷达到了巅峰(见图 2.20)。由于品质优良,龙泉青瓷毫无疑问是中华民族艺术百花园中的一朵奇葩,是中国瓷器史上一颗璀璨的"瓷国明珠"。

　　纵观古代青瓷,可以看到青瓷是中国古代文化的宝贵遗产,无论是从工艺、材料的角度,还是从审美文化的角度,青瓷都从一个侧面反映了我国古代科学技术和文化的卓越成就。

2.1.2.3　白瓷

　　白瓷出现的时间稍晚于青瓷。根据考古发现,可以确定早期白瓷产生于东汉。白瓷的烧制技术在隋代进入成熟阶段并在唐代达到极盛。白釉是瓷器的本色釉,当釉料中的铁元素含量小于 0.75%,烧出来的就会是白釉。古代白瓷的制作,并不是在釉料中加进白色呈色剂,而是选择含铁量较少的瓷土和釉料加工精制,使含铁量降低到最少的程度。这样,在洁白的瓷胎

图 2.19　宋代龙泉窑贴花龙纹扁壶

图 2.20　龙泉窑梅子青碗

上施以纯净的透明釉,就能烧制白度很高的白瓷。

除了白釉外,白瓷的釉色还包括甜白、釉青白釉和象牙白。甜白是永乐窑创烧的一种白釉。永乐白白瓷制品中许多都薄到半脱胎的程度,能够光照见影。在釉暗花刻纹的薄胎器面上,施以温润如玉的白釉,便给人以一种"甜"的感受,故名"甜白"。青白釉又叫影青,它是景德镇窑在北宋初中期的独创。青白釉釉质含铁量低,釉色白中泛青,釉层细薄晶莹。加上烧质极薄,器上的暗雕花纹,内外都可以映见。在花纹边上,现出一点淡青色,其余几乎都是白色,故称青白釉。象牙白即明代德化窑的纯白釉。因釉中三氧化二铁含量特别低,而氧化钾的含量不特别高,再加上烧成时采用中性气氛,所以釉色特别纯净。从外观上看色泽光润明亮,乳白如凝脂;在光照之下,釉中隐现粉红或乳白,因此有猪油白、象牙白之称。

白瓷比较典型的窑系代表为邢窑白瓷和定窑白瓷。

邢窑是我国陶瓷史上驰名中外的一处制瓷窑场。唐人李肇《国史补》载:"内丘白瓷瓯,端溪紫石砚,天下无贵贱通用之。"可见其生产规模之大,影响之远。邢窑白瓷胎骨坚实、紧密,叩击时能发出金玉之声,奏出美妙的音乐,使人产生赏心悦目的美感。

图 2.21　北宋景德影青狮子壶

邢窑始烧于北朝晚期,唐代是生产精致白瓷的繁荣时期。初期的白瓷器种类以碗居多,其次为杯、钵、盘等,制作工艺较为原始。入隋以后,邢窑白瓷数量逐渐增多,器类以碗杯最多,其次为盘、盆、壶。瓷器造型多为深腹高足,显得优美秀致,给人一种清新挺拔的美感。到了唐代,白瓷开始向精细化发展,制瓷工艺水平进一步提高。唐代邢窑生产的细白瓷,釉色洁白如雪,呈现出一种宁静雅致的色调,外形饱满,有一种充盈展扩的气势,两者相得益彰,如图2.22所示。

定窑是宋代"五大名窑"之一,其器物品种较多,有碗、盘、瓶、炉、佛像等,其中尤以碗、盘类居多。胎质坚细,造像规整秀巧,结构严谨,线条挺拔,古雅大方。定窑首创复烧法,所谓"复烧",就是把盘、碗之类的大口器反扣过来烧成,所以出现口部无釉的缺点,习称"芒口"。复烧法的优点是能够充分利用窑内空间,便于大量烧制,因而得到普遍推广。

早期定窑烧制的器物的造型厚重且多光素无纹。入宋以后,胎骨渐趋细薄坚致。由于胎料经过良好的筛选,可塑性极强,胎体洁白、细腻,器物薄而不变形,所施白釉精美莹润,有如牛乳,有如象牙,深为人们所喜爱,如图 2.23 所示。

定窑高超的技艺,对南北方陶瓷艺术产生了深远影响。辽金陶瓷、耀州窑刻花、景德镇窑的"南定",在其影响下都达到了很高水平。

图 2.22　小器大做的经典——唐代邢窑琴炉

图 2.23　北宋定窑刻纹柳编鱼篓瓶

2.1.2.4　彩瓷

彩瓷是器物表面上加以彩绘的瓷器,主要包括点彩瓷、釉下彩瓷、釉上彩瓷和斗彩瓷。釉下彩就是用彩料在成形的胎体上绘画纹饰,然后再施一层透明釉,经过 1 200～1 250 ℃的高温一次烧成。釉上彩可分为两种:一种是高温釉上彩,一种是低温釉上彩。高温釉上彩是指在用着色彩料彩绘,经高温一次烧成的彩瓷。低温釉上彩是将备好的彩料在已经烧成的白釉或其他颜色釉瓷器上彩绘纹饰,然后置于炉中低温烧烤(烤花时的温度为 800～850 ℃),是经过二次烧烤制成的。

在我国制瓷历史长河中,彩瓷的出现,结束了漫长的"南青北白"的一统局面。千百年来,彩瓷超卓而被世人公认者,举凡有三:元、早明、清初青花及釉里红,分享釉下彩极品之殊荣;明成化斗彩矗一峰之巅;清三代珐琅彩绝唱一时。明清彩瓷的兴盛,是中国瓷业装饰工艺上的一场影响深远的变革。它的出现使以往一贯占据统治地位的单色釉逐渐退居次要地位,我国瓷苑出现了一个色彩缤纷、百花争艳的崭新局面。

明清时期的彩瓷主要有斗彩、五彩和粉彩等。原始的斗彩是明代工匠在钻研宋代红绿彩工艺的基础上,通过用红彩替代青花釉里红器的釉里红部分而获得的。斗彩的制作工艺是先在瓷胎上用青料画上青花,或只是青料勾出图样的轮廓线,罩上透明的釉衣,经高温烧成,然后在烧成的瓷器上或覆或填上各种所需的颜色,再送进窑里二次焙烧,经 800 ℃左右的低温烧成。釉下青花与釉上各彩相互辉映,争奇斗艳,所以叫斗彩。

刚开始釉上颜色只有红色,但到了明成化年间,黄色、绿色、紫色、黑色等多种颜色被工匠研制出来。这些丰富的颜色加上当时精细的白瓷,斗彩工艺在成化年间已经非常高超。明代以后,斗彩虽仍有所发展,比如清代雍正年间大力模仿成化斗彩,并又努力研究新的制作,但其艺术水平都未超过成化彩瓷。后期随着明代五彩、清代粉彩的出现,人们就很少致力于斗彩了。

明成化鸡缸酒杯是一种高仅 4 cm,口径 6 cm 左右的小酒杯(见图 2.24)。形状像深腹小碗,圈足,敞口,上面常画一些紫藤葡萄、花草山石、林隐高士等。最可爱并最有代表性的是表现鸡家族的。常常一面画着公鸡,一面画着母鸡带着小鸡寻食。为了增添情趣,丰富画面,经常还配画一些牡丹、假山石和兰草。

五彩瓷的制造工艺是在斗彩的基础上发展而来的,始烧于明宣德年间。其烧制方法是先用红、黄、绿、蓝、黑、紫等各种彩料,按图案纹饰的需要施于烧好的瓷器上,再在彩炉中二次焙烧而成。五彩的着色剂为铜、铁、钴、锰等技术类,即文献中所说的"铅粉、焰硝、青矾、黑铅、松香、白炭、金箔、古铜⋯⋯黄色用石末铅粉入矾红少许配成。用铅粉石末入铜花为绿色。铅粉石末入青料则成紫色"。实事上五彩瓷并不是那么容易烧造的。由于每种颜色的耐火度不尽相同,有的耐火度高,有的耐火度低,在同一温度下,有的颜色还未烘好,有的颜色却已经温度过高而开裂了。所以烧成一件成功的五彩瓷,极不容易(见图2.25)。

图 2.24　明成化鸡缸酒杯

图 2.25　康熙年间五彩瓷——镂空香薰炉

明代的五彩瓷器主要以红、绿、黄三色为主。画法均用单线平涂,纹饰浓艳翠丽,强烈鲜明。五彩瓷器这种画法有一个比较大的缺点——色调生硬,这个缺点在随后的粉瓷中得到解决。清初时五彩瓷有了新的发展,其中以康熙五彩最为有名。康熙五彩的一个重大突破是发明了釉上蓝彩和黑彩色调,其浓艳程度超过青花。这种发明,不仅使得清代五彩比明代釉上五彩更艳娇动人,还改变了明代釉下青花、釉上五彩相结合的青花五彩占主流地位的局面。

粉彩,又名"软彩",由康熙时期的珐琅彩衍生而成。它的诞生与清代整个艺术风格都趋于柔靡轻巧有关。其特点是改变了五彩那种单线平涂的生硬色调,通过对某些部分采用玻璃白粉打底,并有意识地减弱色彩的浓艳程度,突出了阴阳、浓淡的立体感。同时,粉彩的烧成度比较低,一般在彩炉内焙烧700 ℃左右即可烧成,所用彩料比五彩更多,因此,比五彩更为娇艳,以淡雅柔丽名噪一时。粉彩的兴盛,为中国古陶艺术史又增添了光辉的一页。

清代乾隆粉彩镂空瓷瓶的瓶身上有两只鱼嬉戏的图画,为乾隆三十余年官窑制品,属于皇宫收藏(见图2.26)。该瓷瓶在最近的一次拍卖会上以高达5.5亿元的价格被拍走,刷新中国最贵艺术品记录,足见粉彩陶瓷艺术价值之高。

图 2.26　清代乾隆粉彩镂空瓷瓶

除了上面三种瓷器外,中国的瓷器史上还出现了黑瓷、青花瓷等瓷器品种。所有的这些瓷器都是各个时期各个民族的文化与科技的产物。它们以独特的方式提供了人类历史发展过程中的特殊信息。这些信息除了包括材料、工艺、技术等物质生产方面的信息,更重要的是蕴含着人的精神及文化方面的信息,体现着人的本质力量的对象化,有着审美情趣、时代风尚的熔铸。总之,瓷器与陶器作为一种"世界语言",在时间的维度上联系着远古与现在,在空间维度上沟通了不同民族、不同国度的人们的共同情趣和审美心理。

2.2　陶瓷与中国文化

假如把一个民族的文化比作一首激昂跌宕的乐曲,那么,一件件精美的陶瓷毫无疑问就是构成这首乐曲的那一个个音符,合成陶瓷文化的旋律。这些旋律,有的激越,有的深沉,有的热情,有的理智,有的色彩缤纷,有的本色自然……通过一个个、一代代的陶瓷器物,人类的智慧和文化意蕴得到了"固化"并世代相承,进而延续了人类前进的步伐。从这个角度说,陶瓷是人类的另一种生命符号,这是任何其他文物都不能比拟的。

中国陶瓷与中华文明有着广泛深刻而且极为独特的密切关系。泱泱中华古国,最初经瓷器"使者"为世界所知,文明昌盛的中国形象,起先以瓷器为媒向世人展示,以至于China(瓷器)成为中国的象征和代名词。仅此一点,足以说明陶瓷与中华古代文明的特殊关系。更为重要的是,在中国陶器和瓷器的诞生、发展和流变过程的现象背后,反映着中华文明发祥、发展的足迹,标志着物质文明和精神文明前进的步伐;同时,由陶瓷器形和纹饰流变所体现的陶瓷适应社会"需求"变化的状况,也成为中华文明发展过程的一种特殊记载。

2.2.1　陶瓷与食文化

食,是人们物质生活的重要内容,也是人类精神文明赖以产生的前提和基础。正如恩格斯所说,人们首先必须吃、喝、住、穿,而后才能从事政治、科学、艺术、宗教等活动。数万年前,火的出现帮助人类结束了茹毛饮血的生食阶段进入了熟食阶段。其后,随着生产力的不断提高,食问题对人们来说,便不再是简单地为了满足生理的需要,而是成了生活享受、生活乐趣中的一个重要方面,进而其与诗词、歌赋、音乐舞蹈、戏剧曲艺等紧密结合,构成一门极具特色的文化——食文化。中国饮食文化的历史源远流长,博大精深。它经历了几千年的历史发展,已成为中国传统文化的一个重要组成部分,在长期的发展、演变和积累过程中,中国人从饮食结构、食物制作、食物器具、营养保健和饮食审美等方面,逐渐形成了自己独特的饮食民俗。

中国食文化的演变往往伴随着食具的不断改进,美食与美器的和谐、统一,是中国饮食的优良传统。中国最早的食器便是陶器,而陶器也可以说是因食而生。陶器的使用,将人类社会带入了新石器时代,从此才有了专用于烹食、盛食、进食的器具,人们的饮食习惯因此也发生了翻天覆地的变化。随后,随着制陶技术的发展,中国古代的食器经历了灰陶食器、彩陶食器、黑陶食器、青瓷食器、彩瓷食器等几个阶段的发展,并在明清时期同饮食文化一起进入了鼎盛时期。

2.2.1.1　陶瓷食器的演变

1. 陶制食器

我国最早的饮食用陶器出现在约1.5万年前,先民们偶尔在自然火灾或使用自然火中找

到了熟食,发现其口感好,容易咀嚼,且易消化吸收,
从中受到启发,进而摸索出煮烧食物的办法和器皿。
洗涤用的陶盂,贮水的陶壶,炊煮的陶罐、陶釜,盛饭
的陶碗等是早期主要的食器。这些陶器有泥质陶和
夹砂陶两类。盛贮器一般用泥质陶;夹砂陶是有意在
陶土中渗进适量砂粒和蚌壳,因为砂粒或蚌壳多含有
铝或石英,使烧成的陶胚结构疏松,能适应急冷急热,
所以炊煮器都用夹砂陶。另外,当时的炊具多是圆
底,其器体常饰有绳纹或者麻布纹(见图 2.27)。采用
圆底是由于底部压在热灰上的面积小,四周受火烘烤

图 2.27　绳纹陶罐

面积大,煮食速度快。绳纹则说明可能在六七千年前我们的祖先就已经知道粗糙的表面可增
加吸热能力的科学现象。

　　由于使用釜罐特别是圆底器皿进行烹食时要在其底部垫石头等支撑,这样容易使器皿侧
翻,因此,我们的祖先对其结构进行一定改进,在罐的底部增加了三个腿,免去了支撑,这就成
了陶鼎(也即鬲),如图 2.28 所示。有了陶鼎,肉类的使用方法又增加了"炖"和"涮"。随后,食
器有了更大的进步,食器的种类更加丰富,出现了组合炊食器——釜和灶(见图 2.29)。釜和
灶组合的出现使得人们可以离开火塘,将器皿搬到任何地方去烹煮,增加了烹调的灵活性。从
现在的角度看,这种组合更像是一种原始的火锅。另外,这种炊食器相比单独的炊食器,其热
量利用率更高,食物更容易煮熟。

图 2.28　陶鼎

图 2.29　釜和灶组合

　　新石器时代后期,轮制陶器技术的出现实现了中国上古制陶业的一次质的飞跃。陶钧的使
用大大提高了古人制陶的效率,而且陶器成品厚薄均匀,形体端正,陶器的种类增加了许多,器物
的功能也更加多样。这时出现了陶鬲和甗。陶鬲是用来煮流质食物的,类似鼎,也是三足型器
物。但其三足为中空的袋型足,这种结构既能增加容量,又能使火的接触面积增加到最大限度,
用鬲煮东西,既节能又快熟。甗是由鬲和甑结合构成的(见图 2.30)。甑的底部是一块多孔的箅。
煮饭时,在三足撑起的空间内放柴烧火,下部鬲中盛水煮饭而上部甑中放置米类干食,依靠下部
沸水形成的蒸汽上浮将上部干食蒸熟,是一个蒸煮两用器。陶甗的出现,说明早在 5 000 年前,人
类就已懂得利用蒸气热。有了鬲和甗,人类熟食谷物的方法又增加了煮粥和蒸饭两种。

　　除了以上几种陶器外,在石器时代的遗址中还出土了大量的饮食陶器,包括杯、钵、碗、盆、
觯、觥、簋、壶、鬶、豆、盘、皿、斝、尊、杯、高足杯、觚、觚、角、爵等(见图 2.31)。透过这些陶器,
我们仿佛又看到了在 5 000 多年前的黄河流域、长江流域、辽河流域、珠江流域那种遍地炊烟
袅袅、饭香四溢的场景。

图 2.30　陶甗

图 2.31　陶鬶

2. 瓷制食器

青铜制造工艺在夏商周三个时期飞速发展,各种性能优异的铜质饮食器开始大量出现在社会上层人士的日常生活中。青铜器的使用使中国的饮食文化达到了第一个全盛时期,同时饮食礼仪亦逐步完善。但由于青铜在当时是属于稀缺材料,因此青铜食器在当时并未得到普及。直到商代末期原始瓷器的出现后,普通人们的饮食生活才有了本质的改变。

原始青瓷比陶器在器皿的表面加了釉。这层釉不仅使瓷器表面光洁,还保护了胎骨。因此,瓷器具有美观、卫生、牢固、使用方便等优点,方便先民们用于饮食生活,这是社会发展和进步的表现。原始青瓷初期以储藏器如尊、瓮、缸等占多数,这主要有两个原因:一是此时食物(主要是粟谷类)除了使用还略有剩余,需要较大的储存食物器具;二是先民考虑到食物的防潮和霉变等原因。原始青瓷的烧造工艺、制造手法在随后的几个朝代向前迈进了一大步。

春秋战国时,铁制器物开始流行。铁制炊具开始逐步取代陶制炊具。陶制三足鼎、鬲、簋、簠、方彝、觥、爵、盉、瓿、觯等饮食器已完全消失。原始青瓷被广泛用于制作簋、簠、豆、罐、盂、碗、尊、盘等。工匠们在制作饮食器皿时将口缘部分修整适宜,使人们在使用时倍感舒适。另外,在一些该时期的遗址中发现的带盖的饮食青瓷器种,说明古人对饮食卫生、烧煮保温、饮食烹调的改进有了新的意识和要求。此时,大敞口的平底器物的普遍使用表明粟、稻类等易存放的农作物产量有了提高。

汉代是中国饮食文化大发展时期。国家统一强盛,农业发达,丝绸之路的开通,中外交流的加深,加上温室种植技术的发明,大大丰富了当时的饮食内容。铁质炊具在汉代开始使用,并取代了陶器炊具的位置,而青瓷制造技术的成熟使瓷制器皿被大量用作盛放食物的器皿如碗、罐、壶、碟、盆、盘等。汉代饮食在传承前代饮食文化的基础上,初步形成了一个较为完整的体系。这一时期的饮食器具的品种已较为齐全,不同形制的花色器具更加丰富多样,不同食具用途相对确定,并且都讲求成套搭配,杯盘碗碟,品种齐全,功用完备(见图 2.32、图 2.33)。在瓷制食器制作工艺上,追求轻巧精致、实用性和生活化。

三国两晋南北朝时期,由于交通的便利,许多较大的商业贸易区开始形成,人口猛增,为饮食行业创造了优越的条件,大大地促进了餐饮业对陶瓷器的需求。三国时,南方的青、黑釉瓷窑大量生产日用陶瓷器,这些陶瓷器包括碗、盘、盆、壶、碓等。两晋时期,白瓷开始在北方的瓷

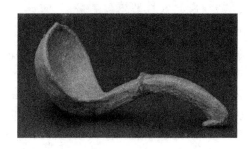

图 2.32　汉代绿釉勺

图 2.33　汉代四鱼纹大盘

窑中诞生,南青北白的局面开始形成。两晋时由于等级森严,宫廷皇室、士族官僚奢侈成风,他们所用的饮食瓷器皿是特殊生产的。为了有"高层次"的享受,权贵人士多要求窑产品特别是饮食器的口、颈、肩、腹上装饰各样花饰,如龙、凤、鸡首、虎首、熊、羊、狗、几何花带、飞禽走兽、人物等,再罩上一层光亮滋润的青釉,这种美观实用的饮食器经久耐用,不沾异物,没有异味,不怕腐败,方便洗涮,又不褪色,轻重适宜。相比而言,平民百姓则多用粗瓦胎,素面,釉质差的饮食器。

　　到了唐代,社会安定,经济日益昌盛,人们生活水平的提高,文化的繁荣,对外交往频繁,宗教信仰自由等因素共同促使饮食文化进入鼎盛时期,进而带动了饮食类瓷器的繁荣与发展。白瓷饮食器被广泛用于当时的人们的日常生活中,其中以邢窑为代表的白瓷被时人喻为"类银"、"类雪",质量相当高。白釉日用瓷一改前期青、酱瓷的暗淡之色,洁白无瑕,让人的眼睛一亮。白瓷产品配上各种颜色的食物,起到了层次鲜明的饮食视觉效果。除了白瓷外,青瓷和"唐三彩"餐具在当时也有很广的应用。青瓷工艺十分注重在餐具的内饰中装饰山水鱼虫花鸟动物和神仙人物等图案,十分生动形象。而至今仍然有重要艺术价值的"唐三彩",在当时就已是各类高级筵席上的名贵饮食器具。

　　五代陶瓷的生产,某种程度起到了承上启下的作用,此时工匠将饮食器的圈足加高、加深,器型也趋向柔薄。唇口碗、花口碗、盘大量出现,还新创三角小盘、瓣型盏陀、盘(有三至六瓣之分),这是饮食器装饰的变化时期,这些薄胎,薄圈足的日用瓷影响了后期生活日用瓷的生产工艺,使后期的饮食器皿更贴近以人为本的思想创意。辽代陶瓷生产是个特殊时期,所烧的饮食陶瓷器融合了契丹风韵和中原风格,有凤首瓶、方碟、穿带扁壶等。辽人的饮食文化与中原的区别是多见用瓷器盛装的羊、牛肉串,还有就是可随身携带,适于奔波在马背上的各式编壶,以及抓放自如的鸡腿瓶。

　　宋代是我国饮食史上一个"盛期"。从名画《清明上河图》中可以清晰地看到当时餐饮业的情况:图中有挂着"正店"招牌的三层大酒楼,有"脚店"及街岸两旁描有大伞形遮蓬的食摊,熙熙攘攘的人群围站食摊,从业人员忙碌着殷勤地接待顾客,桌面上杯盘狼藉,生动逼真,历历在目。宋代的瓷制饮食餐具有其独特的一面,如果说隋唐瓷器充溢着华贵的异国情调,那么,宋代瓷器则充满了一种纯净的禅教气息。宋代的陶瓷的艺术风格,可以概括为是有哲理批判的、内省的倾向,具备犀利、清逸、庄严等特征。两宋时期的瓷产品不论在产量上,还是制作技术上,比前代都有很大的提高,且烧造瓷器的窑场遍及全国各地。北方有定窑刻花印花白瓷,官窑纹片青釉细瓷,钧窑黑釉白花斑瓷,海棠红瓷,以及独树一帜的汝窑瓷、耀州瓷磁州瓷;南方有越窑和龙泉窑刻花印花青瓷,景德镇窑影青瓷,哥窑水裂纹黑胎青瓷,以及吉州窑和建窑黑釉瓷所有的瓷器,尤其是日常生活用瓷各具特色。其中,青花瓷 700 多年来一直被当成高级餐具使用,1949 年后国宴上使用的"建国瓷",就是在它基础上改进的。宋代各窑场生产的饮食瓷制品有各类碗、盘、碟、杯、盏、瓶、罐、盆等(见图 2.34)。这些饮食器不仅质量好,而且装饰手段也非常独到,有手绘、刻划、模印、堆塑、二次氧化等。

　　明代,随着社会经济的迅速发展和城市的繁荣,其手工艺的发展进一步促进了饮食文化的发展,特别是陶瓷艺术的发展,此时的色釉和画彩发展到了很高的水平,这一时期陶瓷餐具式样丰富、品种繁多、色泽鲜艳,而纹饰上多用"白地青花,间装五色,为古今之冠",给人以妙趣横生的感觉,极大地增加了餐具的艺术效果。此时的器具单就纹饰来看,继承唐宋时期的纹饰艺术的基础上有了极大的发展,各种花卉果实的器具形象逼真,虫鱼鸟兽呼之欲出,人物神态逼真,达到了很高的艺术意境(见图 2.35)。"中心画双狮滚球为上品,鸳鸯心者次之,花心者又次。杯外青花深翠,式样精妙",可见,当时不仅餐具形状多样,而且烧制技术极高,色彩丰富艳丽,纹饰五彩缤纷,质地光泽细润,这些器具供宫廷贵族餐饮之使用,而这些饮食器具与当时品种繁多的各类肴馔相结合,形成了丰富多彩的饮食文化的内涵。

图 2.34　宋代青花双耳罐

图 2.35　明代青花瓷食器

　　清代是封建制度高度发展的时期,地位的尊卑高低在饮食中表现得非常明显。不同身份的人所使用的餐具的品种及数量都有严格的区别。珐琅彩和粉彩陶瓷是当时具有代表性的餐具,其具有极高的艺术欣赏价值(见图 2.36)。在食器的纹饰上,"五福"、"万寿无疆"等吉祥祝福之语是比较常用的装饰,另外,特别的还会针对某一种菜肴,绘制与菜肴内容相关的图纹,如每年农历七月初七,清宫御膳房所做的巧果,要放在绘有"鹊桥仙渡"图案的珐琅彩瓷碗中,其图案取材于喜鹊搭桥牛郎织女天河相会的传说,这种菜肴与食器在内容上一致、色彩上和谐的结合,可以说在饮食与器具的配合上,从内容到形式都向前迈进了一大步。

　　历代饮食类瓷器的造型,大都小巧精致,注重实用。在上流社会使用的瓷器,更注重艺术

图 2.36　清康熙年间珐琅彩四季花碗

欣赏价值,这些瓷器往往都是价值连城的珍品。

2.2.1.2　现代陶瓷食器

由于造型多样,手感清凉细腻,容易洗涤,陶瓷食器被广泛用于现代生活中,深受人们的喜爱。现代陶瓷食器相比古代的陶瓷食器在造型及装饰上都有了很大的改变。古时,由于社会经济及生产力水平的低下,小农经济占主导地位,因此,陶瓷食器的侧重点往往在满足最基本的实用上。现代社会,随着经济的进步与发展及人们审美意识的增强,陶瓷食器在满足实用性的同时,也要满足使用者多元化、个性化的审美要求。这种美不同于高楼大厦、钢筋水泥的"整齐美",以及工业机器生产的产品的标准化,而是一种自然美(即强调材料的天然性,尽量少地掺入人为的因素)和和谐美(与其他器皿配合的适当、匀称、和睦协调)。

另外,由于现代生活的快节奏及对劳动和生活高效率的追求,人们更强调省时、省力和保健、便捷,因此微波炉、洗碗机等各种与饮食相关的家用电器大量进入家庭,陶瓷餐具的设计也开始考虑这些物品组合以后的相互关系,以及与整个餐饮环境的协调问题,如考虑现代烹调方式特点、材质的适用性质、饮食保健因素等。目前,市场上使用的陶瓷餐具大概可以分为五个类别:①镁质瓷餐具,该种餐具具有强度高、无铅毒等特点,适用于机械洗涤、微波加热、高温加热或消毒等现代生活方式;②镁质强化瓷餐具,该种餐具外观好,不含铅等化学物质,是无污染的绿色、环保餐具;③强化瓷餐具,该种餐具最大的特点就是耐碰撞;④贝质瓷餐具,该种餐具无毒、无铅、无害并永不褪色,不易破碎,适合于洗碗机洗涤;⑤色釉瓷餐具。

2.2.2　陶瓷与茶文化

中国是茶的故乡,是世界上最早发现茶、饮用茶并创立独具中华民族特色的茶文化的国家。早在神农时期,茶及其药用价值就已被发现,先民们将其作为药物来对付茹毛饮血的恶劣环境中的疾病,如瘟疫、瘴气、疟疾等。随着人类生活的进步,茶也由药用演变成一种日常生活饮料。我国历来对选茗、取水、备具、佐料、烹茶、奉茶,以及品尝方法都颇为讲究,因而逐渐形成丰富多彩、雅俗共赏的茶文化。茶具是我国茶文化中的一个重要组成部分,从茶具的兴衰史,可以看到茶文化的历史背景,也正是在茶具中,陶瓷和茶两种风格迥异的文化找到了最佳的切合点。

2.2.2.1　陶瓷茶具的发展过程

茶具,其定义古今并非相同。古代茶具,泛指制茶、饮茶使用的各种工具,包括采茶、制茶、贮茶、饮茶等使用的工具,陆羽的《茶经》就是这样概述茶具的。现在所指专门与泡茶有关的专门器具,古时叫茶器,直到宋代以后,茶具与茶器才逐渐合一。目前,则主要指饮茶器具。《茶经》中详列了与泡茶有关的用具 28 种共 8 大类,对茶具总的要求是实用性与艺术性并重,力求有益于茶的汤质,又力求古雅美观。

茶具对茶汤的影响,主要表现在两个方面。一是茶具颜色对茶汤色泽的衬托。陆羽的《茶经》推崇青瓷,"青则益茶",即青瓷茶具可使茶汤呈绿色(当时茶色偏红)。随着制茶工艺和茶树种植技术的发展,茶的原色在变化,茶具的颜色也随之而变。二是茶具的材料对茶汤滋味和香气的影响,材料除要求坚固耐用外,至少要不损茶质。

古代的茶具,因煮茶、煎茶、冲茶(沏茶)各个阶段饮茶方法不同而有所变化。公元 7 世纪以前,饮茶,主要是生煎羹饮,茶汤并非专门饮料,因此,对盛茶汤的器皿没有什么特殊要求,而是与盛其他食物的用器不分彼此,盛水、盛菜、盛羹、盛酒,也盛茶。直至进入品茶,才开始讲究茶色。茶色的呈现,同盛茶碗盏的颜色密切相关,必须与之相配,茶色才更易显露。

　　唐代流行煎茶,茶饼的汤色为淡红色,凡是白色、黄色、褐色瓷,都会使茶汤分别呈现红色、紫色、黑色,而只有青瓷可使茶汤呈现绿色。又由于唐人在茶色上尚绿,因此盛茶的碗需要选用青瓷。陆羽在《茶经·四之器》中强调要用越州窑的青瓷,并与邢州窑白瓷相比,列出其优点:①邢瓷似银,越瓷如玉,越瓷胜过白瓷;②邢瓷似雪,越瓷如水,邢瓷不及越瓷;③邢瓷白色,使茶汤呈红色,而越瓷青色,能使茶汤呈绿色。越窑所产精品,称为秘色瓷,尤为上乘(见图2.37)。唐代诗人陆龟蒙的《秘色越瓷》诗中有"九秋风露越窑开,夺得千峰翠色来"。翠色青瓷,盛得绿色煎茶,清澈碧绿,相映成趣,当然赏心悦目。

图 2.37　唐代越窑青釉海棠式碗

　　宋代,点茶法开始盛行,并发展成为斗茶。当时,上自皇帝、宫廷权贵,下至茶人庶士,尽皆崇尚"茶色贵白",当时建安北苑御茶园所造的极品贡茶茶饼,有"龙团胜雪"、"白茶水芽"的美誉。由于茶色尚白,为了与其能形成鲜明对比,为品茗、斗茶平添美感和情趣,需要选用黑盏茶碗。建安烧制的黑釉盏在当时备受青睐,甚至与当时的定、钧、哥等名窑齐名。由于其黑釉里有细丝状银色结晶,纹理像兔毛,因此被冠以"兔毫盏"的美名。

　　明朝时,饮茶使用的系列茶器发生了根本性的变革。明太祖朱元璋从体恤人民、减轻贡役出发,废团茶,改制叶茶为贡。明太祖罢团茶在中国茶学史上具有划时代的意义。它使饮茶方式、茶器茶具发生了根本变化,并奠定了数百年之后的近代人的饮茶方式。点茶法开始被煮饮法所代替,茶碾、茶磨、茶罗,以及相关的茶器均被扬弃了。由于散茶需要用开水冲泡,因此,各类精美陶瓷茶壶就应运而生了。宜兴紫砂壶在明代中期蓬勃兴起,价胜金玉,为时人所珍,且久盛不衰。又由于散茶茶色为黄白,需要用白瓷来相衬,纯白小巧的定瓷茶碗因而取代体态较大的黑釉兔毫茶盏(见图2.38)成为主流的饮茶瓷。定瓷质地洁白如玉,胎薄细腻,釉彩莹润,造型典雅,自古有"定州花瓷瓯,颜色白天下"之誉(见图2.39)。

图 2.38　建窑兔毫盏

图 2.39　定窑白瓷金口茶碗

　　清代饮茶基本上保留了明代饮茶之风俗,但名茶数量有较大的提高,这无形中刺激了茶具的生产。清代茶具风格倾向华丽浓艳,纤细繁缛(见图 2.40),与待客的主人身价陪衬起来。茶盏茶托,到了清代,配上了盏盖,终于完成一套盏、盖、托三合一的"盖碗"茶碗(见图 2.41)。这种盖碗茶碗仍在现今的一些茶馆、茶社中使用,甚为古色古香。清代以江西景德镇生产的瓷制茶具最为有名。康熙时,一种胎质洁白、通体通亮、薄如蛋壳,几乎达到脱骨之境地的珐琅彩瓷茶具,被皇宫和高层人物所重视,而其他彩瓷茶具、青花茶具也普遍受到人们的青睐。除此之外,福建德化、河北唐山等白瓷茶具也得到品茗茶人的喜爱。至此,中国的茶具已发展到丰富、多彩的时代。

图 2.40　清宜兴紫砂胎珐琅彩描金菊瓣壶

图 2.41　清粉彩金地莲花纹盖碗

2.2.2.2　陶瓷茶具的"奇葩"——紫砂

　　紫砂壶在明清时代的出现与当时饮茶方式由烹茶变为沏茶而需要使用茶壶有关。通常认为,紫砂工艺始创于明代正德至嘉靖年间,由江苏宜兴的制陶大师龚春发明,宜兴紫砂因此被当做紫砂壶的代表深受世人喜爱。龚春弟子时大彬、李仲芬及徐友泉随后通过对紫砂工艺的改进,使传统的紫砂壶变成了有生命力的雕塑艺术品,充满了生气和活力。清代,紫砂工艺大师辈出,杨彭年、陈曼生等人将诗文书画与紫砂壶陶艺结合起来,创作出了许多新奇的紫砂壶,为紫砂壶创新带来了勃勃生机。杨、陈两人合做的紫砂茶具珍品,更是被称为"曼生壶"(见图 2.42)。正是这些大师对紫砂工艺的代代相承,紫砂壶才能一直延续生命,并至今仍经久不衰。

　　宜兴紫砂壶在大师的妙手下,具有色泽古朴凝重,造型千姿百态、匠心独运、韵致宜人等特色,但其深受人们喜爱的主要原因除了艺术欣赏特点外,还在于它内涵的趋于臻境的使用价值,用它泡茶有许多优点。

　　(1)紫砂是一种双重气孔结构的多孔性材质,气孔微细,密度高。用紫砂壶沏茶,不失原

图 2.42　曼生壶

味,且香不涣散,得茶之真香真味。《长物志》说它"既不夺香,又无熟汤气"。

（2）紫砂壶透气性能好,使用其泡茶不易变味,暑天越宿不馊。久置不用,也不会有宿杂气,只要用时先满贮沸水,立刻倾出,再浸入冷水中冲洗,元气即可恢复,泡茶仍得原味。

（3）紫砂壶能吸收茶汁,壶内壁不刷,沏茶而绝无异味。紫砂壶经久使用,壶壁积聚"茶锈",以致空壶注入沸水,也会茶香氤氲,这与紫砂壶胎质具有一定的气孔率有关,是紫砂壶独具的品质。

（4）紫砂壶冷热急变性能好,寒冬腊月,壶内注入沸水,绝对不会因温度突变而胀裂。同时砂质传热缓慢,泡茶后握持不会炙手,而且还可以置于文火上烹烧加温,不会因受火而裂。

（5）紫砂使用越久,壶身色泽越发光亮照人,气韵温雅。紫砂壶长久使用,器身会因抚摸擦拭,变得越发光润可爱,所以闻龙在《茶笺》中说:"摩掌宝爱,不啻掌珠。用之既久,外类紫玉,内如碧云。"《阳羡茗壶系》说:"壶经久用,涤拭口加,自发黯然之光,人可见鉴。"

综上所述,紫砂壶能"裹住香气,散发热气",久用能吸引茶香,更能散发油润光泽,用得越久价值越高。宜兴紫砂壶自明代中叶勃兴之后,经过不断的改进,最终成为雅俗共赏,饮茶品茗的最佳茶具。

2.2.3　陶瓷与酒文化

酒是人类饮用历史极长的一种饮品。相传早在夏朝,我国的酿酒业就相当发达,并且具有一定的规模和数量。酒具作为酒文化的重要载体,其生产发展始终与人类文明及社会发展同步。追溯中国几千年酒具的发展过程,我们看到的不只是精美神奇的酒具,更是浓缩在它们身上的历史长河中的时代痕迹。

2.2.3.1　中国古代陶瓷酒具的发展史

酒的产生与社会生产力发展水平有直接的关系。旧石器时代人们以狩猎为主,农业在当时还未萌芽,由于缺少谷物、小麦等酿酒的原料,先民还不能人为地造酒。新石器时代,随着农业文明的逐步出现,人们在长期的实践中,掌握原始农业的耕作、养殖等技术。人们把辛勤劳动得来的谷物放在大型陶器中储存,食用未完或者遇水的谷物在酵母菌的作用下,加上处在温暖潮湿的环境中,不太长时间内就发酵变质,而成为类似于酒的液体,就这样,先民们逐渐掌握了谷物酿酒技术。经过不太长的时间实践,用陶器盛装谷物酿酒已能达到了较为成熟的地步。我国出土的较早的酒具是大汶口晚期文化的陶瓷制品,包括发酵用的大型陶尊,滤酒用的漏缸,贮酒用的陶瓮,还有各种类型的饮酒器具。龙山文化的黑陶杯代表了新石器时代酒具的最高水平(见图 2.43)。新石器时代的酒具,朴素实用,造型多样,罐、瓮、碗、杯等种类丰富。彩绘陶所绘图案显示着朦胧的抽象之美,三角纹、方格纹、波浪纹等皆是从自然界中获取灵感装饰到酒具上,祈求自然界给人类以安宁,反映着当时人们对神灵的祈求和崇拜。

图 2.43 龙山文化黑陶杯

商周时期,由于青铜冶炼技术的成熟,青铜酒具取代陶瓷酒具成为当时主流社会的酒礼用器。但在民间,陶制酒具仍然是主要用具。这一时期,陶瓷酒具受青铜器的影响较重,外形比较多的是模仿青铜器的造型。另外,由于农业水平的进一步提高,酿酒的原料得到了保证,酒生产开始普及,酿酒技术也相应地得到提高。青铜器在春秋战国开始由盛转衰,陶瓷再次成为社会各个阶层主要的饮酒器。人们在该时期发现了谷物、瓜果发酵的秘密,掌握了用曲酿酒的技巧。铁质农具在社会的广泛使用,大大地解放了劳动力,提高了生产效率,为农田深耕细作、粮食丰收创造了良好的条件。制曲技术的掌握及粮食的富余,使得酿酒业在当时得到了普及。对酒的大量需求,无形中刺激和促进了饮酒陶瓷具的生产和发展。

汉代早期,漆制酒具作为当时最美的酒具开始流行。漆制酒具在继承战国漆器的艺术风格上有所创新,无论在造型、纹饰、色彩等方面都带有漆、木制品的特性美。尽管漆制酒具外观漂亮多彩,但用这种漆木酒具盛酒时间长了往往会变味。东汉时,随着瓷生产技术的成熟,加之瓷质酒具弥补了漆制酒具的不足且不渗漏、不挥发,因此,漆制酒具逐渐退出历史舞台,质优价廉的瓷酒具则被广泛使用。在酒具的发展中,其形制、工艺往往受人们的饮食习惯的制约,比如汉代人们饮酒一般是席地而坐,酒樽入在席地中间,里面放着挹酒的勺,饮酒器具也置于地上,故形体较矮胖;魏晋时期开始流行坐床,酒具变得较为瘦长。

魏晋、隋时期是中国历史由纷乱走向统一,封建社会进一步发展的历史时期。这时期手工制造业水平发展迅速。新的习尚应运而生,魏晋酒具以青瓷为主流产品,品种有酒碗、酒盏、酒柱、酒壶、樽、罐等,以鸡头、羊头作为壶嘴装饰的酒壶最为盛行。早期壶嘴是死口,只是起装饰作用并无实际意义,多作为随葬品;后期壶嘴多为中空,已成为实用器,起到了既美观又实用的作用。隋代所生产的白釉瓷非常精美,甚至成为后世白瓷的蓝本,白瓷酒具更加显示出酒文化的雅和纯。隋代酒具的造型十分丰富,包括各式带盖的罐、竹节状粗凸弦纹的盘口壶、双体双龙柄的长腹壶、玉壶春瓶,以及各式中小酒杯等。

图 2.44 所示的为酒器仿造汉代漆觞而制的青瓷饮酒用器。杯形小巧,端庄中显生动,平实中又富有动感,使用起来非常方便。王羲之兰亭集会,曲水流觞所用的"觞",就是这种形制的杯子。

唐代,蒸馏酒——白酒开始出现。由于白酒的酒精含量高于唐代以前的黄酒,人们的饮酒量减少,再则,桌子开始进入日常生活,因此人们可在桌子旁舒适坐下来享用美酒。酒具随之也产生了变化,出现了适于在桌子上使用的酒具,如注子,唐人称为"偏提",其形状似今日之酒壶,有喙、有柄,既能盛酒,又可注酒于酒杯中,因而取代了以前的樽、勺。由于酒具上了桌,不仅要做得小些,而且也要做得精致些,因此,在唐代盛行唐三彩类的饮酒器具(见图 2.45)。这些器具造型优雅,色彩纷呈,且器型别致。

宋代是陶瓷生产的鼎盛时期,有不少精美的酒器。宋代人喜欢将黄酒温热后饮用,故发明

图 2.44　南朝青釉羽觞杯和隋唐瓷制酒具精品——白瓷双腹龙柄传瓶

图 2.45　唐代酒器——三彩杯盘

了注子和注碗配套组合(见图 2.46(a))。使用时,将盛有酒的注子置于注碗中,往注碗中注入热水,可以温酒。青白釉蟠螭提梁倒流壶为宋代创新产品(见图 2.46(b)),在当时是一件科技含量较高的盛酒用具。此壶无盖,注酒时需把壶底朝上,酒从壶底中心的孔注入,然后翻转过来,壶内设有夹壁和导管,注酒时酒从导管流入夹壁中,翻转过来时酒不会淌溢出来,设计十分独特巧妙,表现了我们祖先高超的智慧,也说明古人崇尚酒器,对酒具的使用要求已从实用向趣味、新颖发展,酒具成为当时生活中不可缺少的重要组成部分。

　　明清时期,是我国古代酒器发展的鼎盛时期。这一时期酒具巧夺天工。精美的瓷质酒具因耐用、价廉,成为主流饮酒用具。清朝时期,由于康熙、雍正、乾隆三代对瓷器的喜好,

(a) 注子和注碗组合　　　　　　　　(b) 青白釉蟠螭提染倒流壶

图 2.46　宋代陶瓷酒具精品

中国制瓷业得到进一步发展,瓷器除青花、斗彩、冬青外,又新创制了粉彩(见图2.47)、珐琅彩和古铜彩等品种,真可谓五光十色、耀眼夺目、万紫千红、美不胜收。常见的器形主要有梅瓶、执壶、高脚杯、压手杯和小盅等。当时最走俏的酒具是景德镇手工彩绘的粉彩花卉翎毛的瓷酒具,其中不少用薄胎瓷制成,薄胎瓷的透明度高,可将酒的醇色呈现在人们的眼前,因此酒具不仅仅是为饮用,而且也注重于欣赏价值了。

图 2.47　清代紫地轧道粉彩描金带托爵杯

2.2.3.2　酒具与中西酒文化差异

中国和西方的酒文化有较明显的差异。在酒的用料与品类上,中国最具特色、最著名的是用粮食酿造的酒,如黄酒、白酒等;西方则是以葡萄为原料酿造的葡萄酒、白兰地等。酿酒原料的差别主要是由于两者气候的不同——中国地域广大,气候温和,土沃田良,适宜种五谷等农作物;而西方国家受地中海气候等的影响,不适宜大多数农作物的生产,却十分有利于葡萄的生长。

在酒文化的核心上,中国视酒为工具,意不在酒,所谓“醉翁之意不在酒,在乎山水之间也”,“山水之乐,得知心而寓之酒也”,人们更多的是依靠饮酒而追求酒之外的东西,因此,酒在中国人眼里更多的是被当做一种交际的工具。在西方,饮酒的目的纯粹是为了享受酒的美味而饮酒,是一种源自快乐本身的行为。

1. 酿酒器

由于所用原料的不同,中西方酿酒所用器具也有很大的差异。中国酿酒器往往使用陶瓷。由于在酿酒过程中需要加热,因此中国的酿酒器要求精致、耐高温、热传导性好,而陶瓷正好满足这些条件。另外,用陶瓷酒具贮存酒,可使酒的香味保持不减和不变。西方普遍的酿酒器则是木桶。由于葡萄酒是在常温下自然发酵生成的,因此其容器对耐高温等方面没要求。用木桶装酒,由于其木材多孔,外界的氧气缓缓渗入,包括酒精在内的挥发物质部分蒸发,使酒变得更加细腻、芳香;橡木释放出的辛香和单宁酸,给葡萄酒增添华美复合的润饰,使酒质不断成熟、稳定。

2. 饮酒器

中国的饮酒器往往集味觉、视觉与听觉为一体。陶瓷酒具精美的外观可为饮酒者提供酒以外的美的享受。从古到今,陶瓷酒具往往做得精细、雅致,甚至到了巧夺天工的程度,而采用其他材质的酒具是无法做到的。另外,使用陶瓷酒具斟酒时的悉悉之声使饮者产生先饮为快的感觉。有些陶瓷酒具甚至将这种悉悉之声变成悦耳的音乐之声,比如凤鸣酒具,就是在壶盖上做了个专门的陶瓷装置,注入酒后再往杯子里斟时就会有鸟儿啼叫般的响声,真是妙不可言。西方的葡萄酒爱好者对感官要求比较高,不仅酒要美味,而且酒的外观要优雅美观,这样他们就可以从中提高享受的乐趣和愉悦感。玻璃杯因其透明的特性而正好满足西方人的使用要求。另外,因为酒的颜色、香气、味道,会因为杯子的形状、大小、薄厚、颜色的不同而各异,其中的差别有时明显易辨,有时则细致入微,因此在西方不同类型的酒往往都对应不同类型的玻璃杯。

2.2.4　陶器与儒家文化

陶器与儒家文化的结合源起一种叫欹器的器物。它是一种灌溉用的汲水陶罐，是我国古

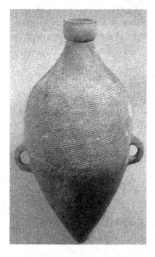

代劳动人民在生产实践中创造的。在六千多年前的半坡遗址中出土的尖底陶罐是已知的比较早的欹器（见图 2.48）。欹器有一种奇妙的本领：用绳子吊起空罐子的时候，罐子是倾斜的；放入水中水很容易进入罐中，但水装到一半的时候，水罐就会自动立起来；如果水盛满了，将盛水的罐子提起来，水罐又会倾斜把一部分水倒出来，剩下半罐水时就又直立了。

欹器一说最早出现在战国《荀子》一书的《宥坐》编中，记载如下。孔子观于鲁桓公之庙，有欹器焉。孔子问于守庙者曰："此为何器？"守庙者曰："此盖为宥坐之器。"孔子曰："吾闻宥坐之器者，虚则欹，中则正，满则覆。"孔子顾谓弟子曰："注水焉。"弟子挹水而注之，果中而正，满而覆，虚而欹。孔子喟然而叹曰："吁！恶有满而不覆者哉！"欹器在当时的鲁国被视为"国宝"，对鲁国国君治理国家起着警示的作用。欹器这种"满则覆，中则正，虚则欹"的特点正好与儒家文化所讲的中庸之道相符，它时刻告诫人们：无

图 2.48　半坡尖底陶罐

知和自满都是危险的，只有谦虚，认真学习知识，才堪造就，才有立身之本。古时很多文人、将士及帝王将欹器置于座右为戒，勉励自己在生活中要谦逊，不自满。欹器因而也可以看做是一种没有文字的座右铭。

欹器可能是古人在制造汲水用的陶瓶时偶尔发现的，因为它既不能用来吊水作为盛器，又只能用上一半。发明欹器的人也许不会料到这么个"奇怪"的器物竟能与伟大的思想家孔子"碰撞出智慧的火花"，甚至成为帝王的座右器。从现代科学的角度看，欹器是一种利用重心来调节平衡的器物，现代生活中我们可以看到很多利用这个原理设计的机构，如矿山的矿车，有些厕所里一种定时冲洗的翻斗，以及气象观测雨量计内的计量容器等。这些现代化的"欹器"或许可以看做是古人智慧的一种延续吧。

2.3　现代陶瓷材料

陶瓷材料经过了几千年的发展，已经成为人类生活和生产中一种不可缺少的材料，并且应用于国民经济的各个领域。它的发展经历了从简单到复杂、从粗糙到精细、从无釉到有釉、从低温到高温的过程。随着生产力的发展和技术水平的提高，各个历史阶段赋予陶瓷的含义和范围也随之发生变化。

传统的陶瓷和日用陶瓷、建筑陶瓷等是以黏土和其他天然硅酸盐矿物为主要原料，经过粉碎、混炼、成形、烧结等过程而制成。由于其主要的化学成分为硅酸盐矿物（如黏土、长石、石英等），因此传统陶瓷可归属于硅酸盐类材料和制品。生产的发展与科学技术的进步要求充分利用陶瓷材料的力学性能和物理学性能，现代陶瓷材料正是在这种时代背景下诞生的。现代陶瓷是人们在传统陶瓷的基础上，对陶瓷家族的一种扩充。但现代陶瓷材料却拥有传统陶瓷无法比拟的优越性能。表 2.1 说明了现代陶瓷与传统陶瓷的区别。

表 2.1 现代陶瓷与传统陶瓷的对比

性 质 ＼ 种 类	传 统 陶 瓷	现 代 陶 瓷
原材料	天然矿物,如黏土、石英、长石	人工合成的高质量粒体
组织结构	化学和组成复杂多样,杂质成分和杂质相众多而不易控制,显微结构粗、多气孔	化学和相组成简单明晰,纯度高,显微结构比较均匀而细密
制备工艺	矿物经混合后可直接用于湿法成形,材料烧结温度较低,一般为 900～1 400 ℃,烧结后一般不需加工,对材料显微结构要求并不十分严格	所用高纯度粉体必须有有机添加剂才能适合于干法或湿法成形,材料烧结温度较高,一般达到 1 200～2 200 ℃,烧结成后一般仍需加工,对材料显微结构控制非常重视
性能与用途	一般限于日常和建筑使用,如日用器皿、卫生洁具等	优异的力学性质,特别是高温力学性质和各种光、电、声、磁的功能,应用于各个工业领域,如石油、化工、钢铁、电子、汽车等行业,在很多尖端技术领域,如航天、核工业和军事工业中广泛应用

现代陶瓷材料主要是指具有优良的物理(电学、光学、热学、力学等)、化学、生物等多方面特性的陶瓷材料。其被广泛应用于电子信息、微电子技术、光电子信息、自动化技术、传感技术、生物医学、能源、环保工程、国防工业、医疗保健、航空航天、机械制造及加工、农业等各个方面,并发挥着重要作用。现代陶瓷一般也被称为先进陶瓷、高技术陶瓷、精细陶瓷等。根据现代陶瓷的特点,我们可将现代陶瓷材料大致地定义为:采用人工合成的高纯度无机化合物为原料,在严格控制的条件下,按照便于控制的制造技术,经成形、烧结和其他处理而制成具有微细结晶组织的、性能优异的无机材料。

现代陶瓷材料从传统的块体材料发展到纳米粉体、纳米管材、纤维材料和薄膜材料等,新型陶瓷材料的研发和应用日新月异。目前,现代陶瓷主要有电子结构陶瓷、电介质陶瓷、半导体陶瓷、导电陶瓷、超导陶瓷、压电陶瓷、磁性陶瓷、生物医学陶瓷、工程结构陶瓷、超硬陶瓷、陶瓷基复合材料、膜及纤维陶瓷材料、梯度陶瓷材料、纳米陶瓷材料等。

2.3.1 陶瓷材料的特点

材料的性能在很大程度上取决于其组织结构。到目前为止,陶瓷材料的性能潜力很大,这主要在于陶瓷材料的结合键、晶体结构、组织形态等比较复杂,对它们之间的关系,尤其是它们对陶瓷材料性能影响的研究有待于进一步深入。

1. 陶瓷材料相组成及结合键特点

陶瓷材料一般为多晶体,其显微结构包括相分布、晶粒尺寸和形状、气孔大小和分布、杂质缺陷和晶界等。陶瓷材料通常由三种不同的相组成,即晶相、玻璃相和气相(气孔)。晶相是陶瓷材料中主要的组成相,决定了陶瓷硬度等机械性能,并提供一些特定的光、热、磁等物理化学功能。玻璃相是非晶态低熔点固体相,它的作用是充填晶粒间隙、黏结晶粒、提高材料致密度、降低烧结温度和抑制晶粒长大。但若玻璃相分布在主晶相界面,在高温下陶瓷材料的强度降低,易发生塑性变形,因此,对陶瓷烧结体进行热处理,使晶界玻璃相重结晶或进入晶相成为固溶体,可显著提高陶瓷材料在高温时的强度。气相是在工艺过程中形成且不可避免保留下来的。气相的存在一般对陶瓷的性能有很大的危害,可使其机械强度减低,绝缘性能下降,介电损耗增大,透光率显著下降,因此需尽量减少。但对作为隔热材料的多孔瓷类而言,一定数量的气孔是必不可少的。

陶瓷材料的主要成分是氧化物、碳化物、氮化物、硅化物等,因而其结合键以离子键(如Al_2O_3)、共价键(如Si_3N_4)及两者的混合键为主。相应的晶体为共价键晶体和离子键晶体。陶瓷中的这两种晶体是化合物而不是单质,其晶体结构不像金属那样简单,可分为典型晶体结构和硅酸盐晶体结构。典型的晶体结构主要包括 AB 型结构(如闪锌矿型结构 ZnS)、AB_2 型结构(如硅石型结构 SiO_2)、A_2B 型结构(如赤铜矿 Cu_2O)及其他类型的结构(如 A_2B_3 刚玉型结构)。硅酸盐晶体是构成地壳的主要矿物(85%),是制造陶瓷的主要原料。硅酸盐晶体结构的特点是具有硅-氧四面体基本结构单元(现已发展成为钛—氧、锆—氧、碳—硅等多面体基本结构),具体分为岛状结构、环状结构、链状结构、层状结构和架状结构五种类型。

2. 陶瓷材料的性能特点

众所周知,金属材料的化学键大都是金属键,由于金属键没有方向性,因此金属有很好的塑性、韧性、可加工性、抗热震性及可靠性。而作为无机非金属化合物的陶瓷来讲,大部分结合键为共价键和离子键,键结合牢固并有方向性,同金属相比,其晶体结构复杂而表面能小。因此,它的强度、硬度、弹性模量、耐磨性、耐蚀性及耐热性比金属优越,但塑性、韧性、可加工性、抗热震性及使用可靠性却不如金属。因此,陶瓷材料很难产生塑性变形,且脆性大、裂纹敏感性强。

脆性是陶瓷材料的致命弱点,它限制了陶瓷其他优良性能的发挥,因此也限制了它的实际应用,因此,只有改善陶瓷的断裂韧性,实现材料强韧化,提高其可靠性和使用寿命,才能使陶瓷材料真正地成为一种广泛应用的新型材料。

获得韧化显微组织的增韧方法主要有两种:一种是自增韧,它是由烧结或热处理等工艺使其微观组织内部自生出增韧相;另一种是在试样制备时用机械混合办法加入增韧作用的第二相。图 2.49 列出了陶瓷增韧的常用方法及其对应的机理。经过增韧处理的陶瓷往往质地坚韧,比如增韧氧化锆陶瓷,其实心瓷球不仅摔在地上不会碎裂,甚至在铁砧上用铁锤都难以敲碎。目前,韧性最高的陶瓷是纤维强化的复合材料,例如碳化硅长纤维强化的碳化硅基复合材料,韧性高达 30 MPa·$m^{1/2}$,比烧结碳化硅的韧性提高 10 倍。这类材料已被广泛地应用于军工和航空航天等高端领域。

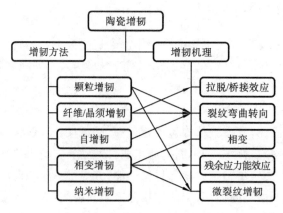

图 2.49　陶瓷增韧方法及机理

2.3.2　现代陶瓷材料的分类

随着生产与科学技术的发展,陶瓷材料及产品种类日益增多。但对于陶瓷的分类方法,目前国际上没有一个统一的标准,一般可从以下几个角度进行分类。

1. 根据化学成分分类

陶瓷的化学成分主要包括氧化物、碳化物、氮化物、硼化物四类。陶瓷根据这四类化学成分可分为氧化物陶瓷、碳化物陶瓷、氮化物陶瓷、硼化物陶瓷,如表 2.2 所示。氧化物陶瓷种类最多。

表 2.2　陶瓷按化学成分分类表

氧化物	Al_2O_3、SiO_2、MgO、Al_2O_3、SiO_2、MgO、ZrO_3、CeO_2、CaO、Cr_2O_3、$3Al_2O_3 \cdot 2SiO_2$、$MgAl_2O_4$、TiO_2、V_2O_3、Y_2O_3、$PbZrTiO_2$、$ZrSiO_4$
碳化物	SiC、TiC、WC、ZrC、B_4C、TaC、Be_2C、UC、VC、NbC、Mo_2C、MoC
氮化物	Si_3N_4、TiN、BN、AlN、C_3N_4、ZrN、VN、TaN、NbN、SeN
硼化物	TiB_2、ZrB_2、Mo_2B、HfB、WB、ZrB

氧化物陶瓷中以 Al_2O_3 和 SiO_2 两类应用最为广泛。碳化物陶瓷比氧化物具有更高的熔点。最常用的是 SiC、TiC 等。为了防止元素跟活性气体反应,碳化物陶瓷的制备一般需要在保护气氛下进行。氮化物陶瓷往往具有优良的综合力学性能和高温性能,应用最广泛的是 Si_3N_4。一般来讲,氮化物陶瓷的性能稍差于氧化物陶瓷,但最近刚刚出现的 C_3N_4,其性能可望超过 Si_3O_4。硼化物陶瓷作为单独的成分的应用较少,其往往作为深加剂或第二相以改善基体陶瓷材料的性能。

2. 根据性能和用途分类

陶瓷材料按其性能和用途,可分为两大类:结构陶瓷和功能陶瓷。

1) 结构陶瓷

随着科技的发展,特别是能源、空间技术的发展,材料需要在比较苛刻的环境下使用(如航天器的喷嘴、燃烧室内衬喷气发动机的叶片等),石油化工、生物、海洋开发等对材料的耐高温、耐腐蚀、耐磨损等性能要求也越来越严格,结构陶瓷正是根据这些要求而研制的。

用陶瓷代替镍基、钴基耐热合金,汽轮机成本可降低到原来的 1/30,图 2.50 所示为高温燃汽轮机中的陶瓷零件。结构陶瓷往往拥有优良的力学性能,如强度、韧度、硬度、模量、耐磨性、耐高温性等,主要应用于切削工具、发动机部件、耐磨零件、生物部件、热交换器等领域。结

图 2.50　高温燃汽轮机中的陶瓷零件

构陶瓷的具体分类、特性及其应用如表 2.3 所示。

表 2.3 结构陶瓷的分类、特性及其应用

系 列		材 料	特 性	用 途
氧化物		Al_2O_3、ZrO_2	优异的室温机械性能,高硬度,耐化学腐蚀	切削刀具、磨球、高温炉管、密封圈
		MgO	抗侵蚀能力强	坩埚、金属模具、高温热电偶的保护套、炉衬材料
		BeO	导热性好,核性能好	散热器件、核反应堆中子减速剂、防辐射材料
		SnO_2	热膨胀系数小,导热系数高,高温稳定性好	高温导热导电材料、特种坩埚、玻璃电熔电极
		莫来石	机械强度高,高温荷重下变形小,热膨胀系数下,抗热冲击性好	热电偶保护管、电绝缘管、高温炉衬、高频装置瓷
非氧化物	碳化物	SiC	高温耐蚀性、抗氧化	陶瓷发动机
		B_2C	耐高温,超硬性,导热性高,膨胀系数低	高温结构材料导热性材料、发热材料
	氮化物	Si_3N_4	耐高温,耐磨性能好,抗热震,耐腐蚀,摩擦系数小,热膨胀系数小	燃气轮机的转子、定子和涡形、冶金和热加工工业
		AlN	高温非氧化气氛中稳定性很好,热导率电绝缘电阻高,优良的介电常数和低的介电损耗,机械性能好,耐腐蚀,透光性强	高温构件、热交换材料浇注模具材料,以及非氧化性电炉的炉衬材料
		BN	耐高温,绝缘性及导热性好,对微波辐射的穿透性能强,熔点高,热膨胀系数小,几乎对所有熔融金属都稳定	雷达的穿透窗、核反应堆的结构材料、高温金属冶炼坩埚、耐热材料、热片及导热材料、发动机部件
	硅化物	$MoSi_2$、$TiSi_2$	耐高温,高温抗氧化性能好	高温电热元件、热交换器
	硼化物	ZrB_2、TiB_2	高电导及热稳定性,高熔点,高硬度	火箭结构元件、航空装置元件、涡轮机部件、高温材料试验机构件、核装置中耐热构件
纳米陶瓷		纳米氧化物、非氧化物	超塑性,高韧性	微包覆、超级过滤、吸附、除臭、调湿、触媒、固定氧、传感器、光学功能元件、电磁功能元件,以及生活舒适化、改善环境等方面
低膨胀陶瓷		锂辉石 钛酸铝 堇青石	热膨胀系数绝对值小于 $2 \times 10^{-6}/℃$	发动机主件、航空材料叶片、炉具垫片、电路基片、天文镜坯及天线罩、高温观察窗、精密计量、载体及过滤器、核废料固定化、封接材料
复合材料		C_f/SiO_2、SiC_w/ZrO_2	高温力学性能优良	火箭头罩、飞行器表面瓦、发动机零部件

2）功能陶瓷

功能陶瓷是指具有某个或多个物理化学特性,如电、磁、声、化学、生物等,且各特性间能够相互转化的一类新型陶瓷材料。目前,功能陶瓷主要应用于微电子、光电子信息和自动化技术,以及生物医学、能源和环保工程等领域。

功能陶瓷的特点是品种繁多,如磁性陶瓷、压电陶瓷、热释电陶瓷、导电陶瓷、电光陶瓷、生物陶瓷、敏感陶瓷等,从导电性能看,它可以分为绝缘、半导、导电以至超导等几种。图 2.51 是功能陶瓷在超导方面及生物领域的应用。

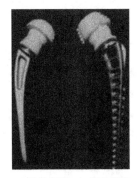

(a) Meissner效应——磁铁漂浮　　　　　　　　　　(b) 生物陶瓷——陶瓷关节

图 2.51　功能陶瓷的应用

一般功能陶瓷的大致分类及其典型材料如图 2.52 所示。

功能陶瓷
- 电子陶瓷
  - 绝缘性: Al_2O_3(高纯致密烧结体、薄片状)、BeO(高纯致密烧结体)
  - 介电性: $BaTiO_3$(致密烧结体)
  - 压电性: $Pb(Zr_xTi_{1-x})O_3$(经极化致密烧结体)、ZnO(定向薄膜)
  - 半导体: $LaCrO_3$、SiC、$BaTiO_3$、SnO_2、ZnO
  - 铁电性: PLZT
  - ……
- 磁学陶瓷
  - 软磁性: $Zn_{4-x}Mn_xFe_2O_4$(致密烧结体)
  - 硬磁性: $SnO·6Fe_2O_3$(致密烧结体)
  - 磁流体发电: Al_2O_3、BeO、Y_2O_3、BN、ZrO_2、Zr_2O_3
- 光学陶瓷
  - 透光性: Al_2O_3、MgO、Y_2O_3、CaF_2、BeO、PLZT、PBZT
  - 导光性: 玻璃纤维
  - 光反射性: TiN(金属光泽表面)
- 化学陶瓷
  - 传感: SnO_2、ZnO、NiO、FeO、MgO、$MgCr_2O-TiO_2$、Al_2O_3、SiO_2、Si_3N_4
  - 催化: Al_2O_3、堇青石(Fe-Mn-Zn)-铝酸钙
- 吸声陶瓷　　吸声: 多孔陶瓷、陶瓷纤维
- 放射陶瓷　　放射: UO_2、UC、ThO、BeO、SmO、GdO、HfO、BeO、WC
- 生物化学陶瓷　　生物骨材替代: Al_2O_3、$Ca_3(F、Cl)P_3O_{12}$(高强烧结体)

图 2.52　功能陶瓷的分类及其典型材料

2.3.3　陶瓷材料的成形工艺

由于陶瓷结构的特殊性,陶瓷材料在成形过程中必须面对两个问题:高的熔化温度和受力时的脆性。因此,以往用于金属、合金、塑料的成形方法及工艺往往不适用于陶瓷材料。大部分陶瓷需要通过粉体成形和高温烧结来成形的。

陶瓷材料的制备工艺大体上分为三个过程:粉体制备、粉体成形及烧结。由于陶瓷材料的制备不经过液相过程,往往会在致密度上出现问题比如气孔等,因此,陶瓷材料相比其他材料

如金属、有机高分子材料对工艺的依赖性更高,特别是在材料的制备工艺方面。而对于先进陶瓷来讲,制品的质量不仅与烧结前的胚体和粉体性能有关,还与烧结的工艺紧密相关。

现代陶瓷材料的工艺特点大致可概括为以下五个方面:

①在粉末合成阶段,须将原料纯度、粒度和形态控制在很精细的范围内;②在粉末加工阶段,进行混合与添加操作,要求采取有效的监制手段,以确保整个工艺的均一完成;③在未加工成形阶段,必须严加维护,确保产品的均一度;④在烧结阶段,严格控制烧结过程,确保烧结的均一性,减少残余孔隙和缺陷;⑤在成品阶段,由于陶瓷产品的加工成本很高,这种加工工艺流程生产出的产品形态精度也很高。

1. 粉末制备

陶瓷粉末是整个陶瓷制备工艺的基础。所用的陶瓷粉末的粒度分布、比表面积、颗粒大小以及颗粒形状对整个工艺过程影响十分显著。粉末的粒径是描述粉末品质的重要参数。粉末粒径越小越好,这是因为粒径小一方面可以提高粉末的极限填充密度,另一方面,粉末粒径越小,烧结时的烧结驱动力就大,烧结温度低,晶粒尺寸小,产品性能好。现代陶瓷材料所用粉末都是亚微米($<1\ \mu m$)级超细粉末。这种由超微粒子组成的粉末,具有较高的表面积,烧结时比较容易致密化。

当前,陶瓷粉末另一个研究热点就是纳米陶瓷粉体。纳米陶瓷粉体是介于固体与分子间具有纳米数量级($1\sim100\ nm$)尺寸的亚稳态中间物质。随着粉体的超细化,其表面电子结构和晶体结构发生变化,并产生了块状材料所不具有的特殊效应。具体地说,纳米粉体材料具有以下的优良性能:可显著降低材料的烧结致密化程度、节约能源;提高陶瓷材料的致密性和均匀性,改善陶瓷的性能,提高其可靠性;可从纳米材料的结构层次上控制材料的成分和结构,有利于发挥陶瓷材料的潜在性能;烧结成的纳米陶瓷晶界宽度、第二相分布、气孔尺寸、缺陷尺寸都在$100\ nm$及以下,可大幅提高陶瓷制品的强度。

陶瓷粉末的制备方法一般有两种:一种是机械破碎法,另一种是化学合成法。前一种方法是采用机械的方法将粗颗粒破碎以获取细粉的方法,其生产量大,成本低,但在破碎过程中存在杂质混入的问题,并且难以制得亚微米级的颗粒尺寸;而合成法制得的粉料纯度高、粒度小、成分均匀性好,十分适合于制造性能要求高、产量低的先进陶瓷材料。图2.53列出了机械粉碎法和化学法两种制备方法的各种工艺技术及特点。化学合成法又分为固相法、液相法和气相法三种。其中液相法使用较为普遍,适用于氧化物陶瓷粉末的制备;气相法适用于非氧化物陶瓷粉末的制备;固相法适合于单组分氧化物陶瓷的制备。

2. 粉体成形

粉体成形是将粉末原料直接或间接地转变成具有一定形状体积和强度的成形体。成形过程在陶瓷制备过程中起着重要的作用。通过成形过程,可使粉末颗粒之间相互作用接触,并减少孔隙度,使颗粒之间相互接触点处产生并保留残余应力,这种残余应力在烧结过程中可作为固相扩散物质迁移致密化的驱动力,因而可得到致密无孔的陶瓷。

现代陶瓷材料的生产中,常用的成形方法有干压成形、挤制成形、冷等静压成形、热压铸成形、轧膜成形和流延成形等。

干压成形是利用模具在油压机上进行的,加压方式有单面和双面加压两种。干压成形是最常用的成形方法之一,适用于成形简单的瓷件,如圆片形瓷件等。其对模具质量要求较高,生产效率高,易于自动化,制品烧成收缩率小,不易变形。但该方法在成形中特别是在高压力时,易由于密度和应力分布不均而产生分层。

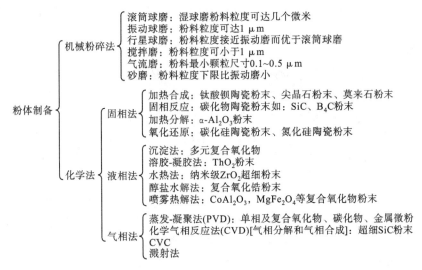

图 2.53　粉体制备工艺技术及特点

挤压成形主要用于制造片形、棒形和管形制品,如电阻的基体陶瓷棒、陶瓷管等陶瓷制品。该成形方法生产效率高,产量大,操作简便,使用的挤压机分卧式和立式两种。

冷等静压成形是在改进干压成形工艺后得到的。通过冷等静压成形得到的坯体密度高,均匀性好,烧成收缩小,不易变形和开裂,不分层,不易产生变形和开裂的废品。适合于制造几何尺寸大、形状复杂的产品。

热压铸成形适于成形形状复杂的中小型瓷件。由于热压铸成形使用的是熟料,因此铸浆具有良好的流动性,坯体烧成时收缩率小,产品尺寸精度高。

轧膜成形和流延成形都用于生产陶瓷膜片。轧膜成形的工艺简单,生产效率高,膜片厚度均匀,产品的烧成温度比干压成形低 $10\sim20$ ℃。流延成形的生产效率高于轧膜成形,且成本低,制品质量优于轧膜成形,生产的膜片可在 $3\sim5$ μm 和 $2\sim3$ μm 范围调整,膜片弹性好,致密度高。

3. 烧结

烧结过程是将成形后的坯体加热到高温(有时亦加压)并保持一定的时间,通过固相或部分液相扩散物质的迁移,消除孔隙,使其致密化,同时形成特定的显微组织结构的过程。烧结过程对于陶瓷就好比热处理对于金属一样,对陶瓷最终的性能有重要影响。

在实际生产中,往往根据产品结构和性能要求决定烧结方法,传统的方法有常压烧结和热压(HP)烧结,随着科学技术的发展,已发展了热等静压(HIP)烧结和放电等离子烧结等方法。

1) 常压烧结

常压烧结是指烧结坯体在常压下,置于可加热电阻炉中进行烧结。它是烧结工艺中最传统、最简便、使用最广泛的一种方法。这种方法适用于烧结氧化物陶瓷。通常,生产中应根据不同材料的烧结温度,选择不同加热体的电阻炉。

2) 热压烧结

热压烧结是加压成形和加热烧结同时进行的工艺。热压技术已有 70 年的历史,最早用于碳化钨和钨粉致密件的制备。现在已广泛应用于陶瓷、粉末冶金和复合材料的生产。热压烧结的主要优点是:致密化进程快,所需的成形压力仅为冷压法的 $1/10$,可成形大尺寸的 Al_2O_3、BeO、BN 和 TiB_2 等产品;烧结温度低,烧结时间短,晶粒细小;气孔率低,致密度高,易获得具有良好机械、电学性能的产品;适用于生产形状复杂、尺寸精度高的产品。其缺点为生产率低,成本高。

3) 热等静压烧结

热等静压烧结是利用惰性气体传递压力的。其过程是将粉末压坯或将包装好的粉料放入高压容器中,使粉料经受高温和均衡压力的作用,被烧结成致密件。热等静压强化了压制和烧结过程,降低烧结温度,消除孔隙,避免晶粒长大,可获得高的密度和强度。它综合了冷等静压、热压烧结和无压烧结三者的优点。但由于是单轴向加压,故只能制备形状简单如片状或环状的制品。另外,对非等轴晶系的样品,热压后片状或柱状晶粒严重择优取向而产生各向异性。

热等静压技术现已应用于各种陶瓷的制备,如陶瓷发动机零件的制备,核反应堆放射性废料的处理等。核废物煅烧成氧化物并与性能稳定的金属陶瓷混合,用热等静压法将混合料制成性能稳定的致密件,深埋在地下,可经受地下水的侵蚀和地球的压力,不发生裂变。另外,热等静压还可以用于金属铸件、金属基复合材料、机械合金化合粉末冶金材料和产品零部件的致密化处理。

4) 放电等离子烧结

放电等离子烧结大体分为两类:一类是在真空中,利用 5 000~20 000 K 的等离子火焰加热,在不加压下烧结的热等离子烧结;另一类是利用瞬间、断续的放电能,在加压下烧结的放电等离子烧结(SPS)。由于等离子活化烧结技术融等离子活化、热压、电阻加热为一体,因而具有升温速度快、烧结时间短、晶粒均匀、有利于控制烧结体的细微结构,获得的材料具有致密度高、性能好等特点。又由于利用脉冲能、放电脉冲压力和焦耳热产生的瞬时高温场来实现烧结过程,对于实现优质高效、低耗低成本的材料制备具有重要意义,在纳米、复合材料及功能材料等的制备中显示了极大的优越性。

2.3.4　陶瓷材料的研究现状及前景

1. 陶瓷材料的研究现状

先进陶瓷因其优异的性能已被广泛应用于交通运输、化工冶金、电子通信、医疗卫生、广播电视、海洋开发、能源环保及航空航天等工业领域。

从全球角度看,日本和美国在先进陶瓷元件的研制和生产中处于领先的地位。日本在利用特种陶瓷制造生活用品如陶瓷剪刀等和发热元件如陶瓷加热器方面的技术已比较成熟,在超塑性陶瓷、泡沫陶瓷、塑胶复合陶瓷以及各种精细陶瓷材料与陶瓷元件等方面的研究也均处于领先地位。当前,日本科学家主攻的是高级技术陶瓷的开发及精密陶瓷元件的制造。

美国对于先进陶瓷材料的研究主要在航天航空技术领域。从 20 世纪 60 年代至今,美国就一直在制订各种科研计划,以期能够研制出耐高温(1 650 ℃以上)的、可以用作航空发动机热端部件的高温陶瓷基复合材料,并取得了一定突破性进展。这种陶瓷基复合材料可大大提高发动机推重比,同时可减少能耗、提高发动机寿命。高温陶瓷基复合材料的应用与推广势必会给航空工业带来革命性的发展。

我国对于先进陶瓷的研究起步较晚,与发达国家相比仍有较大的差距。当前,国内对于先进陶瓷的研究则集中在以下一些领域:超细粉末的制备技术,批量和工业生产装备的研究;高性能陶瓷的特殊成形、烧结、精密加工、涂层、纤维增强复合技术和工艺装备的研究;脆性材料的评价技术,无损检测,破坏准则及烧结、复合机理;高温工程陶瓷如燃汽轮机、高温封阀轴承、风机、炼钢机械部件等的研制;光学功能陶瓷和光电、光磁、非线性光学陶瓷的研制;敏感陶瓷与电子陶瓷,各种气敏、光敏、声敏、压敏等敏感元件,高热导、高绝缘基板及磁性材料等的研制;化学功能陶瓷(耐腐蚀、催化剂及其载体、燃料电池、离子交换剂)的研制;生物功能陶瓷(如具有生物活性和亲和性的人工骨、牙齿、心瓣膜)的研制等。

另外,陶瓷发动机也是各国当前及未来研究的重点。随着能源的枯竭及环保的要求,未来新型发动机必然要具备能量利用率高、对燃料要求低、废气中有害物质含量低、自重轻等特点。陶瓷毫无疑问是未来发动机的理想候选材料。由高性能陶瓷零件组成的发动机相比传统由各种金属零件组成的发动机结构上最大的特点是不需要冷却系统。这使得陶瓷发动机具有如下优点:发动机热效率高,能量利用率高;简化了发动机结构,体积可减少 40% 以上,整车重量因此大幅降低;发动机噪声低;适应多种燃料的燃烧。

过去几十年,各国在陶瓷发动机的研制上都有所突破,比如:日本五十铃汽车公司研制的电子控制陶瓷蜗轮复合发动机运行了 3 500 h,同时其燃料效率比常规柴油发动机提高近30%;美国的康明斯公司研制成的实验性无冷却柴油发动机,装有这种发动机的军用卡车已通过了上万公里的路面试验;中国开发研究了 6105 型无水冷陶瓷发动机,使用该发动机的试验车在酷暑天气下完成了 1 500 km 的道路实验……但是,陶瓷发动机在发展过程中还存在不少问题,主要表现为:可靠性差,制造成本高;高温润滑技术需得到解决;发动机寿命过短。

虽然陶瓷发动机还存在着许多影响其实际应用的问题,但随着科技的不断进步,相信在不久的将来,我们将能在公路上看到一种车体轻盈,功率强劲,能以 500 km 的时速奔驰,无须冷却,而且节省燃料,有害废气排放极少的汽车。

2. 陶瓷材料的发展前景

科技的发展必将促进材料科学的前进,进而为高性能陶瓷的应用提供更为广阔的空间。随着研究的深入,纳米陶瓷的研制、高性能陶瓷的特殊生产工艺等重难点将一一得到解决和完善。可以预见,在今后几十年,高性能陶瓷材料将更加普及,并在人类生活中扮演越来越重要的角色,进而为新的人类文明作出卓越的贡献。

思　考　题

1. 从陶瓷的演变过程论述材料发展与人类社会发展的关系。
2. 举例说明陶瓷与中国文化的关系。
3. 现代陶瓷与古代陶瓷有什么区别?
4. 举例说明现代陶瓷在科技进步中的作用。

参考文献

[1]　杨根,韩玉文. 窑火的魅力:中国陶瓷文化[M]. 济南:济南出版社,2004.

[2]　刘凤君. 中国古代陶瓷艺术[M]. 济南:山东教育出版社,1990.

[3]　朱顺龙,李建军. 陶瓷与中国文化[M]. 上海:汉语大词典出版社,2003.

[4]　谭旦冏,陈昌蔚. 中国陶瓷[M]. 台北:光复书局,1980.

[5]　林乃燊. 中国古代饮食文化[M]. 北京:中共中央党校出版社,1991.

[6]　王仁湘. 饮食与中国文化[M]. 北京:人民出版社,1993.

[7]　吴晓林. 从餐饮礼器看中华饮食文化之发展[J]. 浙江工艺美术文化论丛,2007(2):106-108.

[8]　郑立新. 现代家用陶瓷餐具的需求与设计[J]. 陶瓷研究,2001,16(4):18-19.

[9]　王惠宋. 宋代饮食文化[J]. 农业考古,2008(4):233-236.

[10]　舒玉杰. 中国茶文化今古大观[M]. 北京:北京出版社,1996.

[11]　朱深深. 中华全景百卷书(26):中华茶文化[M]. 北京:首都师范大学出版社,1994.

[12]　黄志根. 中华茶文化[M]. 杭州:浙江大学出版社,2000.

[13]　乐扬,李雪婷,张宇池. 基于文化渊源分析中西方饮酒文化[J]. 酿酒科技,2010(6):99-100.

[14]　张肇富. 酒与陶瓷酒具[J]. 酿酒科技,1997(6):75.

[15]　桑颖新. 试论中国酒具的发展及特色[J]. 文博,2008(5):66-71.

[16]　杜莉. 中西酒文化比较[J]. 扬州大学烹饪学报,2004(1):1-4.

[17]　巩玉丽. 酒仙气质与酒神精神[J]. 康定民族师范高等专科学校学报,2008,17(6):42-45.

[18]　傅维康. 古代座右铭述略[J]. 上海中医药杂志,2008,42(12):59-60.

[19]　程军. 欹器与半坡尖底陶罐[J]. 山西大同大学学报,2008,24(1):94-96.

[20]　金志浩,高积强,乔冠军. 工程陶瓷材料[M]. 西安:西安交通大学出版社,2008.

[21]　刘维良. 先进陶瓷工艺学[M]. 武汉:武汉理工大学出版社,2004.

[22]　曲远方. 现代陶瓷材料及技术[M]. 上海:华东理工大学出版社,2008.

[23]　王晓敏. 工程材料学[M]. 哈尔滨:哈尔滨工业大学出版社,2005.

[24]　郭景坤. 中国先进陶瓷研究及其展望[J]. 材料研究学报,1997,11(6):594-600.

[25]　董显林. 功能陶瓷研究进展与发展趋势[J]. 中国科学院院刊,2003(6):407-412.

[26]　赵亚娟. 国内外先进陶瓷的研发动向[J]. 新材料产业,2006(7).

[27]　郑培烽,刘继武. 现代先进陶瓷的分类及技术应用[J]. 陶瓷,2009(4):15-18.

[28]　孙尧,周刚. 纳米陶瓷及其应用前景[J]. 化工新型材料,2001,29(7):6-8.

[29]　田明原,施尔畏,仲维卓,等. 纳米陶瓷与纳米陶瓷粉末[J]. 无机材料学报,1998,13(2):129-137.

[30]　薛福连. 陶瓷与发动机结下了不解之缘[J]. 现代技术陶瓷,2001(1):40-41.

[31]　刘浩斌. 工程陶瓷与发动机[J]. 硅酸盐通报,1986(5):22-27.

[32]　段志坚,宋兰庭,李晋华. 陶瓷发动机漫话[J]. 汽车运用,2002(11):23.

第3章 材料在工业革命中的作用

3.1 工业革命前的准备

人类社会已经进入高速发展的 21 世纪,据有关专家推算,20 世纪后 30 年,人类所取得的科技成果比过去两千年的成果还多。19 世纪科技成果大约每 50 年增加一倍,到 20 世纪中叶每 10～15 年增加一倍,现在每 5～8 年增加一倍,按此递推,今后科学技术的发展更是惊人。科学技术的发展,造就了这个日新月异的社会,给了人们过去无法想象的生活。这一切是从什么时候开始的呢? 追本溯源,让我们回到二百多年前开始的工业革命。

工业革命,又叫产业革命或技术革命。最早科学地阐述"产业革命"这个概念的,是无产阶级革命导师恩格斯。恩格斯在 1845 年出版的《英国工人阶级状况》一书的《导言》中说:"英国工人阶级的历史是从 18 世纪后半期,从蒸汽机和棉花加工机的发明开始的。大家知道,这些发明推动了产业革命,产业革命同时又引起了市民社会中的全面变革,而它的世界历史意义只是在现时才开始被认识清楚。"(《英国工人阶级状况》,人民出版社 1956 年版,第 35 页)恩格斯的这段话,概括地告诉了我们工业革命开始的时间,工业革命的内容、后果和意义,以及工业革命与工人阶级的历史关系。

工业革命造成了人类社会的大转型,改变了整个世界。这场革命是以机器生产逐步取代手工劳动,以大规模工厂化生产取代个体工场手工生产的一场生产与科技革命,使整个世界充满生机,也使社会矛盾复杂化。这场革命主要是由技术的巨大变化引起的整个社会变革。有人认为工业革命在 1750 年左右已经开始,但直到 1830 年,它还没有真正蓬勃地展开。大多数观点认为,工业革命发源于英格兰中部地区。18 世纪,珍妮纺织机的出现,标志着工业革命在英国爆发。18 世纪中叶,英国人瓦特改良蒸汽机之后,由一系列技术革命引起了从手工劳动向动力机器生产转变的重大飞跃。工业革命随后传播到英格兰到整个欧洲大陆,19 世纪传播到北美地区,后来,工业革命传播到世界各国。

工业革命是资本主义发展史上的一个重要阶段,它实现了从传统农业社会转向现代工业社会的重要变革。工业革命既是生产技术的变革,同时也是一场深刻的社会关系的变革。从生产技术方面来说,它使机器生产代替了手工劳动;工厂代替了手工工场。从社会关系说,它使社会明显地分裂为两大对立的阶级——工业资产阶级和工业无产阶级。

3.1.1 工业革命的背景

地球大约有 50 亿年的历史,30 亿年前就有了生命活动,数百万年前出现了人类。人类在数万年的劳动中不断演化,其速度相当缓慢。只是到了近代两三百年,才发生了突飞猛进的飞跃,大大地加快了人类文明的进程。不过这两三百年的飞跃发展,却是以几百万年的发展累积为基础。

　　工业革命前,大部分西方人都在乡间居住,并在细小的田地以耕种和畜牧维持生活。他们以人力辅以牛马及简单工具耕种,耕种的方法则仍沿用中古时代的三年轮耕制。根据这种方法,农民把土地划分出三块田,每年只在其中两块田耕种,所以收成不多。另外,有小部分的西方人在城市居住,当时城市的人口大多少于一万人,大部分的城市居民都是商人和工匠。商人以出售工匠的制品谋生,而工匠则多在家中用手动的工具和细小的机器,来生产衣服和日用商品维持生计。这种用人手及简单工具在坊间作业的生产方式称为家庭手工业制。那时,农村生产方式十分落后,农民们按照祖祖辈辈几个世纪传下来的习惯,用古老的木制工具精耕细作。在欧洲,人们还不知道种植马铃薯,用犁耕种的土地远比现在少,还有大批的荒地、大沼泽、草原及森林,公共牧场及还未被分为单块的田地,铁丝围栏也还未发明。乡间只有几条修造得很简陋的道路,步行、骑马或乘马车旅行都十分困难。所有城市的房屋都还有乡村的烙印,小城镇不少,但中等以上城市只有几座。在欧洲,真正称得上是大城市的只有伦敦和巴黎,柏林和维也纳比较逊色。中国的北京、南京、杭州已是当时世界闻名的大城市。那时,没有街灯,虽然已有店铺招牌,但没有广告牌的招贴柱,也没有店铺的大橱窗。如同农民一样,手工业者和商人的个人家计和营生是不分的,两者是合二为一的,只有小部分拥有土地的上层贵族和一些大商贾是富庶的。

　　在那时的城镇中有很多农业市民,他们在畜牧及蔬菜园艺上起着重要作用,而在世界各地的农村中,农业和手工业的结合早已成了传统。在山谷里,特别是在土地贫瘠的地区,农业收入只能勉强糊口,农民必须搞一些副业以谋生计。这样就出现了一些家庭工业,如毛、麻、棉、丝的纺织,还有榨油、制豆腐和竹编柳编等。在有些地区家庭工业获得了飞快的发展,特别在欧洲,形成了一些分散的小企业,但不是现代意义的机械化生产企业。有的大家庭就经营着这种企业,妇女纺纱,男子织布。织出的布除满足自己的需要外,还供销售。这种纺织的所有生产工序,包括漂白、手织布都是由手工完成的。除了纺织业生产外,还有其他分散的传统家庭工业。

　　天然的能源除了人力以外,只有畜力,用来牵引车辆或用作拉驮、负重、骑驰,此外还有风力和水力,水力是一项最重要的能源。水流带动河边的水轮,作为粮坊、鞣革坊、锻坊、磨坊、锯坊以及纸坊的动力。不论行业如何,都是以手工业为基础的简陋的小企业。在那能源贫乏的时代,还谈不上有连续工序的企业,因为不时没有风,河流在冬季时常冰冻,干旱季节又会枯涸。这些情况当时还无法控制,水轮会因此而停转,工业化生产无法进行,生产力水平很低。燃料只有森林里的木材,而且日渐稀少。在大沼泽周围,有时会找到泥煤,用来生火,但只有地下不深的地方的煤炭,才偶尔被掘出来做燃料。远距离的车辆运输是用人力或牲畜进行的,由于运输成本高,因此在边远地区的那些冶炼作坊和锻铁炉都是些最小型的冶炼企业,木炭主要靠林区的烧炭工人提供。

3.1.2　工业革命前的材料应用

　　材料是人类赖以生存的基础。从人类的发展史看,每一种重要材料的发展和广泛应用,都会把人类支配和改造自然的能力提高到一个新的高度,给社会生产力和人类生活带来巨大的变化,把人类的物质和精神文明推进一大步。

　　在人类发展史的早期阶段,自然财富被直接获取而用于满足最简单的需要,没有分工,只不过是满足自身的直接需要。随着社会的发展,人类需求的提高,分工程度得到深化,对在自然界寻觅到的原始材料进行加工的兴趣提高了。人类的发展经历了使用竹、木、石、骨之类的原始天然材料的远古时代、以石头做工具的旧石器时代、对石头进行加工以获得精致器皿和工具的新石器时代到青铜时代、铁器时代,直到公元 1000 年,技术领域又开始了一个新时代。原始的开采和加工技术经历了重要的繁荣阶段,直到 18、19 世纪的工业革命技术上更超越了以前。

下面介绍几种工业革命前主要使用的材料。

1. 木材

木材是植物的"产品"。乔木和灌木的祖先是羊齿科植物。这种植物的生成史可追溯到泥盆纪。约在二亿五千万年前的二叠纪,这种原始羊齿科植物发展为针叶树,直到一亿年前的白垩纪才形成阔叶树。

在古代,人们起初是不经加工就利用树木取得食物。以后,人们把木棒和石头结合起来(石斧)以及把手杖和石片结合起来(矛),从而首次制造了工具。随着学会用火,木材在数千年内成为人类最重要的能源。因此,人类应用木材起始于获取能源。

木材虽密实,但仍是一种空隙性有机材料。木材由其细胞构成,细胞壁内的空腔中充有多种不同物质。木材的原始形式,即未经加工的形式,称为原木。木材都是指砍伐后的、长度厚度和质量不同的树木。可见木材既是原料又是材料。木材主要产在经济林中,在一定程度上也来自森林之外(公路、通道)。大陆的 1/3 有森林覆盖,当然其中有 50% 的面积不易通行。约有 35% 的森林面积未加利用,也就是说这种森林的生长无人工影响。世界森林面积只有11% 左右属于经济林。人类付出力量经营经济林,以获得木材。砍伐木材分两个阶段,即初期利用和最终利用。按森林建设和保障质量的要求,在种植了 15～30 年以后要进行初次砍伐。以后每隔 5～10 年重复进行(使森林变稀,初期利用)。到树木完全成熟(不同树种的成熟期为80～140 年)为止,整个森林全部木材有 40%～60% 已经砍伐进行初期利用,其中大部分为较细的木材品种,然后才将余留的较粗的树木砍伐掉(最终利用)。

从物理上看,木材并不密实,含有大大小小的空腔,因此称为孔隙体。细胞壁的空腔(毛细管)比细胞的空腔小得多。并在一定程度上充填有水或水汽混合物。木材的这种水分对其强度影响很大。木材的体积密度为 $300～900 \ kg/m^3$,软木与硬木的界限约为 $550 \ kg/m^3$,如不考虑空腔,即所谓"净密度",对木纤维是 $1\ 600 \ kg/m^3$,对木质素是 $1\ 400 \ kg/m^3$,对所有树种,可用的平均值为 $1\ 500 \ kg/m^3$。木材像任何孔隙物体一样,吸收空气中的水蒸气,这就是说有吸湿性。空气的温度及湿度的不同,木材总是具有相应的湿度,也就是说,木材和环境空气间总是达到吸湿平衡状态。空气相对湿度为 60%,温度为 20 ℃时,木材经过一段时间的适应后,湿度达到 11%。木材吸水膨胀,反之则收缩。木材轴向上的膨胀和收缩率大多低于 0.5%,故可以忽略不计;而切向上的长度变化几乎总是径向上的两倍(松树为 8%),但膨胀和收缩只发生在湿度从 0～30% 这个范围内,之后就达到所谓纤维饱和状态,停止了这个过程,水分继续增加而膨胀不会继续增加。木材的热延伸性意义不大。木材的磁性能也相当有利,因为用木材制作天线的塔架时,它几乎不影响天线的发射电磁场。木材的声学特性与其他材料有明显区别,因此在制作乐器方面优先得到采用。最典型的例子是声阻力和隔声能力比金属高十倍左右。木材也具有良好的弹性。如果木梁的负荷处于胡克定律范围而距离破断负荷足够远,那么在当负荷解除时,变形几乎完全消失,这是典型的弹性材料性质。当然,木材也像其他材料那样具有屈服现象,即在一定负荷下,变形与时间有关。

木材的强度(在毛密度条件下测出)是突出的,然而,木材允许负荷仅为破断力的 10% 左右,所有强度特性与木材的水分相关,水分增加,强度下降。例如,水分为 50% 时,强度为初始值的 50％以下。木材缺点中最甚者,是容易受到寄生的菌类及寄生虫的侵蚀,但可以用某些药剂和其他方法加以保护。

木材的质量和品种的不同,每立方米的价格也不同。森林除了有生产木材的功能以外,还有其他功能。它们对国家文化、环保、水土保护和人类修养的重要性是难以用数字表达的。

木材虽然能够不断生产,但是产量不能任意提高,也就是说木材并不是取之不尽的。因此,发展木材节约和代用,构建生态和谐是非常必要的。

2. 纺织纤维

纺织品是由纤维材料经过抄纱、纺线、织造成布,再经染色、整理制成的生活用品或工业用品的。纺织纤维包括天然纤维和化学纤维两大类。

凡是从自然界里获得的纤维均称为天然纤维。常见的天然纤维有棉花、羊毛、蚕丝和麻等。棉花的主要成分是纤维素,棉纤维是外观具有扭曲的空心纤维,其保暖性、吸湿性和染色性好,纤维间抱合力强,纺织性能好。羊毛纤维具有许多优良特性,如弹性好、手感丰满、吸湿能力强、保暖性好、不易弄脏、光泽柔和、染色性优良,还具有独特的缩绒性等,可以做工业尼绒、衬垫材料、壁毯、地毯等。麻纤维具有吸湿性好、散热散湿快的性质,因此被誉为“植物空调”,是夏季高档衣料的原料。在我国麻纤维的原料主要是苎麻、亚麻和黄麻。蚕丝的主要成分是蛋白质,属于天然蛋白质纤维,蚕丝细而柔软,富有弹性,吸湿性好,表面光滑,具有珍珠般的光泽,但其品质娇嫩。

化学纤维是用天然的或合成的高聚物为原料,经过化学方法加工制成的纤维。然而化学纤维的生产技术经历了很漫长的一段阶段。1664 年罗伯特·胡克(Robert Hooke)建议从可固化的液体中抽出丝来。70 年以后瑞木尔(Reaumur)重新提出了这种想法,可以从橡胶液和胶液中抽出丝来。到具备生产化学纤维条件前,又过了一百多年。几千年来在欧洲只有羊毛和亚麻获得应用,随着生活标准的逐步提高和世界人口的日益增加,化学纤维制品也不断地发展起来。

3. 金属

金属或金属材料在我们日常生活中随处可见,众所周知,铁、铜、铝、金和银是金属,钢是一种金属材料,而且,金属和金属材料的种类繁多,历史悠久。在古代,人们已经使用的金属有铁、铜、金、银、汞和铅,到中世纪又发现了许多元素。到 18 世纪中叶以后才开始对金属进行科学研究。在工业革命时期,人们又发现了许多具有金属性质的元素,例如,铂、镍、锰、钨、铬。在 1800—1850 年间,镁、镉及大部分碱土和碱金属,铝、钒、铀、铍等被首次提取出来。到 19 世纪末,发现了钛、铈、铷、镭。

工业革命前,由于冶铁技术的不发达,导致铁的应用不广泛,数量稀少,价格昂贵。后来的工业革命促进了冶金和制造技术的迅速发展,金属材料的产量也越来越多,而且可加工成可以利用的器件。关于钢铁业的发展,我们在 3.5 节中有详细叙述。

3.2　纺织业是世界工业的摇篮

3.2.1　棉纺织业的技术革新

纺织业是英国的“民族工业”,是资本主义工业最早发展的部门,17 世纪末期在兰开夏首先建立起来。几个世纪以来英国一直以盛产毛纺织品闻名于世。17 世纪英国开始从荷兰引进棉纺织技术,但是英国棉纺技术遇到了印度的挑战,英国人无法和手工精巧、工资又低的印度人竞争。1700—1720 年间英国颁布法令禁止在市场上出售印度花布并对从印度进口的棉纱课以重税,但英国人对棉布的喜好并没有改变,禁止进口给了本国的棉纺织业以发展机会。

1733 年,约翰·凯伊(1704—1764 年)发明了织布用的"飞梭"(见图 3.1 和图 3.2),一个织布工人可以做过去两个工人的工作,使效率提高了一倍。这种织布机主要结构是木材,安装在铁质滑槽里带有小轮的木质梭子构成飞梭,滑槽两端装上金属弹簧(早期为铜质),使梭子可以极快地来回穿行。1760 年,他的儿子罗伯特·凯伊进一步加以改进,发明了上下自动的杼箱,使用起来更为方便,从而提高了织布效率,从此飞梭才在纺织工业的所有部门获得广泛应用。由于织布速度的大大提高,一个织布工人需要 8～12 个纺纱工人供应纱线,例如 1760 年在曼彻斯特,一个织工每天要跑三四英里路,找五六个纺纱工,才能收购一天所用的纱线。由此产生了纺纱与织布之间在生产效率上的不平衡,使纱的价格猛涨且不能满足需要,因此出现了极其严重的纱荒。

 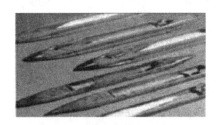

图 3.1　英国机械师凯伊和安装有他发明的飞梭的织布机　　　　　　图 3.2　凯伊发明的飞梭

1733 年约翰·惠特(1700—1766 年)曾制作了一个两平方英尺的模型,这就是最早不依靠手工操作就能纺纱的机器。1738 年由路易斯·保罗得到了纺织机的第一项专利,这个机器是使羊毛或棉花从两个滚筒间通过,由于两个滚筒的转速不同,便可拉伸所需支数的纱来,实现了不是用手指而是用机器纺纱的愿望。1764 年,兰开夏郡内名叫詹姆斯·哈格里夫斯(?—1778 年)的穷苦织工发明了著名的"珍妮纺纱机"(见图 3.3),改革了旧式纺车机,由每次只能纺一根纱线到每次能纺八根纱线,后来经过改进,每次能纺出十八根、八十根甚至一百根纱线。珍妮纺纱机用人作动力,使用的材料主要还是木材,转动部分用到铜合金轴套。

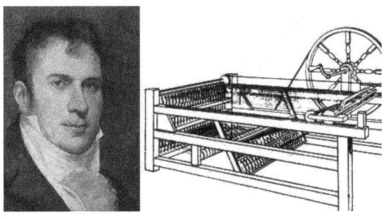

图 3.3　英国纺织工哈格里夫斯与他发明的珍妮纺纱机

关于珍妮纺纱机的发明,流传着这样一个故事。据说,有一天,哈格里夫斯偶尔看到他妻子的纺车翻倒在地。当时,纺车上的纱锭由平卧状态改变成了竖立状态,而纺车上的纺轮还在继续转动。这个现象引起他的思考。他想,如果把几个纱锭都竖立地排列起来,由一个轮子来带动,不是就可以提高纺纱的效率吗? 于是,他着手设计并制成了一架装有八个竖立纱锭的机器,使棉纱的生产效率比旧式纺车提高了 8 倍。哈格里夫斯把这项发明归功于他的妻子,用他妻子的名字来命名,称为珍妮纺纱机。

珍妮纺纱机的发明是棉纺织技术上的一个巨大飞跃,大大提高了纺织效率。然而,它仍然是人力驱使的机器。1769 年,理发师出身的理查德·阿克莱特(1732—1792 年)利用木匠海斯的设计,制成了一种用水力发动的滚筒式纺纱机,即水力纺纱机(见图 3.4)。它用水力推动机器上安装着许多滚轴,旋转很快。它的机架是钢铁与木材组合而成,用上铁制成的齿轮,铜合金轴套作为转动部位,以流动的水作动力。它纺出的棉纱质地坚韧,可以用来代替亚麻作经线。从此,英国才开始有真正的纯棉布了。阿克莱特靠着水力纺纱机的发明和应用而发了大财,1764 年他收买了诺萨福坦的工厂和设备,于 1771 年在曼彻斯特建立了第一座用水力纺纱机装备的纺纱厂,到 1779 年已发展到拥有 300 名工人的规模。同样的纱厂在英国沿河地带也纷纷建立,开始了纺纱工业中用机器大工业代替工场手工业的过程。

图 3.4　理查德·阿克莱特水力纺纱机

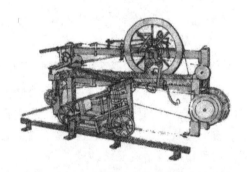

图 3.5　赛米尔·克隆普顿发明的骡机

然而,珍妮纺纱机和水力纺纱机的发明,并没有使棉纱的坚固、精细、平滑等问题一一解决。珍妮纺纱机纺出的线精细但不结实,适用作纬线;水力纺纱机纺出的线结实但不均匀,仅适宜于作经线。因此,还需要继续进行技术革新,以提高棉纱的质量。1774 年,织布工赛米尔·克隆普顿(1753—1827 年)着手专心研究如何改良珍妮纺纱机,经过五年时间,他把珍妮纺纱机和水力纺纱机两者的优点集中起来,于 1779 年制造出一种新的纺纱器,名为骡机(见图3.5)。有的书上也称为缪尔纺纱机。“缪尔”是英文 mule(骡子)的音译。所谓骡机,并不是使用骡子来带动的机器,而是指两种机器的混合之意。骡机运用的材料几乎全部为金属,皮带运用动物皮革。骡机纺出来的棉纱,既结实又精细,可作经线和纬线。同时,它还提高了纺纱功效。最初,它带动二三十个纱锭,后来随着机器的改进而逐渐增加,可以带动三百多个纱锭。到 18 世纪末,已经有了能够带动四百个纱锭的纺纱机了。从 18 世纪 40 年代到 80 年代,英国的棉纱产量增加了一百倍。自从“骡机”发明和广泛应用以后,集中从事生产的纺纱工厂便迅速地增加起来了。18 世纪 70 年代和 80 年代,英国的棉纱产量增加了一百倍。骡机的出现使得织布能力又落后于纺纱,1785 年,牧师埃德门特·卡特莱特(1743—1823 年)发明了用水力推动的织布机。但由于他这种机器非常呆笨，以致销路不广。后来，经过拉德克利夫(1760—1841 年)、霍洛克斯(1768—1804 年)等人的改进，这种织布机才日益完善，逐渐推广。除了改良卡特莱特的自动织布机外，1803 年，拉德克利夫还发明了一种整布机，霍洛克斯发明了铁制的织布机器。经过改进的自动织布机，比起手工织布来，提高了功效四十倍。1809 年，英国国会通过决议，因卡特莱特的发明对于工业发展的贡献而奖给他一万金镑。自动织布机发明和应用后，织布与纺纱之间的矛盾又一次得到解决。在纺纱工厂建立之后，集中生产的织布工厂也纷纷建立起来了。第一个使用卡特莱特织布机的工厂，是在 1791 年建立的。19 世纪以后，使用这种织布机的工厂便逐渐普遍了。

随着棉纺织业的迅速发展，棉花消费量越来越大。英国棉纺织业所需要的棉花，在 18 世纪末，绝大部分是由美洲和西印度群岛输入的。当时，美洲的短纤维棉花在棉籽上附着很牢，除籽工作非常麻烦，很费工序。为了迅速增加棉花出口，1793 年美国人伊莱·惠特尼发明了一种轧棉机，改变了过去用手工脱去棉籽的方法，用机械方法使棉花与棉籽迅速分离。于是，英国所获得的棉花供应量大大增加，而且价格也降低了。轧棉机的发明，一方面使美国的棉花出口量迅速增长，促进了美国的植棉事业，使美国成为当时世界上最重要的出产这项新工业原料的地方；另一方面，也对英国纺织工业的发展，起了很大的推动作用，因为美国棉花这时大部分输入英国。

棉花是最常见的经典纤维材料之一，人们使用性能接近理想纤维的棉花已有悠久历史，目前生产和使用的纤维主要仍是棉花纤维。世界上目前约有 3.5% 棉花加工成衣服织物，27% 加工成家用织物，31% 加工成工业用织物，7% 用于其他用途。棉花纤维要长得好，就需要半年左右的湿热气候，在这段时间里，棉桃中带子毛的种子就发育成长。由于内压力，棉桃就裂开，纤维随着种子核蹦出。为避免日光和不良气候的损害，棉桃开裂后棉花就立即收获，大部分用机器，也有用人工收获的。使用收割机的主要困难在于不利的天气和棉桃成熟期前后不一。手扶收割机可在一天内收获 25～75 kg 籽棉——其中约 2/3 为种子，纤维只占 1/3。

苏联现代化收割机的工作方式用立式旋转的轴抓住棉花，并将其从棉桃中拉出(600～800 kg/h)。用电刷可按纤维从轴上除下并吸入容器中，接着将种子和纤维分开。自 18 世纪末期以来，轧棉机得到应用，目前大部分籽棉都用它去籽，而过去去籽或轧棉只用手工操作。每天每人生产率为 500 g 左右。棉花在轧棉机内滑向插入锯片的条筛，锯片抓住纤维，通过条筛间隙将其抽去，这时纤维与棉桃剥离。每个锯一小时可加工约 10～12 kg 籽棉，100 kg 皮棉加工出 35 kg 左右可纺织的纤维。

通过接二连三的发明和应用，从凯伊发明飞梭，经过一系列纺纱机的发明，到卡特莱特发明织布机，再到伊莱发明轧棉机，整个棉纺织工业已经在技术上完成了由手工业和工场手工业向机器大工业的过渡过程。

3.2.2　其他行业的发展

随着棉纺织业出现的一系列机器的发明，引起了与纺织有关的其他机器的改良和发明。例如轧棉机、梳棉机、自动卷扬机、漂白机、整染机等，也就陆续地出现在纺织系统的工厂中，组成了有各种工序的机器体系，工厂的规模也就随之而不断扩大了。

在这期间，与棉纺织工业的生产过程基本相同或相近的一些轻工业，如毛纺工业、呢绒工业、麻纺织业以及丝织业等，也都在棉纺织业的带动下，陆续采用机器，由工场手工业逐步向大机器工业过渡。在英国,18 世纪初发明了把羊毛扯松的开毛机;18 世纪中叶,出现了可以同时把纺出的毛线退绕、双股合并和加捻的纺车,接着发展为加捻机或精纺机;1758 年埃弗雷特发明了水力剪毛机和大致同时发明的起绒机,代替了过去要有技艺水平较高的熟练工人完成的毛织品起绒和整理工作;1775 年阿克莱特还发明了梳毛机或粗梳机。

纺织工业的技术改革,还刺激了造纸业、印刷业、化学工业的发展,促使这些工业部门也纷纷采用机器,实行技术革新。恩格斯说:“随着纺纱部门的革命,必然会发生整个工业的革命。”

以纺织业为代表的一系列机器出现,开始了从工场手工业向机器大工业过渡的工业革命过程。然而,要把这场革命继续下去,要使这些发明都能以最高的效率投入运转,没有强大的动力是不行的。在纺织工业的上述技术革命中虽然已经出现了水力动力机械,可是要利用水力必须把工厂建设在河流沿岸,工厂的规模经受到河流水量的限制,还不可避免地要受到水量季节性丰枯的影响,这就既不利于建设集中的工业城市,又无法保障生产的稳定进行。于是,寻找一种新的能源,发明一种强大、方便而又稳定的动力机械,就成为决定这场革命能否持续发展的关键,也就成为整个资本主义生产继续发展必须解决的一个迫在眉睫的问题。蒸汽机正是在这种情况下才走上历史舞台的。

3.3　蒸汽机的发明与改进

3.3.1　发明蒸汽机的条件

纺织技术的变革引起了一系列的连锁反应,有了机器纺纱、织布,就要求有机械化的净棉、梳棉,机械化的起重和运输,同时也对漂白、印染技术提出了新的要求,而所有这一切都要求有更强大的动力。因此,随着英国工业革命日益广泛深入地展开,动力问题越来越严重地困扰着正在崛起的工业家们,动力问题成为亟待超越的巨大障碍。

动力、能源在社会生产中有着极为重要的作用。人们最初在生产中所使用的动力只有人自身所产生的肌肉力,随后则有风力、畜力和水力的利用。直到阿克赖特发明水力纺纱机,并建立近代第一座工厂以来,水力成为工厂里的主要动力。但水力受地区和季节的限制,能量不能随意增加,甚至有时会枯竭。在水力资源不足的地方,风力曾经是主要动力,但风力很不稳定,难以控制,不能广泛应用。17 世纪欧洲工场手工业的发展需要大量的金属材料和燃料,于是开始大规模地开发矿山采掘矿石和煤炭。随着矿山的开发,采掘逐渐向深层发展,矿井越挖越深,矿井中的积水也越多,从矿井中排水解决动力的问题也越来越突出了。当时英国的矿山一般使用马匹作动力排水,但马的力量有限,也不能持续工作,三个小时就要换一次班。有的矿山需饲养五百匹马,不仅耗费贵,而且也很不方便。至于水力抽水,远不是所有矿井都能具备合适的水源条件的,只能在有限的个别矿山采用。16 世纪末到 17 世纪后期,英国的采矿业,特别是采煤业,已发展到相当的规模,单靠人力、畜力已难以满足排除矿井地下水的要求。

正当工业革命寻求一种新的更加强大的动力的时候,一种新的动力形式已经在工业内部发展起来,这就是出现于 17 世纪末 18 世纪初的蒸汽机和它所提供的蒸汽动力。

蒸汽机是将蒸汽的能量转换为机械能的往复式动力机械。它的发明首先产生于煤矿井排水的需要。把蒸汽变为动力是人类的一个古老的幻想,早在公元 60 年前后的古希腊时代,工程师希罗最早发现蒸汽的力量,并且利用这股力量制造出一种用蒸汽推动的精巧装置(见图3.6)。

　　希罗最著名的发明是用蒸汽推动空心球。空心球是用铜做的,上面连着两个空心的、方向相反的弯管,把这个空心球卡在连通着蒸汽的管道上,当球下面的器皿里的水烧得沸腾起来的时候,蒸汽进入那个空心球,然后从装在空心球上的两根弯管的管口喷了出来,因为两个管口的方向相反,两股相反的力形成一股扭力,这股扭力就会推动着空心球不停地迅速转动。这是人类最早发明的将蒸汽力转变为一种运动的方法,它可以称得上是早期的蒸汽机。

　　希罗还曾经利用这种蒸汽能推动物体转动的原理,制造了一种能转动的女神。当人们点燃殿前的蜡烛时,人们就放出蒸汽,推动着女神围绕着她的神座转

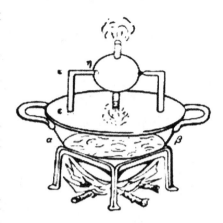

图 3.6　最早的蒸汽机

动。同样的道理,也可以在信徒想要进入神殿的时候,只要提供一些供品,躲在暗处的僧侣就会开启蒸汽的通路,神殿的大门也会转动着打开,仿佛有一种看不见的神奇力量在开启大门似的。

　　通往使用蒸汽机的道路上,有许许多多的人曾经付出了艰苦的劳动。1643 年托里拆利通过水银柱实验发现并测定了大气压力;1646—1647 年间巴斯噶又通过一系列关于真空的实验澄清了自亚里士多德以来认为自然界是真空的错误观念,直到 1654 年盖利克在马德堡进行了著名的实验——他在斐迪南里帝和广大观众面前将两个半球合在一起,用他发明的抽气机抽出球内的空气,然后用马从两边拉这两个半球,一直到把马增加到十六匹的时候才把由于中间真空被大气压力压在一起的两个半球拉开——第一次生动地显示了大气压力的巨大威力;最后,波义耳又在 1662 年发现了气体的体积与压力成反比的波义耳定律。正是在科学取得了这些认识的基础上,巴本、塞维利、纽科门等人才陆续发明了第一批蒸汽机。

3.3.2　巴本“蒸骨锅”、塞维利蒸汽机和纽科门蒸汽机

　　在说到近代发明蒸汽机的来龙去脉时,人们常常要提到法国物理学家巴本(D. Papin,1647—1714 年)发明的“蒸骨锅”——后来人们也把它叫做“蒸煮器”。巴本曾作过玻意耳的助手,玻意耳证明了在低于标准大气压的条件下,水的沸点将会降低,不到 100 ℃就会沸腾,巴本则通过实验证明在高于标准大气压的条件下,水的沸点将会升高,超过 100 ℃ 也不会沸腾。在这一过程中,巴本根据巴斯噶原理用一个重力阀造成锅内高压,于 1680 年发明了压力锅。1690 年他又创造性地最先设计了汽缸——活塞装置,想用高压锅产生的高压蒸汽推动活塞在汽缸中运动。实际上,巴本的汽缸和活塞是他的压力锅的必然的发展——在高压锅上压力阀所受的重力(自身重量)是由锅内蒸汽的压力(作用在阀上的压力)来平衡的。如果锅内压力超过阀的重量,阀就将被推起。这时如果使压力阀和压力锅间既能有相对的运动又能形成一个封闭的容器,那么,压力阀就变成了“活塞”,压力锅也就变成“汽缸”了。至于活塞被蒸汽推起后返回其原来位置的运动,可以靠使蒸汽冷凝由外部的大气压力来完成。1690 年巴本把他的这一设计和实验情况发表在莱比锡出版的拉丁文学术杂志《学术论丛》上,但他却没有能在实

践中把这个聪明的设想完善到可以实际应用的程度。

历史进入了 18 世纪,在英国,由于炼钢的需要,英国的森林几乎要被砍伐光了,但是企业家们对燃料的需要仍旧十分迫切。这时人们发现,英国的地底下蕴藏着丰富的煤,一时之间,矿业主们纷纷投入资金和设备去大力开采地下的煤矿。随着煤产量的增加,煤矿井也越挖越深,渗出的地下水也越来越多。当地下水还不很多时,靠抽水泵可以把地下水抽出来,所需动力是风力、水力或畜力,但深井的涌水量很大,靠上述办法不行,必须采用更强大的动力。为适应这种要求,出现了实用的蒸汽抽水机。

英国的军事工程师托马斯·塞维利(Thomas Severy,1650—1715 年)发明了第一台可以实际应用于矿山抽水的蒸汽泵——“矿山之友”。这台蒸汽泵的工作原理,简单地说,就像图 3.7 中所示的那样:锅炉 B 里的水烧开以后,蒸汽从上面的管道送出,通到汽桶 T,蒸汽挤压着汽桶里的水从通向上方的 P' 管中排出,待汽桶 T 里的水排空,蒸汽又冷凝以后,汽桶 T 变成真空状态,大气压力就会挤压着地下水从通向下方的 P 管中涌上来,将汽桶 T 灌满。在这循环的过程中,从锅炉 B 到汽桶 T,连通的管道有一阀门,可以开启通入蒸汽,也可以关闭不让蒸汽进入。而与汽桶 T 相连通的 P 管和 P' 管,则都有一个单向阀门,只能让水流进或流出。

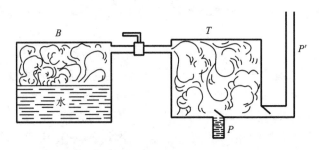

图 3.7　塞维利蒸汽机原理示意图

塞维利发明的这种机器,原理和构造都比较简单,但却同时利用了两种力量:利用蒸汽的张力把水送出去,利用大气的压力将水从地下提上来。当然,塞维利真正投入生产的蒸汽机比这个原理图要复杂得多。

塞维利的蒸汽机之所以能够成功,是由于他修改了巴本的设想,主要不是靠蒸汽推动活塞来做功仅用大气压力完成回程,而主要是靠由蒸汽冷凝形成的真空用大气压力来做功,而且,塞维利蒸汽机的构造也比较简单,它没有使用汽缸-活塞系统,只有一个可以充满蒸汽的容器,利用在容器外部浇喷冷水使蒸汽冷凝,在容器中形成真空,由大气压力将矿井中的积水通过汲水管道压入真空(或低压)容器。然后再重新向汲满水的容器通入高压蒸汽,用蒸汽压力将容器中的水排除。

塞维利蒸汽机第一次真正把蒸汽变成了工业动力,但它还有许多缺陷必须克服:这种蒸汽机的热损失极大,效率很低,由于它靠大气压力直接汲水,行程受到限制,无法超过 10 m;特别是它要靠高压蒸汽排水以便增加行程。这样,汲水容器便要不断地交替处于高温高压和低温低压状态,很容易造成容器炸裂,使用起来也很不安全。可在当时的条件下,人们还没有找到具有足够耐压力的材料和高超的技术来制造出耐高压的锅炉,又缺少测量显示出锅炉内压力的装置,以便及时预防,保证安全。另外,它的锅炉受热面积太小,在冷凝过程中造成的燃料浪费十分严重。如果用它来给城市居民供水,费用又太昂贵。所以,“矿工之友”蒸汽机只用在有的花园式私人住宅中进行装饰性喷水效果还可以,因为这不需要很大的功率,提升的高度也不大。

1705 年英国锻工托马斯·纽科门(Thomas Newcomen,1663—1729 年)在另一位工人考利的帮助下,从巴本的汽缸-活塞结构出发,又采用了塞维利蒸汽机靠冷凝蒸汽形成真空由大气压力做功的原理,发明了一种更加适用的大气活塞式蒸汽机。

纽科门设计的蒸汽机比塞维利的更简单。从原理上看,就像图 3.8 所画的那样,锅炉 B 与汽缸 C 相通连,汽缸上面有一个活塞 P 在动作,活塞 P 是杠杆 D 的一端,当汽缸里的蒸汽膨胀时,推动活塞 P 上升,使杠杆 D 的另一端 R 下降,R 下面连接着有重量的平衡锤 N,N 挤压着水泵上的活塞 P' 下降;当汽缸里的蒸汽冷凝成为真空时,大气压力就会推动活塞

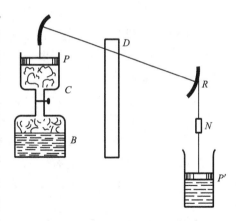

图 3.8　纽科门蒸汽机原理图

P 下降,它就带动着杠杆 D 的 R 将平衡锤 N 提起,使地下水被大气压力挤压着,冲开活塞 P' 涌入水泵。这样,只要连接着锅炉的汽缸不断充气、冷凝,它的活塞 P 就会不断上下往复,成为有节律的运动,抽水机也就连续不断地工作了。

由于塞维利于 1696 年已经取得对利用蒸汽的冷凝造成真空的专利权,纽科门和考利便与塞维利一起于 1705 年共同取得了"冷凝引入活塞下部的蒸汽并把活塞与杠杆连接起来而产生可变运动"的蒸汽机的专利。纽科门蒸汽机和塞维利蒸汽机有很大不同,由于纽科门蒸汽机只是利用低压锅炉的汽缸在冷凝时所形成的真空(低压),而没有利用蒸汽的张力,所以不需要像塞维利的蒸汽机那样,将机器建在矿井底下,也不需要很多的照管,已经具有较大优越性;再者,没有利用蒸汽的张力,这点虽然可以认为是不足之处,但在当时的条件下,它却不必担心由于蒸汽压力而使锅炉爆炸,又具有可以确保安全生产的另一大优点。纽科门蒸汽机,把从矿井抽水的工作机和为它提供动力的蒸汽机完全分开了,使得它成为使用自然能源的独立的动力机,进一步把蒸汽机发展为广泛地为各种用途提供动力的发动机创造了可能性,这在近代机器发展史上是具有重要意义的。

据 1752 年的统计资料,在 240 英尺深的竖井,采用纽科门蒸汽机抽水较之使用马匹提水具有明显优越的经济效果:用马匹提水,以 2 匹马为一班,3 h 换一次班,一昼夜需要换 8 次班,共需要 24 先令,总计可提水 67 200 加仑,而改用 2 英寸汽缸的纽科门蒸汽机(动力机冲程为 5 英尺,每分钟 8 个冲程)在一昼夜内工作 18 h,检修调整 6 h,亦需费 24 先令,但可总共抽水 255 600 加仑。也就是说它的效率比用马提水提高 3 倍多,成本不到用马提水的 1/3。

纽科门蒸汽机一直被使用了半个多世纪,大约有数百个左右的英国矿井采用了这种抽水机。尽管它还存在着一些的不足之处,但它毕竟是蒸汽机发展过程中一个重要的转折点。正是由于纽科门蒸汽机的出现,蒸汽机才真正在社会工业生产中展现出它那巨大的推动力量。

3.3.3　瓦特改进蒸汽机

纽科门蒸汽机在发明后的 60 年里,虽然已经在采矿业中得到相当广泛的运用,但是,它的结构却始终没有发生什么变化,它的发明人和经纪人纽科门,也没再对它有进一步的改革创新。历史进入 18 世纪中叶,将科学和科学家带入蒸汽机领域的,就是后来被大家公认的蒸汽

机发明家詹姆斯·瓦特(James Watt,1736—1819年)。

瓦特出生于苏格兰的格林纳克·格兰的格里诺克镇。他的祖父托马斯·瓦特是一位数学教师,精通数学、测量学和航海学,是经典力学创始人伊萨克·牛顿和对数发明者内皮尔的狂热崇拜者,在家里墙上挂满了牛顿和内皮尔的画像,并且经常指指点点地给小孙子詹姆斯·瓦特讲牛顿和内皮尔的故事。

瓦特从小就有一个特点,就是喜欢提出问题,思考问题。15岁起,开始研究自然科学。由于父亲经商失败,他不得不自己谋生。瓦特先到格拉斯哥一家钟表店当学徒,在那里结识了一位好朋友约翰·罗比森,后来经过一番波折,瓦特从故乡赶到伦敦拜摩根师傅学艺。摩根师傅的技艺高超,又很爱徒,加上瓦特从小就对仪器很爱好,在名师的指点下,发奋努力,刻苦钻研,技术提高得非常快。不久,他在那里就学会了制作直尺、方位罗盘,后来又学会了制作难度较大的经纬仪、四分仪。

但是,由于身体原因,瓦特不得不中止在伦敦的学徒生涯,返回格拉斯哥。在格拉斯哥休养一段时间后,瓦特又开始了他终生执著的事业。最后,瓦特准备在格拉斯哥安家设厂,把学到的技艺应用到实际中去。但是,他的计划遭到汉姆麦尔公司的拒绝,借口是瓦特没有正式学徒身份。按当时规定,只有拜师学习七年期满才能获得学徒身份,独立营业。但是,瓦特在伦敦学习不到一年,因而市政当局没有批准他的计划。1757年,瓦特在约翰·罗比森的帮助下,进入了格拉斯哥大学,承担制造和修理自然科学教学仪器的工作。这里有相当完备的实验室和各种仪器设备,为他从事机械应用研究提供了极为便利的条件。不仅如此,学校还允许瓦特开办一个生产车间,专门从事教学仪器的制造。在这种环境中,瓦特如鱼得水。他不仅巩固了已有的基础知识,还学习了先进的技术,结识了化学家布莱克、经济学家兼物理学教授亚当·斯密等一大批有声望的学者,而当时瓦特年仅21岁。

从此以后,瓦特开始走上了天才的发明家之路。他不仅懂得理论,而且又知道应用。他学以致用,科学对他来说既是目的又是手段。在理论上,瓦特对潜热理论做过深入研究,甚至化学家布莱克也远道赶来听他讲课,罗比森也被瓦特的博学和敏锐所吸引。

1763年,格拉斯哥大学有一台教学用的纽科门蒸汽机坏了,虽然曾经把它送到伦敦去找名匠修理过,可取回来后不久又不运转了,于是送去给瓦特修理。在修理的过程中,瓦特注意到纽科门式蒸汽机存在着不少明显的缺点。它的毛病出在汽缸的冷热交替变化上:汽缸在冲程开始时,由于通入蒸汽,温度迅速上升,而在冲程结束时,必须喷射冷水冷凝蒸汽,与此同时汽缸也被冷却了;这样,当开始下一冲程再向汽缸通入蒸汽时,就会有很多蒸汽在没有做功之前就因为其热量被汽缸所吸收而冷却,因此造成了蒸汽和热量的巨大损失。这就给瓦特提出了一个问题:用什么办法才可以使汽缸保持热度而同时又能使蒸汽充分凝结呢?为了解决这个难题,他苦苦地思索了好长时间。

1765年5月的一天,瓦特在格拉斯哥大学的草坪上散步,他突然冒出来了一个极为简单明了的想法——将汽缸里的蒸汽送到另外一个容器里去单独冷凝,不是同样可以达到既获得了可以做功的真空,又保持着汽缸里的温度不致下降,以至不需要反复加煤使它不断升温吗?这样不就可以大大提高热的利用效率,节省大量燃料的消耗了吗?"为了避免任何无益的冷凝,蒸汽对活塞发生作用的那个汽缸,必须保持着经常和蒸汽本身一样热……为了获得必要的空隙,冷凝必须发生在一个单独的容器里,这里的温度能够按照需要降到足够低的程度,而汽缸的温度却不受到影响……"这就是瓦特最早提出的单设冷凝器的原理。与此同时,瓦特还发现,"为了不必用水来防止活塞漏汽,为了在活塞下去时防止空气冷却汽缸,那就必须使用蒸汽的张力作为动力,而不仅只是使用气压作为动力"。

1765 年,瓦特经过改进后试制出了模型,实验表明,蒸汽机的热效率比纽科门蒸汽机提高了 4～6 倍,而耗煤量却节省了 3/4。

瓦特改进的蒸汽机的原理图如图 3.9 所示。锅炉 B 与汽缸 E 相通,汽缸 E 中充满蒸汽后通往冷凝器 C,再从 W 处向 C 浇冷水使蒸汽冷却。冷凝器的充气与冷凝带动与之相连的活塞 P 上下运动,活塞 P 再带动和上面相连的杠杆动作。这样汽缸与冷凝器分开,汽缸可以永远保持必需的高温,而单位蒸汽冷凝的冷凝器可以不间断地工作。同时,汽缸里的蒸汽的压力也可由于蒸汽从锅炉进入和向冷凝器通入,蒸汽的压力本身也就推动活塞 P 上下运动而做功。这样不但节省了大量的燃料,也可使蒸汽机的工作不再断断续续,节省了大量的时间,大大提高了效率。

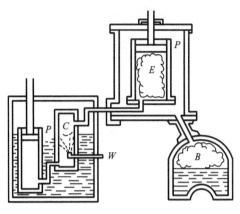

图 3.9　瓦特蒸汽机的原理图

1766 年,瓦特与英国实业家罗巴克签订了一份合同:罗巴克向瓦特提供研制费用,帮助瓦特去申请他的蒸汽机专利和推广使用,事成之后,罗巴克获得生产利润的 2/3,瓦特得 1/3。法国历史学家保尔·芒图在《18 世纪产业革命》中提到瓦特与罗巴克签订的这份合同:"在蒸汽机史上开辟了一个时代。蒸汽机正是在这种情况下才得以走出了实验室,进入它即将加以改造的工业世界中去,这多亏了罗巴克的大胆创造精神。"

1769 年,瓦特设想出可以"节约火力蒸汽机的蒸汽和燃料消耗"的分离冷凝器,并在这一年与罗巴克合作下为他的这一划时代的发明获得了专利权。

1773 年,罗巴克破产了,他的债权人都认为这项发明一文不值,这时,另一位英国实业家博尔顿(M. Boutlon,1728—1809 年),他早已注意到瓦特的蒸汽机,于是他顺利买下了这项发明专利,并与瓦特签订了合伙合同。尽管瓦特试制蒸汽机的过程漫长,但是博尔顿从来没有动摇过与瓦特合作的事业,正是博尔顿的这种性格才决定了他们的事业获得最终成功。

在博尔顿的积极支持和热情鼓励下,瓦特继续改进原有的发明。1781 年,瓦特取得了第二项专利证。这项专利证最后解决了蒸汽机做圆周运动的重大课题。圆周运动的发明,开辟了蒸汽机史上一个新时代。以前的蒸汽机,都是一种改良的火力机。由于它只能作往返的直线运动,因而其适用范围受到很大局限,仅仅用于矿山抽水或城市供水。因此,它至多是水力机的辅助工具,而远远不是机械动力的来源。圆周运动的发明,蒸汽机获得了再生。从此以后,蒸汽机作为大工业的动力机,日益广泛地应用到各个方面。一个崭新的世界,在这种新型蒸汽机的召唤下,终于来临了。

蒸汽机的发明和应用掀起了一场动力革命,它把制造业从对水力的依赖中解放出来,这意味着几乎所有地区都可以设立工厂,而且可以越办越大。蒸汽机把英国工业革命推向了最为坚决、最为彻底的发展道路。

3.3.4　瓦特蒸汽机走向成功的关键

瓦特蒸汽机在试制生产过程中,尽管在经济上得到罗巴克和波尔顿这两位富有远见又具有魄力的企业家的极大支持,仍然遇到了很多困扰,这困扰延续的时间前前后后达约 20 年。

对罗巴克和博尔顿来说,缺的不是金钱,因为他们有足够的经济实力;对瓦特来说,缺的也不是原理或技术设计,这两个方面都是过得硬的。那么,蒸汽机走向成功缺少的关键一环是什么呢? 是材料和加工工艺。

虽然人类在瓦特发明蒸汽机之前已经由铜器时代进入铁器时代,但对于铁的加工仍是相当原始相当简陋的手工生产方式,而且有相当多的工具和简单的机械还停留在木制的阶段。拿 18 世纪初出现的纽科门蒸汽机来说,它是由工匠出身的手艺人手工打造的,比中古时代的制作水平高不了多少。他的那种蒸汽机,71 cm 口径的汽缸和活塞之间压根儿没能紧密吻合,而存在着 1.3 cm 左右的间隙。为了弥补纽科门蒸汽机的这种缺陷,人们在活塞的顶部浇一层水来封闭缝隙。这样做的结果,蒸汽机虽说可以工作,但却降低了机器的效率,因为水使汽缸的温度降低,势必要浪费其中的一部分蒸汽。

瓦特加以改进的蒸汽机,目的就是要使汽缸始终保持着它的高温,以免蒸汽散失,造成燃料的浪费,所以不能再沿用纽科门蒸汽机中采用的水封闭活塞的手工艺办法。它要求一种精密的机器造型。它要求有金属制成的汽缸,汽缸的内壁必须很光滑,才能使活塞与汽缸之间吻合得十分严密而又能活动自如,它要求金属与金属的各个衔接的地方必须衔接得十分坚固,而"关节"处又能进退灵活。正是这种材料和工艺的严格要求使瓦特试制蒸汽机的过程进展不顺利,用手工锻打出来的金属汽缸和各种部件,总是协调不好,达不到预期的要求,汽缸与活塞之间吻合不严密,工作起来就"哧哧"地漏气。

18 世纪中叶以前的英国,是一个缺铁的国家,它的某些工业所需要的铁,一般是从瑞典或俄罗斯进口的。英国并不缺铁矿,铁产量低的原因是英国一直没有找到适合炼铁的燃料,传统的炼铁方法是将从森林中砍伐出来的树木加工烧成炭,再用炭去炼生铁,为此英国已经损失了大片的森林,而随着森林的消失,炼铁高炉因为难为无米之炊也悄悄消失。

直到 17 世纪才陆续有人申请用煤或用煤加工出的焦炭作为炼铁的燃料,这样铁的生产才逐渐出现一些转机。这期间,在英国出现了一位对炼铁很有贡献的工业家,也是对瓦特蒸汽机的成功作出了关键性贡献的人,他是威尔金森。

威尔金森在承接制造大炮加工任务的时候,发明了一种钻孔机给大炮钻孔,钻的孔的精确度可以达到所需要的精密要求,可以将铁板与铁板之间通过铆钉互相紧密地连接成一个不留丝毫空隙的整体。他后来为瓦特提供了一个蒸汽机汽缸,汽缸的外形制作得极为精巧,内部用镗床镗得十分光滑,是手工锤打所望尘莫及的。特别是用钻孔机钻出的小孔,使汽缸与其他部件的接合达到了紧密而不透气的要求,瓦特所追求和要求的真空达到了。在 1774 年,瓦特的蒸汽机完全试制成功了。研究 18 世纪产业革命历程的历史学家甚至认为,如果威尔金森没有首先供给瓦特以他所需要的金属汽缸,那么瓦特就无法制造出他的蒸汽机。

正是由于蒸汽机的汽缸制造工艺问题得以顺利解决,蒸汽机达到了预期的要求,威尔金森立即向瓦特定做了一台蒸汽机。这台蒸汽机不是用来在矿井中提水,则是用来给他的高炉鼓风,这是瓦特蒸汽机第一次由提供抽水的动力发展为其他的目的而提供动力。瓦特的蒸汽机由此为顺利地走入市场,并由于它所具有的明显的优势而迅速被社会所接受。

由此可见,一个创造性的发明设想,如果当时的社会生产不能提供满足这一发明要求的材料和工艺,那么,超前的设想就会付诸流水,或被束之高阁。所以虽说威尔金森与瓦特蒸汽机的发明没有一点关系,然而,最终使瓦特蒸汽机从试制失败走向成功,与他提供用钻孔机加工出所需精密度的汽缸密不可分,而且,使瓦特蒸汽机首先开辟新用途的,也是从威尔金森开始。

3.4　蒸汽时代的到来

3.4.1　蒸汽动力的推动

伴随蒸汽机的发明和改进,工厂不再依河或溪流而建,很多以前依赖人力与手工完成的工作自蒸汽机发明后被机械化生产取代。工业革命是一般政治革命不可比拟的巨大变革,其影响涉及人类社会生活的各个方面,使人类社会发生了巨大的变革,对人类的现代化进程推动起到不可替代的作用,把人类推向了崭新的蒸汽时代。

蒸汽时代的到来是资本主义生产方式发展的结果,又为资本主义的巩固提供了坚实的技术基础,并造成了生产力的空前发展,为自然科学的发展和应用开辟了广阔的道路,加速了科学与技术相互促进的进程。

蒸汽机由于瓦特的改进已经成为普遍应用的动力机。瓦特的第一台旋转式蒸汽机在1783 年造出以后,首先在制造这台机器的威尔金森铁工厂被用于驱动蒸汽锤,1785 年被用于纺纱机,1789 年又被用于织布机,从 1790 年以后开始被各个纺织厂普遍采用。在瓦特发明蒸汽机的同时和以后又有许多人投身于蒸汽机的研制,使蒸汽机向着大功率、高参数、经济、安全的方向迅速发展。1800 年美国的伊万斯(1755—1819 年)最先发明了高压蒸汽机,继之英国的特里维希克(1771—1833 年)于 1802 年也取得了高压蒸汽机的专利。1804 年英国人符尔弗(1766—1837 年)把瓦特蒸汽机的单缸改制为双缸膨胀式蒸汽机。此外,如德国的阿尔班、俄国的季特维诺夫等也在这一方面作出自己的贡献,开始了过热蒸汽的利用。由于这些人的努力,使蒸汽机沿着高效化、小型化的方向发展,进一步扩大了蒸汽机的应用范围。

从 1783 年到 1800 英国共生产了 500 台旋转式蒸汽机,它们被用于纺织(棉纺织和毛纺织)、采矿(煤矿、铜矿、铁矿等)、冶金和各种机械工厂。1800 年以后又被广泛地运用于磨粉、酿酒、造纸、制革等轻工业部门、林业部门和水陆交通运输。在 1800 年以后的十年间蒸汽机的数量增加十倍,到 1810 年英国已制造出 5 000 台蒸汽机并实际投入运行。1810 年以后,随着工业的发展和蒸汽机的改进(主要是锅炉的改进),蒸汽机的数量继续迅猛增长,到 19 世纪中叶已经成了在新兴的机器大工业中占绝对统治地位的动力来源。同时,水力、风力、畜力等其他动力形式都已退居到了非常次要的地位。

蒸汽机推动着其他工业部门的迅速发展,创造了以前人们无法想象的技术奇迹。蒸汽动力不仅推动了整个工业的机械化的进程,同时也促进了燃料及采矿工业、机器制造业、钢铁冶炼工业、交通运输业等有关工业部门的发展,并在这些工业部门引起了一连串的技术上的根本变革。蒸汽动力技术成了近代工业技术的主导和核心,它的发展代表了这一时期技术发展的趋势和主流。

3.4.2　交通运输业的变革

交通运输从来就是社会化大生产的一个必不可少的条件,随着工业革命的兴起,社会生产力的迅速上升,棉花、布匹、煤炭及各种原料和产品的运输日益成为十分突出的问题。英国在18 世纪 70 年代初年加工制作的棉花为 500 万千克,到 19 世纪 30 年代,则增加约 100 倍,约为5 亿千克,生铁在 1790—1830 年间,年产量从 7 万吨增至 69 万吨,煤炭则从 760 万吨增至

1600 万吨。但 19 世纪初期运输的主要方式是水运,而水陆运输工具仍然用的是古老的帆船和马车,不仅载运量小,且速度也慢,因此发展陆上运输是必须的。于是,铁路作为一种最有效的陆上运输手段便随之诞生了。

最原始的铁路出现在蒸汽机利用之前,而且最原始的路轨也不是铁轨,而是用木材铺设的。早在 17 世纪,在英国和德国的矿山、采石场就开始使用木材铺设路轨,借以提高车辆的运输效率。到 18 世纪下半叶,英国开始用铁轨代替木轨运输煤炭、铁矿石和其他矿石,从而出现了马车铁路。马拉四轮车在铁轨上行走,使运输效率略有提高。但是这种生铁轨条由于铁质脆软,不能耐久,后来经过研究改良,到了 18 世纪末,开始以熟铁制造轨条。1805 年,熟铁轨条已经在纽卡斯尔附近的瓦尔巴脱煤矿使用。以后经过多次试验,直到 1820 年,贝德林顿铁工厂的约翰·伯金肖制成一种用熟铁条碾轧成的铁轨,并且取得专利权。这种轨条比较坚固,称为贝德林顿式车轨。

在蒸汽机车发明之前,铁轨上行驶的车辆还是以马匹来拖拉的。自从瓦特发明蒸汽机后,就有很多人进行试验,想把蒸汽力应用于机车上,使它来带动车辆。

1759 年英国物理学家、发明家罗比森(J. Robison,1739—1805 年)首先提出用蒸汽机推动车轮的设想,甚至瓦特在他的蒸汽机专利说明书中也设计了用蒸汽机推动车辆的简略图,但他们的设想和设计未能付诸实现。

法国的居纽年轻时在德国当过陆军技师,那时曾进行过蒸汽车的研究。1763 年他从德国辞职回到法国又开始了他对蒸汽车的研究,希望将蒸汽力应用为拉大炮车辆的牵引力。经过 6 年的努力,在 1769 年,居纽制成了他设想中的蒸汽车。这辆蒸汽车的车身很长,是很重的木制框架。

英国的默多克(W. Murdock,1754—1839 年)虽是工人出身,却是一位热爱科学而且心灵手巧的发明家。1784 年,他试验了自己设计制造的蒸汽车,它是三只车轮,外观有点像马车。1800 年前后,巴黎街头已经开始出现蒸汽机作为动力的公共汽车,但仍旧没有克服它的老毛病:需要不停地向锅炉里添水加煤,而且噪声很大,一路上冒着黑烟。

1801 年英国发明家特里维希克(R. Trevithich,1771—1833 年)发明了利用高压蒸汽机发动的汽车,外形与居纽发明的蒸汽车很相似,也是三个车轮,两只后轮直径很大。1802 年,他又和维维安(Vivian)发明制造了一台蒸汽机推动在普通道路上行驶的车子,于 1812 年获得专利并在伦敦展览会上展出。但由于它自重 5 t,时速仅为 8 km,比马车快不了多少,未能应用。但高压发动机相对于瓦特蒸汽机来说,由于质量轻,体积小,效率高,为蒸汽机车的实用化提供了技术前提。

1814 年英国煤矿工人出身的史蒂文森(G. Stephenson,1781—1848 年)终于为斯托克顿—达林敦铁路建造了第一台真正可用的蒸汽机车,并解决了火车易于脱轨的技术问题。这台机车可牵引 30 t 货物,但是它的速度还不太快,而且在行驶中有较大的振动和噪声。1825 年由他负责勘测和修建的从斯托克顿到达林顿的铁路正式通车。史蒂文森驾驶着由他设计和指导制造的"旅行号"机车,成功地到达目的地。尽管在这期间曾有过铁路马车和火车之间的争论,也有一些人因顾虑火车运行不安全,加之私人马车运输公司和水上运输公司因害怕竞争仍然反对火车,但机车牵引的试验仍在进行。1829 年,史蒂文森和他的儿子设计制造的"火箭号"蒸汽机车在利物浦—曼彻斯特铁路上参加了蒸汽机车比赛,以平均 22 km/h 的速度,牵引 17 t 货物,安全行程 112.6 km 的成绩获得第一,引起了更多人的重视。

从此,蒸汽机车由此揭开了新的一页,它不再只是代替马车,拉着黑糊糊的又脏又沉重的煤炭的简陋的货车运输工具,它将成为洁净的,来往于城市与城市,城市与乡镇之间的运送旅客和货物的重要的交通工具。

1830 年在利物浦—曼彻斯特铁路上已有八列蒸汽列车行驶。1839 年运行在这条铁路上的"圣乔治"号机车自重 13 t,以平均 35 km/h 的速度牵引了 135 t 重的货物。到 1847 年蒸汽机车的最大时速可以达到 96 km,其锅炉蒸汽最大功率达一千马力。与此同时,欧美各国纷纷大规模修建铁路,1870 年欧洲铁路总长已达 144 000 km。美国在 1880—1890 年间平均每年修建铁路 11 000 km,到 19 世纪末,世界铁路总里程发展到 650 000 km,铁路运输已经成为工业化时代的陆路运输大动脉。

当铁路运输飞快进步的时候,水上的交通运输事业也在不断取得新的成就。美国工程师富尔顿(R. Fulton,1765—1815 年)和发明家利文期顿(R. Livingston,1746—1813 年)自 1806 年在纽约建造第一艘蒸汽轮船"克莱蒙特"号,在 1807 年以每小时 5 海里的速度完成由纽约到沃耳巴尼间 145 海里的处女航行,这标志着蒸汽动力船取代帆船的新时代的开始,为水上航行的历史揭开了崭新的一页。这艘船全长 43 m,全部采用了金属材料结构,装有一台英国瓦特-波尔顿工厂制造的 20 匹马力蒸汽机,它是由蒸汽机带动船侧的明轮推动的。

富尔顿轮船成功的关键之一是制作船体的材料的更新。事实上,蒸汽机一旦进入航船,成为它不可缺少的动力,那么,就势必要求制作船体的材料有新的更换。这是因为,蒸汽机提供的动力大大超过了人力或者风力,那么,船的吨位、速度必然大大提高,轮船需要越造越大,这样一来,采用木材做船身,就显得尺寸不够了,因为木制的船,一般都需要采用整料,如果加以拼接,就会影响船体的坚固性,也经受不起蒸汽机工作时对船身的强烈震动。再说蒸汽机是靠在船上不停地烧煤才能得到蒸汽动力,而且炉火烧得很旺,又持续很久,木制的船身在这样的条件下就显得很不安全,容易引起火灾。而从另外的角度看,铁制船体对木制船体的优越性,至少有这么几条:第一,铁比木头结实,耐撞击,万一发生触礁或两船相撞的情况,铁船比木船牢固,不易散架;第二,铁比木头更经久耐用、铁船使用的寿命比木船长;第三,铁船可以造得比木船大,可以装载更多的货物或更多的乘客,同样航行一次,铁船的收益比木船高,成本相对也比木船低。

1812 年,英国的苏格兰木工出身的发明家亨利·贝尔(Henry Bell,1767—1830 年)建造了第一艘汽船"彗星"号,航行在格拉斯哥至海伦斯堡之间。1818 年英国发明家纳皮尔(D. Napier,1790—1869 年)又建造了 98 t 的"罗布·罗伊"号轮船,定期航行在格林诺克—拜尔法斯特航线上。1819 年配有风帆和蒸汽动力的"萨凡纳"号蒸汽帆船满载棉花,从乔治亚的萨凡纳横渡大西洋驶至利物浦,用 26 天时间走完了当年哥伦布用木帆船行走 70 天的路程,但在这次航行中蒸汽机还只是作为风帆的协助动力使用的。1836—1838 年间,"天狼星"号和"大西方"号轮船完成了完全靠蒸汽动力横渡大西洋的航行。1838 年英国人史密斯(F. P. Smith,1808—1874 年)建造了第一艘使用螺旋桨代替明轮的蒸汽轮船"阿基米得"号,轮船的航行速度也在不断提高,这段旅行之用了 16 天的时间。此时螺旋桨的桨叶已发展为铜的合金或用铁做成的金属螺旋桨叶了。后来,美国和英国都造了不少用蒸汽作为动力的轮船或螺旋桨船,根据实践的体会,用螺旋桨作为动力推进器的船,性能要比以明轮做推进器的好。

以蒸汽机提供动力的船,包括轮船和后来加以改进的螺旋桨蒸汽船的诞生,对人类的生活产生了很大的影响。由于轮船的航速比靠人力、靠风力航行的船都要快。原来需要 100 h 才能到达的距离,现在只需要 80 h 或者 70 h 就可以到达,因此,人们可以认为,海洋由此大大缩小,甚至缩小了 1/3。过去航海,需要依靠信风的风能,才能挂上风帆在海上航行,所以,帆船从地球的这一边航向地球的那一边,每年都需要等待信风季节到来的时候才能航行,现在有了蒸汽机提供的动力,在任何季节都能航行,不再依靠信风,甚至逆风也是可以航行的。从此,海上航行也进入了蒸汽时代。

火车、轮船的应用和普及,给社会经济带来了巨大的变革,同时也是工业革命的重要内容,给其他工业的发展以巨大的推动。

3.4.3　机器制造业的蓬勃发展

任何一项技术上的发明应用都不是孤立的事件,都必须有一系列的其他发明的出现来支持。纺织机的发展和蒸汽机的发明和应用,为工业发展提供了巨大的可能性,而实现这种可能性又取决于机器制造技术的水平和能力。在这种情况下,机器制造业势必要适应工业发展的需要而迅速地发展起来。

最初,人们都是用手工工业方式生产机器,这不仅在数量上无法满足社会生产对提供越来越多的机器的迅速增长的要求;而且在质量上也不能保证机器制造所要求的越来越高的精度;同时用手工方法生产机器的生产成本很难大幅度降低,因而不利于机器的推广;再加上随着机器的发展,机器的结构和零件的形状越来越复杂,用于制造机器的新材料也越来越难于用手工加工;特别是机器的成批生产和使用、维修都要求其零件具有较好的互换性能。像蒸汽机必须用坚固的金属材料制成,它的各个部分必须按尽可能的准确尺寸加工,而且由于输出功率大,各个部件还必须有足够的强度,蒸汽机的汽缸内径和活塞的外圆必须有足够的精度才能配合,如果用手工工具来生产是很难达到要求的。

因而要使大机器工业获得进一步的发展,就必须改变手工制造不能胜任的状况,创造生产机器的新的技术基础,这就是要用机器来制造机器。

早在近代技术产生以前,就有了原始的钻床、车床和磨床。但它们并不是用以制造机器的,而且它们本身也还不是机器,只能看作机器的雏形。最初的机床是在制造和改进蒸汽机的过程中产生出来的。

斯密顿是 18 世纪最优秀的机械技师。斯密顿设计的水车、风车设备达 43 件之多。在制作蒸汽机时,斯密顿最感棘手的是加工汽缸。为此,斯密顿在卡伦铁工厂制作了一台切削汽缸内圆用的特殊机床——镗床。但它的加工精度仅为 10 mm,加工出来的汽缸还很粗糙,以至在汽缸和活塞间存在很大间隙,必须在活塞顶部塞上一些碎布再浇上水才能保持蒸汽在汽缸内的封闭。这对于纽科门蒸汽机来说尚且可以,而在瓦特蒸汽机中由于汽缸和活塞一直保持高温状态,这种补救办法已经行不通了。1774 年,英国发明家威尔金森改进了这种镗床,发明了一种精密镗床。1775 年 4 月他用这种镗床成功地为瓦特加工了汽缸体,把加工精度提高到 1 mm,镗床的制造与蒸汽机的制造一起,才使瓦特的第一台可以实际使用的改良型蒸汽机在 1776 年投入运行,并且使这种新型蒸汽机得以大量制造和使用。

1794 年英国机械师亨利·莫兹利(Henry Maudslay,1771—1832 年)发明了移动刀架,1797 年,他又对车床进行了创造性的改进,制成了带有移动刀架和导轨系统的车床。莫兹利的高明之处在于,他发明了刀架。刀架可代替人手夹持刀具,并使刀具沿导轨作直线进给运动,由此可以方便、迅速、准确地自动加工不同螺距的螺丝以及直线、平面、圆柱形、圆锥形等多种几何形状的部件,使车床真正成为机器制造业自身的工作母机。后来相继出现的刨床、钻床、镗床等各种机床,都离不开刀架。所以,人们称莫兹利为"车床之父"。

有了车床,旋转体表面的加工问题得到了解决,但平面加工仍然是用手工进行的。1817

年,英国人查理·罗伯茨(R. Roberts,1789—1864 年)继承了莫兹利等人的成果,并加以创造,制成了第一台手动刨床。1818 年美国人惠特尼(E. Whithery,1765—1825 年)制成了第一台卧式铣床。在这以前已经有了钻床,后来又发明了磨床(1864 年制成第一台外圆磨床)。于是,镗、车、钻、刨、铣、磨等各种金属切削机床便相继产生了。莫兹利的学生约瑟夫·惠特沃斯为了使机器制件标准化,曾改进计量工作,给机械工程以绝对的精确性。他于 1834 年制成了测长机,该测长机可以测量出长度误差万分之一英寸左右。这种测长机的原理和千分尺相同。1835 年,他又发明了滚齿机。除此以外,惠特沃斯还设计了测量圆筒的内圆和外圆的塞规和环规。建议全部的机床生产业者都采用同一尺寸的标准螺纹。后来,英国的制定工业标准协会接受了这一建议,从那以后直到今日,这种螺纹作为标准螺纹被各国所使用。

把蒸汽动力用于机器制造业中,最早的也是最突出的成就,便是蒸汽锤的发明和应用。蒸汽锤是由纳斯密兹(1808—1890 年)1839 年发明的。这种蒸汽锤有大有小:小至一两百千克,大至六吨重。它的锤击力也能够调节。因为蒸汽锤是根据自动操作的原理建造的,所以能够从它获得任何力量的锤击,使用起来非常灵敏方便。这种锤主要适用于造船厂、大型机器制造厂和铁路建造等部门。除了这种使用重锤的锻造机外,也有比较小但结构比较复杂的锻造机,同时有五个或更多的锤在操作,每分钟起落七百次。这种锻造机主要是用来锻造纺纱机上的纱锭、切削螺栓、锉刀等机器零件或金属工具的。

蒸汽锤的发明,再加上各种用于钻孔、切削、测量等机器的应用,使机器制造业蓬勃兴起并迅速发展起来。

3.5　钢铁业的发展

钢铁是大工业的坚强柱石,英国工业革命从棉纺工业开始,随着钢铁工业的兴起和发展才逐步深入。现代工业生产中,钢铁占有很重要的地位。钢铁产量往往是衡量一个国家工业水平和生产力水平的主要标志。目前,在整个结构材料中,钢铁占 70% 左右。由于它具有良好的物理和机械性能,资源丰富,价格低廉,并且工艺性能也很好,因此应用非常广泛。钢铁之所以成为使用最多的金属材料,原因有以下几点。

(1) 就金属元素而言,铁在自然界中的储藏量仅次于铝,居第二位,而且多形成巨大的铁矿床,通常铁矿石中铁的含量为 25%～70%。

(2) 铁矿石冶炼和加工较容易,且生产规模大、效率高、质量好、成本低,具有其他金属生产无可比拟的优势。

(3) 钢铁具有良好的物理、机械和工艺性能,如有较高的强度和韧性,是热和电的良好导体,耐磨、耐腐蚀、焊接及铸造加工性好等。

(4) 将某些金属(如镍、铬、钒、锰等)作为合金元素加入铁中,就能获得具有各种性能的合金材料。

(5) 钢铁通过热处理能调整其机械性能,以满足国民经济各方面的需要。

3.5.1　从陨铁开始的事业

铁是自然界中分布很广的一种金属,也是组成地壳的重要元素之一,但是,人类并没有在早期就使用铁,因为在自然界中几乎不存在天然的纯铁,而且铁矿石熔点较高,不容易还原出来,所有的铁矿石几乎都是铁的化合物。人类最早发现的铁,我们称之为"陨铁",它除了含有一点点镍以外,其余几乎全是铁。在各个文明古国中发现的最早铁器,都是用陨铁制成的。然而,天上掉下陨铁的机会是很少的,人类不能大量使用陨铁,从此人类有意识地寻找铁矿石,研究炼铁方法。

大约在 4 000 年前,地处西亚的安纳脱利亚地区赫梯人在炼铜时发现铁矿石有助熔作用,能降低铜矿石的熔化温度,因而常在炼铜炉里加进一些铁矿石。这时,如果炼铜炉的温度超过1 000 ℃,会有一些海绵状的铁被还原出来。可以肯定,聪明的工匠在长期实践中发现了这种偶然出现的现象,并及时抓住了它,进行深入研究,找到了炼铁的方法。可以说,赫梯人是世界上最早步入铁器时代。

在钢铁冶炼史上,我们中华民族的贡献是巨大的。早在 2 600 年前的春秋时代中后期,我们的祖先就发明了生铁冶炼技术,比欧洲国家要早 1 000 多年。13 世纪(元朝)的时候,意大利人马可·波罗(Marco Polo 1254—1344 年)来到我国,看到用煤炼铁,非常惊奇。他回国后说,中国有一种黑石头可以做燃料,火力大,价格便宜。我国能早早地发明生铁冶炼技术,得益于当时的炼铜技术。

铁比铜坚硬锋利很多,因而被人类广泛应用起来。我们的祖先在炼铜技术的基础上进行了长达几个世纪的艰苦探索,终于突破了炼铁所需的高温和众多技术难关,发明了炼铁的"固体还原法"。这一方法是将铁矿石和木炭一层一层地放在炼炉中,然后点火焙烧,利用炭在1 000 ℃高温下的不完全燃烧,产生一氧化碳,使矿石中的氧化铁还原成铁。这种铁由于夹杂渣滓很多,所以状若海绵,显不出明显的金属特性,甚至不如铜坚硬,有"恶铁"之称。我们的前人不仅采用了"固体还原法",还新创了"生铁铸铁法"。这一新法可使炉温高达 1 200 ℃,距纯铁熔点 1 534 ℃又近了一步,从而炼出了液态生铁。

3.5.2　用煤代替木炭炼铁

在工业革命前,铁一直是比较稀少而且价钱昂贵的。也正是因为这个缘故,最初的机器多是用木料而很少用铁来制造。随着一系列机器的发明和广泛应用,铁制机器日益增多,铁的需要量也就越来越大了。英国的英格兰中部和北部本来富有铁矿,但是由于冶铁业不发达,燃料缺乏(一个木炭窑每年最大的产量不过 300 t),因此铁的产量很小。在 18 世纪初期,英国的钢铁工业还十分薄弱,传统的小型炼铁业,以原始的方法用简陋的"高炉"冶炼矿砂。

在英国,1612 年,西蒙·斯特蒂文特获得用煤冶炼铁矿的专利权。但由于煤中含有硫化物,高温下铁矿石与硫化物相互作用得不到较纯的生铁。18 世纪初,达比父子开创了高炉焦炭炼铁新技术。1709 年,铁匠亚伯拉罕·达比(Abraham Darby,1677—1717 年)发明了一种在烧煤时消除硫黄烟的方法,他把煤烘焦成为焦炭(不含硫),用焦炭作为炼铁的燃料,终于获得了成功。他儿子进一步改善了炼铁方法,用上了鼓风机和生石灰,从高炉中直接炼出棒状铁。

达比父子发明的用煤炼铁的方法,是从所谓的"木材时代"走向"煤铁时代"的最初一大步。由于达比父子并没有为他们的发明谋取专利特许状,而且也不善于吹嘘他们的成就,因此,这项重要的发明一直很少受到人们的注意,以致在几十年的长时期内都没有得到推广,只是使得一些铸铁器皿(如制造烹饪锅、火炉、汽锅等)的生产大大增长了起来。

用煤代替木炭和用蒸汽动力代替水力之后,英国冶铁工业的发展速度,可以从下列事实和数字中明显地看出:1720 年,英国本国生产的精炼铁条只有 20 000 t 而且由于木炭的缺乏,铁产量还在日益减少。1740 年,铣铁(即生铁)产量只有 17 350 t。但是,随着一系列新炼铁法的发明和采用,到 1788 年,铣铁产量就猛增到 61 000 多吨。1796 年,又增至 125 000 多吨,1806 年,增至 258 000 多吨,1825 年,增至 703 000 吨,1839 年,更是达 1 347 000 多吨了。从 18 世纪末到 19 世纪初,英国的铁条已经向外输出,而且输出额不断增长。到 19 世纪 20 年代末期,英国铁的输出额已经超过外国铁的输入额的四倍。

3.5.3　坩埚炼钢法和搅拌炼铁法

达比父子用煤炼出的生铁,含有杂质,铁质太脆,在很多方面不大适用。1770 年以来,英国铁价大幅度上涨,大大刺激了人们找新的冶铁方法欲望,以便改进达比父子用煤冶铁的技术。于是,出现了坩埚炼钢法和搅拌炼铁法。

钢在英国很长时期内都是进口货,大约在都铎王朝(1485—1603 年)末期,英格兰才开始制钢。通常的炼钢方法,是把从瑞典进口的质量良好的铁条放在熔炉中,用木炭加热 12 天,结果产生出一种表面上有气泡或疙瘩的所谓"泡钢",这种钢的质量不高。顿卡斯塔的钟表匠本杰明·亨兹曼因找不到制作钟表用发条的优质钢而感到十分烦恼,便着手改进炼钢的方法。

从 1740—1750 年左右,亨兹曼经过多次试验之后,终于获得了成功,发明了坩埚炼钢法。他把泡钢放在坩埚内,用焦炭做燃料,在熔炉里加高热熔化,烧尽了一切杂质。然后把坩埚取出来,将钢水倒在铁制的模子里。用这种方法锻成的钢棒和切成的钢条,称为"坩埚钢"或"铸钢",它坚硬而有柔性,质量在英国从未达到过。这种方法除了为机器制造提供钢材外,还特别适合于制造钟表的发条,同时在英国和西欧各地也广泛地被用于制作各种工具和刀具。坩埚炼出来的钢是优质钢,即使后来发明了其他的炼钢法,这种坩埚炼钢法仍然在相当长的一段时间内被采用。亨兹曼的这种炼钢法,起初严守秘密,但是,据传说,有一个名叫桑苗尔·华克的铁商,在一个严寒的冬日装扮成一个无家可归的乞丐,这便欺骗了亨兹曼的工人们,准许他走近炉子烤火。于是,这种炼钢法就被学去了。

1784 年,曾在英国海军部任职的亨利·科特(1740—1800 年)发明了搅拌炼铁法。用这种方法炼出的铁容易锻打,所以叫"熟铁"。科特吸收了在他以前的一些人的成果,例如,克兰奈基父子和波得·奥尼昂斯父子就曾在这方面有所贡献。科特改进了他们的方法,于 1783 年和 1784 年发明了将煤应用于锻铁炉中炼制棒铁的新方法。他的方法是从熔铁炉里取出的生铁,不直接放到精炼炉里去,而是放到燃烧普通煤的、称为反射炉或空气炉的一种锻铁炉中去加热。这种炉的炉门上有孔,炼铁工人可以把铁棍插进去搅动。由于不断地搅动,煤中的硫黄不会与铁混在一起,而是在高热中被燃烧,铁矿石中的大部分杂质也可以除掉。当熔化之后的铁结成块时,从炉里取出,不用锤打,而是加热后,通过巨大而沉重的滚柱,把铁渣挤压出来,铁质部分则被碾压成铁条或铁板。这种铁质量很好,适合于制造机器和其他各种用途。

科特的搅拌炼铁法大大提高了冶铁技术,生产的铁不仅质量好,而且非常实用。到 1787 年,英国海军部决定采用科特的铁制作铁锚,而不再使用进口铁。不仅如此,这种冶铁技术还增加了生铁和棒铁的产量,缩短了生产时间,提高了生产效率。

从钢铁的性能来看,生铁又叫铸铁,含碳量较高,虽然质地坚硬,但却很脆。而熟铁纯度高,质地软,但容易变形,强度和硬度还是较低。钢具有生铁和熟铁的两种优点,有较好的综合机械性能,如有较高的机械强度和韧性。钢的可塑性好,易加工成各种形状的钢材和制品;能铸造、轧制、锻造和焊接;具有良好的导电、导热性能。若钢种添加一些合金元素,则可得到特殊性能的钢种,如不锈钢、耐热钢、耐酸钢等。过去铁轨是木制的,随着铁路的迅速发展,要求铁轨材质要更坚固,铸铁制路轨代替了木制的路轨,最后又被钢轨所取代。

3.5.4　"铁疯子"开创钢铁时代

约翰·威尔金森被英国人称为"铁匠大师"、"钢铁秆人"或"铁疯子",他为钢铁找到了许多新用途。在威尔金森看来,铁也好,钢也好,既具有无比的拉力和抗压力,又能在熔化成为液体以后浇铸成所需形状的铸件;它还具有可压延性,经过锻打或压延,也能将它加工成所需要的各种形状,而且之后一直保持着这种形状而不至于变形走样。具有这么多优良性能的材料,必将成为在许多工业中发挥作用的中坚。

自从蒸汽机的出现使炼铁厂和翻砂厂的生产效率大大提高以后,人们就越来越多地采用浇铸、锤打和压延的方法去制造各种机器的部件,用钢或铁的部件代替木制的部件。开始时是用金属制造出滚轮机、旋床、水力锤等,先将炼铁和翻砂设备武装起来,然后就用金属机械加工生产出铁轮、飞轮,以及机器运转时所需要的各种小部件、小零件,如轴、轮、小齿轮、传动主轴等。在实践中,人们切切实实地体会到钢铁部件与木制部件相比较而体现出来的许多优越性,于是,铁和钢制的机器就一步步地取代了木制的机器。这种状况先在纺纱厂里实现。钢铁制造的大型纺织机械,它的庞大的结构,飞快运转的速度,与传统的手工生产用的木制纺纱机械相比较,真不可同日而语。

人们认为,冶金工业的发达,迎来了钢铁生产的发达,而钢铁时代到来的同时,机器时代也揭开了它的序幕。如果没有钢铁,人们能够想象现代化的机器吗?同样,如果没有现代化的机械生产设备,现代化的钢铁冶炼工业也不至于发展得这么迅猛。钢铁与机器是相辅相成的一对,它们都拥有光辉的前程,而它们的发展又都是以蒸汽提供了稳定而且巨大的动力为基础。

正是威尔金森,真正预见到冶金工业的光辉前景。他带头制造了铁椅子,以及酒坊用的各种尺寸的铁管子,用来代替传统用竹管子。1776年,当人们讨论在布罗斯利至马德利的塞汶河上建造一座桥梁的问题时,威尔金森建议不再建造石桥或砖桥,而要建造一座真正的铁桥,或者至少桥的一部分部件要用铁制。这一设想,在三年后得以实现,一座全部由生铁铸造的铁桥横跨在布罗斯利至马德利的塞文河上。接着,1796年,在森德兰的韦尔河上,威尔金森又建造了第二座铁桥。

如果说在陆地上架设雄伟壮观的铁桥,还不是那么使人惊奇的话,当一座座铁桥建成之后,富有创新精神的威尔金森,打破传统观念,又提出一个新的设想:他要建造铁船。面对人们的质疑,威尔金森仍表现的信心十足。他从阿基米得那里找到了科学根据,在1787年7月,他竟在塞汶河上放下了一艘用铁板做的船。

一件又一件用铁来代替旧材料制作的物件,使威尔金森对铁在未来时代的前景充满希望,在他的老年,他常喜欢说,铁已经注定要代替那时所用的大多数的建筑材料,有一天人们会看见到处都是铁做的房子,铁做的道路,铁做的船……威尔金森去世后,人们亲切地称他是"钢铁工业的创始人"。

3.5.5　钢铁时代

18世纪,是钢铁技术革命的年代,几乎所有带方向性的重大技术变革都在这个世纪内发生了。19世纪的钢铁技术虽然没有质的变化,但是在产量上有了飞跃发展。

在1850—1900年间,全世界的铁和钢的产量都获得了巨大增长。然而相比而言,在前半世纪出于房屋结构和铁路的需要,熟铁和铸铁的产量提高极快,钢的产量却裹足不前。1856年亨利·贝塞麦(1813—1898年)发明了转炉炼钢技术,这是近代工业的一大进步,它促进了炼钢业和工业社会的极大发展。

贝塞麦发明转炉式炼钢法的起因是由于制造兵器的缘故。1853 年,俄国和土耳其之间爆发了战争,战火蔓延到整个克里米亚地区。这场战争历时 3 年,交战双方谁也没有占到便宜,战争一直处于一种没有胶着的状态,造成这种局面的一个重要原因是作为进攻型武器的大炮炮膛经常发生破裂。那时贝塞麦在军事研究部门工作,奉命研制大炮。在他和同事们的努力下,终于查明了炮膛事故的原因:由于枪筒和炮筒都是用生铁铸造出来的,生铁硬而脆,韧性不好,再加上制作工艺也无法十分精细,难免出现枪膛和炮膛过松、过紧的情况。但螺旋形膛线要求很高:炮膛太大,容易造成火药气体的泄漏、炮弹打出去无力,而且也难以靠强烈的旋转提高射击精度;炮膛小一些呢,火药爆炸时产生的大量气体就无路可走,产生强大的压力,细小的枪管还可以承受,大口径的炮筒就难以承受了,所以容易造成炸膛事故。

尽管贝塞麦并不懂得冶金技术,但他下决心炼制出一种耐高压的铁来解决炮膛炸裂的问题。一天,他在试验加大风量吹炼生铁时,发现一块在风口处未熔化的铸铁块明显地出现高温脱碳,善于思考的贝塞麦立即受到启发,他想,能否利用强风对准炉中的铁水使其去碳而提高温度呢? 这实际上就是反射炉搅拌炼熟铁方法的原理,只是反射炉搅拌熟铁时,供氧不足,燃烧不充分,去碳、去硅不足,无法形成钢。贝塞麦不懂冶金学,他把自己的发现当作全新的发现来实验。他发现不需要引入任何燃料,只要用二次强制吹风,铸铁中杂质的燃烧就会放出大量热量,自然增温,铁水就能很好地脱碳而成为钢。

进而,他在大容器中进行实验。1856 年,他在伦敦的圣·潘克利斯自己的工厂里,建成了一座固定式容量为 350 kg 铸铁的熔炉。经过贝塞麦坚持不懈的努力,终于取得了成果,得到了日夜期待的整炉纯钢。1856 年 8 月 11 日,他在切尔特南不列颠科学振兴协会的年会上发表了题为《不用燃料制造熟铁和钢的方法》的论文。这项发明受到钢铁业专家们如潮的好评,他的炼钢方法被称为“贝塞麦炼钢法”。

贝塞麦转炉炼钢法在 19 世纪 60 年代把 10～15 t 铁炼成钢只要 10 min 的时间,而用过去的搅拌法需要几天时间,用木炭炉更是需要好几个月。贝塞麦炉以它独特的高效率震惊了欧洲,开创了大规模生产钢的可能性。

贝塞麦转炉炼钢法虽然得到广泛的推广,但后来多数国家的钢铁公司发现,用贝塞麦转炉炼出来的钢质量不高,里面气泡很多,结晶粗糙,有时甚至还比不上生铁,对于高磷铁矿没有办法冶炼。对于这个问题,原因在几年后找到了:贝塞麦转炉里用的耐火砖是用硅酸盐材料制成的,在高温条件下显酸性,而在酸性环境中,杂质磷和硫是很难被除掉的,正是这些残留的磷和硫使钢的质量低劣。

19 世纪 70 年代末,英国冶金专家托马斯把贝塞麦遇到的难题解决了。为了寻找耐高温的材料做炼钢炉的衬垫材料,他试验各种材料的酸碱性。他用白云石高温烧制成熟料,然后混合焦油做成碱性耐火砖,砌在炉内。在这种转炉内装入高磷铁水,吹入空气,同时添加石灰后,使炉渣成为高碱性,此时被氧化的磷与石灰结合在一起,留在渣内不再返回钢中,因而实现了脱磷,这就是托马斯炼钢法的原理。为了验证这个试验,他与在钢厂当化学技师的兄弟合作进行小型转炉实地实验,结果脱磷获得成功。

1864 年,法国炼钢专家马丁父子在英国人西门子兄弟的指导下,把蓄热式气体炉技术应用到炼钢上,发明了一种特大型炼钢坩埚——平炉,使“平炉炼钢法”获得了成功。

在贝塞麦的引导和其他科学家、发明家的共同努力下,人类稳步地进入了钢铁时代。

从 18 世纪末到 19 世纪,在这近一个世纪的漫长岁月里,完成了钢铁技术的彻底革新。贝塞麦法、西门子-马丁法、托马斯法这三大炼钢技术发明以后,再加上旧有的高炉炼铁技术就构成现代钢铁技术体系。1880 年以后,整个技术都配了套。炼铁、炼钢、铸锭、轮制等一系列工艺在近代钢铁生产方式中完全取得稳定地位,每个生产环节与工序之间都实现了机械化,实现了科学与技术的结合,为 20 世纪大规模生产钢铁奠定了技术基础。从此以后,钢铁产量有了惊人的增长。

英国工业革命从棉纺工业开始,而以冶金工业的兴起和发展才日益巩固和深入。冶金工业在不断改进自己的设备的同时,也逐渐改造着其他工业,从而影响着整个工业生产,影响着整个产业革命的进程。正是这些生铁、棒铁及钢的生产和应用,近代工业文明才呈现出具体而又生动的社会面貌。高耸云天的摩天大楼,横卧如虹的江河大桥,四通八达的铁路网络,劈风斩浪的轮船舰只,无不是钢铁工业的生动例证。

思　考　题

1. 工业革命是什么时候开始的? 工业革命的产生是必然的吗?
2. 工业革命时期的最主要的技术发明有哪些?
3. 瓦特在蒸汽机的发明和应用中最主要的贡献是什么?
4. 人类进入钢铁时代起到关键作用的人物和事件有哪些?
5. 谈谈材料在工业革命中的作用。

参考文献

[1]　许永璋. 世界近代工业革命[M]. 沈阳:辽宁人民出版社,1986.

[2]　郑毅. 世界工业科技[M]. 北京:北京燕山出版社,1996.

[3]　诺依曼. 材料和材料的未来[M]. 北京:科学普及出版社,1986.

[4]　张小东. 人类进步的基石[M]. 北京:京华出版社,1997.

[5]　远德玉,丁云龙. 科学技术发展简史[M]. 沈阳:东北大学出版社,2000.

[6]　郑延慧. 工业革命的主角[M]. 长沙:湖南教育出版社,1999.

[7]　关士续. 科学技术史简编[M]. 哈尔滨:黑龙江科学技术出版社,1984.

[8]　王放民. 材料家族的发展[M]. 上海:上海科学技术文献出版社,2000.

[9]　李亚东. 科学的足迹[M]. 郑州:河南科学技术出版社,1984.

[10]　高达声,汪广仁. 近现代技术史简编[M]. 北京:中国科学技术出版社,1994.

[11]　杨沛霆. 科学技术史[M]. 杭州:浙江教育出版社,1986.

第4章 建筑材料与人居环境

4.1 概 述

4.1.1 建筑及其发展

地球已有大约 40 亿年的历史。如果从非洲考古发现的直立人算起，人类在地球上居住的时间只有 200 万年。从远古时期起，人类为了生存，除了猎取动物、采集野果等本能的行动之外，最早有意识地对自然界进行的改造和干预就是从事土木建筑活动，例如建造房屋、修筑水渠和防护用的堑壕。但真正出现具有文明意义的建筑，距今只有 1 万多年。

建筑活动是人类在地球环境中最重要的活动之一，它深刻地改变了人类的生活面貌和自然环境。随着社会的进步和人类生活水平的提高，建筑作为人类物质文明的象征和社会文化进步的标志，其种类、样式变得丰富多彩，功能也越来越多样化。从公元前 2500 年古埃及人用巨大的石材建造金字塔开始，人类在地球这颗行星上建造了许多建筑物和结构物。从古希腊充满荣光的雅典卫城、罗马古城、克罗西姆斗兽场的遗迹，到我国的万里长城、天坛和故宫，这些凝聚着人类智慧的建筑物，都是人类宝贵的文化遗产。

最早的建筑物是房屋，就是利用当地现有的材料搭建而成的、可抵抗风寒雨露的遮蔽物。距今大约 10 万～50 万年前，原始人过着群居的生活。他们或利用天然的洞穴，或"构木为巢"，即所谓"穴居"和"巢居"（树上筑巢），利用自然界提供的天然"房屋"以应付风雨和猛兽的侵害。此时的人类不具备建造房屋的技术和条件，生存条件十分恶劣。经过不断进化，人类开始有意识地营建房屋，到后来能够按照事先设计好的方案建造房屋。于是，经过精工雕凿、科学拼接而成的木屋和石屋，以及木石土合建的各种形式的房屋大量出现，直至发展为规模宏大的宫殿建筑群和寺庙建筑群。

由于历史文化或风俗习惯的不同，不同民族的人们创造了不同形式的房屋。考古发掘证明，我国最早的房屋建筑产生于距今约六七千年前的新石器时代。当时的房屋主要有两种，一种是以陕西西安半坡遗址为代表的北方建筑模式，另一种是以浙江余姚河姆渡遗址为代表的长江流域及以南地区的建筑模式。北方建筑模式主要是半地穴式房屋和地面房屋。半地穴式房屋多圆形，地穴有深有浅，以坑壁作墙基或墙壁，坑上搭架屋顶，顶上抹草泥土，有的四壁和屋室中间还立有木柱支撑屋顶；南方建筑模式主要是干栏式建筑，一般是用竖立的木桩或竹桩构成高出地面的底架，底架上有大小梁木承托的悬空的地板，其上用竹木、茅草等建造住房。干栏式建筑上面住人，下面饲养牲畜。

相对于古代的建筑，近代建筑在本质上有了巨大的变革。建筑物不仅仅是供人们生活、工作的庇护场所，也成为人类生产、科研、艺术创作等一切发展现代文明的场所。大量设计新颖、造型美观、色彩适宜的现代建筑，给人带来了赏心悦目的感觉。因此，建筑也被认为是技术与艺术结合的产物,被称为"凝固的音乐"。

建筑物的分类方法有很多,一般有以下四种。

1. 按使用功能分类

按使用功能分类分为民用建筑、工业建筑和农业建筑三类。

(1) 民用建筑　指供人们工作、学习、生活、居住用的建筑物,又分为居住建筑和公共建筑。居住建筑包括住宅、宿舍、公寓等,公共建筑按性质不同可分为 15 类之多,即生活服务性建筑、托幼建筑、学校建筑、科研建筑、医疗建筑、商业建筑、行政办公建筑、交通建筑、通讯广播建筑、体育建筑、观演建筑、展览建筑、旅游建筑、园林建筑、纪念性建筑等。

(2) 工业建筑　指为工业生产服务的生产车间及为生产服务的辅助车间、动力用房、仓储用房等。

(3) 农业建筑　指供农(牧)业生产和加工用的建筑,如种子库、温室、畜禽饲养场、农副产品加工厂、农机修理厂(站)等。

2. 按建筑规模和数量分类

按建筑规模和数量分类,分为大量性建筑和大型性建筑。

(1) 大量性建筑　指规模不大,但修建数量多,广泛分布在大中小城市及村镇,与人们生活密切相关的建筑,如住宅、中小学教学楼、医院、中小型影剧院、中小型工厂等。

(2) 大型性建筑　指规模大、耗资多的建筑,如大型体育馆、大型剧院、航空港站、博览馆、大型工厂等。与大量性建筑相比,这类建筑修建数量很有限,在一个国家或一个地区具有代表性,对城市面貌的影响也比较大。

3. 按建筑层数分类

按建筑层数分类,分为低层建筑、多层建筑和高层建筑三类。

(1) 低层建筑　指 1~2 层的建筑。

(2) 多层建筑　一般指 3~6 层的建筑。

(3) 高层建筑　指超过一定高度和层数的多层建筑。对高层建筑的划分界限,世界上各国的规定并不一致。我国《高层民用建筑设计防火规范》(GB 50045—1995)中规定,10 层和 10 层以上的居住建筑,以及建筑总高度超过 24 m 的公共建筑及综合性建筑为高层建筑。高层建筑按使用性质、火灾危险性、疏散和扑救难度又可分为一类高层建筑和二类高层建筑,这里不详述。

4. 按承重结构的材料分类

按承重结构的材料分类,分为木结构建筑、砌体结构建筑、钢筋混凝土结构建筑、钢结构建筑和混合结构建筑五类。

(1) 木结构建筑　指以木材作房屋承重骨架的建筑。我国古代建筑大多采用木结构。木结构具有自重轻、结构简单、施工方便等优点,但木材易腐、易燃,又因我国森林资源缺少,现已较少采用。

(2) 砌体结构建筑　指以砖、石材或砌块为承重墙柱和楼板的建筑。这种结构便于就地取材,能节约钢材、水泥和降低造价,但抗震性能差、自重大。

(3) 钢筋混凝土结构建筑　指以钢筋混凝土作结构承重的建筑。具有坚固耐久、防火和可塑性强等优点,故应用较为广泛。

(4) 钢结构建筑　指以型钢等钢材作为房屋承重骨架的建筑。钢结构力学性能好,便于制作和安装,工期短,结构自重轻,适宜超高层和大跨度建筑中采用。随着我国高层、大跨度建筑的发展,采用钢结构的趋势正在增长。

（5）混合结构建筑　指采用两种或两种以上的材料作承重结构的建筑。如由砖、石或砌块墙、木楼板构成的砖木结构建筑;由砖、石、砌块墙、钢筋混凝土楼板构成的混合结构建筑;由钢屋架和混凝土构成的钢混结构建筑。混合结构在大量性民用建筑中应用最广泛,钢混结构多用于大跨度建筑,砖木结构在民居中多见。

4.1.2　人居环境的概念

聚居是人类生存和发展的重要组成部分。最初的聚居是为了适应环境、抵抗外来的侵犯,通过聚居也加强了人们之间的信息交流,使人类的智慧更加充分发展。因此,人类聚居是社会、经济发展的结果。

"人居环境"是人类社会发展到 20 世纪中后期提出的一个概念,也叫"人类住区"（Human Settlement）,或者叫做"人类聚居"。从字面上看,"人居环境"往往容易被简单地理解为"人类的居住环境"。其实,它是一个具有丰富内涵的综合性概念,可以定义为"人类生存、从事生产、进行各种社会活动所在的环境",具体来说,可分为"硬环境"和"软环境"两大系统。根据不同的层次和人们的活动范围,这两大系统还可分为生活环境、生产环境（工作环境）、社会公共环境,以及资源、能源和生态等人类生存的地球大环境（人类生存环境）,如图 4.1 所示。

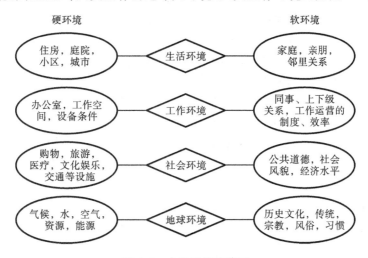

图 4.1　人居环境的范围

那么,理想的人居环境是什么? 从人类作为高等动物的本能来看,理想的人居环境就是有一个适合自己生存的环境,或者说,理想的人居环境是以尊重自然、依托经济、培育社会为前提,既满足人类栖居生活的基本需求,又具备可持续发展能力的环境空间体系。有人认为,理想人居环境具有"天地、人、神"的三个要素。

天地　天地即自然。不光是自然元素的需要,更重要的是水、植物、动物之间形成的一种相互依赖、依存的关系。

人　人需要家庭,需要一种真正的生活,还需要休息、需要社区,更需要人和人之间的交流以及一种交流的空间。

神　每一寸土地,因为人类跟土地的一种长期的关联,因而都是有"神灵"的。其实这不仅仅是宗教里"神"的概念,更主要的是人对土地的这种依赖、依附、归属。

另外,围绕理想的人居环境,还提出了"虚拟社区"、"田园城市"、"高科技城市"等概念。

概括起来,现代人对居住环境的基本要求包括以下一些方面,如图 4.2 所示。

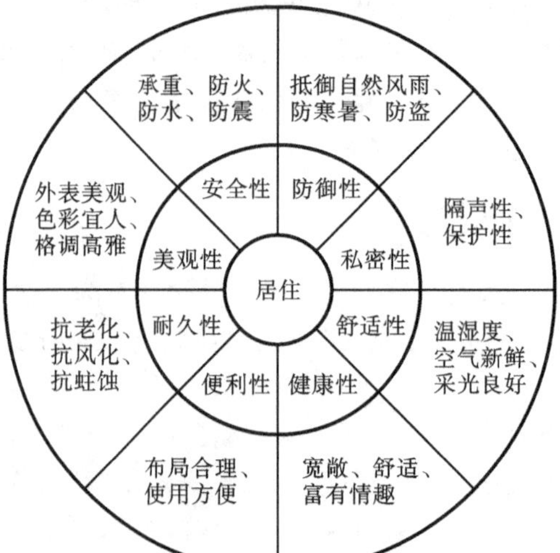

图 4.2　现代人对居住环境的要求

(1) 安全性　地震常常给人类带来巨大的灾难,如唐山、汶川的大地震。据统计,地震造成的人身伤亡绝大部分与建筑物的损坏有关。安全性就是要求建筑物在自重及荷载作用下能安全使用,在发生地震、台风等自然灾害时不倒塌,在发生火灾、爆炸等人为灾害时不产生毒气、不蔓延,能提供足够的避难时间,保证居住者的人身安全。这要求构成建筑物的材料具有足够的强度、抗冲击能力、好的耐火性,所用的材料为不燃性或难燃性材料。

(2) 防御性　防御性要求建筑物有坚实的防御功能,能抵御自然界的风、雨、雹、雪等气候的变化。冬天保暖、夏季隔热,为居住者提供舒适的居住空间,同时具有防盗、防侵入的功能,使居住者具有安全感。为实现这一点,要求用于建筑的材料具有保温隔热性能,门窗等开口部位具有密闭性、坚实性。

(3) 私密性　房屋建筑是从整个开放空间中分隔出一个仅为居住者所有的能够保存隐私、充分放松与自由的空间。为了达到这种私密性,并且不妨碍他人,要求房屋具有良好的隔音性能和密闭性能,要求墙体、地面、顶棚等围护结构要隔音、防止震动,使用窗帘遮挡来自外部的视线等。

(4) 耐久性　是指建筑物在长期使用过程中不破坏,能够保证其安全性、功能不明显降低的性能。耐久性不仅影响建筑物在长期使用过程中的安全性,还直接影响建筑物的经济成本。成本不仅指建设时的初始投资,还包括日常运行、维修、保养直到最后解体的全部费用。

(5) 健康性　室内空气的清新程度,光线是否充足,温、湿度是否适宜,空气中有毒气体的含量是否在规定的范围之内等因素,不能直接影响居住者的身体健康。

早在 20 世纪 70 年代,发达国家就已经开始研究建筑材料释放和散发的气体和物质对居室空气的影响,以及对人体健康的危害程度。人们已经在室内空气中检测出 500 多种有机物质,并认定其中多种为致癌物质。近年来,人们对由于室内装饰、装修使用了有毒材料而影响人体健康的问题日益重视,并提出了"健康住宅"的概念。

(6) 舒适性　进入现代社会,人们已不满足生存的基本条件,还要追求更加舒适、浪漫、富有情趣的人生。居住环境的舒适性对人们的生活质量影响很大。材料对居住环境舒适性的影响,主要取决于材料的色彩、质感、花纹等视觉效果,触摸材料时的冷暖、软硬、光滑还是粗糙等触觉性能,以及材料的传热、吸湿性能等方面。

(7) 方便性　影响家庭住居方便性的主要因素,有整体布局、生活设备配套程度、使用面积、使用功能是否齐全等。

(8) 美观性　建筑物的美观性包括建筑物的个体美观性以及与周围环境的协调性等。个体美观性又包括整体造型、色彩等外观效果,内部的颜色、光线、风格等室内艺术效果。建筑物的室内美观性直接影响居住者的情绪、心态和健康,而建筑物的外部美观性影响街区和城市的风格,它们都与人们的日常生活联系十分密切。

4.2　建　筑　材　料

建筑材料是从事各种土木建筑活动的物质基础。现代社会用于人们的生活、生产、出行以及娱乐等各种设施,如住宅、厂房、学校、铁路、道路、桥梁、商店、影剧院、体育馆等,都是通过土木、建筑工程来实现的,而构成这些设施的物质基础,就是建筑材料。

建筑材料可以定义为各类建筑工程中所应用的物质,它主要用来构成建筑物的结构,或者完成防水、通风以及装饰、美观等功用。因此,按性能和用途,建筑材料可分为结构材料和功能材料。前者是以力学性能为特征,主要用作建筑结构的承重材料;后者则是以力学性能以外的功能为特征,它赋予建筑物防水、防火、保温、隔热、采光、防腐和节能等功能。

建筑物的修建成本、功能实现、使用质量、寿命的高低以及艺术的发挥等,除了设计以外,很大程度上受制于建筑材料。事实上,建筑材料与建筑技术的进步有着不可分割的联系,它们相互推动又相互制约:建筑物的结构形式、施工方法受到建筑材料性能的制约,建筑工程的需要又对建筑材料的品种、质量不断提出更高、更新的要求;建筑工程中许多技术问题的解决,往往依赖于建筑材料的突破,新型建筑材料的出现,又促进了结构设计和施工技术的革新。

4.2.1　建筑材料的发展

大自然中的木、草、土、石等天然材料,是人类最早期的建筑材料。到 18 世纪为止,建筑材料一直以天然材料的利用和手工业生产为主体,没有大的突破。由于没有高效的保温隔热和防水材料,房屋的热环境质量差,屋顶、地面及开口缝隙等部位漏雨渗水现象普遍存在;由于缺少美观的装修材料,室内缺乏美感和舒适性;道路没有进行路面铺装,雨天或雪天行走困难;利用传统的建筑材料,也难以建造大跨度的桥梁和大空间的房屋……这些自然的障碍给人类的生活带来诸多不便,使人类的生存环境处于较低的水平。

随着人类社会生产力和经济的发展,建筑材料也在不断向前发展。19 世纪前叶,钢铁、水泥、混凝土和钢筋混凝土等材料的出现,是建筑材料发展史上的一大革命。这些建筑材料无论在强度还是耐久性方面都远远优于传统材料,彻底打破了传统材料在形状、尺寸方面的限制,使建筑物向高层、大跨度发展成为可能。特别是进入近代社会,人们大量采用钢筋、水泥等人工材料,建造了许多比过去规模更大、样式更新、功能更强的建筑,同时更加重视房屋内外的装饰,例如在墙壁上镶瓷砖,甚至涂上金粉,使得房屋变得金碧辉煌、光彩夺目。巴黎的埃菲尔铁塔,伦敦的白金汉宫,纽约曼哈顿的高层建筑群,芝加哥的西尔斯大厦,多伦多的 CN 电视塔,日本濑户跨海大桥和青函海底隧道,英吉利海峡海底隧道,我国的三峡工程和江阴大桥……这些平地拔起的高楼,耸入云端的高塔,横跨海洋的大桥,穿越高山和海底的隧道,成为人类现代物质文明的标志。有了这些基础设施,我们今天的生活和行动达到了空前的舒适和便利,我们居住的地球也变得更加多彩多姿。可以说,人类的文化、历史和现代物质文明,在相当程度上是建立在材料这个基础之上的。

进入 20 世纪,各种建设的步伐大大加快,建筑材料也有了飞跃性的发展,人类的生存环境和居住条件得到更大的改善。例如,传统的门窗等开口部材料多用木材,易变形,随着季节的变化可能出现关不上或空隙大等现象,且木材耐火性差、易被蛀蚀和腐朽。相比之下,铝合金和不锈钢不易生锈,作为门窗的保温性和紧闭性好,是较理想的门窗材料;各种玻璃作为透明材料,使得房间的采光效果大大改善;在墙体及顶棚中采用保温材料,既提高了房屋的热环境质量,改善了居住性,又节约能源;近年来,防水材料的广泛使用,使得房屋的漏雨、漏水现象大大减少;各种装修材料的开发和使用,使居住环境更加美观、健康和舒适;路面采用水泥混凝土、沥青混凝土材料,大大改善了交通条件,方便了人们的旅行……

表 4.1 为目前主要的建筑材料种类。

表 4.1　建筑材料的分类

无 机 材 料		有 机 材 料			复 合 材 料
金属材料	非金属材料	植物质材料	高分子材料	沥青材料	无机非金属材料与有机材料复合
黑色金属（铁、碳钢、合金钢）	天然石材（砂、石）	木材、竹材	塑料、塑料合金、树脂	石油沥青及煤沥青	聚合物混凝土
有色金属（铝、锌、铜及其合金）	烧土制品（砖、饰面砖、板）	植物纤维及其制品	涂料	沥青制品	沥青混凝土
	水泥、石灰、石膏		黏结剂		玻璃纤维增强混凝土
	混凝土、砂浆				
	硅酸盐制品				

4.2.2　传统建筑材料

传统建筑材料主要包括木材、竹材、黏土、石材等天然材料。

1. 木材

木材是建筑工程的主要材料之一,在水利、房屋、桥梁等工程中应用很广。木材具有许多优良性能:轻质而强度高,具有较高的弹性和韧性;导热性低;具有良好的装饰性、易加工;在干燥的空气中或长期置于水中有很高的耐久性等。缺点是:构造不均匀;各向异性;容易吸收或散发水分,导致尺寸、形状及强度的变化,甚至引起裂缝和翘曲;若保护不善,容易腐蚀、虫蛀;天生缺陷较多,影响材质;耐火性差,易燃烧等。

木材取自自然界的树木。树木可分为针叶树和阔叶树两类。针叶树的树干通直而高大,材质轻软,易于加工,表观密度和胀缩变形较小,具有一定强度,是常用的承重结构木材,如松、杉等。阔叶树大多数材质强度较高,表观密度较大,材质紧硬,加工较难,且胀缩、翘曲、裂缝等较针叶树显著,如榆、栎、槐等,适于作连接木结构构件的各种配件,如木键、木销或木垫块等以及作建筑装饰和家具用材。

　　森林作为一种天然资源,对保护自然环境有重要作用,而建筑工程中大量使用木材,这与环境保护有很大矛盾。因此,一方面要节约使用木材,采用新技术、新工艺,扩大和寻求木材综合利用的新途径,另一方面应积极研究和生产代用的材料。

　　2. 天然石料

　　天然岩石经机械或人工开采、加工(或不经加工)获得的各种块料或散粒状石材,统称为天然石料。天然石料分布广泛,可就地取材,且抗拉强度高、坚固耐久,可以建造较大型的结构,直到今天在水利、道路、房屋等工程中应用都很广。图 4.3 是被誉为古代七大奇迹的古巴比伦(今伊拉克境内)的空中花园,大约建造于公元前 604—公元前 562 年。据史料记载,这座空中花园分三层,用巨大的石柱做支撑,有 25 m 高,每一层都用数米长的石板做地面。

图 4.3　石头建造的巴比伦空中花园

　　岩石由于成形条件不同,一般分为岩浆岩(火成岩)、沉积岩(水成岩)及变质岩三大类。

　　岩浆岩的主要矿物成分有石英、长石、云母及暗色矿物等。石英是结晶状态的 SiO_2,强度高、硬度大、耐久性好,在常温下基本不与酸、碱作用。所以含石英的岩石风化后,石英本身仍能保持不变,成为石英砂。但是当温度达到 575 ℃以上时,石英体积急剧膨胀,使含石英的岩石,在高温下易产生裂缝而破坏。长石分为正长石和斜长石。斜长石又分为钠长石和钙长石两种。与石英相比,长石的强度、硬度及耐久度均较低。新鲜长石在干燥条件下也具有相当高的耐久性,在温暖潮湿的条件下易风化,特别是遇到 CO_2 时,就更易于被破坏。长石风化后主要生成物是高岭石,为沉积岩中黏土的主要组成部分。岩石中长石的风化程度是鉴定岩浆岩能否作为建筑石料的主要特征。云母是含水的铝硅酸盐,呈柔软而有弹性的层状薄片。常见的有白云母和黑云母,黑云母的耐久性较差。岩石中的云母含量较多时,易于劈开,会降低岩石的强度和耐久性,且使表面不易磨光。角闪石、辉石、橄榄石等着色灰暗的铁镁硅酸盐类矿物,统称为暗色矿物,密度为 3~4 g/cm^3,与长石相比其强度高、冲击韧性好,耐久性一般也较高。在岩石中暗色矿物含量多时,能成为坚固的骨架,提高岩石的强度,但也增加了加工的困难。

　　沉积岩是位于地壳表面的岩石,经过物理、化学和生物等风化作用,逐渐被破坏成大小不同的碎屑颗粒和一些可溶解物质,这些风化产物经水流、风力的搬运,并按不同质量、不同粒径或不同成分沉积而成的岩石。由于沉积岩是逐渐沉积而成的,有明显的层理,过垂直层理方向与平行层理方向的性质不同。沉积岩一般都具有比较多的空隙,不如深层岩紧实。根据成形条件,沉积岩可分为化学沉积岩、机械沉积岩、有机沉积岩三类。化学沉积岩是原岩石中的矿物溶于水,经聚集沉积而成的岩石,常见的有石膏、白云岩及某些石灰岩等。机械沉积岩是原岩石在自然风化作用下破碎,经流水、冰川或风力的搬运,逐渐沉积而成,常见的有页岩、砂岩等。有机沉积岩是由海水或淡水中的生物残骸沉积而成,常见的有石灰岩、贝壳岩、硅藻土等。

变质岩是由岩浆岩或沉积岩在地壳变动或与熔融岩浆接触时,受到高温高压的作用变质而成的。变质岩一般可分为片状结构和块状结构两大类。片状结构变质岩的矿物晶体按垂直于压力的方向平行排列,例如,由花岗岩变质而成的片麻岩、由黏土或页岩变质而成的板岩等。块状结构的变质岩,其矿物结构较原岩石发生了变化,但构造仍为匀质的块状,例如由石灰岩或白云岩变质而成的大理岩、由砂岩变质而成的石英岩等。

3. 胶凝材料

很早以前,人类或许在烧烤动物、烧火取暖等偶然机会中发现天然的贝壳烧过以后,其灰具有胶结能力。还有在钟乳洞内挖坑,或在石灰岩上烧过火之后残存下的灰,用水拌和后能固化。于是人们利用这种灰料拌入植物纤维或掺入砂、土等作为胶凝材料使用。这种天然石灰就是最早使用的胶凝材料。

胶凝材料实质上是经过自身的物理化学作用后,在由可塑性浆体变为坚硬石状体的过程中,能把散粒或块状的物质胶结成一个整体的材料。胶凝材料分为无机胶凝材料(也称矿物胶凝材料)和有机胶凝材料两类。无机胶凝材料又分为气硬性与水硬性两种。气硬性胶凝材料,只能在空气中硬化,并保持或继续提高其强度,属于这类材料的有石灰、石膏、镁质胶凝材料及水玻璃等。水硬性材料不仅能在空气中而且能更好地在水中硬化,保持并继续提高其强度,属于这类材料的有各种水泥。有机胶凝材料有沥青材料、树脂等。

公元前2500年建造的埃及金字塔,就使用了天然的石灰砂浆做胶结材料,将大块的石块黏结砌成。这是使用了天然石灰的现存最古老的结构物。采用胶凝材料黏结块体材料,使砌筑结构物更具有整体性,建造规模更大的建筑物或结构物从而成为可能。

4. 烧土制品

它是以天然黏土类物质为原料,经高温烤烧制造而成的无机非金属材料,包括土坯、黏土砖、黏土瓦、烧制石灰等。这是人类最早加工制作的人工建筑材料,可以说是与人类的文化、历史同步发展的一种建筑材料。

所谓"土坯",也可以说是用泥和草制成的"土砖",其制造过程叫做"打坯"或"脱坯",是黏土砖的前身。公元前8 000年左右最早在中东到埃及一带使用,至今仍然在不发达或干旱地区使用。土坯房就是用泥土做墙的房子,墙的内外材料用的都是泥土(见图4.4)。成墙方法主要有两种:一是做好墙脚后(一般以石为墙脚),将用木做的模具置于墙角上面,模具内放入泥土,人工分段分层夯实成墙;二是手工做的土砖(多指没经烧制的土砖)砌墙而成的房子。

黏土砖于公元前5 000年左右出现,最早为苏美尔人(在今伊拉克东南部)用于建筑宫殿。我国从西周(大约公元前1060—公元前711年)开始出现。黏土瓦出现在公元前3 000年左右,美索不达米亚(在今伊拉克)最早出现了屋顶瓦。我国在西周时代开始出现,到战国时代(公元前475年—公元前221年)广泛使用。

5. 玻璃

普通玻璃的主要成分是硅酸盐,由化学氧化物($Na_2O \cdot CaO_6 \cdot SiO_2$)组成。它是一种将高温下的熔融体快速冷却,固化形成的无定形结构的非晶体析出物,其物理性质和力学性质是各向同性的,抗压强度为600～1 200 MPa,具有透明度高、坚硬但抗冲击性差的特点。

玻璃是人们至今还在使用的最普遍的材料之一,但早在原始时代,古人就能制造简单的玻璃制品。例如,在埃及的古代遗址中就发现了大约公元前7 000多年制造的青色玻璃球。而

图 4.4　土坯建造的房子

出现装有玻璃窗的建筑物是在公元 6 世纪,这从建在伊斯坦布尔的圣苏菲亚大教堂可以得到证明。这个教堂的窗户上都装有玻璃,其中有很多还用有色玻璃组成了有花纹或图案的玻璃窗。到 1688 年,法国人奈伏在一次偶然的机会发现,熔化的玻璃流到金属台上时,能成为玻璃板,他由此得到启发,发明了制造大块玻璃板的技术,今天的水磨玻璃就是利用这种技术制成的。1854 年,一个以钢铁为骨架、玻璃为主要建材的建筑,在英国伦敦世界博览会上由英国女王维多利亚主持向公众开放,这就是著名的"水晶宫"(见图 4.5),是 19 世纪的英国建筑奇观之一,也是工业革命时代的重要象征物。

图 4.5　钢铁为骨架、玻璃为主要建材的水晶宫

玻璃的基本特性如下。

(1)密度　玻璃的密度与其化学组成有关,且随温度的升高而减小,一般普通玻璃的密度为 2 450～2 550 kg/m³。

(2)力学性质　玻璃的力学性质取决于其化学组成、制品形状和加工方法。当制品中含有未熔夹杂物、结石、节瘤或细裂纹时,因造成应力集中,可急剧降低其机械强度。玻璃的抗拉强度是决定玻璃品质的主要指标,通常为抗压强度的 1/15～1/14,在 40～120 MPa 之间。抗弯强度取决于其抗拉强度,并随着荷载时间的延长和制品宽度的增大而减小。普通玻璃的弹性模量为 60 000～75 000 MPa,极易受温度影响,常温下具有弹性,脆而易碎。随着温度的升高,弹性模量会降低,甚至出现塑性变形。玻璃的硬度随着化学成分和生产、加工方法而不同,一般为莫氏硬度 4～7。

（3）热性质　玻璃的比热容随着温度而变动。在玻璃软化温度与流动温度范围内，比热容随着温度的上升而急剧增大，而在低于软化温度而高于融化温度之内，比热容几乎不变。一般在 $15\sim100$ ℃范围内，比热容为 $(0.33\sim1.05)\times10^{3}$ J/(kg·℃)。常温下玻璃的热导率仅为铜的 1/400，但会随着温度的升高而增大，在 700 ℃以上时，还会受玻璃颜色和化学组成的影响。热膨胀系数受化学成分及其纯度的影响，一般纯度越高，热膨胀系数越小。玻璃的热稳定性与热导率的平方根成正比，与热膨胀系数成反比。

（4）光学性质　玻璃具有优良的光学性质，既能透过光线，又能反射光线和吸收光线。玻璃的反射能力表示光线被玻璃阻挡，按一定角度反射出的能力，用反射系数表示，即反射光能与投射光能之比，其大小取决于反射面的光滑程度、折射率及投射光线的入射角的大小等。玻璃的吸收能力用吸收系数表示，即吸收光能与投射光能之比，随着化学成分和颜色而异，并对光的波长有选择性。玻璃的透射能力即光能透过玻璃的能力，用透射系数表示，即透射光能与投射光能之比。反射系数、吸收系数、透射系数之和一般为 100%。

（5）化学稳定性　玻璃具有较高的化学稳定性，但长期遭受侵蚀性介质的腐蚀也能导致变质和破坏。工业用玻璃大多数能抵抗氢氟酸以外的酸的腐蚀。能水解成薄膜或难溶物的硅酸盐玻璃、铝酸盐和硼酸盐玻璃化学稳定性最好；磷酸盐玻璃不能形成薄膜，化学稳定性最差。此外，硅酸盐玻璃经退火处理，可使玻璃表面含碱量降低，化学稳定性将大大提高。

玻璃最初在建筑领域主要用作采光和装饰。随着科学技术的发展和建筑对玻璃使用功能要求的提高，现代建筑用玻璃已不仅仅满足于采光和装饰，而是向多品种、多功能的方向发展，兼备光学装饰性和功能性的新品种不断问世，可达到光控、温控、节能、降噪、隔声、减重以及美化环境等多种目的，为现代建筑设计提供了更大的选择性。

4.2.3　近代建筑材料

4.2.3.1　钢铁

1. 钢铁的性质

钢铁包括生铁和钢材，也称为黑色金属，是产量最大、应用最广的金属材料。特殊钢及钢材，不仅是工农业和国防工业的重要原料，也是建筑工程中的主要材料之一。

纯铁质软、易加工，但强度较低，几乎不能用于工业。生铁是铁矿石在高炉内通过焦炭还原而得的铁碳合金，其中碳含量大于 2%，并有较多的硅、锰、硫、磷等杂质，分为炼钢生铁及铸造生铁（简称铸铁）。铸铁有可锻铸铁、球墨铸铁以及合金铸铁等。生铁抗拉强度低、塑性差，尤其是炼钢生铁硬而脆，不易加工，更难以使用。铸铁虽可加工，但不能承受冲击及振动荷载，使用范围有限。

钢是用生铁冶炼而成的，密度为 $7.84\sim7.86$ g/cm³。炼钢的原理是将熔融的生铁进行氧化，使碳的含量降低到一定限度，同时把其他杂质的含量也降低到一定范围内。因此，在理论上凡含碳量在 2%以下，含有害杂质较少的铁碳合金可称为钢。钢材具有良好的物理及机械性能，应用范围极其广泛。

钢的冶炼方法有氧气转炉法、平炉法及电炉法三种。电炉法的冶炼质量最好，但成本高，多用来冶炼合金钢。我国建筑钢材主要用氧气转炉法及平炉法冶炼。钢液在氧化过程中，会含有较多的 FeO，故在冶炼后期需加入脱氧剂（锰铁、硅铁、铝等）进行脱氧，然后才能浇注成合格的钢锭。

2. 钢的分类

钢的品种繁多,为了便于选用,通常将钢按不同角度进行分类,具体分类如下。

(1)按化学成分分类,可分为碳素钢和合金钢。

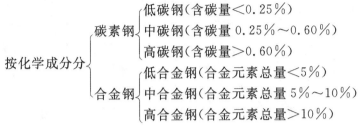

(2)按质量分类,可分为普通碳素钢、优级碳素钢和高级碳素钢。

$$按质量分\begin{cases}普通碳素钢(含硫量 \leqslant 0.055\% \sim 0.065\%,含磷量 \leqslant 0.045\% \sim 0.085\%)\\优级碳素钢(含硫量 \leqslant 0.03\% \sim 0.045\%,含磷量 \leqslant 0.035\% \sim 0.040\%)\\高级碳素钢(含硫量 \leqslant 0.02\% \sim 0.03\%,含磷量 \leqslant 0.027\% \sim 0.035\%)\end{cases}$$

(3)按用途分类,可分为结构钢、工具钢和特殊钢。

$$按用途分\begin{cases}结构钢\begin{cases}建筑工程用结构钢\\机械制造用结构钢\end{cases}\\工具钢:用于制造刀具、量具、模具等\\特殊钢:不锈钢、耐酸钢、耐热钢、耐磨钢、磁钢等\end{cases}$$

目前,在建筑工程中常用的钢种是普通碳素结构钢与普通低合金结构钢。建筑钢材一般分为钢结构用钢材和钢筋混凝土用钢筋及钢丝。钢结构是用各种型钢、钢板,经焊接、铆接或螺栓连接而成的工程结构,如厂房、桥梁等。水工钢结构主要有钢闸门及压力钢管等。钢结构的特点是:构件尺寸大,形状复杂,不可能对其进行整体热处理,钢材必须在供货状态下直接工作;构件在制作过程中,常需经冷弯、焊接等,要求钢材可焊接性好,冷加工时效敏感性小;结构暴露于自然环境,尤其是水工钢结构多处于潮湿、腐蚀或低温条件下工作,要求钢材具有在所处环境下的可靠性及耐久性。钢筋混凝土结构用钢筋主要有:热轧钢筋、冷轧带肋钢筋、预应力混凝土用热处理钢筋等。钢丝主要有不同规格的预应力混凝土钢丝及钢绞线。

3. 钢材的力学性能和工艺性能

钢材在建筑结构中主要是承受拉力、压力、弯曲、冲击等外力作用。施工中还经常对钢材进行冷弯或焊接等。因此,钢材的力学性能和工艺性能既是生产钢材、控制材质的重要参数,也是设计和施工人员选用钢材的主要依据。

(1)力学性能　建筑钢材的力学性能主要有:抗拉屈服强度 σ_s、抗拉强度 R_m、断后伸长率 A、硬度和冲击韧性等。

(2)工艺性能。

① 可焊性能　焊接是采用加热或加热且加压的方法使两个分离的金属件连接在一起的方法。在焊接过程中,由于高温及焊后急剧冷却,会使焊接及其附近区域的钢材发生组织构造的变化,产生局部变形、内应力和局部变硬变脆等,甚至在焊接周围产生裂纹,降低了钢材质量。可焊接性良好的钢材,焊缝处局部变硬变脆的倾向小,没有质量显著降低的现象,所得焊件牢固可靠。钢材含碳量大于 0.3% 后,可焊接性变差;杂质及其他元素增加,特别是硫能使焊缝硬脆,使钢材可焊接性低。焊接可以节约钢材,现已逐渐取代铆钉,因此可焊性也就成了钢材重要的工艺性能之一。

②冷弯性能　冷弯性能是指钢材在常温下承受静力弯曲时所容许的变形能力,是建筑钢材工艺性能的一项技术指标。冷弯性能合格是指钢材试件在受到规定的弯曲角度和弯心直径条件下,弯曲试件的外拱面不发生裂缝、断裂或起层等现象。钢材含 C、P 较高或曾经过不正常冷热处理,则其冷弯性能往往不合格。

图 4.6 所示是 2008 年北京奥运会的主体育场——国家体育场,俗称"鸟巢"。"鸟巢"是全焊钢结构,钢结构总量约 5.3 万吨,其中焊缝有 31 万米,所耗焊材 2 000 多吨。该建筑顶面呈马鞍形,长轴为 332.3 m,短轴为 297.3 m,南北跨度结构相对标高为 42.246 m,东西跨度结构相对标高为 69.9 m。主桁架围绕屋盖中间的开口放射形布置,与屋面及立面的次结构一起形成了"鸟巢"的特殊建筑造型。整个系统没有一颗螺钉和铆钉,所有钢材全部国产。构件截面均为箱形截面,其空间位置复杂多变,形体宏大、美观。

图 4.6　国家体育场(鸟巢)的钢结构

4.2.3.2　水泥

水泥是一种加水拌和成的塑性浆体,能胶结砂、石等适当材料,并能在空气和水中硬化的粉状水硬性胶凝材料。关于水泥,还有一段非常有趣的故事。

18 世纪时,航海业已相当发达,几乎所有大一点的港口都建有高大的灯塔,给过往的船只导航。在英国的普利茅斯港,就建有一个很高的灯塔,但不幸在 1756 年,这个灯塔因失火而被烧成废墟。英国政府命令建筑师史密顿重建这个灯塔。史密顿立即着手准备,首先收购石灰岩焙烧水泥。水泥是重建灯塔必不可少的建筑材料,从古罗马时代就用来做黏结剂,把砖头或石块牢牢地黏在一起。当时的水泥是石灰石和火山灰混合烧制而成的,颜色发白。但当史密顿准备烧制水泥时,发现购到的石灰岩却是黑色的。史密顿面对这些黑色的石灰岩大为懊丧,心想这黑不溜秋的东西怎么能烧出优质的水泥来呢?可工期不等人,史密顿只好用这批黑色的石灰岩烧制水泥。让史密顿意想不到的是,用这批黑色石灰岩烧出的水泥竟远比用白色的石灰岩烧制的水泥黏性好得多。史密顿感到奇怪,于是对黑色的石灰岩进行成分分析,发现黑色的石灰岩中含有黏土,正是这种黏土使得水泥的黏结力大为增强。

史密顿发现的水泥硬化之后,与当时英国的波特兰岛出产的一种淡黄色石材的颜色极为相似,所以将这种水泥命名为波特兰水泥(Portland Cement)。这即是迄今为止最好的水硬性胶凝材料——硅酸盐水泥。后来,法国的土木建筑师毕加又进一步进行了在石灰岩中加多少黏土为最好的试验,并在 1813 年得出了石灰岩和黏土按 3∶1 配方烧制的水泥性能最好的结果。

1. 硅酸盐水泥的生产

生产硅酸盐水泥的原料主要是石灰质原料(如石灰石)和黏土质原料(如黏土、黄土、页岩等)两类,一般常配以辅助原料(如铁矿石、砂岩等)。石灰质原料主要提供 CaO,黏土质原料主要提供 SiO_2、Al_2O_3 及少量的 Fe_2O_3,辅助原料常用以校正 Fe_2O_3 或 SiO_2 的不足。硅酸盐水泥的生产工艺过程分为制备生料、煅烧熟料、粉磨水泥三个主要阶段,可概括为"两磨一烧",如图 4.7 所示。

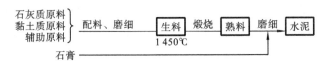

图 4.7　硅酸盐水泥生产工艺流程示意图

2. 水泥的凝结硬化

水泥加水拌和后,水泥颗粒表面开始与水发生化学反应,逐渐形成水化物薄膜,此时的水泥浆既有可塑性、又有流动性。随着水化反应的持续进行,水化物增多、膜层增厚,逐渐变稠并失去可塑性,此即"初凝"。当水化作用不断深入并加速进行,生成较多的凝胶和晶体水化物,并互相贯穿而使网络结构不断加强,终至浆体完全丧失可塑性并具有一定强度,此即"终凝"。此后,水化反应进一步进行,水化物也随时间的延续增加,且不断填充于毛细孔中,水泥浆体网络结构更趋致密,强度大为提高并逐渐变成坚硬岩石固体——水泥石,这一过程称为"硬化"。

4.2.3.3　水泥混凝土

水泥混凝土(以下简称混凝土)是以水泥(或水泥加适量活性掺和料)为胶凝材料,与水和骨料等材料按适当比例配合拌制成拌和物,再经浇筑成形硬化后得到的人造石材。新拌制的未硬化的混凝土,通常称为混凝土拌和物(或新鲜混凝土)。经硬化有一定强度的混凝土亦称硬化混凝土。

1. 混凝土分类

混凝土可按用途、性能或施工方法的不同分为:普通混凝土、水工混凝土、海工混凝土、道路混凝土、防水混凝土、防射线混凝土、耐酸混凝土、内热混凝土、高强混凝土、高性能混凝土、自流平混凝土、蹍压混凝土、喷射混凝土、泵送混凝土、水下浇筑混凝土等。此外,还有纤维增强混凝土、聚合物混凝土等。

混凝土也可按表观密度的大小分类。干表观密度大于 2 600 kg/m³ 的称为重混凝土,是用晶石经特殊配制而成的,如重晶石混凝土,主要用于国防及原子能工业的防辐射混凝土工程。干表观密度在 1 950～2 600 kg/m³ 的称为普通混凝土,是用天然(或人工)砂、石作骨料配制的,广泛应用于各种建筑工程中,其中干表观密度在 2 400 kg/m³ 左右的最为常用。干表观密度小于 1 950 kg/m³ 的称为轻混凝土,其中,用轻骨料配制的轻混凝土称为轻骨料混凝土;加入气泡代替骨料的轻混凝土称为多孔混凝土,如泡沫混凝土、加气混凝土;不加细骨料的轻混凝土称为大孔混凝土。轻混凝土多用于建筑工程的保温、结构保温或结构材料。

2. 混凝土的特点

混凝土是现代土建工程上应用最广、用量极大的建筑材料。其主要优点是:具有较高的强度及耐久性,可以调整其配合成分,使其具有不同的物理力学特性,以满足各种工程的不同要求;混凝土拌和物具有可塑性,便于浇筑成各种形状的结构件或整体结构;能与钢筋牢固地结合成坚固、耐久、抗震且经济的钢筋混凝土结构。

混凝土的主要缺点是:抗拉强度低,一般不用于承受拉力的结构;在温度、湿度变化的影响下,容易产生裂缝。此外,混凝土原材料品质及混凝土配合成分的波动以及混凝土的运输、浇筑、养护等施工工艺,对混凝土质量有很大的影响,施工过程中需要严格的质量控制。

3. 混凝土的组成及组成材料的作用

混凝土是由水泥、水、砂及石子四种基本材料所组成的。为节约水泥或改善混凝土的某些性能,常掺入一些外加剂及掺和料。水泥和水构成浆,水泥浆包裹在砂子颗粒的周围并填充砂子颗粒间的空隙形成砂浆,砂浆包裹石子颗粒并填充石子间的空隙组成混凝土。在混凝土拌和物中,水泥浆在砂、石颗粒之间起润滑作用,使拌和物便于建筑施工。水泥浆硬化后形成水泥石,浆砂、石子胶结成一个整体。混凝土中的砂称为细骨料(或细集料),石子称为粗骨料(或粗集料)。粗、细骨料一般不与水泥起化学反应,其作用是构成混凝土的骨架,并对水泥石的体积变形起一定的抑制作用。

4. 对混凝土的基本要求

工程中使用的混凝土,一般必须满足以下几个基本要求:混凝土拌和物应具有与施工条件相适应的和易性,便于施工时浇筑振捣密实,并能保证混凝土的均匀性;混凝土经养护至规定龄期,应达到设计所要求的强度;硬化后的混凝土应具有与工程环境相适应的耐久性,如抗渗、抗冻、抗侵蚀、抗磨损等;在满足上述要求的前提下,混凝土各种材料的配合应经济合理,尽量降低成本。此外,对于大体积混凝土(结构物实体最小尺寸不小于 1 m 的混凝土),还须考虑低热性要求,以利于避免产生裂缝。

5. 混凝土的应用

水泥混凝土随着硅酸盐水泥的出现而问世,已经成为各种工程建设中的一种主要的建筑材料。无论是工业与民用建筑、给水与排水工程、水利水电工程、交通工程以及地下工程、国防建设等中都广泛地应用混凝土。

随着科学技术的进步,混凝土的配制技术从以经验为主逐步发展到具有系统的理论指导,混凝土的施工技术从手工发展到机械化,混凝土的强度不断提高、性能不断改善、品种不断增多,对混凝土的研究也从宏观到细观及微观不断深入。可以预见,混凝土技术还将不断发展。今后抗压强度为 60~100 MPa 的高强混凝土以及 100 MPa 以上的超高强混凝土的应用将日趋广泛,具有特殊性能(如高和易性、高密实性、高耐久性、高抗裂性、低脆性、低自身质量等)的混凝土以及具有多种特殊性能的高性能混凝土也将逐步得到应用。此外,在配制普通混凝土的原材料方面,将更多利用再生资源及工农废料。同时,积极发展以水泥混凝土为基材的复合材料,以获得特殊功能混凝土。

4.2.3.4　钢筋混凝土

钢筋混凝土实质上是由多种性能不同的材料组合而成的复合材料,即一种金属材料与多种无机非金属材料的复合。它的发明以及 19 世纪中叶钢材在建筑业中的应用,使高层建筑与大跨度桥梁的建造成为可能。

1855 年,法国人 J. L. Lambot 在第一届巴黎万国博览会上首次推出钢筋混凝土小船,宣告了钢筋混凝土制品的问世;1887 年,M. Koenen 发表了钢筋混凝土梁的计算方法;1892 年,法国的 Hennebique 发表了梁的剪切增强配筋方法;1900 年后,钢筋混凝土结构在工程界得到了大规模的使用;1928 年,一种新型钢筋混凝土结构形式——预应力钢筋混凝土出现,并于第二次世界大战后被广泛地应用于工程实践。

4.2.4　现代建筑材料

随着人们生活水平的提高、审美观念的改变以及现代工业技术的发展,更有效地利用地球的资源,全面改善及迅速扩大人类的工作与生存空间势在必行,未来的建筑结构将能够在各种苛刻的环境条件下使用,满足越来越高的安全、舒适、美观、耐久以及节能的要求,由于建筑物的使用功能在很大程度上靠建筑功能材料来实现,因此建筑材料的发展也需适应这种要求和变化。近年来,一些具有多功能的新型建筑材料,如防火材料、防水材料、保温隔热材料、建筑声学材料、建筑光学材料、建筑加固修复材料、建筑功能凝胶材料等应运而生。

4.2.4.1　防火材料

燃烧是一种发光发热的化学现象,它必须具备三个条件,即可燃物质、助燃剂(如空气、氧气、氧化剂等)和热源(如火焰或高温作用)。这三个条件同时存在并且互相接触才能发生燃烧。阻止燃烧至少需将其中一个因素隔绝开来,如用难燃或不燃的涂料将可燃物表面封闭起来,避免与空气接触,就可使可燃表面变成难燃或不燃表面;用难燃或不燃的材料制作防火材料;将难燃或不燃的物质添加到防火材料中,实现材料自身的难燃或不燃性;材料在高温或火焰作用下,形成不燃性的结构致密的无机"釉膜层";材料层剧烈发泡碳化,形成比原材料层厚几十倍甚至几百倍的难燃的海绵状碳制层,隔绝氧气,阻止热量向底材的传递;利用某些材料在高温下可以脱水、分解等吸收反应或熔融、蒸发等物理吸热过程,所分解放出的气体能冲淡可燃性气体和氧的浓度,不燃的脱水物或熔融体形成的覆盖层可使基材与空气隔绝,以延缓或阻止火势蔓延。

建筑防火材料就是根据上述原理,将各种材料的防火、阻燃作用相互配合来实现防火阻燃的目的。建筑防火材料可使建筑物具有不燃性或难燃性,防止火灾的发生和蔓延,或者即使发生火灾,在初期也能起到延缓燃烧的作用,争取逃离和营救的时间。

作为防火无机填料的黏合剂主要有水玻璃、石膏、磷酸盐、水泥等;耐火的矿物质填料有氧化铝、石棉粉、碳酸钙、珍珠岩、钛白粉;难燃性有机树脂主要有聚氯乙烯、过氯乙烯、氯化橡胶、氯丁橡胶乳液、环氧树脂、酚醛树脂等;难燃防火添加剂主要有含磷、卤素、氮的有机化合物(如氯化石蜡、磷酸三丁酯、十溴联苯醚等)和硼系(硼砂、硼酸、硼酸锌、硼酸铝)、锑系、铝系等无机化合物。

4.2.4.2　防水材料

防水是建筑物的一项基本功能,防水材料是实现这一功能的物质基础。防水材料的主要作用是防漏、防潮、避免水和盐分对建筑物的侵蚀,保护建筑构件。屋面由于直接经受风吹、日晒、雨淋,稍有空隙就会造成严重渗漏,因此,在建筑防水中居于突出地位。另外,由于基础的不均匀沉降、结构变形、建筑材料的热胀冷缩和施工质量等原因,建筑物的外壳总要产生许多裂缝,建筑防水材料能否适应这些缝隙的位移、变形是衡量其性能优劣的重要标志。防水材料质量的好坏直接影响到人们的居住环境、生活条件及建筑物的寿命。

依据外观形态,防水材料一般分为防水卷材、防水涂料、密封材料和防水剂四大类。这四大类材料根据其具体组成不同,可划分为上百个品种。

防水卷材有沥青防水卷材、高聚物改性沥青防水卷材、高分子防水卷材。

防水涂料根据组分不同,可分为单组分防水涂料和双组分防水涂料两类。根据成膜物质的不同可分为沥青防水材料、高聚物改性沥青防水材料和合成高分子材料防水材料三类。沥青防水涂料现已逐渐淡出市场。按涂料的介质不同，又可分为溶剂型、乳液型和反应型三类。

建筑密封材料是一些能使建筑上各种接缝或裂缝、变形缝（沉降缝、伸缩缝、抗震缝）保持水密、气密性能，并具有一定强度、能连接构件的填充材料。具有弹性的密封材料有时亦成为弹性气密封胶，简称密封胶。建筑密封防水材料基材主要有油基、橡胶、树脂、无机等几大类，其中橡胶、树脂等性能优异的高分子合成材料作为密封材料的主体，称为高分子密封防水材料。高分子密封防水材料是随着高分子化学工业和胶黏剂工业的发展起来的一种新型防水材料，高分子定形密封材料（如密封圈、橡胶 O 形圈、密封垫片等）和高分子非定形密封材料（密封胶等）已相继成为解决密封防水材料的关键性材料，在整个密封防水材料中占主要地位。建筑密封防水材料主要有橡胶沥青油膏、聚氯乙烯密封膏、有机硅建筑密封膏、聚硫密封膏、聚氨酯弹性密封膏、水乳性丙烯酸密封膏、硅酮密封膏、止水带、密封条等。

4.2.4.3　建筑声学材料

建筑声学材料通常分成吸声材料、隔声材料和反射材料三种类型，一方面是按照它们分别具有较大的吸收，或较小的透射或较大的反射，另一方面是按照使用它们时主要考虑的功能是吸收或隔声或反射。但三种类型的材料和结构的区分，并没有严格的界限和精确的定义。

任何材料都具有一定的吸声能力，只是吸声能力的大小不同而已。一般来讲，坚硬、光滑、结构紧密、沉重的材料吸声性能差，反射性强，如水磨石、大理石、混凝土、水泥粉刷墙等；粗糙松软、具有互相贯穿内外微孔的多孔材料吸声性能好、反射性能差，如玻璃棉、矿棉、泡沫塑料、木丝板、半穿孔吸声装饰纤维板和微孔砖等。因此吸声材料大都具有粗糙松软、多孔等特性。按吸声机理，吸声材料分为多孔吸声材料（纤维吸声材料、泡沫吸声材料、吸声建筑材料）、共振吸声结构（单孔共振器、穿孔板共振吸收结构、薄板共振吸声结构、薄膜共振吸声结构）、复合吸声材料。

任何材料受到声场作用时，都会或多或少地吸收一部分声能，因此穿透过去的能量总是小于作用于它的声场的能量，即起了隔声作用。隔声一般分为空气声隔绝和固体隔声，要根据具体情况具体考虑，对于空气声隔绝材料应选择密实、沉重的（黏土砖、钢板、钢筋混凝土等）；对于固体声（撞击声）隔绝，应用毛毡、软木等弹性材料或阻尼材料。

4.2.4.4　建筑加固修复材料

建筑物经过多年的使用后，会存在不同程度的损伤或老化，或不能满足当前的使用要求，或因长期失修而产生裂缝，严重变形，有的甚至已接近其设计寿命的"终了"时期。因此建筑工程维修加固业（包括检查、鉴定、设计、加固施工等技术环节）的发展越来越快。目前，用于加固、修复建筑的材料，有聚合物复合修复材料、纤维复合修复材料、化学灌浆补强修复材料、加固修复用胶黏剂等。

4.2.5　新型建筑材料

4.2.5.1　高分子材料

高分子材料是以合成高分子化合物（又称聚合物）为基础组成的材料，如通常所说的塑料。与常用建筑材料（如钢、水泥、砖、木材等）相比较，高分子材料具有密度低、比强度高、耐水性及耐化学腐蚀性强、抗渗性及防水性好、装饰性好、易加工等许多特点，是当代发展最快的材料之一。目前,高分子材料广泛应用于各类工程:作为建筑非结构材料,可用作防水材料、保温材料以及室内装饰材料;作为建筑结构材料,可用作泡沫塑料夹板、轻质材料、空气结构、采光顶棚等。

合成高分子材料的缺点,主要是耐热性差,易燃烧、易老化等,使其应用范围受到一定局限。在工程应用时,应扬长避短,合理使用。

4.2.5.2　高强度金属与混凝土

为了满足高层、大跨度建筑的需要,轻质而高强型材料作为结构材料将大量发展。建筑材料用量大,从目前的趋势上看,在相当长的时期内不会有更合适的材料代替钢材和混凝土作为结构主体材料,所以开发高强度钢材、高强度混凝土,或者二者的复合材料及组合结构,是解决轻质高强材料的有效途径。

4.2.5.3　复合材料

复合材料是由两种或两种以上不同性质的材料,通过物理或化学的方法,在宏观上组成具有新性能的材料。各种材料在性能上互相取长补短,产生协同效应,使复合材料的综合性能优于原组成材料而满足各种不同的要求。例如,由金属与矿物材料复合的钢筋混凝土材料,由无机材料与合成高分子材料复合的聚合物混凝土及玻璃纤维增强塑料(又名玻璃钢),由两种不同性质矿物质材料复合的水泥混凝土,以及由两种有机材料复合的沥青防水卷材等。

木塑复合材料(wood-plastic composites,WPC)是国内外近年蓬勃兴起的一类新型复合材料,是以价值很低的木屑、竹粉、稻壳、农作物秸秆等木质纤维为增强体或填料,以热塑性塑料以及它们的回收再生料为基体,按一定比例混合,添加特制的助剂,经过高温、挤压、成形等工艺而制成的一种“低碳、绿色、可循环”复合材料,可用于建材、家具、物流包装等行业。木塑复合材料具有以下特点。

(1) 环保。木塑材料结合了植物纤维和高分子材料的诸多优点,能大量替代木材,可有效缓解我国森林资源贫乏、木材供应紧缺的矛盾,同时实现了废弃物的利用。据相关资料,1 t 木塑材料可折合木材 2.5 m³,这大概是 1 亩土地上速生林 1 年的最大成材量。

(2) 防水、防潮。根本解决了木质产品在潮湿和多水环境中吸水受潮后容易腐烂、膨胀变形的问题,可以使用到传统木制品不能应用的环境中。

(3) 防虫、防白蚁,有效杜绝虫类骚扰,延长使用寿命。

(4) 多姿多彩,可供选择的颜色众多。既具有天然木质感和木质纹理,又可以根据自己的个性来定制需要的颜色。

(5) 塑性强,能非常简单地实现个性化造型,充分体现个性风格。

(6) 防火性高,能有效阻燃,防火等级达到 B1 级,遇火自熄。

(7) 加工性好,可钉、可刨、可锯、可钻,表面可上漆。

(8) 安装简单,施工便捷,不需要繁杂的施工工艺,节省安装时间和费用。

(9) 不龟裂、不膨胀、不变形,无需维修与养护,便于清洁,节省后期维修和保养费用。

(10) 吸音效果好,节能性好。

4.2.5.4　膜结构材料

1. 膜结构

膜(membrane)结构是 20 世纪中期发展起来的一种新型建筑结构形式,是由多种高强薄膜材料(PVC 或 Teflon,即特氟隆)及加强构件(钢架、钢柱或钢索)通过一定方式,使其内部产生一定的预张应力以形成某种空间形状,作为覆盖结构并能承受一定的外荷载作用的一种空间结构形式(见图 4.8、图 4.9)。膜结构可分为张拉膜结构和充气膜结构两大类。张拉膜结构则通过柱及钢架支承或钢索张拉成形,其造型非常优美灵活。充气膜结构则是靠室内不断充气,使室内外产生一定气压差,室内外的气压差使屋盖膜布受到一定的向上的浮力,从而实现较大的跨度。

图 4.8　膜结构建筑

图 4.9　国家游泳中心"水立方"

世界上第一座充气膜结构建成于 1946 年,设计者为美国的沃尔特·勃德(W. Bird),是一座直径为 15 m 的充气穹顶;1967 年在德国斯图加特召开的第一届国际充气结构会议,给充气膜结构的发展注入了兴奋剂。随后的在 1970 年大阪世界博览会上,出现了各式各样的充气膜结构建筑,具有代表性的膜结构建筑有盖格尔设计的美国馆,以及川口卫设计的香肠形充气构件膜结构。后来,人们认为 1970 年大阪博览会是把膜结构系统地、商业性地向外界介绍的开始。

张拉形式膜结构的先行者是德国的奥托(F. Otto),他在 1955 年设计的张拉膜结构跨度在 25 m 左右,用于联合公园多功能展厅。由于张拉膜结构是通过边界给膜材施加一定的预张应力,以抵抗外部荷载的作用,因此在一定初始条件(边界条件和应力条件)下,其初始形状的确定、在外荷载作用下膜中应力分布与变形以及怎样用二维的膜材料来模拟三维的空间曲面等一系列复杂的问题,都需要有计算来确定,所以张拉膜结构的发展离不开计算机技术的进步和新算法的提出。

2. 膜结构材料的特点

(1) 轻质　张力结构依靠预应力形态而非材料来保持结构的稳定性,从而使其自重比传统建筑结构都小得多,只是传统建筑的 1/30,但却具有良好的稳定性。建筑师可以利用其轻质大跨的特点设计和组织结构细部构件,将轻盈和稳定的结构特性有机地统一起来。

(2) 透光性　透光性是现代膜结构最被广泛认可的特性之一。膜材的透光性可以为建筑提供所需的照度,这对于建筑节能十分重要。对于一些要求光照多且亮度高的商业建筑等尤为重要。通过自然采光与人工采光的综合利用,膜材透光性可为建筑设计提供更大的美学创作空间。例如,透光性将膜结构在夜晚变成了光的雕塑。

(3) 柔性　张拉膜结构不是刚性的,在风或雪的作用下会产生变形。膜结构通过变形来适应外荷载,在此过程中荷载作用方向上的膜面曲率半径减小,直至能更有效抵抗该荷载。

(4) 雕塑感　张拉膜结构的独特曲面外形使其具有强烈的雕塑感。膜面通过张力达到自平衡。负高斯膜面高低起伏具有的平衡感使体型较大的结构看上去像摆脱了重力的束缚般轻盈地飘浮于天地之间。无论室内还是室外,这种雕塑般的质感都令人激动。

(5) 安全性　按照现有的各国规范和指南设计的轻型张拉膜结构具有足够的安全性。轻型结构在地震等水平荷载作用下能保持很好的稳定性。

（6）自洁性 膜的表层光滑，具有弹性，大气中的灰尘、化学物质的微粒极难附着与渗透，经雨水的冲刷建筑膜可恢复其原有的清洁与透光性。

（7）修补方便 比如，射枪或者是尖锐的东西戳进去后，监控的电脑会自动显现出来。如果破了一个洞，只需用不干胶一贴就行了。

（8）施工周期短。

3. 典型膜材

过去人们习惯地把膜结构看作是个帐篷，而帐篷只能算是一个临时性建筑，不够牢固、不能防火，又不能保暖或隔热。如今对采用膜结构的帐篷却要刮目相看了，其中的关键问题就是材料。膜结构所用材料是由基布和涂层两部分组成的，基布主要采用聚酯纤维和玻璃纤维材料，涂层材料主要是聚氯乙烯和聚四氟乙烯。

（1）PTFE 建筑膜材 PTFE 膜材是在超细玻璃纤维织物上涂以聚四氟乙烯树脂而成的材料。这种膜材有较好的焊接性能，有优良的抗紫外线、抗老化性能和阻燃性能。另外，其防污自洁性是所有建筑膜材中最好的，但柔韧性差、施工较困难、成本高。

在盖格公司领导下，美国的杜邦公司、康宁纺织公司、贝尔德建筑公司、化纤织布公司共同开发永久性膜材。其加工方法是把玻纤织物多次快速放入特氟隆熔体中，使织物两面皆有均匀的特氟隆涂层，得到永久性的 PTFE 膜。

（2）玻纤 PVC 建筑膜材 这种膜材开发和应用得比较早，通常规定 PVC 涂层在玻璃纤维织物经纬线交点上的厚度不能少于 0.2 mm，一般涂层不会太厚，达到使用要求即可。为提高 PVC 本身耐老化性能，涂层时常常加入一些光、热稳定剂，浅色透明产品宜加一定量的紫外吸收剂，深色产品常加炭黑做稳定剂。另外对 PVC 的表面处理还有很多方法，可在 PVC 上层压一层极薄的金属薄膜或喷射铝雾。其主要特点是强度低、弹性大、易老化、徐变大、自洁性差，但价格便宜，容易加工制作，色彩丰富，抗折叠性能好。

（3）玻纤有机硅树脂建筑膜材 有机硅树脂具有优异的耐高低温、拒水、抗氧化等特点，该膜材具有高的抗拉强度和弹性模量，以及良好的透光性。目前这种膜材应用不多，生产厂家也较少。

（4）玻纤合成橡胶建筑膜材 合成橡胶（如丁腈橡胶，氯丁橡胶）韧性好，对阳光、臭氧、热老化稳定，具有突出的耐磨损性、耐化学性和阻燃性，可达到半透明状态，但由于容易发黄，故一般用于深色涂层。

（5）ETFE 建筑膜材 由 ETFE（乙烯-四氟乙烯共聚物）生料直接制成。ETFE 不仅具有优良的抗冲击性能、电性能、热稳定性和耐化学腐蚀性，而且机械强度高，加工性能好。这种膜材透光性特别好，号称"软玻璃"，质量轻，只有同等大小玻璃的 1%；韧性好、抗拉强度高、不易被撕裂，延展性大于 400%；耐候性和耐化学腐蚀性强，熔融温度高达 200 ℃；可有效地利用自然光，节约能源；声学性能良好。自清洁功能使表面不易弄脏，且雨水冲刷即可带走污物，清洁周期大约为 5 年。另外，ETFE 膜可在现成预制成薄膜气泡，方便施工和维修。ETFE 也有不足，如外界环境容易损坏材料而造成漏气，维护费用高等。但是随着大型体育馆、游客场所、候机大厅等的建设，ETFE 逐渐突显出自己的优势。

4.2.5.5　新型环保节能材料

环保节能是未来建筑材料的主要发展方向与趋势。为了满足各种需要，人们一直在利用现代科学技术手段和方法开展建筑材料的理论、实验技术及测试方法的研究，朝着按指定性能设计、生产新材料的方向前进。

例如，由于建筑用地的日益紧张和建筑功能的日趋复杂化，建筑物的进深在不断加大，仅仅依靠传统的侧窗采光、天窗采光等手段已不能满足建筑物内部光环境的要求。与此同时，充分利用太阳光，能够节约照明所消耗的电能，对于降低建筑能耗具有重要现实意义。引入自然光可以提高人体的舒适度，太阳光中的紫外线还能有效地杀灭细菌，对儿童生长发育尤其重要。因此，近年来出现了导光管、光导纤维、镜面反射等一些新的采光材料和技术。

4.2.6 "城市，让生活更美好"——2010 上海世博会中的建筑与材料

"城市，让生活更美好"，这是 2010 年上海世博会的主题。本届世博会是第一个正式提出"低碳世博"理念的世博会。世博园内各个国家的展馆成了未来建筑的试验场，留下了珍贵的"精神地标"。50 个全球公认的、具有创新意义和示范价值的城市保护及开发案例，在世博园集中布展，其中，被称为"东方之冠"的中国馆层层出挑的造型，在夏季可自然形成上层对下层的遮阳；景观设计加入了小规模人工湿地，可实现循环自洁，成为生态化景观；场馆还采用了很多太阳能技术，顶部、外墙有很多太阳能电池，雨水收集系统可以将收集到的雨水进行绿化浇灌、道路冲洗等，冰蓄冷技术利用晚间电能制冰，白天释放冷源，起到调节用电峰值的作用，整个场馆将比国家规范还节能近 10%。

世博中心除使用太阳能、LED 照明、冰蓄冷、江水源冷却系统、地源热泵、雨水收集等节能技术外，还尽量不使用保温、节能性能不佳的大理石、花岗岩等建材，并参考美国绿色建筑委员会绿色建筑分级系统，对能耗和水耗、室内空气质量、可再生材料的使用等进行控制，大空间会议厅将采用玻璃顶采光系统引入自然光，起到自然光照明、隔热。

世博轴是世博园的主入口和主轴线，地下地上各两层，为半敞开式建筑，如图 4.10 所示。世博轴是世博会一轴四馆五大永久建筑之一，是一个由商业服务、餐饮、娱乐、会展服务等多功能组成的大型商业、交通综合体。在全长 1 045 m、宽约 100 m 的世博轴上，由 13 根大型桅杆、数十根斜拉索和巨大的幕布巧妙组成了中国第一、世界罕见的索膜结构建筑。6 个形似喇叭的"阳光谷"，其中最大的上端直径 99 m，下端直径 20 m，其钢结构由 1 700 个单元构建而成，每个单元又由 3 个杆件和 1 个节点组成，节点误差小于 5 mm。

日本馆的爱称是"紫蚕岛"，其亮点就是节能环保，如图 4.11 所示。馆外覆盖超轻的发电膜（一种含太阳能发电装置的超轻薄膜，用来发电以达到零排放），采用特殊环境技术，是一幢像生命体那样会呼吸、对环境友好的建筑。展馆在设计上采用了环境控制技术，使得光、水、空

图 4.10　世博轴

图 4.11　日本馆

气等自然资源被最大限度利用。展馆外部透光性高的双层外膜配以内部的太阳电池，可以充分利用太阳能资源，实现高效导光、发电；展馆内还使用循环式呼吸孔道等最新技术。

素来以稳重、严谨著称的德国人把一座"悬浮在空中的建筑"带到了上海世博园区，但当看上去不稳的德国馆建筑单体构成一个平稳的整体时，却强烈地表现出"和谐都市"的主题。为了达到整体平稳的结构，德国馆的主体结构使用了 1 200 t 的钢材，打下了 400 多根柱子，这种"倾斜式的平衡"实质上是建立在稳定的基础上。

与硬朗的钢结构对应的是德国馆柔美的"外衣"。德国馆的展馆主体飞架于自然景区之上，它的主体幕墙被 1.2 万平方米的透明薄膜包裹起来，这种发着银光的织物白天能降低阳光对建筑物的直射，夜晚则可以用于照明。借助这层透明薄膜，德国馆还可以在不同的时间和天气情况下变幻出不同的形象，如图 4.12 所示。

意大利馆（见图 4.13）采用了一种新型建筑材料——透明混凝土，并且利用这种材料来增加室内光线同时调节馆内温度。透明混凝土由匈牙利建筑师阿隆·罗索尼奇发明，并通过展览迅速在业界传播。透明混凝土是在传统混凝土中加入玻璃质地成分，利用各种成分的比例变化达到不同透明度的渐变。光线透过不同玻璃质地的透明混凝土照射进来，营造出梦幻的色彩效果，而自然光的射入也可以减少室内灯光的使用，从而节约能源。在阳光灿烂的日子里走进意大利馆，在馆内就能感觉到光线从外墙透射进来，而到了晚上，场馆内部灯光穿越到场馆外的街道，折射出正在涌入场馆内的人们的身影，如图 4.14 所示。

图 4.12　德国馆

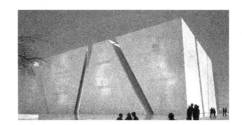

图 4.13　意大利馆

芬兰馆像一个"冰壶"，宛若一座矗立于水中的岛屿，外墙使用鳞状装饰材料，看似由许多冰块堆砌而成，如图 4.15 所示。"冰壶"的白色外墙采用了一种新型纸塑复合材料，这种来自芬兰的创新建材将通过上海世博会芬兰馆首次大规模应用和展示。"冰壶"的"鱼鳞外墙"以标签纸和塑料的边角余料为主要原料，表面坚硬耐磨，水分含量低，自重轻、不褪色。

图 4.14　透明混泥土墙

图 4.15　芬兰馆

4.3　人居环境与建筑材料

4.3.1　人居环境与土木工程、建筑材料

　　人居环境与土木建筑活动密切相关。人类按照自己的设想进行设计,使用建筑材料进行施工,得到所需要的建筑物或结构物(称为社会基础设施),以服务于人类的生活、生产或社会公共活动。在此过程中,人类从自然界中取得原材料,进行加工制造得到建筑材料,同时消耗一部分自然界的能源,并产生一定量的废气、废渣和粉尘等对自然环境有害的物质。这些人工造的建筑物、结构物,以及从材料制造到使用过程中所产生的有害物质与人类干预和改造过的自然环境一起,构成了总体的人居环境。

　　与此同时,无论现代人的日常生活、工作还是出门旅行,都离不开各种建筑物,人们每天都在接触建筑材料。建筑材料的性能和质量,直接影响建筑物或结构物的安全性、耐久性、使用性能、舒适性、健康性和美观性。因此,建筑材料的性能和质量对人类的生活和从事生产和各种社会活动所在的环境质量影响极大。

　　图 4.16 所示为人居环境与土木工程、建筑材料关系的示意图。

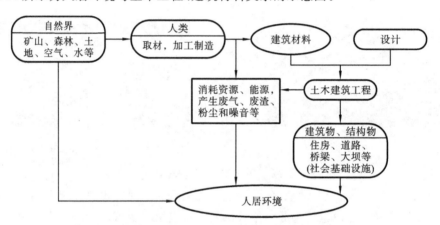

图 4.16　人居环境与土木工程、建筑材料的关系

4.3.2　室内环境评价与建筑材料

4.3.2.1　人类活动的基本类型

　　人类的活动通常有以下三种基本类型。

　　(1) 必要性活动　是指人类为了生存和繁衍所必须进行的活动,例如饮食、睡眠、家务、育儿、上学、工作、购物等。人类从事必要性活动所在的空间大多属于生活环境与工作环境。

　　(2) 自发性活动　是指人类出于兴趣和自愿所进行的活动,如娱乐、游玩、休闲、旅游、观剧等。进行这种自发性活动所在的环境多为生活环境或公共环境。

　　(3) 社会性活动　是指有赖于其他社会成员共同参与的各种活动,如交友、体育活动、庆典活动、宴会等。社会性活动多数在公共环境中进行。

　　一般成年人每天从事必要性活动 20.5 h,其中在自己家里进行休息和家务等活动的时间

为12 h,占一天总时间的1/2,工作时间为8.5 h,约占一天总时间的1/3。由以上分析可知,人类的大部分时间是在居室或办公室中度过的。房屋建筑的功能与质量,直接影响到人类的生活、工作及休息等必要性活动的空间环境。

4.3.2.2　室内环境评价的要素

由于家居环境与室内装饰材料直接相关,所以人们开始越来越重视室内装饰的材料。目前,一个普通城市个人住宅,装修费用平均占房屋总造价的1/3左右,装修材料的费用大约占装修工程费用的1/2以上。

室内环境的评价要素,主要包括视觉环境、温热环境、室内空气质量(物理污染、化学污染、生物污染)、振动与噪音等。

1. 视觉环境

视觉环境包括物理上的视觉环境和心理上的视觉环境。物理上的视觉环境包括室内的明暗程度、眩目程度,房间的内表面的色彩、质地和花纹等。心理上的视觉环境包括窗的面积、顶棚高度、窗外的景致等。不同的视觉效果将会使人产生美好、明亮、狭窄、压抑等不同的情绪,严重时将影响人的心理和身体健康,所以要高度重视房间的视觉效果。

2. 温热环境

室内的温度、湿度、气流等要素构成温热环境,温热环境与人体的舒适程度和健康直接相关。其中,温度对人体的舒适感最为重要。室内最适宜的温度为20~24 ℃,如使用空调控制室内温度,冬季控制在18~22 ℃,夏季控制在24~26 ℃,是能耗比较经济又较为舒适的温度。

室内温热环境的舒适程度还与湿度有关。室内空气最适宜的相对湿度是20%~40%,湿度低于20%,人会感到喉咙疼痛,皮肤干燥,影响呼吸系统的正常工作;湿度过大,会产生闷热感或湿冷感,影响人的正常情绪。

3. 室内空气质量

室内空气质量直接影响居住者的身体健康,是评价家居环境的重要因素。室内空气污染分为以下三类。

(1) 物理污染　物理污染包括粉尘、烟雾,空气浑浊不清新,水蒸气过多等,以及由于厨房、浴室等换气引起的房间内负气压。

(2) 化学污染　化学污染是影响室内空气质量的重要因素。造成室内空气污染的主要化学物质有甲醛、氨气、石棉、氧化氮、二氧化碳、一氧化碳以及有机物等。室内装修及家具所使用的材料是室内空气污染的主要来源。例如,各种人造板所使用的黏结剂含有大量的甲醛,会向空气中散发,油漆、涂料等高分子材料中含有各种有机溶剂,新鲜的水泥砂浆或混凝土呈碱性放出氨气,以及矿棉吸音板中的矿棉纤维等。

(3) 生物污染　生物污染包括发霉的气味、垃圾腐烂、细菌滋生等对室内环境的污染,通常高温、潮湿、空气不流通的条件容易导致生物污染,所以要保持房间经常处于干燥、通风状态。厨房和卫生间是最容易产生生物污染的场所,另外房间内铺整块地毯容易滋生菌类和虫类,因此要经常保持地毯清洁。

北欧地区提出室内空气中有害气体的最大含量不得超过0.15 mg/m³,总地挥发性有机物不得超过2 mg/m³。

4. 振动与噪音

噪音包括来自大自然的声响,例如风声、雨声,还有家用电器、生活设备发出的声响,供暖管道的声响、自来水管的冲水声等,还包括家庭活动所产生的声响,以及外部传入的声响,例如交通噪音、儿童的玩耍声、商贩的叫卖声等。

室内的振动主要来源于施工振动、生活振动和交通工具的振动等。

4.4　建筑材料的节能与环保

4.4.1　节能环保是建筑材料发展的必然要求

20世纪40年代开始,世界人口的迅速增加和经济的飞速发展,带来了土木建筑工程的空前活跃。道路、桥梁、铁路、机场、港湾、城市建筑、通讯等基础设施的建设,使得建筑材料在量和质上都达到了历史最高水平。在人类掌握了相当高水平的科学技术的现代社会,人类的生产活动和营造自身生存环境的土木建筑活动对自然环境具有巨大的支配力。大量建造的社会基础设施在对人类生存环境发挥着巨大积极作用的同时,也带来了不容忽视的消极作用。人类的活动不仅大大加快了资源、能源的消耗,也对环境造成了严重的污染。

例如,建筑材料的大量生产,消耗了自然界中大量的原材料。其中,炼铁要采掘大量的铁矿石,生产水泥要使用石灰石和黏土类原材料,占混凝土体积大约80%的骨料要通过开山采矿、挖掘河床取得,烧制黏土砖要取土、毁掉大片农田,木材取自于森林资源,会加剧土地的沙漠化。与此同时,材料的生产制造要消耗大量的能量,产生对环境构成污染的废气、废渣。在建筑施工过程中,由于混凝土的振捣及施工机械的运转产生噪声、粉尘、妨碍交通等现象,对周围环境造成各种不良影响,建筑扰民现象十分严重……

如前所述,建筑材料和人居环境的质量,与土木建筑活动的可持续发展性密切相关。开发并使用性能优良且环保、节能的新型材料,是人类合理地解决生存与发展,实现"与自然协调,与环境共生"的一条有效途径。

4.4.2　节能环保建筑材料

建筑节能的主要含义,就是在建筑中合理使用和有效利用能源,不断提高能源利用率,降低建筑能耗量。这里所指建筑能耗,包含狭义的建筑能耗和广义的建筑能耗。通常所说的建筑能耗是指前者,即建筑物在施工建设过程中所必须耗费的资源、能量。广义的建筑能耗,还包括维持建筑物日常使用过程中所耗费的资源,包括采暖、空调、热水供应、炊事、照明、家用电器等方面的能源。其中,采暖和空调系统能耗最大,正常使用状态下的建筑节能,主要就是如何节约采暖、空调系统的能耗。

建筑节能材料,就是指在生产过程中具有低能耗的特征,或者通过改变材料自身的特性,以维持建筑物日常使用过程中低能耗的建材。使用建筑节能材料的意义,一方面在于满足了建筑空间或热工设备的热环境,另一方面节约了资源。下面简单介绍一些近年来开发的、同时也在不断发展中的建筑节能材料。

4.4.2.1　生产过程中的低能耗建材

1. 生态水泥

生态水泥是广泛利用各种废弃物,包括各种工业废料、废渣及城市垃圾为原料制造的一种生态建材。这种水泥能够降低废弃物处理的负荷,既解决了废弃物造成的污染,又把生活垃圾和工业废弃物变成了有用的建设资源,从而降低生产成本。生态水泥的主要品种有以下几种。

(1) 环保型高性能贝利特水泥(以 C_2S 为熟料的主要矿物,含量>60%),其烧成温度为 1 200~1 250 ℃,节能 25%,可利用低品位矿山和工业废渣作为原料。

(2) 低钙型新型水硬性胶凝材料,采用矿相理论研究开发低钙型新型水硬性胶凝材料,可将水泥熟料的钙/硅摩尔比降至 2 以下,显著降低烧成温度,节能 30%~40%。

(3) 碱矿渣水泥,是以钢渣、粒化高炉矿渣、硅酸盐水泥熟料和激发剂共同研磨的新型水泥。

2. 粉煤灰的利用

粉煤灰是燃煤发电厂的废弃物,其化学成分与黏土的化学成分大致相同,因此在某种意义上可以取代黏土,从而将电厂发电过程与水泥的生产过程有机地结合起来。特别是由于粉煤灰具有质轻多孔的特点和潜在的水硬性,可以作为很多建材的生产原料,不但可以解决能源和资源问题,同时也解决了这种工业废弃物造成的污染问题。

4.4.2.2　节能主墙体材料

传统的墙体材料多采用黏土砖,墙体厚,建筑物的面积使用率低,同时控制室内温度的能耗大。近年来,墙体材料得到了很大的进步,各种节能主墙体材料层出不穷。总地来看,墙体材料的发展趋势有以下特点:黏土质墙体向非黏土质墙体材料发展;实心型墙体材料制品向空心型墙体材料制品发展;小块墙体材料制品向大块墙体材料制品发展;重质墙体材料制品向轻质墙体材料制品发展;现场湿作业多的墙体材料制品向现场湿作业少的墙体材料制品发展;单一材料的墙体向多功能复合材料墙体发展。

下面简单介绍几种节能墙体材料。

1. 加气混凝土砌块

加气混凝土砌块是以水泥、石灰等钙质材料、石英砂、粉煤灰等硅质材料和铝粉、锌粉等发气剂为原料,经磨细、配料、搅拌、浇筑、发气、切割、压蒸等工序生产而成的轻质混凝土材料。该类产品材料来源广泛、材质稳定、强度较高、质轻、易加工、施工方便、造价较低,而且保温、隔热、隔声、耐火性能好。但是在寒冷地区存在面层容易冻融损坏,需隔气防潮以及解决内部冷凝受潮等问题。

2. EPS 砌块

EPS 砌块是用阻燃型聚苯乙烯泡沫塑料模块作模板和保温隔热层,而中芯浇筑混凝土的一种新型复合墙体。该类砌块具有构造灵活、结构牢固、施工快捷方便、综合造价低、节能效果好等优点,在国外颇为流行。常用于3~4 层以下民用建筑、游泳池、高速公路隔离墙、旅馆建筑等。

3. 纳土塔(RASTRA)空心墙板承重墙体

纳土塔板是由聚苯乙烯、水泥、添加剂和水制成的隔热吸声水泥聚苯乙烯空心板构件,经黏合组装成墙体。整个墙体的内部构成纵横上下、左右相互贯通的孔槽,孔槽浇筑混凝土或穿插钢筋后再浇筑混凝土,在墙内形成刚性骨架。纳土塔板只是同体积混凝土质量的 1/7~1/6,可减少对基础的荷载、节约建筑物基础的投资,在同样的地基承载能力下,可增加建筑物的层数;纳土塔板无钢筋混凝土墙体的平均抗压强度为 20.8 MPa(5 层楼以下的均不需要配筋),配钢筋混凝土墙体的平均抗压强度为 32~35 MPa,配钢筋混凝土墙体柱的平均抗压强度为 36～40 MPa。而且纳土塔板热导率只有 0.083 W/(m·K),保温隔热性能好;耐火试验显示纳土塔板耐火极限为 4 h,属非燃烧体,满足防火规范对防火墙耐火极限的要求。

4. 模网混凝土

模网混凝土是由蛇皮网、加筋肋、折钩拉筋构成开敞式空间网架结构,网架内浇筑混凝土制成,可广泛用于工业及民用建筑、水工建筑物、市政工程以及基础工程等。常用的建筑模网主要有钢筋网、钢丝网、钢板网和纤维网等。根据各种建筑模网本身材质以及规格尺寸不同而用于不同场合,比如钢筋网主要是用于工厂预制各种规格混凝土大板(墙板、楼板等),纤维板主要是低碱玻璃 GRC 墙板,钢丝网主要用于非承重构件,如泰伯板等。

钢板网是由高强度钢丝焊接的三维空间钢丝网架中填充阻燃型聚苯乙烯泡沫塑料芯板制成的网架板,既有木结构的灵活性,又有混凝土结构的高强度和耐久性,具有轻质、节能、保温、隔热、隔音等多种优良性能,且便于运输、组装方便、施工速度快,能有效地减轻建筑物负荷、增大使用面积,是理想的轻质节能承重墙体材料。

4.4.2.3　外墙保温材料

外墙保温节能,主要是靠保温绝热材料作为建筑围护。较之内墙保温技术,采用外墙外保温能保护主体结构,延长建筑物寿命;基本消除"热桥"现象,减少内墙面裂缝;提高建筑物的防水功能和气密性;提高室内环境的舒适度,增加建筑的有效空间等。

开发和应用高效的保温绝热材料,是保证建筑节能的有效措施。绝热就是要最大限度地阻抗热流的传递,因此要求材料有大的热阻和小的热导率。从结构上看,当材料的表观密度降低、孔隙率增大、材料内部的孔隙为大量封闭的微小孔时,材料的热导率较小。外墙的保温方式根据保温层位置的不同,可以分为外墙外保温、外墙内保温和中空夹心复合墙体保温三种。目前常用的保温绝热材料主要有:聚苯乙烯泡沫塑料板(EPS、XPS)、泡沫玻璃、膨胀珍珠岩、岩(矿)石棉板、玻璃棉毡、海泡石,以及超轻的聚苯颗粒保温料浆等。这些材料共同的特点就是在内部有大量的封闭孔,表观密度都较小,这也是作为保温隔热材料所必备的。

绝热保温材料发展的一个趋势,是多功能复合化。不同材料各有特色,也有不足之处。如有机类保温材料保温性能好,但是耐温差、强度低、易老化、防火性能差;无机类保温材料耐高温、无热老化、强度高,但吸水率高或机械加工性能差。为了克服单一保温材料的不足,则要求使用多功能复合型的建筑保温材料。

轻质化也是绝热保温材料发展的方向。同种材料密度越小其隔热性能越好,同时,轻质材料不会造成建筑结构的额外负担,减少了因结构变形造成渗漏的可能性。另外,建筑保温材料从原料来源、生产加工制造过程、使用过程和产品的使用功能失效、废弃后,对环境的影响及再生循环利用等四个方面满足绿色建材的要求,也是必然的趋势。

以下介绍几种外墙保温材料。

1. 矿物棉

岩(矿)棉和玻璃棉有时统称为矿物棉。岩棉是以精选的玄武岩或辉绿岩为主要原料,经高温熔制成的无机人造纤维。岩棉制品具有良好的保温、隔热、吸声、耐热、不燃等性能和良好的化学稳定性。岩棉有三种绝热方式:内绝热、中间夹芯绝热和外绝热。但岩棉的质量优劣相差很大,保温性能好的密度低,其抗拉强度也低,耐久性比较差。

2. 玻璃棉

玻璃棉与岩棉在性能上有很多相似之处,但手感好于岩棉,可改善工人的劳动条件。价格较岩棉高。

3. 聚苯乙烯泡沫塑料

聚苯乙烯泡沫塑料是以聚苯乙烯树脂为主要原料,经发泡剂发泡而制成的内部具有无数封闭微孔的材料。其表观密度和热导率小,吸水率低、隔音性能好、机械强度高,且尺寸精度高、结构均匀,因此在外墙保温中其占有率很高。

4. 硬质聚氨酯泡沫塑料

硬质聚氨酯泡沫塑料具有非常优越的绝热性能,热导率极低(0.025 W/(m·K))且特有的闭孔结构使其具有优越的耐水气性能。由于不需要额外的绝缘防潮,简化了施工程序,降低了工程造价。不过价格较高,且易燃,因而限制了使用。

5. 硅酸盐复合绝热砂浆

硅酸盐复合绝热砂浆是以精选海泡石、硅酸铝纤维为主原料,辅以多种优质轻体无机矿物为填料,在数种添加剂的作用下经细纤化、扩散膨胀、混溶、粘接等多种工艺深度复合而成的灰白色黏稠浆状物。其显著特点为:保温隔热性能好、施工简便(直接涂抹),解决了板材拼接处罩面层开裂现象。

6. 水泥聚苯板(块)

水泥聚苯板(块)是一种轻质高强保温材料,采用聚苯乙烯泡沫颗粒、水泥、发泡剂等搅拌浇筑成形。特点是容重轻、强度高、破损少、韧性好、抗冲击、施工方便,且耐水、抗冻、保温性能优良。实测表明,以 240 mm 砖墙复合 50～70 mm 厚水泥聚苯板,其热工性能可超过 620 mm 砖墙的保温效果。该类防火、阻燃材料应用到任何部位、任何情况下均可起到防火阻燃的效果,并达到国家相关规定标准。但其容重、强度和热导率之间存在着相互制约的关系,配比中各成分量的变化对板材的性能都有显著的影响,存在因为板材收缩变形、板缝处理难度大等问题。

7. 胶粉聚苯颗粒保温材料

胶粉聚苯颗粒保温材料是由胶凝材料和聚苯颗粒轻骨料分别按配比包装组成。胶凝材料选用水泥、粉煤灰、不定型二氧化硅及各种助剂。该材料固化后热导率低(一般均<0.060 W/(m·K))、密度小、热工性能好,具有良好的和易性、耐候性,可以兼顾热应力、水、火、风压及地震力的影响。界面砂浆采用无空腔和逐层渐变柔性释放应力的技术路线,可有效地解决抗裂难题。

4.4.2.4　节能门窗

1. 节能玻璃

对窗的节能性能影响最大的是玻璃的性能。目前国内外研究并推广使用的节能玻璃,主要有以下三种。

(1)中空玻璃　中空玻璃中间充灌氪、氩或者空气,热导率很低,具有优异的保温性能。从性能和经济方面综合考虑,中空玻璃内腔以充灌氩气为佳。目前我国常用的中空玻璃有两种:槽式中空玻璃和复合胶条式中空玻璃,现多采用后者。中空玻璃是实现门窗节能的重要途径,然而我国目前中空玻璃的使用普及率还很低。

(2)真空玻璃　门窗玻璃材料从单片玻璃、中空玻璃,发展到真空玻璃已是第三代产品。真空玻璃的隔音性能、透光折减系数均优于中空玻璃。以空调节能性能比较,真空玻璃比中空玻璃、单片玻璃分别节电 18% 和 30%。

（3）镀膜玻璃　镀膜玻璃通常是在玻璃表面镀上一层金属薄膜,改变玻璃的透射系数和反射系数。可以同中空玻璃、真空玻璃结合起来使用。近年来发展起来的镀膜低辐射玻璃,对波长为 380～780 nm 的可见光具有较高的透射率,可以保证室内的能见度,同时对红外光具有较高的反射率,达到保温节能效果。

2. 门窗框扇材料

（1）塑钢型材门窗框扇　塑钢型材框扇是以聚氯乙烯（PVC）树脂为主要原料,加上一定比例的高分子改性剂、发泡剂、热稳定剂、紫外线吸收剂和增塑剂等挤出成形,然后通过切割、焊接或螺接的方式制成,再配装上密封胶条、毛条、五金件等。超过一定长度的型材空腔内需要用钢衬(加强筋或细钢条)增强。该类框扇比重轻、热导率低、保温性能好、耐腐蚀、隔声、防震、阻燃性能优良。但 PVC 塑料线膨胀系数高,窗体尺寸不稳定影响气密性,且冷脆性高、不耐高温,使得该类门窗材料在严寒和高温地区使用受到限制。另外,PVC 塑料刚性差、弯曲模量低,不适于大尺寸窗及高风压场合。

（2）塑铝型材框扇　它是在铝合金型材内注入一条聚酰胺塑料隔板,以此将铝合金型材分离形成断桥,阻止热量的传递。此种节能框扇由于聚酰胺塑料隔板将铝合金型材隔断形成冷桥,从而在一定程度上降低了窗体的热导率,因而具有较好的保温性能。铝合金型材弯曲模量高、刚性好,适宜大尺寸窗及高风压场合使用;另外,耐寒热性能好,可用于严寒和高温地区,在冬季温差 50 ℃时门窗也不会产生结露现象,隔音性能保持在 30～40 dB 之间。但铝合金型材线膨胀系数较高,窗体尺寸不稳定,对窗户的气密性能有一定影响;耐腐蚀性能差,适用环境范围受到限制。另外,该类型材价格较高。

（3）玻璃钢型材框扇　玻璃钢是将玻璃纤维浸渍了树脂的液态原料后,经过模压法预成形,然后将树脂固化而成。玻璃钢型材同时具有铝合金型材的刚度和 PVC 型材较低的热传导性,且和玻璃及建筑主体的线胀系数相近,线胀系数低,窗体尺寸稳定,门窗的气密性能好;对热辐射和太阳辐射具有隔断性,隔热性能好;耐腐蚀,适用环境范围广泛;弯曲模量较高,刚性较好,适用于较大尺寸窗或较高风压场合;耐寒热,可以应用在严寒和高温地区。另外,玻璃钢型材重量轻、比强度高,隔音性能好,可随意着色,使用寿命长——普通 PVC 寿命为 15 年,而玻璃钢寿命为 50 年。

4.4.2.5　相变建筑节能材料

相变材料应用于建筑材料的热能存储始于 20 世纪 80 年代,随着相变材料与石膏板、灰泥板、混凝土及其他建筑材料的结合,热能存储已能被应用到建筑结构的轻质材料中。早期的研究主要集中于便宜易得的无机水合盐上,但由于其严重的过冷与析出问题,循环使用后储能大大降低和相变温度范围波动很大,大大限制了其在建筑材料领域的实际应用。

为了避免无机相变材料的上述问题,人们将研究重点集中到了低挥发性的无水有机物,如聚乙二醇,脂肪酸和石蜡衍生物等。尽管价格高于普通无机水合盐且单位热存储能力低,但其稳定的物理化学性能以及良好的热行为和可调的相变温度,都使相变建筑节能材料在节能建材领域具有广泛的应用前景。

4.4.3　建筑材料未来的发展

建筑反映着一个国家的文明程度以及人们对生活的态度,也代表着人们对环境、对未来的认识。对于建筑与建材的未来,各国进行了大量的探索。由德国著名建筑师托马斯·赫尔佐格设计的巴伐利亚双户住宅,采用了一种由半透明隔热材料、蓄热墙、百叶相结合的隔热墙体系,以最大限度地利用太阳能。英国伦敦连排住宅每户都有一个 3 层高的多功能阳光室,可供起居、贮能之用。阳光室的通风、遮阳及植物浇灌等都可根据情况随时加以控制。日本煤气公司港北 NT 大楼采用顶壁一体的玻璃曲面空间设计,其玻璃"呼吸外壁"是一种复合了铝材遮阳板的隔热效率高且透明的 low-e 玻璃,能充分利用自然光和导入自然通风,并能最大限度地减少环境的不良影响,即使在阴天中办公桌面自然采光照度也能达到 300 lx。荷兰经过了七年的实验,开发出了 Rosmalen 未来住宅示范项目。该项目运用了一百多种新技术和新产品。在能量供给方面,这种未来住宅配备了三种设备:作为非常电源使用的太阳能电池,给浴室供热水用的太阳能热水器,以及能源电池,未来这些能源将会成为每个家庭的电力供给源。

绿色、科技、节能、生态、空间美学的建筑,是建筑发展的必经之路,是未来市场的主航向。基于目前的状况,建筑及建筑材料的发展,应该重点考虑以下方面。

(1) 洁净能源的开发与利用,尽可能节约不可再生能源(煤、石油、天然气),并积极开发可再生的新能源,包括太阳能、风能、水能、生物能、地热等无污染型能源。

(2) 充分考虑气候因素和场地因素,如朝向、方位、建筑布局、地形地势等。尽可能利用天然热源、冷源来实现采暖与降温,充分利用自然通风来改善空气质量、降温、除湿。

(3) 材料的可降解、可再生、可循环,同时还要严格做到建材的无害化(无污染,无辐射)。

(4) 水的循环利用与中水处理,特别是对于水资源匮乏的地区,在适宜的范围内进行雨水收集、中水处理、水的循环利用和梯级利用。

(5) 结合居住区的情况,如规模、密集程度、区位、周边热网状况,采取最有效的供暖、制冷方式,加强能源的梯级利用。

(6) 结合居住区规划和住宅设计来布置室外绿化(包括屋顶绿化、墙壁垂直绿化)和水体,以此进一步改善室内外的物理环境(声、光、热)。

(7) 使用本土材料,降低由于材料运输而造成的能耗和环境污染。在技术成熟、经济允许的情况下,适当使用新材料、新技术,提高住宅的物理性能。

(8) 注重不同社会文化所引发的生活方式上的差异,以及由此产生的对住宅设计的影响。提倡基于健康、节约基础上的生活方式。

思　考　题

1. 建筑材料有哪些种类?
2. 请结合本章内容,对理想人居环境给出你自己的一个定义。
3. 举出几个你知道的由于建筑材料的进步,给人居环境带来改善的例子。

参考文献

[1] 杨静. 建筑材料与人居环境[M]. 北京:清华大学出版社,2001.
[2] 姜继圣,张云莲,王洪芳. 新型建筑材料[M]. 北京:化学工业出版社,2009.
[3] 田超然. 论建筑材料对人类聚居环境的影响[J]. 韶关学院学报,2005,(9):69-71.
[4] 谭海军,张家祯,潘春跃. 建筑节能材料综述[J]. 建筑节能,2009,5(37):49-53.
[5] 张之秋,杨文芳,顾振亚,等. 建筑膜材的发展及应用现状[J]. 新型建筑材料,2008,5:78-81.

第5章 轻量化材料与便捷交通

5.1 概 述

人类文明的发展和社会的进步,越来越离不开节能、环保两大主题。而在人类衣食住行的"行"方面更是离不开材料科学的发展与进步。进入21世纪,节能、环保、安全已经成为世界交通工具制造行业的特别关注点。据国际能源署的一份报告预测,到2030年全球石油将有57%消耗在交通运输领域。按照目前的油耗水平和汽车保有量的增长速度,到2020年我国汽车保有量将突破1.5亿辆,汽车年耗油量将突破2.5亿吨。另据国际权威机构的一组调查数据显示,汽车整车质量每减少100 kg,每百千米油耗可降低0.3~0.6 L。当汽车重量从2 500 kg降低到750 kg时,每升汽油行驶的距离从约5 km上升到约25 km,相应排出的二氧化碳量从约400 g/km下降到约100 g/km。为此,交通工具的轻量化势必成为实现节能减排目标最现实、最有效的途径之一,而轻量化材料的应用是实现交通工具轻量化的最有效方法。轻量化材料在交通工具轻量化方面的应用研究已经得到了前所未有的重视。

在2010年"两会"上,温家宝总理在《政府工作报告》中指出,"促转变"、"调结构"是我国工业发展的重点之一,并将成为今后一个时期我国经济工作的重点。这对汽车、飞机、铁轨等交通工具制造行业的发展具有指导意义。而交通工具的轻量化就是产业结构和产品结构调整的主要方向之一。目前,轻量化的技术研发和应用步伐在加快,便捷交通对轻量化产品的需求也在逐步增加,因此轻量化材料在便捷交通方面有巨大的发展潜力和空间。

5.1.1 轻量化材料

轻量化技术是指在满足产品使用要求和成本控制的条件下,对轻量化设计技术、轻量化材料及轻量化制造技术的集成应用。轻量化设计的前沿与应用领域就是汽车工业与航空制造技术,轻量化材料的采用和优化使用是新产品研发的关键因素之一,优化传统材料的使用、根据材料性能进行的结构优化、高强钢及镁铝等轻型材料的针对性应用、塑料和复合材料等高强轻量化材料的合理应用对于国家能源安全战略、节能减排战略以及交通工具制造行业的可持续发展有着重要的现实意义。

轻量化材料就是可以用来减轻产品自重且可以提高产品综合性能的材料。20世纪90年代,世界范围内的35家主要钢铁企业合作完成了"超轻钢质汽车车身"课题。以四门轿车为参照,其车身钢板的90%已经使用高强度钢板(包括高强度、超高强度和夹层减重钢板),高强度钢板这种轻量化材料的使用,可以在成本不变的前提下实现车身减重25%,且静态扭转刚度提高80%,静态弯曲刚度提高52%,第一车身结构模量提高58%,整车综合性能大幅提升等,这是轻量化材料对节能、环保、安全的最好回应。

目前,交通工具轻量化的实现途径主要有三大方面:一是材料的优化设计和应用;二是产品结构的优化设计;三是先进制造工艺的开发应用。三者相辅相成以实现最终产品的优化设计,而这其中产品结构优化设计和材料的优化设计具有广大的研究和开发空间。通过产品结构的优化设计实现交通工具轻量化,主要是通过高强度材料的使用,产品设计利用高强度材料替代普通材料,这样就可以在保证安全的前提下降低原产品钢板的厚度,从而降低产品零件质量以实现交通工具轻量化。目前高强钢板、超高强度钢板和变截面高强钢板的应用已受到交通工具制造行业的热点关注。汽车用高强度钢的主要零部件分三类:一是外覆盖件,如四门两盖;二是白车身;三是悬挂件,如发动机支架、副车架等零部件。交通工具轻量化的另一个主要措施是低密度轻质材料的使用,如铝及其合金、镁及其合金、钛合金等金属材料以及塑料和复合材料等非金属材料,主要用于发动机汽缸体、转向盘骨架等非结构件。

5.1.2　常用轻量化材料

为了适应人类文明对交通工具轻量化的要求,近年来世界各国交通运输行业制造商都致力于探索、应用各种措施来实现交通工具的轻量化。轻量化材料的应用是最便捷有效的途径,因此一些新材料应运而生并得到了广泛应用。从目前轻量化材料的应用现状看来,无论是从数量、质量还是交通工具零部件的技术要求来看,金属材料仍然占据主要地位,常用的轻量化金属材料有高强度钢,超高强度钢,铝、镁、钛等轻质合金;非金属材料所占比例在逐年提高,常用的轻量化非金属材料有工程塑料(如 PC、PPS)、复合材料(如玻璃钢)等,轻量化材料由于它们优越独特的性能受到制造商们的青睐。

目前交通工具中常用的轻量化材料包括以下几种。

(1) 高强度钢　高强度钢板是指对普通钢板加以强化处理而得到的钢板。通常采用金属强化方式获得。普通的车用钢板的屈服强度、抗拉强度在 210~310 MPa 范围之内,而高强度钢板,其抗拉强度可以达到 600~800 MPa,是普通低碳钢板的 2~3 倍,拉深延性能极好,可轧制成很薄的钢板,是车身轻量化的重要材料,多用于车外板、车门、顶盖和行李箱盖升板,也可用于载货汽车驾驶室的冲压件。常用高强钢牌号有:Q390B/C/D、Q420B/C/D、Q460、AH70DB、ST44-3 系列以及 WH60A 等,其中板厚一般在 0.8~200 mm 范围内。

(2) 超高强度钢板　超高强度钢板是指屈服强度在 1 370 MPa 以上,抗拉强度在 1 620 MPa 以上的合金钢。牌号包括传统的镍铬钼调质钢 4340(40CrNiMo),含碳量 0.45% 的镍铬钼钒钢 D6AC(45CrNiMoV),含碳量 0.30% 的铬锰硅镍钢(30CrMnSiNi2A),在 4340 钢的基础上通过加入硅(1.6%)和钒(0.1%)研制而成的 300M 钢(43CrNiSiMoV)以及不含镍的硅锰钼钒或硅锰铬钼钒等钢种。

(3) 轻质金属材料铝、镁、钛及其合金　铝的密度仅为钢的 1/3,具有质量轻、加工性能好、抗腐蚀性好、吸振性强等优点;镁的密度约为铝的 2/3,采用镁及其合金制造汽车零部件的轻量化效果比铝更加显著,它可在铝减重基础上再减轻 15%~20%;钛具有密度小(4.5 g/cm³)、强度高(1 500 MPa)、比强度高、耐高温、耐腐蚀等优良的特性,在汽车的动力系统中应用较为广泛。目前主要应用于要求力学性能优越、安全系数高、驾驶性能卓越的赛车上,今后有望拓展到更多的汽车零部件以便实现汽车轻量化。

(4) 塑料　汽车轻量化的迅猛发展,由于塑料质量轻、比性能高等特点,使其在汽车制造领域被广泛采用,从汽车内饰件到外饰件以及部分功能件、结构件,塑料产品随处可见,其中工程塑料作为汽车产品的原材料应用最为广泛。工程塑料是指被用做工业零件或外壳材料的工业用塑料,是强度、耐冲击性、耐热性、硬度及抗老化性均优的塑料。与普通塑料相比,工程塑料具有优良的机械性能、电性能、耐化学性、耐热性、耐磨性、尺寸稳定性等特点,而且比所取代的金属材料轻、成形周期短、能耗少、成本低。早在 20 世纪 70 年代,以软质聚氯乙烯、聚氨酯为代表的泡沫类、衬垫类、缓冲材料等塑料在汽车工业中被广泛应用。

(5) 复合材料　复合材料具有质量轻、比强度高、比刚度大、材料性能可以设计等一系列优点,是由基体材料(树脂、金属、陶瓷等)和增强剂(纤维状、晶须状、颗粒状等)复合而成。常见的复合材料(FRP)包括玻璃纤维、增强塑料(GFRP),碳纤维增强塑料(CFRP)、芳纶纤维增强塑料(AFRP)。其中高强度纤维复合材料,特别是碳纤维复合材料(CFRP),因其质量小,而且具有高强度、高刚性,有良好的耐蠕变性能和耐腐蚀性,因而是很有发展前景的轻量化材料,在汽车及航空航天等领域具有广阔的发展空间。

随着现代科学技术的发展和人类文明的进步,轻量化材料在交通运输行业发挥了重要的作用,在汽车、航空航天、轨道交通以及船舶制造领域得到了广泛的应用,为节能减排低碳经济的发展做出了巨大的贡献。从战略角度看,轻量化材料的应用可以降低制造成本、提高企业的经济效益,同时提高交通工具的综合使用性能,促进高速化产业的发展。此外,为了满足轻量化材料的发展,各种设计、制造技术也得到了飞速的发展。

5.2　汽车轻量化

随着 2009 年 12 月哥本哈根世界气候峰会的举办,节能减排和“低碳经济”成了制造行业和交通领域的关注点。中国政府在峰会上宣布,将在未来十年内减排 40%～50%。可以预计,我国汽车行业作为能源消耗大户,在节能减排、低碳环保的巨大压力之下,汽车轻量化将成为今后我国汽车产业改革的方向。

目前,汽车轻量化在国际和国内汽车市场上已经成了一种不可阻挡的发展趋势。汽车轻量化一方面能缓解能源危机、有效降低尾气排放量,且噪音、振动等方面也均有所改善,从而实现节能环保;另一方面,汽车轻量化还可以大大提高汽车的整车动力性能和操控的灵敏性,汽车运行的稳定性、安全性也将有效提高。

5.2.1　汽车轻量化的定义

汽车的轻量化是在保证汽车的强度和安全性能的前提下,尽可能地降低汽车的整备质量,从而提高汽车的动力性,减少燃料消耗,降低排气污染。

5.2.2　汽车轻量化的意义

当前,节能、环保、安全、舒适、智能和网络是汽车技术发展的总趋势,尤其是节能和环保更是关系人类可持续发展的重大问题。因此,降低燃油消耗、减少向大气排出 CO_2 和有害气体及颗粒已成为汽车工程界主攻的方向。轻量化对于汽车行业的可持续发展意义重大,归纳起来主要有以下几个方面。

(1) 汽车轻量化可以降低整车质量,提高燃油效率从而降低成本。轿车质量每减小 10%,则油耗可下降 8%～10%;对于 16～20 t 级载货汽车而言,每减小质量 1 000 kg,则油耗可降低 6%～7%。可见,汽车轻量化是节省燃油,降低汽车成本的有效途径。

(2) 汽车轻量化可以提高整车性能、安全性和稳定性。汽车整车质量减轻之后,轻质便捷的车型对于提速大有裨益,由于轻量化材料高强度的性能使汽车的稳定性得到保障;从安全性考虑,汽车的惯性随其质量的减轻而减小,高刚性轻量化的车身可以抗击强烈的碰撞冲击,其制动距离也会相应缩短,汽车安全性能大大提高。

（3）汽车轻量化有利于实现节能减排。促进"低碳产业"发展。研究数据显示,汽车每减重 100 kg,CO_2 排放量可减少约 5 g/km,因此,汽车轻量化对于节约能源、减少废气排放十分重要。另外汽车轻量化可以通汽车结构的优化设计来节约材料,提高汽车的使用寿命也体现了其节能环保的本质。

5.2.3　汽车轻量化的实现方式

汽车轻量化必须在保证汽车整体质量和性能不受影响的前提下,最大限度地减轻各零部件的质量,在降低燃油消耗、减少排放污染的同时,实现高输出功率、低噪声、低振动、良好的操纵性,以及安全可靠性等综合指标。中国汽车协会发布的关于《汽车轻量化意义》的报告中指出:对汽车总体结构进行分析和优化,实现对汽车零部件的精简、整体化和轻质化;发动机轻量化;变速器轻量化;悬架轻量化;车身轻量化和附件轻量化是当前实现整车轻量化的主要内容。目前汽车轻量化主要通过整车或者零部件结构的优化设计、轻量化材料的优先应用、组件或材料制造工艺的优化和新工艺的开发三大方法的协同应用来实现,如图 5.1 所示。

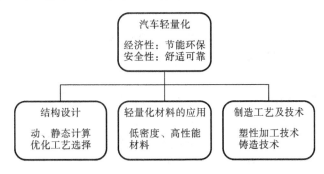

图 5.1　汽车轻量化实现方法

1. 合理的结构设计

在现代汽车工业中,轻量化的主要途径之一是通过结构设计来实现的,结构设计已经融合到了汽车设计的前期,并将材质、结构设计,以及相应的后期制备工艺融为一体。其中,CAD/CAE/CAM一体化技术起着非常重要的作用,涵盖了汽车设计和制造的各个环节。结构合理设计包括以下几个方面。

（1）结构优化设计　通过结构优化设计,减小车身骨架及车身钢板的质量,对车身强度和刚度进行校核,确保汽车在满足性能的前提下减轻自重。

（2）结构的小型化　在汽车内部空间尺寸基本不变的前提下缩小外形尺寸,可减少材料消耗,减轻车身质量;对于汽车的主要功能部件在使用性能不变的情况下,缩小尺寸。结构的小型化是实现汽车轻量化的有效手段之一。

（3）改进运动结构的方式　使得整车结构更紧凑,或采取发动机后置后驱的方式,达到使整车局部变小,实现轻量化的目标。

（4）结构的整体化　即通过减少辅助连接等零件的数量以及组合、装配的附件,简化整车结构,达到减轻整车的质量。

2. 轻量化材料的应用

现代汽车中占自重 90% 的六类材料大体为钢 55%～60%，铸铁 12%～15%，塑料 8%～12%，铝 6%～10%，复合材料 4%，陶瓷及玻璃 3%。除此六类之外的其他材料共占车重的 10%，它们是各种有色金属、各种液体和诸如油漆等杂项材料。1990—2000 年，美、日、德、韩等国汽车使用材料变化为平均每辆车铝合金 5～270 kg，镁合金 40 kg 以内，钢铁 900～200 kg，有机材料 115～200 kg，玻璃 30 kg 左右，整车质量降低 35%。数据表明用新型板材及轻型材料（如镁、铝、塑料和复合材料等）替换车身骨架及内、外壁板原有的钢材等途径来实现轻量化主要体现在以下几个方面。

（1）使用密度小、强度高轻质材料。如铝镁合金、塑料聚合物材料、陶瓷材料等。

（2）使用同密度、同弹性模量而且工艺性能好的截面厚度较薄的高强度钢；通过进一步提高合金钢、弹簧钢、不锈钢等钢种的比强度和比刚度，以及粉末冶金配件具有的多孔密度低、精度高、成本低等特点，来作为汽车轻量化的措施。

（3）使用基于新材料加工技术的轻量化结构用材，如连续挤压变截面型材、金属基复合材料板、激光焊接板材等。

（4）采用塑料，塑料是由非金属为主的有机物组成的，具有密度小、成形性好、耐腐蚀、防振、隔音隔热等性能，同时又具有金属钢板不具备的外观色泽和触感。

（5）复合材料即纤维增强塑料和高强度树脂。

（6）使用基于新材料加工技术而成的轻量化结构用材，如连续挤压变截面型材、金属基复合板、激光焊接板材等可达到轻量化目的。

3. 先进制造技术和优化工艺的应用

汽车轻量化对轻质材料的应用及制造新技术提出了新的要求。车用铝、镁合金等轻型材料加工技术的发展主要围绕材料的冶金质量控制、新型材料的开发及应用、成形加工、零部件后期处理、废料的回收，以及再生利用等方面展开，一方面表现为对传统工艺的改进和完善，另一方面则是新技术的开发，尤其是特种加工技术有望拓宽铝、镁合金在汽车上的应用范围。复合材料等功能材料的复合化加工技术可以进一步提高汽车轻量化材料的使用性能，给以优化结构设计更大的减重空间。目前的轻量化成形工艺技术主要有两大类。

（1）在金属材料方面，剪裁拼接、激光拼焊板、液压成形、发泡铝成形、涂装、零件轧制、半固态金属加工、喷射成形等新技术将推动汽车轻量化发展。

（2）在塑料和复合材料方面，推广塑料/金属复合材料、低压反映注射成形、气体辅助注射成形等技术以满足汽车轻量化。

汽车轻量化的实现是一个系统工程，需要在合理汽车结构的基础上采用合适的材料和制造工艺才能生产出满足客户需求、适应时代发展的汽车。事实上实现汽车轻量化的根本是实现汽车零部件的轻量化，汽车一般由车身、底盘、发动机和电气设备四大基本部分组成，表 5.1 所示为汽车自重的主要组成部分的构成比例。

表 5.1　汽车自重的主要构成比例

基本组成部分	主要零部件	质量比例/(%)
车身	车架、覆盖件、附件、装饰件等	42
底盘	传动系统、制动系统、转向系统、行驶系统等	38
发动机	机体、曲轴、飞轮、辅助系统等	12
电气设备及标准件	电源、起动件、照明、仪表、电控电线、标准件等	8

从表中数据得知,汽车的自重主要分布在车身、底盘及发动机的各个零部件上,研究这些零部件的结构特征及其成形性并采取相应的减重措施,那么整车的质量就相应减少。目前实现零部件轻量化的措施主要有如下几种。

(1) 发动机轻量化 发动机的机体是发动机中单件质量最大的零件,一般超过发动机质量的 1/4,甚至接近 1/3。要降低发动机缸体质量,可采用铝合金或者镁合金,变密度设计。

(2) 变速器轻量化 使用铝、镁合金等轻质材料制造变速器壳体、离合器壳体、操纵盖以及换挡拨叉等零件。

(3) 车身轻量化 轻量化材料的采用,全铝车身设计;车身结构的优化设计,朝着小型化方向发展。

(4) 其他附件轻量化 座椅:采用高强度的高张力钢板,侧架通过改用一体成形技术,减少了部件数量。起动机:采用先进高效的马达,提高加载电压,可以降低获得相同输出功率所需要的电流值,因此有利于马达的小型及轻量化。发电机:开发小型轻量化的发电机,朝着机电一体化方向发展。将线圈缠绕方式由过去的分散缠绕变成集中缠绕,实现小型轻量化。

采用现代信息化技术、轻量化创新设计理念和工具,实现模块化、整体化和系统化设计制造,优化零部件结构通常可以采用零部件薄壁化、中空化等手段,如图 5.2 所示的 ASF 效仿动物骨骼内部结构的设计就是实现车身轻量化的有效途径;轻量化材料的开发和普及应用、各种先进制造工艺技术的广泛应用是实现汽车轻量化的有效措施。值得一提的是,轻量化显著效果的实现需要多项措施同时应用,其中奥迪 A8 是轻量化技术应用的成功例子。

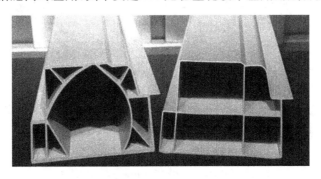

图 5.2 ASF 效仿动物骨骼内部结构的设计

以目前的奥迪 A8 车系来说,ASF 铝合金车身的质量,比传统钢制车身轻 40%,目前在 2010 年款的奥迪 A8 车上,其车身结构净重仅 249 kg,新奥迪 A8 应用了新的铸造技术和合金材料。多功能的大型铸件、更大的整体结构和高比例的锻压件减少了零件数量。例如,与上一代车型相比,大型铸件在结构中所占比例提高了 22%~34%。新一代奥迪全铝车身框架结构(ASF)中只用了 29 个零件取代了原来的 50 个零件。与此同时 ASF 还提升了汽车生产过程的自动化程度,将轻量化技术落实到生产阶段,提高产品的制造精度,确保汽车的生产质量。

零件数量的减少减轻了汽车自重,也有利于生产流程的控制和质量的提高。在奥迪系列车的轻量化发展过程中连接技术也举足轻重,采用自切削螺钉新技术实现了零件之间直接的摩擦性接合,零件间的连接除了铆接,还应用了各种新焊接技术。包括第一次使用的 MIG 激光焊接技术以及特殊的激光混合焊接工艺,图 5.3 所示为奥迪系列车中应用的将铁与铝合金熔接在一起的混合技术。

新奥迪 A8 车上的激光焊缝长度共达 20 m,车身的强度和刚度大大提高,汽车的安全性和驾驶性也大幅提升。奥迪将轻量化设计的概念发挥到极致,除了全铝车身框架结构(ASF)外,也将轻量化概念落实于底盘悬吊系统的研发生产。目前奥迪车款所搭载的动力系统中,便有许多动力系统的引擎曲轴箱已经全面采用轻量化材质,悬吊各项组件的材料也换成铝合金,其他轻量化的零件包括刹车卡钳、碳纤维陶瓷刹车碟盘等等,还有包括部分市售车款换上质量更轻的行李箱盖与掀背尾门材质,以及方向盘支架与仪表内衬结构采用更轻量化的镁合金材质。

图 5.3　将铁与铝合金镕接在一起的混合技术

5.2.4　汽车轻量化材料的应用

　　整车质量的下降对于提高整车动力性、驾驶性、安全性以及环保性都大有裨益,轻量化材料的应用越来越受关注。当前汽车轻量化材料的应用和发展具有如下特征。

　　(1) 钢铁材料仍保持主导地位,但各种轻量化材料的应用比例在逐步增加。主要变化趋势是高强度钢和超高强度钢、铝合金、镁合金、塑料和复合材料的用量将有较大的增长,铸铁和中、低强度钢的比例将会逐步下降,但载重车的用材变化不如轿车明显;表 5.2 所示为宝马公司 3 系列轿车的材料构成情况,表中数据显示钢铁材料在汽车行业的应用仍然占主体地位,轻量化材料的应用比例占到了 27.5%,由此可预见轻量化材料在汽车行业仍然有广阔的应用前景。

表 5.2　BMW 公司 3 系列轿车的材料构成

材　　料	用量/kg	占总用量/(%)
钢铁	790.8	56.7
轻金属(铝、镁、钛等)	160.2	11.5
热塑性塑料	114.4	8.2
人造橡胶	44.0	3.2
热固性塑料	42.9	3.1
隔音绝热材料	36.5	2.6
重金属(铜、锌、铅、镍)	34.7	2.5
玻璃/陶瓷	34.5	2.5
燃油、机油、润滑油等	77.8	5.6
纺织物、复合材料	9.5	0.6
其他复合材料	11.8	0.8

续表

材　　料	用量/kg	占总用量/(%)
电器/电子部件	16.5	1.2
油漆/汽车底部防锈填充材料/黏接剂等	20.4	1.5
汽车总用材	1 394.0	100.0
其中轻质材料总计	382.8	27.5

表5.3中数据显示:钢铁材料在轿车的发展应用中比例在不断下降,而铝、塑料及其他轻量化材料应用的比例在不断上升,且增幅远大于钢铁下降的幅度,那么可以预测今后轻型合金、塑料以及复合材料等将在汽车行业得到大力发展,以便实现汽车行业的可持续发展。

从表5.3、图5.4均可看出,汽车上钢铁材料的比例逐年减少,而铝等轻金属及塑料的比例不断上升。例如,新型奔驰S级轿车钢铁材料的比例也已从老型E级的63%下降至53%,而铝合金从8%增至14%,塑料从8%增至14%,但钢铁材料仍然保持其主导地位。

表5.3　1998—2000年美国中型轿车主要材料构成比/(%)

年　　代	钢　　铁	铝	塑　　料	其　　他
1980	69	4.0	9.0	18
1990	60	5.5	12.5	20
2000	51	12.0	18.0	19

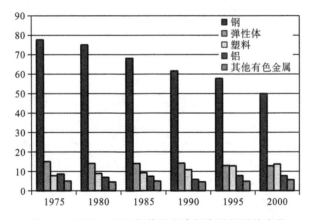

图5.4　1975—2005年德国家庭轿车用材料的变化

（1）高强度钢和超高强度钢将有较大增长,图5.5所示为北美1999—2009年平均每辆轻型车上各种材料的增减情况。数据显示高强度钢和铝增长最快,镁和塑料均有所增长,而普通用钢和铸铁均呈下降趋势。整车材料用量也有大幅降低。尽管如此,由于钢铁材料的高强度、高塑性、良好的抗冲击能力、可回收性以及低成本等优越的综合性能,钢铁材料在一个时期内仍然占主体地位。

（2）轻量化材料技术与汽车产品设计、制造工艺的结合将更为密切,汽车车身结构材料将趋向多材料设计方向。

（3）更重视汽车材料的回收技术,同时电动汽车、代用燃料汽车专用材料以及汽车功能材料的开发和应用工作不断加强。

铝合金、镁合金、工程塑料、复合材料和高强度钢、超高强度钢等轻量化材料由于其产品优越的性能而备受欢迎,在实际生产中得到了很好的应用。最典型的就是奥迪 A8 使用全铝车身框架,其车身净重仅为 249 kg,奥迪 A2 量产小车铝合金车身结构的质量更是仅有 166 kg,而奥迪 A2 1.2 TDI 环保节能柴油乘用小车,车身结构质量仅有 135 kg,每升柴油可行驶33.44 km。

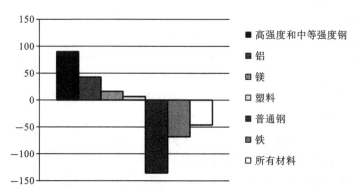

图 5.5　北美 1999—2009 年平均每辆轻型车上各种材料的增减情况

5.2.4.1　高强钢的应用

在 20 世纪的末期,汽车工业通过高强度钢板等来实现汽车轻量化已取得了显著的成绩。汽车用钢逐步向高强度化方向发展,当钢板厚度分别减少 0.05 mm、0.10 mm、0.15 mm 时,车身减重分别为 6％、12％、18％。可见,增加钢板强度是减少钢板厚度、减轻车重的重要途径。今后高强度钢在汽车上的用量将明显增加。现在各国均在加速高强度钢、超高强度钢在汽车车身、底盘、悬挂系统、转向、保险杠及其加强件、车门防撞柱、B 立柱等零部件上的应用。图 5.6 是高强度钢在轿车中的应用示意。

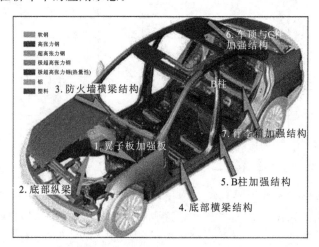

图 5.6　高强度钢在轿车中的应用

高强度钢具有良好的低温韧性、成形性和焊接性,在汽车零部件制造中得到了广泛的应用。高强度钢在汽车上的应用和作用,如表 5.4 所示。表 5.4 中,P_s 为压溃强度,A_E 为压溃吸能,P_t 为压痕抗力,P 为微量变形抗力,σ_w 为疲劳强度,σ_b 为抗拉强度,t 为板厚,σ_p 为成形构件应变下的流变应力,E_D 为动负荷设计弹性模量,n 为常量。

由表 5.4 中各类关系方程可以看出,除疲劳强度外,其他各性能均正比于板厚和相应的材

料性能 n 次方的乘积,因此高强度钢板能够大幅增加构件的变形抗力,提高能量吸收能力和扩大弹性应变区。高强度钢板用于汽车零件上,通过减薄零件来减轻质量。表 5.5 所示为高强度钢和低密度材料作为替代材料所减少的质量以及相对成本的比较。

表 5.4　高强度钢板的应用和作用

构件使用过程中承受的变形	高强度钢板制造的零部件	期望的零件性能	板厚、强度与性能的关系式
大塑性变形	保险杠、加强板、门、防撞柱	高的压溃强度	$P_s \propto t\sigma_b^n \quad n \approx 1/2$
	边梁、加强筋	高抗撞击吸能性	$A_E \propto t^2 \sigma_b^{2n} \quad n:1/2 \sim 2/7$
小塑性变形	车顶盖、门、油箱盖板	高的抗压痕能力	$P_t \propto \sigma_p^n \quad n \approx 1/25$
较小弹性变形和塑性变形	车身边梁、横梁	高的弹性模量	$P = tE_D^n \quad (1/E_D = 1/E + 1/E)$
非常小的变形	边梁、车轮等	高的疲劳强度	$\sigma_n \propto \sigma_b$

表 5.5 中数据显示,与铝、镁、复合材料等轻量化材料相比,高强度钢板的制造相对容易,相对制造成本较低,故其具有经济性良好的优势。

表 5.5　高强度钢和低密度材料轻量化效果对比

轻量化材料	被替代的材料	减小质量/(%)	相对成本(每个零件)
高强度钢板	碳素钢	10	1
铝	钢、铸铁	40—60	1.3—2
镁	钢、铸铁	60—75	1.5—2.5
镁	铝	25—35	1—1.5
玻璃纤维增强塑料	钢	25—35	1—1.5

20 世纪 90 年代,世界范围内的 35 家主要钢铁企业合作完成了"超轻钢质汽车车身"(UL-SAB—ultra light steel auto body)课题。课题研究成果表明,车身钢板的 90% 使用现已大量生产的高强度钢板,可以在不增加成本的前提下实现车身降重 25%,且静态扭转刚度提高 80%,静态弯曲刚度提高 52%,第一车身结构模量提高 58%,车身造价比同类车降低 15%,满足全部碰撞法规要求,且整车综合性能大幅提升,受到世界各国汽车行业的高度重视。北美开发的 PNGV-Class 轿车,车身全部采用高强度钢,其质量仅为 218 kg,与全铝车身相当。在我国,高强度钢在汽车行业也得到了广泛的应用并取得了一定的成效,奇瑞汽车公司与宝钢合作,2001 年在试制样车上使用的高强度钢用量为 262 kg,占车身钢板用量的 46%,对减重和改进车身性能起到了良好的作用。吉利汽车车身也大量采用了高强度钢和激光拼焊、液压成形等技术,其中吉利金刚的 48 个零件改用高强度钢。同时在新开发车型中,高强度钢在车身中的质量已占 30%~50%。东风汽车公司在减轻东风商用汽车自重、提高有效载货量方面已经取得了一定成果,目前已经采用含磷钢进行车身零件的试生产,如后围外板、后围内板、地板、后下横梁、前围隔板、门外板、挡泥板等零件,应用情况如表 5.6 所示。

表 5.6　东风商用车高强钢零件应用情况

部　　件	高强钢用量/kg	零件数量/件	占总质量比例/(%)
D310 车身	86.3	160	30.0
车架	534.0	4	74.0
车桥	250.0	1	30.5
合计	870.0	165	134.5

　　因此,高强度钢作为实现汽车轻量化的主要材料,今后的发展方向是开发具有良好加工性能的高强度钢,应用于具有全新结构的超轻钢制汽车。除高强度钢和超高强度钢以外,结构钢、高强度拼焊板、高强度不锈钢、高强度铸铁和粉末冶金等高强度材料也都是未来发展的方向。

　　高强度拼焊钢板是在冲压前按车型设计将不同厚度和不同性能的钢板裁剪后拼焊起来的一种钢板。拼焊钢板部件能够进行优质组装,能减轻车身质量,提高机械强度,实现抗扭刚性、抗冲撞性与提高材料收缩率和降低生产成本的最佳组合,主要应用于车身侧围等冲压成形件。夹层钢板在汽车轻量化的发展中也得到了良好的应用,其特点是质量小、吸收噪声,可提高强度和刚度。采用这种钢板将使零件自身质量减轻 25%～30%。随着成形工艺的发展,超轻超薄高强度钢板的应用正在向汽车附件(如车门、发动机罩、尾箱盖板等)延伸。

　　此外,高强度钢车身骨架结构,在保证车身强度和刚度的同时,可以实现减轻质量的目的。目前,日、美、欧轿车所采用的车身结构,主要有独立式钢质车身、组合式钢质车身、钢质立体框架和铝质立体框架等几种形式。车身的骨架件多用钢板冲压而成。各大汽车生产厂商都致力于车身骨架结构的改造。日本三菱公司的帕杰罗(Sport)为该公司最新的 SUV 型车设计了全新的车身结构,车身 70% 的构件由高强度钢板制成,边梁的厚度比吉普系列的其他车型增加了 20%,因此整车的扭转刚度甚至比大切诺基还要高 45%,车身的承载能力可达 2 t 以上。韩国现代公司的 Sonata 车身结构也用高强度钢板进行了加强,横梁和立柱全部使用 800 MPa 的高强度钢。奔驰公司在其 SLK 车身骨架中大量使用高强度钢使扭转刚度增加了 70%,安全性大大提高的同时也减少了车身的质量。1999 年问世的宝马 3 系列车身骨架中使用了 50% 的高强度钢。福特的 Windstar 车身骨架中 60% 是高强度钢。丰田公司最新的车型 Vitz 的车身结构中高强度钢占了 48%,比该公司生产的 Starlet 车减轻了 17 kg。美洲豹 X-Type 2.5 在车身结构上采用了整片式车舱结构(monocogue body),实现了显著的轻量化。

5.2.4.2　铝及其合金的应用

　　铝及其合金作为汽车轻量化材料有许多优点,如在满足相同力学性能的条件下,比钢减少质量 60%,且易于回收,在碰撞过程中比钢多吸收 50% 的能量,无需防锈处理。随着铝合金化技术的发展和技术进步,铝中添加镁、铬、硅等合金元素获得高强度铝合金材料,为汽车配件的轻量化、高质量化、低成本化提供了可靠依据。但是铝材料的回弹大、易出现裂纹,使铝板在冲压时比钢板难度大,目前还没有大批量完全采用铝板生产汽车,采用全铝制车身(见图 5.7)一般是年产量在几千辆的小批量生产的汽车,大批量生产的中型轿车车身中铝结构的比例只占 3%～7%,运动车、电动车、概念车等对减小质量有特别的要求,铝用量较大。一般轿车中,铝通常用来制作覆盖件、车轮、空调系统、保险杠、座椅窗框和换热器扰流板等。

　　对车身覆盖件来说,铝合金主要用在发动机罩和行李箱,向全车身的应用进展较慢。20世纪 80 年代后期开始在发动机罩挡泥板上使用,欧洲的一些国家和美、日等国已用铝合金缸

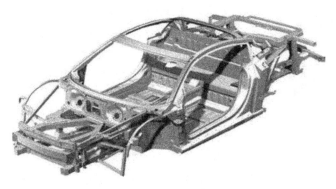

图 5.7　铝合金车身

体、缸盖代替了铸铁缸体、缸盖,从而显著地提高了汽车的轻量化程度。比强度和比刚度十分优良的铝基金属复合材料的研究开发成功,为汽车轻量化的进一步发展提供了途径。2008 年每辆轿车的铝使用量进一步上升到 130 kg,与 1998 年相比增长 53%。北美、欧洲和日本汽车的单车平均用铝量如图 5.8 所示,其中北美汽车铝的应用水平最高,乘用车每车平均用铝量目前已达 145 kg,欧洲平均每车用铝 118 kg,日本情况与欧洲比较接近。

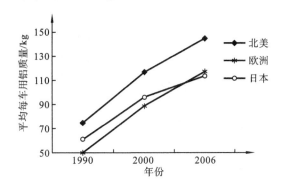

图 5.8　北美、欧洲和日本汽车的单车平均用铝量趋势图

　　图 5.8 中数据显示铝合金在汽车上的用量在明显增加,这不仅仅是低碳产业节能减排的需要,也是汽车工业可持续发展的战略需要。铝在汽车零件中已经得到了广泛的应用。

　　(1) 铝汽缸体、汽缸盖的应用　在现代车用水冷发动机或空冷发动机上可见,铝汽缸体有全铝型和缸孔中嵌入铸铁缸套型两种。为降低成本和更进一步轻量化,提倡采用全铝型。因此开发耐活塞环滑动、耐磨性优良的铝合金是十分必要的。美国通用汽车公司采用全铝缸套;法国车的铝汽缸盖已达 100%,铝汽缸体已达 45%。美国福特公司 NGT 货车发动机汽缸盖、Zeta4 缸机、ModularV6/V8 发动机、克莱斯勒公司新 V6 发动机缸体和缸盖都使用铝合金材料。克莱斯勒公司 Jeep5 缸机、3.8L V6 和道奇货车发动机改用铝合金缸盖。

　　(2) 铝合金车轮　车轮是刚性部件,在中心支撑轮胎,应具有较高的强度与刚度。车轮与汽车的多种性能密切相关,整车的安全性和可靠性很大程度取决于所用车轮及所装轮胎的性能和使用寿命。因此要求车轮具有:足够的负载能力和速度能力,良好的附着性和缓冲特性,耐磨、耐老化和良好的气密性,良好的均匀性和质量平衡,较小的滚动阻力和行驶噪声,精美的外观和装饰性,质量小,价格低,拆装方便,互换性好。

　　铝合金车轮与钢制车轮相比,能更好地满足以上要求。从 1964 年美国开始使用铝合金车轮以来,铝合金车轮以其质量轻、平衡度好、造型美观(形式变化多样)及较好的强度、节约燃料

图 5.9　全铝合金轮毂

等优点,正逐步取代钢制车轮。我国从 20 世纪 80 年代开始,生产、推广使用并出口铝合金车轮。图 5.9 所示为全铝合金轮毂。

（3）底盘零件　就减轻汽车质量而言,没有比底盘系统更具潜力、更容易做到的了。在悬挂系统中,铝合金是目前取代钢铁材料的首选材料。通用公司在凯迪拉克和克尔维特车的悬挂系统中使用了铝合金部件,还加大了悬挂系统转向节的制造中以铝替代铸铁的规模。福特公司使用了铝合金的制动盘。该制动盘质量仅为 2.27 kg,为原铸铁盘的 1/3;尽管费用较高,寿命却是铸铁盘的 3 倍。克莱斯勒公司的 Neodlite 车底盘,由于使用了大量的铝合金部件,质量减轻了许多,如转向机万向节质量降低 3 kg,下控制臂降低 2.6 kg,转向机壳降低 1.36 kg,转向轴降低 1.9 kg,后制动鼓降低 3.6 kg,前制动踏板架降低 0.8 kg。

（4）铝保险杠　保险杠作为吸收冲撞能量的缓冲体已普遍安装在轿车上,但由此却增加了车的重量。为此铝保险杠、塑料保险杠同时出现,以达轻量化的目的。目前,塑料保险杠是主流,铝只作为增强材而使用。

（5）铝散热器的应用　汽车的冷气设备(冷凝器、蒸发器)、机油冷却器、散热器、暖风设备等热交换器中的冷凝器、蒸发器、空冷式机油冷却器几乎 100% 用铝制造。

（6）铝制试验车　意大利阿尔法罗密欧公司试制的以节能为主的 ESVAR 车和以安全性为主的 SVAR 车,质量减轻率前者为 9%,后者只达 3%。英国的 BL 特克诺尔基公司研制了承重部位用铝合金,非承重部位、外板用 GFRP 制造的 ECV3,车身质量比全钢身车减轻 45%。

5.2.4.3　镁及其合金的应用

镁合金是目前最轻的金属结构材料,其密度仅为 $1.75 \sim 1.90$ g/cm³,是钢的 1/5,铝的 2/3。但是镁合金的比强度和比刚度却相当高,在相同质量的构件中,镁合金构件刚度更高。镁合金有很高的阻尼容量和良好的消震性能,它可承受较大的冲击震动负荷,多用于制造承受冲击载荷和振动的零部件。镁合金优良的切削加工性和抛光性能使其具有良好的热加工性,这些优越的性能决定了其广阔的应用前景。据统计,1991 年全球汽车用镁压铸件 2.5 万吨,1995 年车用镁压铸件 5.6 万吨,到 2000 年汽车用镁压铸件高达 14.5 万吨,已占全球镁压铸件产品的 80%。1996—2001 年全球用于汽车零部件的镁合金压铸件的数量平均每年递增 25% 左右。目前欧洲正在使用和在研制中的镁基合金汽车零部件已超过 60 多种,北美正在使用和正在研制中的镁基合金汽车零部件已多达 100 多种。美国福特汽车公司单车采用 30 个镁合金压铸件,通用汽车公司采用 45 个镁合金压铸件,克莱斯勒汽车公司采用 20 个镁合金压铸件,单车用镁合金量为 $20 \sim 40$ kg。镁合金在汽车中的应用,如图 5.10 所示。

镁合金零件带给汽车的好处是显而易见的。主要表现在以下几个方面:一是镁合金质量轻,减重效果显著,间接节省了油耗,对于节能减排意义重大;二是它的比强度和比刚度高,承载能力较好;三是它具有良好的铸造性和尺寸稳定性,加工性能优良,可以在一定程度上降低生产成本;四是它具有良好的阻尼系数,减震性能好,用于制造壳体零件可以降低噪声,用于座椅、轮圈可以减少振动,提高汽车的安全性和舒适性。任何事物都有利有弊,镁合金生产成本

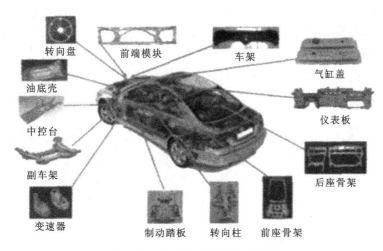

转向盘　前端模块　车架　气缸盖

油底壳

中控台　仪表板

副车架　后座骨架

变速器　制动踏板　转向柱　前座骨架

图 5.10　镁合金在汽车中的应用

较铝合金略偏高,在一定程度上限制了其发展,但是镁合金仍然受到世界汽车企业的青睐。权威机构公布的最新统计结果显示:欧美的汽车用镁合金压铸件正在以年均 25％ 的速度增加,虽然当前全世界所有汽车的镁合金平均用量只有 2.3 kg,但是汽车用镁合金量正在以年均 20％ 的速度上升。世界各大汽车公司都已经把采用镁合金零部件的多少作为衡量其汽车产品技术是否领先的标志。福特汽车公司已经实现每辆汽车的镁合金用量提高到 113 kg。当前,发达国家的赛车及部分民用高档车正在使用镁合金轮毂,奔驰、宝马、丰田、本田和三菱等汽车公司不久将大幅度提高镁合金锻造轮毂的用量。越来越多地采用镁合金零部件,是世界汽车产业发展的必然趋势。

我国对镁合金的应用是在 20 世纪 50 年代末用来制造飞机上结构件,20 世纪 70 年代初,开始应用于风动工具上,20 世纪 80 年代末上海桑塔纳轿车投产后,镁合金才开始应用于汽车工业上。“九五”期间北京有色金属研究总院和东风汽车公司共同承担了国家“九五”科技攻关项目,对镁合金新材料及铸造技术在汽车上的应用进行了专题攻关研究,目前正在对镁合金零件的使用性能进行认证。

5.2.4.4　钛合金的应用

钛的密度为 4.5 g/cm³,比铁小很多;钛的熔点为 1 668 ℃,比铁还要高;热胀系数小,作为耐热材料很有潜力;其制成的钛合金抗拉强度可达 1 500 MPa,可与超高强度钢媲美,其比强度是常用工程材料中最高的;钛合金在 550 ℃ 以下工作,综合性能优于铝合金及一般钢;钛和钛合金的低温韧性很好,在 −253 ℃(液氮温度)时仍有良好韧性,是在超低温下使用最理想的工程金属材料。

钛合金是一种新型结构材料,具有优异的综合性能,如密度小,比强度和比断裂韧性高,疲劳强度和抗裂纹扩展能力好,低温韧性良好,抗蚀性能优异等。某些钛合金的最高工作温度为 550 ℃,预期可达 700 ℃。因此它在航空、航天、汽车、造船等工业部门获得日益广泛的应用,发展迅猛。钛合金的比强度高于其他轻金属、钢和镍合金,并且这一优势可以保持到 500 ℃ 左右,因此某些钛合金适于制造燃汽轮机部件。钛产量中约 80％ 用于航空和宇航业。例如美国的 B-轰炸机的机体结构材料中,钛合金约占 21％,主要用于制造机身、机翼、蒙皮和承力构件。F-15 战斗机的机体结构材料,钛合金用量达 7 000 kg,约占结构重量的 34％。波音 757 客机的结构件,钛合金约占 5％,用量达 3 640 kg。麦克唐纳·道格拉斯公司生产的 DC10 飞机,钛合金用量达 5 500 kg,占结构重量的 10%以上。在化学和一般工程领域的钛用量:美国约占其产量的 15%,欧洲约占 40%。由于钛及其合金的优异抗蚀性能,良好的力学性能,以及合格的组织相容性,使它用于制作假体装置等。钛的耐蚀性比不锈钢好,密度是铁的1/2,韧性也与钢铁相当,在航空业被普遍采用,是与铝、复合材料相并列的"材料三大支柱"之一。其缺点是成本高、加工性能差,切削、焊接、表面处理都较难。钛合金化后可提高高温强度、加工性、焊接和耐蚀性。

钛合金适合制造汽车悬架弹簧和气门弹簧、气门,用钛合金制造板簧与用抗拉强度达 2 100 MPa的高强度钢相比,可降低自重 20%。用钛合金还可以制造车轮、气门座圈、排气系统零件,还有些公司尝试用纯钛板作车身外板。钛和钛合金应用的最大阻力来自其高价格,所以钛合金的研制和生产工艺的开发重点都在于降低成本。日本丰田公司开发了低成本钛基复合材料,该复合材料以 Ti-6Al-4V 合金为基体,以 TiB 为增强体,用粉末冶金法生产。该复合材料成本低、性能优良,已在发动机连杆上得到实用。

Ti-6Al-4V 已用于摩托车和四轮电动车的连杆上,比钢制连杆轻 15%~20%。意大利的新型法拉利(Ferrari)3.5LV8 与本田公司 Acura 的 NSX 发动机首次使用了钛合金连杆。钛合金发动机气门用 Ti-6Al-4V 等制成的气门比钢制气门轻 30%~40%,可提高极限转速 20%。排气门因采用了 Ti-24Si 合金提高了高温强度,但排气温度在 750 ℃ 以上时,强度、抗氧化性不稳定。Ti-13V-11C-3Al 等合金的开发,可望用于发动机气门弹簧、悬架弹簧上。钛合金利用的最大难点是成本高。其次,提高加工性、耐久性及表面处理技术的开发,再生技术的建立也是很必要的。

为了提高汽车的安全性和可靠性,需要从设计上、制造上,特别是材料方面考虑。例如,提高汽车结构材料的强度和韧性,使之更坚固可靠,一旦发生撞车、翻车等交通事故时,能最大限度地减轻损伤程度,保证人员的乘车安全。与此同时大力发展各种汽车用的具有特殊功能的材料,以提高汽车的自控能力,进一步改善汽车的性能。

5.2.4.5　塑料及复合材料的应用

塑料及其复合材料是当前最重要的汽车轻质材料,它不仅可减轻零部件约 40%的质量,而且还可以使生产成本降低 40%左右,因此近年来国际上非常重视新型车用塑料材料与配件的开发,塑料在汽车中的用量也迅速上升。2008 年,国外发达地区车用塑料已占塑料总消耗量的 7%~11%,但我国的车用塑料在塑料配件总消费量中所占比例不足 1%,可见我国车用塑料配件市场仍有很大的发展空间。汽车上塑料用量还在继续增长,塑料在汽车上的应用主要有塑料内饰件、外饰件以及塑料功能件。

仪表盘,仪表板的表面温度很高。为了适应发动机室的高温及太阳辐射等恶劣的工况,要求其耐高温性能良好,且有一定的低温抗冲击性,塑料能很好地满足这样的要求,因此得到了广泛应用。常见的内饰件有门把手、储物箱、座椅、顶棚、引流板、托架、转向柱保护套以及空调系统配件等等。外饰件有保险杠、热塑性塑料合金制造的汽车挡泥板、前大灯、侧防撞条、车顶、散热器格栅、玻璃窗户等等。塑料功能件主要有发动机部件以及燃油进气系统和电器系统,其特点是质量轻、成本低、噪音小,同时要求塑料件具有耐高温性、耐腐蚀、高刚性以及尺寸稳定性等性能。目前常用的塑料有 PPS、ABS、尼龙 66 等。图 5.11 所示为汽车常用塑料件。

美国家庭轿车塑料及塑料复合材料用量的增长情况,如图 5.12 所示,从 1977—2004 年,单车塑料的用量由 76 kg 提高到 117 kg,增幅达 54%。2008 年,北美汽车中塑料的用量为每车 118 kg 左右,约占整车质量的 10%,而欧洲轿车塑料所占的比例稍高,已达整车质量的

图 5.11　汽车常用塑料件

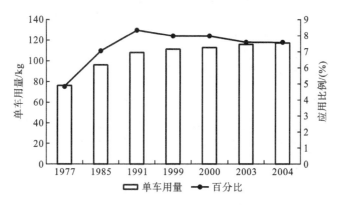

图 5.12　家庭轿车塑料用量增长情况

14.5%。

在节能、安全、环保和成本等因素推动下,塑料及其复合材料一直朝着高性能、低污染、低密度、低成本的方向发展。未来工程塑料研发应主要围绕以下几个方面展开。

(1) 开发外表美观同时具有良好降噪性能的内饰新材料,开发具有优良高速冲击性能的内装件材料。

(2) 开发耐候、耐化学侵蚀,具有良好的表面光泽和抗轻微撞击性能的外装件用聚合物体系,提高塑料零部件的表面光洁度,开发光亮、耐候的着色剂,开发先进的增强材料及增强技术,开发可生产 A 级表面、免油漆外装件的复合材料。

(3) 开发新的低成本增强技术(如新的增强纤维,新的填充颗粒和纳米微粒、导电颗粒等),以满足零部件高刚度、高耐热性及成形性要求。

(4) 低成本的耐热树脂材料、导电树脂材料,开发燃料电池、混合动力零部件用材,开发结构件用的低成本热塑性复合材料、碳纤维复合材料,冲击能量吸收率高的材料,疲劳性能和抗蠕变性能好的材料。

(5) 开发生产夹层构件的材料与工艺;开发满足汽车设计要求的新型塑料合金和塑料共混物,热塑性塑料,热固性塑料和工程塑料、开发耐火塑料。

开发新型夹层结构复合材料及其工艺,研究这种结构在汽车上应用的各种性能,扩大复合

图 5.13　车身大量应用碳纤维复合材料的超级跑车

材料的应用领域。夹层结构在汽车上已经有了较多应用,大部分是用于车身外蒙皮、车身结构、车架结构、保险杠、座椅、车门等处。钢质蜂窝夹芯板可以应用于汽车零件并实现显著减重的目的,还可节约常用的钢板料。与单一钢板相比,夹层结构密度明显减小,与等量度的单一钢板相比,零件质量可减轻 35% 左右。

5.2.5　汽车轻量化材料技术的发展应用

轻量化材料的采用必须与产品设计及制造工艺相结合,只有这样才能达到有效的目的。开发适应轻量化材料的新工艺不仅可以加速新材料在汽车上的应用,同时还能降低材料成本,有利于扩大应用。通过激光拼焊、液压成形等新工艺,既能减少零件数量,又能减小汽车质量。采用轻量化材料必须考虑成本。要扩大铝、镁合金在汽车上的应用,还应在降低成本上下工夫。宝马汽车公司的 B. Luke、R. Woltmann 以 BMW 车型的更新换代为例,阐述了材料、设计、成本与质量之间的关系。他们提到,在整辆轿车的制造成本中,材料占 53%、生产占 30%、开发占 5%、生产准备占 20%、其他占 10%。同时,提出考虑白车身设计的四项最基本要求是结构动力学、静刚度、防碰撞性能和质量优化。设计、材料、成本之间的关系如图 5.14 所示。

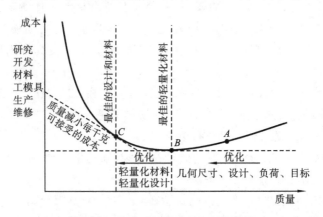

图 5.14　设计、材料、成本之间的关系

从图 5.14 中可知,通过优化设计,质量可以减小,其中 B 处为最佳的轻量化设计。若采用轻量化材料并进行优化,质量还可以进一步减小,但是成本将不断增加。C 处为最佳的设计和材料。此处成本增幅不大,而减重效果明显。

汽车零部件很多且功能各异,由不同的材料所制造。为此,德国 Paderborn 大学 O. Hahn 等人提出了"多材料轻量化结构"及"合适的材料用在合适的部位"两个概念。他们认为,多材料结构设计代表了今后汽车车身结构的发展趋势,见图 5.15。

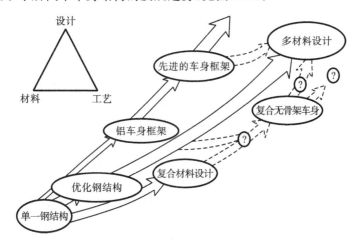

图 5.15　多材料车身结构设计

通过对多材料结构进行优化,既能改进汽车性能,又能显著减小质量。当前材料的组合仍以高强度钢、铝、镁和塑料为主。要实现多材料轻量化结构设计,必须强调"合适的材料用在合适的部位"。德国新开发的每百千米 3L 燃油的 LUPO 车的后围由铝、镁构成,外部壳体采用铝合金,内部结构某些零件由镁合金制造,这就是多材料结构应用的实例。下面将对各种轻量化材料成形技术的发展和应用作详细介绍。

5.2.5.1　轻量化钢材的各种成形技术的发展应用

1. "点焊＋粘接"复合连接技术

"点焊＋粘接"复合连接技术正逐渐成为汽车构件制造领域的一项前沿技术。目前超轻钢汽车材料"点焊＋粘接"复合连接技术在国外汽车车身结构装焊上的应用大约以每年大于20％的速度增长,主要用于高级轿车的车身制造。如宝马 7 系列轿车白车身用了 82％的高强度钢和 18％铝合金,其中"点焊＋粘接"复合连接长度超过 4 m;大众汽车 05 奥迪 A6 款的结构粘接长度从原来的 36 m 增加到 122 m,焊点相应地从 6 147 个减少到 5 102 个,而弯曲强度和扭转刚度分别增加了 34％和 20％,车重减少 7 kg。捷豹 XJ 采用了 3 180 个铆钉,以及相当于 120 m 的环氧树脂黏性胶的铆钉胶合技术来组装冲压、铸造而成的整片式铝制车身,捷豹 XJ 的车身强度比上一代车型增加了 60％,但质量却轻了近 40％(200 kg)。"点焊＋粘接"复合连接技术是一门涉及多学科交叉的科学,还存在很多问题需要进一步研究。国内对超轻钢汽车材料"点焊＋粘接"复合连接技术的开发和应用还处在起步阶段,目前仅北京吉普汽车公司和东风汽车集团正着手对该工艺进行研究。

2. 激光拼焊板成形技术

作为汽车轻量化重要技术之一,激光拼焊板成形技术已在汽车制造领域得到广泛的关注和应用。激光拼焊板是将几块不同材质、不同厚度、不同涂层的钢材焊接成一块整体板,以满足零部件对材料性能的不同要求,也可以把相同材质的等厚材料焊接到一起冲压,以提高材料利用率。与传统点焊工艺的产品相比,激光拼焊板最显著的优点是减少了零件数量和材料消耗,降低了整车质量,简化了装配工艺,因而得到了越来越广泛的应用。日本本田汽车公司自

20世纪60年代开始将拼焊技术引入汽车工业。随后,北美和欧洲的汽车制造商也逐渐采用该技术。1985年德国蒂森钢铁公司与德国大众汽车公司合作,在奥迪100车身上成功采用了全球第一块激光拼焊板。20世纪90年代欧洲、北美、日本各大汽车生产厂开始在车身制造中大规模使用激光拼焊板技术,近年来该项技术在全球新型钢制车身设计和制造上获得了广泛的应用。

目前,由拼焊板生产的汽车零部件主要有前后车门内板、前后纵梁、侧围、底板、车门内侧的A、B、C立柱、轮罩、尾门内板等,世界知名汽车制造商奔驰、宝马、通用等相继在车身中采用了激光拼焊板技术。国内外一些研究机构对拼焊板成形相关技术进行了研究,并取得了一系列的成果,影响拼焊板成形的因素主要集中在板料焊接、母板厚度或强度等方面。

3. 连续变截面辊轧板

连续变截面辊轧板是一种新工艺板材,在其轧制过程中通过计算机实时控制和调整轧辊的间距,以获得沿轧制方向上按预定的厚度连续变化的板材。这样的变截面薄板经加工后制成的汽车零部件将具有更好的承载能力,能明显减轻汽车质量。连续变截面辊轧板的轧制属柔性轧制技术,其实质是传统横向轧制和纵向周期性连续变化轧制的有机结合。连续变截面辊轧板轧制辊缝连续调整的关键是连续变截面辊轧板板厚综合系统数学模型的建立。连续变截面辊轧板在车身上的应用需要解决相应的冲压模具设计工作,探索连续变截面辊轧板在冲压过程中的变形规律,开展应用评价策略的研究。

5.2.5.2　铝及铝合金新工艺及新技术的发展应用

铝合金板自身的力学性能是决定成形性的根本因素。提高铝合金板的成形温度,以增强铝合金板的塑性,改善其成形性能,已成为汽车制造商和学者们的共识。铝合金板的成形性能除了受到外在因素影响,决定性因素还是铝合金板本身的性能。因此不同铝合金板的化学成分、晶粒大小、热处理方式等对成形性能的影响是当前一个研究的热点。相应的铝合金的成形技术的研究和开发也是当前研究的重点和难点。

1. 铝及其合金的挤压成形技术

从近年汽车制造商推出的概念车来看,在车体结构上大多数采用无骨架式结构和空间框架式结构,而且大多数以铝挤压型材为主。使用铝材后的车身空间框架式结构质量与钢材空间框架相比质量下降了47%,同时采用了改进的截面形式,使车身抗扭、抗弯能力增加了13%。

美国铝业公司与德国奥迪汽车厂利用空间构架结构,联手开发了铝合金轿车,该车身的空间框架是由铝合金挤压件和内部连接铝合金压铸接头经自动焊接后形成。车身由车身框架、刚性型材、铸铁接头和罩壳板组成,比传统的钢体车身轻40%,机械强度提高40%。可见采用铝合金骨架以及其蒙皮车身在增加整个车身的刚度,提高汽车被动安全性的同时,大大降低了车身的总质量。

2. 泡沫铝材的成形工艺

泡沫铝合金是由铝合金粉末制成的材料。粉末合金一般是用粉末压制成形,或用金属粉末及塑料的混合物注射模制而成形。泡沫铝合金的密度仅为铝合金材料的1/4左右,热胀系数与铝合金材料相同,热导率却非常低,其变形恢复性能极佳且有一定的强度,因此受到汽车业的重视,可以在轻量化及安全性方面显示优势。目前泡沫铝合金主要应用在车门、发动机舱盖、行李厢盖、翼子板等。在安全性设计中,将泡沫铝材用作吸收碰撞能量和减震材料也非常具有竞争优势。德国卡曼（Karmann）汽车公司研究出的"充填粉末状铝夹层铝板"，外层由铝板冲压加工成需要的形状，中间再充填粉末状铝，铝末在受到高温时就膨胀成泡沫状，与外层铝板一起固化成形，其工艺特点是板件的成形在高温发泡之前。这样可使表面具有一定的硬度，牢固耐磨，内部又能吸收变形能量。应用这种 ASF"三明治"夹层结构泡沫铝材制造出轻便的轿车车门外板和发动机盖板，其强度比原来的钢质构件提高 7 倍左右，而质量却减轻了 25%。

5.2.5.3　镁及镁合金新工艺及新技术的发展和应用

近年镁合金及其成形技术的研究应用取得了重要进展，镁合金的材料质量不断提升，与此同时生产成本在不断下降。提高镁合金的成形技术，克服镁合金常温下易变形、易腐蚀及高温下易蠕变等性能缺陷，合理设计合金的成分、处理方法及成形工艺是研究的重点。目前，镁合金的主要成形工艺有以下几种。

1. 镁合金的压铸

镁合金是非常适合高压铸造的金属材料，其实际压铸周期比铝合金缩短 50% 左右，而所用的模具寿命却比铝合金高出了 2～3 倍。目前发展较快的技术有真空压铸和充氧压铸。真空压铸是在压铸过程中消除型内气体，以消除或减少压铸件内的气孔和溶解气孔，从而提高压铸件的力学性能和表面质量。充氧压铸又称为无气孔压铸，是在充型前将气氛或其他活性气体充入型腔以转换型内空气。充型时活性气体与金属液反应生成弥散的金属氧化物，达到消除压铸件内气体和气孔的目的。目前对压铸镁合金的充型规律、充型性能与压铸工艺参数的关系及充型临界壁厚等研究较少，随着计算机模拟仿真技术的飞速发展，可以通过模拟软件对铸造工艺过程进行仿真，这又是镁合金新工艺及成形技术的一大进步。

2. 镁合金的半固态铸造

镁合金的半固态铸造是指对冷却凝固过程中的金属熔体进行强烈搅动，待熔体达到一定固相分数时对其进行压铸或挤压成形。具有充型平稳、金属液氧化损失少、铸件尺寸精度高、孔洞类缺陷少，可进行热处理。但由于流变法生产的半固态金属浆液的保存和输送难度较大，实际应用受到很大限制。

3. 镁合金的挤压铸造

镁合金的挤压铸造采用低的充型速度和最小的扰动使金属液在高压下凝固，以获得可热处理的高致密度铸件的铸造工艺。一般铸造的铸型温度为 200～300 ℃，充型压力为 50～150 MPa。

4. 消失模铸造

消失模铸造即实型铸造，其最新发展为真空干砂消失模铸造，是目前国际上最先进的铸造工艺之一，是一种先进材料和先进工艺结合的新技术，可非常经济地生产，通常要由许多压铸件组合的复杂铸件。

5. 镁合金的喷射沉积技术

镁合金的喷射沉积技术是高性能结构件的一种先进冶金制坯技术。在喷射成形工艺流程中，通过对沉积坯锻造、挤压或静压等变形加工可保证最终制品的性能。可获得组织均匀、成分均匀的大块快速凝固材料，是一项涉及粉末冶金、液态金属雾化、快速冷却和非平衡凝固等领域的新型材料制备技术，可大大提高镁合金的力学性能。

近年来，研发出大量的耐热、耐腐蚀、抗震、阻燃、超轻等新型镁合金，以及熔炼铸造、压铸成形、挤压、锻压、轧制及热处理和精整矫直等新工艺、新技术,大大提高了镁及镁合金材料的生产效率、产品的品种数量和质量,为镁及合金材料的进一步发展奠定了坚实的技术基础。今后如何改善变形镁合金的塑性变形是镁合金研究与应用中急需解决的重点。细化晶粒、提高变形温度和超塑性变形等方法可以显著提高变形镁合金的塑性。为了改善镁合金强度不高,高温性能较差的特点,充分利用稀土元素独特的物理和化学性质,在熔炼过程中加入稀土制成具有高强、耐热、耐蚀等性能的稀土镁合金,大大增加了材料的抗拉强度、延展性及抗蠕变性能,将是镁合金的重要研究方向。

5.2.5.4　塑料成形技术的发展和应用

随着工程塑料加工业的发展,涌现出各种加工工艺与先进的应用技术,目前应用于塑料成形的技术主要有以下几种。

1. 气辅成形

气辅成形是指在塑料等原材料充填到模具型腔适当的时候(90%～99%)注入高压惰性气体,气体推动融熔塑胶继续充填满型腔,用气体保压来代替塑料保压过程的一种新兴的注塑成形技术。其主要应用于成形壁厚差异较大的制品,表面无缩痕;可以降低模腔内部压力,从而减少浇注压力、填充压力和剪切力,最终使制品表面更加完美;产品生产成形周期短,生产效率,经济性能良好,这对于追求表面质量好、经济效益高的汽车行业具有很大的吸引力。

2. 水辅成形

水辅成形是在气辅成形的基础上发展起来的用于中空制件的注射成形工艺,就是把聚合物熔体注入模具型腔,然后将流体(水)导入到熔体中,流体沿着阻力最小的方向流向制件的低压和高压区域。当流体在制件中流动时,通过置换物料而掏空厚壁截面,形成中空制件,而被置换出来的物料填充制件的其余部分,当填充过程结束后,流体继续提供保压力,能很好地解决冷却过程中的收缩和变形。由于直接从内部对塑料零件进行冷却,从而大大缩短了制件的冷却时间。水辅成形具有冷却速度快、成形周期短、制件表面质量好、壁厚均匀光滑、省材节能等优点,多用于生产中空制件、薄壁带筋塑料件,对于大且长的中空注塑件其优势更加显著。

3. 表皮低压贴合成形

表皮低压贴合成形是在成形中将模具轻微打开,让表皮材料再加热至软化状态,使分子运动活泼化,通过精确控制温度及开模量与开模时间使表皮材料回复到原始状态以减小损伤的成形方法。这种方法主要应用于汽车内饰件制造。

4. 双组分注塑成形

双组分注塑成形是指成形零件预注后经过另一个注塑阶段完成零件的生产。预制零件在第一个型腔内预成形。然后模具打开,将预制型腔转动到最后注塑的位置通过添加第二种材料,使预制零件制造为最终零件。该工艺的优点是减少二次加工,降低原材料成本,允许颜色不同、硬度不同、成分不同的原材料掺合在一起,最终成形零件可具备多种功能和特性,甚至将来一些不相溶的原料也能利用这一技术进行加工。

5. 内膜装饰

内膜装饰是指把一个印有图案的薄膜放到模具里进行注塑。此薄膜一般可分为三层:基材、油墨、耐磨材料。当注塑完成后,薄膜与塑料融为一体,此时最外层为耐磨材料。其制件具有耐磨、耐刮伤、耐腐蚀性等优点,部件装饰性好使产品整体美观且立体感强。开始 IMD 技术主要应用于键盘,现在发展成为手机、汽车和其他装饰性强的薄壁制件的加工方法,它具有极高的表面质量和很大的设计潜力。

6. 长纤维增强技术

长纤维增强技术首先是加工长玻纤增强热塑性塑料片材或棒状粒料半成品和长玻纤增强热塑性塑料粒子，然后通过压制把它们塑化成形至所需零部件形状。使用长纤维增强热塑性塑料制造汽车结构零部件，具有密度小、刚性高、耐化学性好以及良好的阻尼特性、高抗振性及疲劳强度等优点。使增强塑料制品具有金属材料才具备的特性，因此应用范围得以拓宽，并满足不同场合的需求。

7. 织物增强片材的加工技术

干法生产工艺是目前生产织物增强片材的一种加工技术，是将连续玻璃纤维针刺毡和聚丙烯酸片叠合后，经过加热、加压、浸渍、冷却定型和切断等工序制造织物增强片材的方法。主要用于大型薄壁制件的成形，如车顶板、后备箱底板等。奥迪 A4 的隔音装置，就是由聚酯织物增强片材制成的。织物增强片材不仅成形容易并且表现出优良的冲击性能，特别适合于吸收在极差路面产生的震荡和冲击。目前，国际上正在对原有技术进行改进，如浸润剂，基体树胶改性，以粉料代替片材等，使织物增强片材的机械性能比原先的可提高 25%～30%，在生产工艺方面，出现了 Twintex 复合纤维拉丝技术可直接制得织物增强片材，进一步提高了 GMT 的性能。

8. 微发泡注塑成形

微发泡注塑成形是将超临界流体（主要是二氧化碳和氮气）溶解到聚合物中，并形成聚合物/气体的单相溶液，再通过温度或压力等条件引发体系的热力学不稳定性，使得气体在溶液中的溶解度下降的技术。由于气体平衡浓度的降低，从而在聚合物基体中形成大量的气泡核，逐渐长大生成微小的孔洞。其优势在于成形循环周期减少 50%，设备能耗低，制件密度降低，强度增高，尺寸精度好，膜内压力小，制件成本降低 16%～30%。

9. 等离子表面处理技术

德国已将此技术应用于汽车车前灯的反射镜制造中，等离子体聚合约 5 min 即形成厚度为 40 nm 的薄膜，铝蒸镀反射镜在 0.2% 的 NaOH 水中浸 3 h，表面也不发生变化，呈现出优良的耐腐蚀性。用乙烯基甲氧基硅烷等离子体聚合膜在 PC 表面涂层，再用氧等离子体处理表面，可大大提高表面硬度。

5.2.5.5　复合材料成形技术的发展和应用

复合材料按其性能和用途可分为功能复合材料和结构复合材料。复合材料在规模生产的汽车上并没有得到广泛应用。作为一种新兴材料以下几个因素限制了复合材料的大规模应用：原材料成本、缺乏合适的制造工艺、模具费用、生产废料回收及处理、生产周期及生产效率等。但是复合材料的生产模具比金属材料的成形模具便宜得多。原因是复合材料的生产工艺是一步操作一次成形或只需要一个模具，而钢板成形零部件则需要 5～6 个单独模具、工序繁多复杂。中小批量生产时在模具方面所省的成本很明显，大批量生产的时候这种优势就不是很显著。目前对于高产量而言，短纤维增强热塑型塑料注射成形和团状模塑成形工艺是唯一可用的复合材料制造工艺。随着长纤维增强热塑性塑料注射工艺的发展，通过注射方法加工复合材料将成为可能。注射成形的主要优势是节省原材料、生产周期短。

开发新型夹层结构复合材料及其生产工艺，研究夹层结构在汽车上的应用也是当前研究的一个热点。夹芯结构在汽车上已经有了较多应用，大部分是用于车身外蒙皮、车身结构、车架结构、保险杠、座椅、车门等处。德国在宝马有些型号的轿车上大量使用塑料合金与塑料夹芯层压板,其前机盖、后箱盖、后箱外板、车底板应用了 PU(聚氨酯)夹芯、玻璃纤维增强环氧面板的夹层结构。选择 PU 作芯是因为 PU 泡沫具有容重小、强度高、导热系数低、耐油、耐寒、防震和隔音等优点,而且最大特点是与多种材料粘接性好。美国 GE 公司的汽车采用了新的复合材料结构保险杠,它主要由马氏体钢、RIM(反应注射模塑)纤维增强聚氨酯层和聚乙烯蜂窝层组成,比钢制的轻 9 kg。钢质蜂窝夹芯板可以应用于汽车零件并能实现显著减重的目的,还可节约常用的钢材。与单一钢板相比,密度明显减小,与等量刚度的单一钢板相比,零件质量可减轻 35% 左右。

5.3　航空工业的轻量化

　　系统减重、结构承载和功能一体化是航空航天工业发展的重点方向。轻量化新材料将显著提高飞行器系统的性能和效益,飞行器的质量直接影响到它的机动性和燃油经济性,而空间站和卫星的质量直接决定了运载火箭的规格和费用。因此,在航空航天领域,在保证材料具有必须的强度前提下,应尽可能选用轻质轻量化的结构材料。航空材料减重与经济性关系如表5.7 所示,飞机各部位使用材料如图 5.16 所示。

表 5.7　减重与经济性关系

航空材料每减轻一磅	所带来的经济效益
商用飞机	300 美元
战斗机	3 000 美元
航天器	30 000 美元

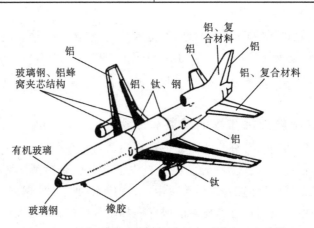

图 5.16　飞机各部位使用的材料——高比强度材料

　　航空工业是高科技领域,在极端条件下工作的航空航天产品对所有材料提出了苛刻的性能要求。作为新一代绿色、高强、轻质的金属结构材料,镁合金在航空航天、军事领域具有一些其他材料无法比拟的优势。镁合金是目前最轻的金属结构材料,在系统减重、节能降耗方面的优势十分明显。使用镁合金能够减轻质量,是其最大的优势。B-36 轰炸机中镁合金的应用如图5.17所示。

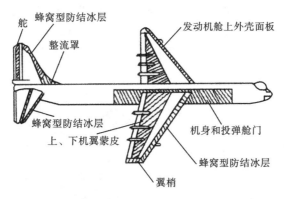

图 5.17 B-36 轰炸机中镁合金的应用（阴影区为含镁材的部位）

尽管镁合金具有非常优异的综合性能，但在长期的应用过程中也曾暴露过一些问题：耐腐蚀能力较差、高温抗蠕变变形能力较低，这大大限制了其在航空航天领域中的广泛应用。然而航空航天工业的飞速发展，促进了钛合金的研发。钛的密度小，又具有高的热强性和持久强度，对在振动载荷及冲击载荷作用下裂纹扩展的敏感性低，并且有良好的耐腐蚀性。因此在发动机及壳体结构中优先采用了高强度的钛及钛合金。美国的高空超音速侦察机 SR-71 是早期的应用例证，如图 5.18 所示。

图 5.18 美国全钛 SR-71 黑鸟侦察机

美国新一代 F22 战斗机的 F119（见图 5.19）的发动机不仅用钛合金做叶片，而且发动机机匣，加力燃烧室筒体及尾喷管还采用了新开发的阻燃钛合金。

图 5.19 F22 猛禽战斗机

　　飞机上常用的复合材料有:碳纤维/环氧树脂、碳纤维/芳纶/环氧树脂、玻璃纤维增强塑料、芳纶/杜邦聚酰胺、芳纶/泡沫芯板、碳纤维/杜邦聚酰胺等。A380客机的设计让欧洲空客公司对复合材料的使用扩展到了一些新的零部件中,具体应用情况如图5.20、图5.21所示。

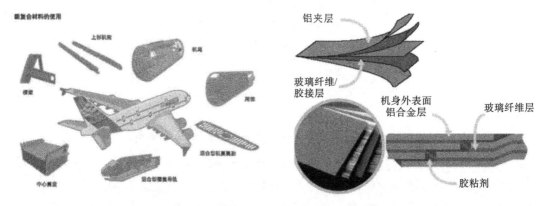

图 5.20　A380 中复合材料使用的新情况　　　图 5.21　GLARE 蒙皮用于 A380 飞机的上机身蒙皮

　　发动机是飞机的主要工作部件,目前大推力、高涵道比涡扇发动机大量运用了复合材料或钛合金空心宽弦叶片、整体叶盘。B-2 隐形轰炸机除主体结构是钛复合材料外,其他部分均由碳纤维和石墨等复合材料构成,不易反射。如图5.22所示为应用了复合材料的第五代战机。

图 5.22　复合材料的应用

　　目前商用飞机上复合材料仅占全机质量的50%,而某些直升机早已达到90%。荷兰计划研发新型绿色环保飞机(见图5.23),其外形将酷似飞碟,另一个设想就是使用复合材料,如纤维增强塑料。这种复合材料强度可与金属媲美,而质量却比金属轻得多,因此可以节省燃油。全复合材料机身的飞机如图5.24所示。

图 5.23　新型绿色环保飞机　　　　　　　　图 5.24　全复合材料机身

5.4　轨道交通的轻量化

5.4.1　轨道交通轻量化的发展概况

当前世界各国高速铁路迅猛发展,法国、德国、意大利等国高速铁路的飞速发展,已成为引领世界高速铁路发展的主力军,欧洲高速铁路已进入商业运行速度 320 km/h 的时代。典型的 350 km/h 速度等级的高速列车有法国 AGV 型(见图 5.25)、日本 Fastech360 型(见图 5.26)、德国 ICE350E 型、西班牙 Talgo350 型(见图 5.27)及韩国 HSR2350X 型等。

图 5.25　法国 AGV 型高速列车

图 5.26　日本 Fastech360 型高速列车

近年来我国高速铁路在经济的飞速发展带动下也迅猛发展,2007 年国产时速 250 km 动车组投入运营;2008 年我国第一条时速 350 km 的高速铁路——京津城际高速铁路开通运营;2009 年武广高速铁路开通运营,其中典型的高速列车有"和谐号"CRH2 型、CRH5 型、CRH2—300 型、CRH3 型等。2010 年 10 月 26 日,沪杭高铁正式开通,是中国高铁建设史上的又一里程碑。其中投入该线运营的动车组全部为南车青岛四方机车车辆股份有限公司研制的 CRH380A 新一代高速动车组(见图 5.28),最高时速达到 416.6 km。

图 5.27　西班牙 Talgo350 型高速列车

图 5.28　CRH380A 新一代高速动车

　　CRH380A 新一代高速动车组具有诸多的技术优势,其中轻量化技术是保证高速列车安全性、可靠性、舒适性、环保性以及经济性的重要技术。高铁各种零部件制造技术的标准化、统一性,轻量化材料和新技术的应用一方面可以保证在最高运营速度条件下,列车各项动力学性能、机械性能指标达都达到优秀级,另一方面也是实现轻量化的途径之一。通过优化转向架与车体模态匹配,优化车内结构,减轻整车质量的同时还提升车体局部结构的固有频率,大幅降低车体在高速运行时的结构振动,提升了乘坐综合舒适度。通过优化车体气密结构,减小空气阻力有助于提高行驶速度,实现轻量化,还保证了高速运行时的乘坐舒适度。列车采用流线型新车头、优化车窗、车门等结构,提升了空气动力学性能,列车以 350 km 时速运行时,车内噪音小。列车采用轻量化设计,节能效果优良。列车采用全包覆风挡、平顺化车底等降阻设计,能耗大幅降低;列车运行可靠性高,运用维护成本低;列车定员多,单节车辆长度、宽度大,相对载客量多。CRH380A 新一代高速动车是我国高速铁路发展的一个重要里程碑。

　　目前我国轨道交通发展已呈多样化发展趋势,尤其是城际轨道交通线和市郊线的建设越来越多,大运量、中运量、市郊线多种形式并存,轨道交通发展呈多样化。而交通轨道轻量化发展是我国交通轨道行业可持续发展的方向之一,近年车体结构和动力设备不断轻量化。车体结构和部分机械零部件大量采用铝合金、大型挤压型材、蜂窝结构和高分子复合材料等新材料、新工艺,在保证强度的前提下大幅度减轻质量,如日本 500 系列车轴重已降到 108 kN 左右。减轻车体及设备质量一方面可以增加载客量,如日本 E4 系双层客车,一节车厢定员达到 133 席;另一方面减轻轴重可降低线路维修费用。

5.4.2　限制高速列车质量的因素

轻量化成了高速列车的核心技术之一,列车运行每牵引 1 t 质量大约要消耗 12 kW 的功率,到 300 km 的时候,每牵引 1 t 质量大约要消耗 16~17 kW 的功率,因此,世界各国都在轻量技术上进行了竞争。要实现列车的轻量化,首先要找到阻碍其发展的主要原因,才能有针对性地从根本上解决问题。通过分析总结出限制列车的质量的主要因素有轴重、能耗和制动三方面。

轨道的承重是有一定限制的,因此要规定车辆(包括机车、动车、拖车)的最大轴载荷。轴重超过规定的车辆(包括机车、动车、拖车)将不容许运行,否则,轻则将使钢轨过度磨耗和损伤,增加线路维修工作量,重则将毁坏线路,酿成重大交通事故。

列车的运行靠消耗电能(电力机车、动车)、化学能(蒸汽、内燃机车)或其他能量来实现。列车的运行除具备有一定的动能外,还必须克服包括机械摩擦力和空气摩擦力在内的运行阻力。列车的能耗和质量是成正比,要实现节能减排列车轻量化是有效途径。

高速列车的巨大动能在制动停车的短时间内如何消散也是一个困难的问题。一般高速列车采用再生制动(能量回馈电网)和盘型制动(机械摩擦发热制动)结合的方式,这样对盘型制动的盘和闸片的能力(热容量、温升等)的要求十分苛刻。

从上述三个方面分析,减轻高速列车自重对减少线路损害、减少动力消耗、节约能源以及减少制动系统的负担,具有重大意义。由于高速列车不但轴重要求较常规列车严格,而且其本身还必须承担大功率、满足高要求,因此要加装常规列车所没有的设备(动车的流线型头锥、车辆的设备舱、门窗的气密装置、外风挡、电气自动控制系统等),这样又会带来质量的增加。所以,轻量化是高速列车的关键技术,从某种意义来说,它事关高速列车研发的成败。那么,实现列车轻量化就成了列车研发的一个重点。

5.4.3　实现列车车体质量的方式

高速列车车体是实现高铁轻量化的关键所在,为此高速列车车体无论在设计上还是制造工艺上都提出了新的更高的要求,主要表现在以下几个方面。

(1)列车到达最高速度时,所需要的牵引功率与列车质量呈线性关系。减轻列车质量是减少对牵引功率的需求,也是降低轴重,减小轮轨作用力,实现高速运行的重要措施之一。

(2)车体结构设计应最大可能地减少列车运行阻力,进一步减少能耗,列车阻力是速度的二次方函数,列车速度提高后空气阻力非常突出。在车体结构设计上减少空气阻力的措施是:车端做成流线型;车体侧墙、门窗和车辆之间的折棚要求平滑;在车体下部加底板和裙板;在可能范围内降低车体高度。

(3)当高速列车通过隧道或两列高速列车交会特别是在隧道内会车时,车外气压在短时间内会产生很大的压力波动,这种压力波动大小几乎与列车运行速度的平方成正比。如果车体结构不完全密封,车外的压力波会迅速地传至车内,使车内的压力产生较大的波动,旅客会有声浪冲击耳膜的感觉,令人难以忍受,因而影响了乘坐的舒适性。提高车体的气密性是发展高速列车的一项关键技术。

5.4.4　实现列车轻量化的途径

列车轻量化是个系统工程,它包括设计观念、设计方法、新材料选用、试验等诸多方面,并贯彻在总体设计、零部件设计、制造工艺、试验鉴定的研制全过程之中。实现列车的轻量化主要从以下几方面入手。

(1) 采用高性能轻量化材料。如用高强钢制造转向架,采用铝合金来制造车体及其他承载部件,采用合成蜂窝材料制造车体内装构件,高性能轻质的隔热材、送风道以及薄壁不锈钢管、薄壁电缆、合成材料管路等。

(2) 改变列车的结构参数。采用矮车体(3 590～4 000 mm)并采用鼓型断面,可以减小车辆自重以及气动阻力。为加大车内净高,保证乘客有较好的舒适度,推荐采取分体式空调或诱导式空调系统。

(3) 设立列车计算机控制网络,取消以往数量庞大的列车通信控制线,设立 1 对或 2 对网络线,既可大大减轻列车质量,又可提高通信质量。

(4) 采用有限元分析等现代设计方法对车辆及其零部件进行结构优化设计,以最轻的质量获得最大的强度和刚度。

(5) 采用集成化、模块化设计方案。以最小的体积来实现规定的功能。

其中采用高性能轻量化材料来实现列车轻量化是最有效最有发展前景的方法之一,其减重效果显著,表 5.8 所示为国外近年来应用于高速列车车体的材料情况。

表 5.8　近年来国外高速列车车体采用材料

车　　型	主　要　材　料	车体重/t
德国 ICE	AlMgSi0.7(6005)、AlMg4.5(Mn)承载板	8.5～8.6
日本 300 系	AlMgSi(6No1)承载板	6.5
英国 158 系	AlMgSi0.7(6005)、AlMgSi1(6082)、 AlMg4.5Mn(5083)、AlMgSi1(6082)承载板	8.5～8.6
意大利 ETR500	AlMgSi	减重 30%

5.4.5　常用的高速列车轻量化的新材料

常用的高速列车轻量化新材料主要分为以下几类。

(1) 轻型合金材料,如铝合金、镁合金等。铝合金由于密度小、比强度高,耐蚀性好,在汽车、列车、船舶、航空、航天等领域得到了广泛的应用(见图 5.29、图 5.30)。就轻量化而言,铝合金是一种成熟的轻金属材料。国外铝合金车体已经工程化,国内也已应用于高速列车车体顶盖、齿轮箱箱体等许多部件。铝合金的进一步加工的材料如泡沫铝、蜂窝铝等在高速列车上也有广阔的发展空间。

(2) 高分子材料,如塑料、橡胶、涂料等。塑料、涂料等高分子材料已广泛应用于车厢内部的各种用品和装饰件,其减重效果十分明显。最新研究进展表明,各种工程塑料也能用来制造车体和许多结构件。特别值得一提的是橡胶弹性元件在高速列车上的应用。橡胶元件对高速列车的减振降噪作用特别显著,对高速列车的舒适平稳具有无可取代的作用。橡胶元件在用于弹簧装置、定位装置时,由于其良好的三维特性和质量小的特点在提高转向架整车性能上体

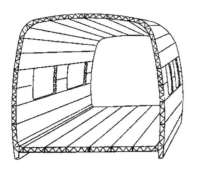

图 5.29　采用大型中空挤压铝型材的焊接结构　　　　　图 5.30　铝合金高速列车车头

现出越来越明显的优势。

（3）复合材料。复合材料是以纤维、颗粒等作为增强材料，以聚合物、陶瓷、金属等作为基体复合而成的具有优异性能的新型材料。它具有高比强度、高比模量、耐疲劳、耐腐蚀、隔热、耐磨、低成本、可设计性强等一系列优点，正在成为高速列车轻量化越来越重要的一类材料。过去复合材料主要用于列车内部装备和装饰等非结构件，如地板、墙板、门窗、座椅、车门、卫生间等。现在越来越多地应用于各种结构件，例如，车体和车头前端部采用玻璃钢复合材料、芳纶纤维增强环氧树脂复合材料或碳纤维蜂窝夹层。转向架构架也采用了碳纤维增强复合材料。除了聚合物基复合材料外，制动盘采用了金属基复合材料、碳-碳复合材料或 SiC 陶瓷增强铝基复合材料，碳滑板采用碳-金属纤维及碳-铜复合材料，等等。国内外的研究和应用表明，复合材料是高速列车轻量化最有发展前景的新材料。表 5.9 所示为国外高速铁路中主要部件高分子材料及复合材料的应用概况。

表 5.9　国外高速铁路中主要部件高分子材料及复合材料的应用情况

位　　置	部　　件	采用的主要材料
线路轨道	钢轨扣件、绝缘、垫板及制震材料	PE、PA、PE、SMC、EP/GF、PET/PE、UR、PET
车体车头	车体	FRP
	车向装饰板	密胺树脂塑料板
	洗手间	FRP、聚氨基甲酸乙酯、丁基橡胶、氯丁橡胶
	座椅	SMC、发泡 PU、PVC
	车窗	PC、丁基橡胶、氯丁橡胶、聚硫橡胶
	车门	酚醛 FRP 夹层板、氯丁橡胶
	车头	FRP/泡沫、PU/FRP、芳纶/环氧树脂复合材料
	地板	PVC、PE 板材及丁腈橡胶、氯丁橡胶、丁基橡胶
	车顶	聚酯手糊 FRP、酚醛 FRP、硅系、聚氨基甲酸乙酯
电气部件	主整流器	氟塑料
	电线	聚乙烯

续表

位　置	部　件	采用的主要材料
	转向架构架	FRP
	复合车轮	FRP 芯＋钢壳
	心盘垫	UHMWPE
	车钩托半磨耗板	UHMWPE
	转向架旁承	UHMWPE
转向架	转向框架	PA
	制动拉杆磨耗套	PA
	轴承保持架	PA66/GF
	合成闸瓦	丁醛/苯乙烯黏合剂、CFRP、C/C 复合材料
	缓冲器	橡胶、弹性缓冲胶泥

5.4.6　结论

综上所述,可以得出以下几个结论。

(1) 高速列车轻量化技术是一门复杂的系统工程。它不仅要求尽量采用轻质材料以减轻列车的自重,还要考虑高速带来的对材料力学性能、减振性能、疲劳寿命、制动性能、安全性能的要求,还要满足不同部件的特殊要求。此外,还要考虑降低寿命期成本并具有合理的检修周期以适应高速列车检修维护体制。

(2) 由于车体部分和转向架部分占车辆自重的 40%～70%,因此车体和转向架的轻量化应作为应用新材料的主要研究开发领域。

(3) 根据不同部位的应用要求,可选用不同的材料进行研究开发多材料结构。但总体来说,复合材料应作为当前研究开发的重点。其中包括用于车体、转向架、车轮等的高性能纤维(如玻璃纤维、碳纤维、芳纶纤维、高模量聚乙烯纤维以及它们的混杂纤维)增强树脂基复合材料;用于制动盘的金属基复合材料和陶瓷基复合材料;用于受电弓滑板的导电性碳-金属复合材料;甚至包括应用于减振降噪的粒子增强的橡胶基弹性复合材料,以及铝塑复合板材、木塑复合材料等。此外,各种工程塑料及其复合材料的应用也应予以重视。

(4) 在我国铁路高速化的进程中,机车车辆制造厂家、材料生产企业应和科研单位、高等院校加强合作。一方面针对现有材料开展广泛的应用研究,另一方面还应积极开展对新材料应用的基础研究和开发,使高速列车轻量化的进程在我国能够得到迅速而稳步地推进。

5.5　船舶制造的轻量化

船舶制造轻量化、绿色化发展是全球节能减排和运输高速高效化发展的必然趋势。通常采用轻质材料制造船体,同时创新船舶和造船装备的构造,减轻它们的质量,提高船舶的性能,从而做到高效、节能、环保。目前各种客船(如定期航线船、出租游艇、快艇、水翼艇)、渔船和各种业务船(如巡视船、渔业理船、海关用艇和海港监督艇等)、专用船(如赛艇、海底电缆铺设船、海洋研究船和防灾船等)的上部结构、装板、隔板、蒙皮板、发动机部件等都采用了轻量化材料铝合金以及复合材料,船只质量的减轻大大提高了船只的航速、续航能力和载重能力。用来实现船舶轻量化的材料主要有高强度钢材,铝、镁、钛轻合金,工程塑料以及复合材料等。

（1）高强度钢材　高强钢作为一种轻量化材料,在船舶行业也得到了很好的应用,并且现在已经有一些夹芯配置中应用了高强度钢材。在一艘船上或船的上层建筑中结合使用多种材料的趋势不断增长。高速水面舰艇和潜艇选用高强度钢制造。日本正在开发厚度变薄,而强度为普通钢材 7 倍的新一代船用钢板。

（2）铝合金　高速船舶和航空母舰为减轻质量,大量使用铝合金材料。挪威、日本及澳大利亚已经将采用搅拌摩擦焊技术制造的铝合金结构件,用于船舶的甲板、舷侧板、船底外板、舷墙、防水壁板、地板、直升机降落平台、帆船桅杆及结构件、渔船用冷冻中空板等。预成形的铝合金结构件使船舶制造的装配更加精确、容易并节省时间,同时实现了船舶结构的轻量化。

（3）镁合金　镁是最轻的工程金属材料,密度低、比强度和比刚度优于钢和铝,且具有优越的防震性、耐冲击性、耐磨性。镁合金的加工性和成形加工性好,尺寸稳定,阻燃。它是非磁性金属,能抗电磁波干扰,电磁屏蔽性佳。镁合金材料可 100% 回收,循环使用。镁合金压铸件已应用于赛艇的零件。

（4）钛合金　目前船体结构材一般用软钢铝合金纤维强化塑料等,但因海水腐蚀约 10 年左右就要修理维护,而钛几乎不需修理维护寿命也可由一般的 20 年左右延长到 30～40 年,而且以往的船在废弃时处理费用很高而钛材可再生。船舶在海洋中高速行驶、在沿岸低速行驶均可抑制排气中 CO_2 和 NO_x 的量,防止大气污染和地球变暖。俄罗斯用钛合金制造了潜艇的艇体,它具有质量轻、强度高、耐腐蚀等特性。图 5.31 所示为钛合金船体。

图 5.31　钛合金船体

（5）碳纤维材料　碳纤维的强度是钢铁的 10 倍,质量只是钢铁的 1/4。比赛的帆船船体已大量采用碳纤维材料。碳纤维原材料的价格低廉,但制造工艺复杂。

（6）超高分子材料　超高相对分子质量聚乙烯材料 UHMW PE 的强度是优质钢的 15 倍,它已批量生产,用于防弹制品;未来有可能用某种超高相对分子质量的材料来代替钢材造船。

目前和未来的轻质材料在船上的应用主要涉及高速客轮、汽车轮渡、巡逻艇、救生艇、小型舰艇（反雷舰艇）、游艇和帆船游艇。在邮轮和较大舰艇（例如护卫舰）的上层建筑中也有应用。此外,轻质材料广泛用于所有类型船舶的二级结构和组件中,从桅杆和外壳到可移动的汽车坡道和甲板。对于有许多甲板的船,比如邮轮,在上层甲板上采用轻质材料有助于降低重心,提高稳定性,并允许更大的高宽比。此外,一些轻质材料结构都很紧凑,可以减少需求的空间,缩小甲板之间的整体垂直距离（如封闭的铝合金型材及夹心配置）。

造船轻量化的另一条途径是应用轻量化复合材料结构和船只及相关设备结构的优化来实

现,船舶可能由板架结构变为蜂窝状结构,造船装备可能采用多连杆结构和刚度的实时检测、动态自适应补偿等。在船舶中使用轻质复合材料结构的原因主要是轻质结构可以使一个给定大小或质量的船有更大的有效载荷;轻质结构可以实现更高的速度;在给定有效载荷和航行距离后,采用轻质结构可以减少能源消耗和废气排放。图 5.32 是超级游艇公司 YachtPlus 发布的 41 呎超级豪华游艇,这艘游艇特别强调的就是优化的船体结构设计以及轻量化材料和技术的应用。

图 5.32　超级游艇公司 YachtPlus 发布的 41 呎超级豪华游艇

在船舶制造中主要应用的轻量化技术是搅拌摩擦焊(FSW),是一种新型固相连接技术,由英国焊接研究所(TWI)于 1991 年发明,其优点在于焊接过程不需要填丝,不需要保护气,也不需要昂贵的专用供电设备。焊接过程无弧光、无辐射、无烟尘、无有毒气体,机械自动化程度高,并且对于操作者的要求不高。在造船工业中主要应用:甲板、侧板、船底外板、舷墙、防水壁板、地板、船体外壳和主要结构件、直升机降落平台、帆船桅杆及结构件、渔船用冷冻中空板等,其应用范围仍然在不断扩展。用搅拌摩擦焊来实现高集成度的预成形模块化制造船舶平板-加强件结构,是船舶制造领域革命性的进步。在国外船舶制造领域,搅拌摩擦焊已得到了成功的应用。在挪威、日本以及澳大利亚已经有多个船舶制造公司利用搅拌摩擦焊技术来制造大型船舶铝合金结构件,这些预成形结构件一般为板材或挤压型材,实现了船舶结构的合理化和轻量化。利用搅拌摩擦焊可以使船舶制造的装配更加精确、容易和节省时间,从而使船舶制造由零件的制造装配转变为船舶甲板以及壳体的预成形结构件的装配。

最终船舶制造业轻量化的实现需要轻量化材料、轻量化结构和轻量化技术的配合使用,随着先进设计理念的应用和先进信息化技术的发展,实现轻量化船只的设计、制造一体化是必然的发展趋势。

思　考　题

1. 什么是轻量化材料? 你知道哪些轻量化材料?
2. 轻量化材料发展的动力是什么?
3. 汽车轻量化实现的方式有哪些?
4. 便捷交通为什么需要先进材料作为基础?

参考文献

[1]　李桂华,熊飞,龙江启. 车身材料轻量化及其新技术的应用[J]. 材料开发与应用,2009(4):87-93.

[2]　周家付. 复合材料车轮结构轻量化的研究[J]. 现代机械,2009(4):64-74.

[3]　刘文华,何天明. 高强度钢在汽车轻量化中的应用[J]. 汽车工艺与材料,2008(11):49-51.

[4]　刘锡权. 轨道交通行业应用铝合金材料知识库的研究[J]. 百家论坛,2008(12):17-20.

[5]　欧阳帆. 零部件轻量化是汽车轻量化的根本[J]. 制造技术与材料,2010(10):24-27.

[6]　陆刚. 铝、镁、钛合金材料在汽车工业中的应用和发展[J]. 上海有色金属,2006,27(2):43-48.

[7]　马鸣图,易红亮,路洪洲,等. 论汽车轻量化[J]. 中国工程科学,2009,11(9):20-26.

[8]　刘正,史文方,李继卿,等. 镁、铝合金及塑料轻量化竞争与挑战[J]. 中国金属通报,2009(39):17-19.

[9]　孙景林,郭静. 镁合金在汽车轻量化方面的应用[J]. 轻金属,2008(7):58-61.

[10]　唐靖林,曾大本. 面向汽车轻量化材料加工技术的现状及发展[J]. 金属加工与应用,2009(9):11-16.

[11]　曾顺民,王宏雁. 泡沫铝材在汽车车门轻量化中的应用[J]. 材料工艺,2004(11):35-36.

[12]　韩宁,乔广明. 汽车车身材料的轻量化[J]. 林业机械与木工设备,2010,38(1):50-52.

[13]　冯奇,范军锋,王斌,等. 汽车的轻量化技术与节能环保[J]. 汽车工艺与材料,2010(2):4-6.

[14]　朱宏敏. 汽车轻量化关键技术的应用及发展[J]. 应用能源技术,2009(2):10-12.

[15]　应善强,张捷,王景晟,等. 汽车轻量化技术途径研究[J]. 汽车工艺与材料,2010(2):1-3.

[16]　石秀忠,孟延东. 汽车轻量化进程中铝材的应用趋势[J]. 黑龙江科技信息,2009,(29):51,317.

[17]　范军锋,冯奇,凌天钧,等. 汽车轻量化与制造工艺[J]. 机械设计与制造,2009(7):141-143.

[18]　石秀忠. 轻量化材料在汽车领域的应用趋势[J]. 辽宁科技学院学报,2009,11(4):10-14.

[19]　朱俊. 塑料技术开创汽车轻量化的新时代[J]. 上海塑料,2009(4):23-26.

[20]　范军锋. 现代轿车轻量化技术研究——新材料技术、轻量化工艺和轻量化结构[J]. 汽车工艺与材料,2009(2):10-14.

第6章　编织人类美好生活的纺织材料

6.1　纺织材料的历史

从人类社会发展的历史来看,纺织生产与农业生产基本上是同时出现的。纺织生产的出现,标志着人类脱离"茹毛饮血"的原始时代开始进入文明社会。人类的文明从一开始便和纺织生产紧密地联系在一起。在很长的历史时期内,纺织生产一直作为农业的副业而存在。纺织生产技术的传播主要是靠言传身教,文字资料并不多。

在原始社会早期,人们采集野生的葛、麻、蚕丝等,利用猎获的鸟兽毛羽,经搓、绩、编、织成粗陋的衣服以取代蔽体的草叶和兽皮。原始社会后期,随着农牧业的发展,人们逐步学会了种麻索缕、养羊取毛和育蚕抽丝等人工生产纺织原料的方法。

中国从夏朝到春秋战国时期,纺织生产得到长足发展。纺织工具经历了从低级到高级,从落后到先进的发展过程,广大劳动人民先后发明了缫车、纺车、织机等手工纺织机器。由于劳动生产率大幅度提高,出现了一批纺织品专业生产者。纺织品则大量成为交易物品,有时甚至成为交换的媒介,起到货币的作用。从秦汉到清末,蚕丝一直作为中国的特产闻名于世。图6.1为考古发现的商代玉蛹。从汉代到唐朝,葛逐渐被麻所取代;从宋朝至明朝,麻又被棉所取代。在这一时期,手工纺织机器逐步发展提高,出现了多种形式:如缫车、纺车由手摇单锭式发展到多种复锭脚踏式,织机形成了素机和花机两大类,花机又发展出多综多蹑(踏板)和束综(经线个别牵吊)两种形式。宋代以后,纺车出现适应集体化作坊生产的多锭式。元、明两代,棉纺织技术发展迅速,人们的日常衣着由麻布制品逐步改用棉布制品。

综观人类发展历史,可以发现,纺织的发明对人类发展具有决定性的意义。

第一,纺织使人类摆脱野蛮蒙昧的生存方式并且与低等动物划清了界限,使人类开始迈出文明进化的第一步。从西方的亚当夏娃传说到我国的伏羲、女娲的故事等都说明了两足直立行走的远古人类开始两性意识的觉醒。解放双手、使用工具、利用火种又都说明劳动创造着人类,推动着人类的进化。

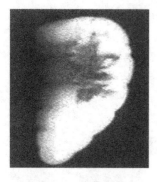

图6.1　商代玉蛹

第二,出自《易·系辞》的"黄帝垂衣裳而天下治",意指依照衣裳各主要部位的名称设置职位使天下得到治理。说明衣着服饰是人类进入社会化生活的关键。没有衣着,人类只能像其他高级动物那样以种群或族群的状态生活。例如川藏高原的崖羊、非洲草原的斑马、西双版纳的大象、热带雨林的猩猩,它们都有亲情秩序,甚至也有长幼尊卑,但它们却无法进行种群之间的相处和汇聚。只有人类才能做到社会化的生活。因为,衣冠服饰具有社会功能,它可使社会易于区分和识别不同个体,协调密切共处中的人际关系,实现有效的控制和管理,提高人类应变和适变能力,并逐步解脱近亲繁衍的困扰,进一步加速了人类的智能进化。

第三,人类创造衣着织物等物质文明,使人们逐步形成从心理到生理、从精神到肉体对衣着织物的依赖——使衣着成为不可或缺的"第二肌肤",人类学家则称之为"体外器官"。因为,衣着织物使人类性别伦理意识增强,身体适应自然的生理机能减弱;衣着织物又使人类突破生理上的限制,适应恶劣环境的能力增强。由于衣着织物对人体的护卫,人类不再像猿猴那样只能在温暖的雨林中生存,也不必再像山顶洞人那样在寒冷的冬天龟缩在洞穴中。

第四,由于社会化的生活和较强的时空适应能力,人类才具有其他动物不具备的能力,能够以个人为单位自然求生,而实现社会分工与生产协作,开始了从男耕女织到五行八作的发展。社会历史生动地说明,衣着服饰是社会管理最原始的,也是最基本的控制手段。行业服装、职业服装不仅仅是企业形象问题,更重要的是管理控制作用,而控制正是分工与协作的必要条件,现代管理科学研究认为,管理从来就是一种文化现象和社会现象。

6.1.1　原始手工纺织

从远古到公元前 22 世纪,人类进入渔猎社会后就已学会搓绳子,这是纺纱的前奏。考古学家在山西大同许家窑 10 万年前文化遗址中出土了 1 000 多个大小均匀的石球,是用于做"投石索"的。投石索是用绳索做成网兜,在狩猎时可以投掷石球打击野兽。可以推断,那时人们已经学会使用绳索。在公元前 4 900 年浙江河姆渡遗址中,考古学家发掘出的绳子,如图6.2(a)所示。

为了御寒,人们最初直接利用草叶和兽皮蔽体,由此发展编结、裁切、缝缀技术。连缀草叶要用绳子;缝缀兽皮起初先用锥子钻孔,再穿入细绳,后来演化出针线缝合技术。在北京周口店旧石器时代遗物中,发现了石锥。山顶洞人遗物中存有公元前 16 000 年前的骨针。骨针是引纬器的前身,是最原始的织具,如图 6.2(b)所示。

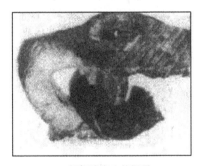　　　

(a) 河姆渡出土的绳子　　　　　　　　(b) 公元前16 000年前的骨针

图 6.2　原始纺织及工具

织造技术是从制作渔猎用编结品网罟和铺垫用编制品筐席演变而来的。《易·系辞(下)》记载了传说中的伏羲氏"作结绳而为网罟,以佃以渔"。在出土的新石器时代陶器上有许多印有编织物的印痕。在河姆渡遗址出土的有精细的芦席残片;在陕西半坡村公元前 4 000 多年遗址出土的陶器底部已有编织物的印痕,这些都证明我们的祖先很早就掌握了织造技术。

最原始的纺织不用工具,而是"手经指挂",即完全徒手排好直的经纱,然后一根隔一根挑起经纱穿入横的纬纱,这种织物的长度和宽度比较短。人们在劳动过程中逐步学会使用工具,最早使用的可能是综版织造。综版是方形、三角形或椭圆形的片状物,上有 2 个或 4 个孔,用

图 6.3　综版织机示意图

以穿入经纱。综版转一定角度,使经纱形成开口,即可引入纬纱织布,如图 6.3 所示。但是,综版织品门幅狭小,后经改良发明了综杆织,先在奇数和偶数经纱之间穿入一根分绞棒。在棒的上下两层经纱之间便形成一个可以穿入纬纱的"织口"。再用一根棒,从上层经纱的上面用线垂直穿过上层经纱而把下层经纱一根根牵吊起来。这样,把分绞棒向上一提便可把下层经纱一起吊到上层经纱的上面,从而形成一个新的"织口",再穿入另外一根纬纱,重复进行编织,这样就而免去逐根挑起经纱的麻烦。

6.1.2　手工机器纺织

　　根据史料记载,中国纺织品在夏代就已成为交易物品,并在当时出现了纺织加工发达的市集,形成了以纺织生产为主的氏族部落。至周朝,官办的手工纺织作坊开始出现,组织严密,分工细密。在当时,主要的植物纤维原料包括大麻、苎麻和葛等,并且发明了沤麻(浸渍脱胶)和煮葛(热溶脱胶)技术。在周朝栽桑、育蚕和缫丝技术具有很高的水平,束丝成了规格化的流通物品之一。在商朝遗址出土的丝织品发现织有几何花纹和采用强捻丝线;而周朝遗址出土的丝织品有提花花纹;春秋战国丝织物品种有绡、纱、纺、绉纱、缟、纨、罗、绮、锦等。青海诺木洪和新疆许多地方出土了年代不晚于西周的彩色毛织物。

　　根据出土织品文物推断,最晚在春秋战国就出现了缫车、纺车和脚踏斜织机等手工机器以及腰机挑花等多种提花方法。当时就有文字记载丝、麻脱胶技术,精练工艺,矿物、植物染料染色等工艺。在秦汉时期,中国丝、麻和毛纺织技术都达到很高的水平。人们已经广泛使用缫车、纺车、络纱、整经工具以及脚踏斜织机等手工纺织机器。多综多蹑(踏板)织机的功能相当完善,并且还发明了束综提花机,已能织出大型花纹,并且发明了多色套板印花技术。南宋后期,棉花种植技术有了重大突破,在全国开始大面积种植棉花。棉纺织生产得到较快发展,到明代棉花已超过麻纺织占据主导地位。宋代还发明了适用于工场手工业的麻纺大纺车和水转大纺车证明当时城镇纺织工场兴盛发达,并且工艺美术织物精品层出不穷。在临沂,金雀山出土的西汉帛画上出现了手摇纺车的图像。图 6.4 所示为手摇纺车和单锭手摇纺车。中国的近邻朝鲜、日本和波斯(今伊朗)以及若干中亚、南亚国家较早引进了中国的手工纺织机器。直到公元 1200 年前后,脚踏提综的织机才在欧洲普及。

(a) 手摇纺车

(b) 单锭手摇纺车

图 6.4　手摇纺车

6.1.3　历代纺织品简介

纺织在人类漫长的进化之路上,时时都闪动着它的靓影。它不但满足人们的物质需求,而且满足人们的精神需求;它既是文明发展到一定阶段的产物,又是走向新文明的动力;它将自己的触角延伸到人类社会生活的方方面面,既通过服饰参与社会人文教化,又在生产活动中影响着民风和习俗;既推动着文字、文学、戏剧等的繁荣发展,又充当着靓丽人间的"美"的使者。一句话,纺织,其实是一种文化,无论古人、今人都时刻感受到它的影响和存在。

1. 先秦纺织品

从新石器时代到春秋战国时期的纺织品,由于年代久远很不容易保存下来。考古学家在古代遗址考古发掘中,获得了珍贵的织物残片和黏附在器物上的织物痕迹。这为研究中国纺织科学技术的起源和发展,提供了可靠的实物史料。

(1) 丝织品　1958 年,浙江省吴兴钱山漾新石器时代(公元前 2 700 余年)遗址出土了丝帛(绢片)、丝带和丝绳。河南安阳殷墟妇好墓出土黏在铜器上的丝织品有纱、纨、缣、绮、朱砂涂染织物五种,由此可以证明商代的丝织技术比较发达。1955 年,陕西省宝鸡茹家庄西周墓出土的铜剑柄上黏附有多层丝织品残痕。1957 年,湖南长沙左家塘楚墓中出土一叠丝织品,有深棕的、红黄色显花的菱纹锦,锦面上有墨书"女王氏"三字。这些实物说明当时丝织技术比较发达。

(2) 麻(葛)织品　1977 年,在浙江余姚河姆渡新石器时代(公元前约 5 000 年)遗址出土苘麻的双股麻线的苘麻、三股草绳、纺专和织机零件。1972 年,江苏吴县草鞋山新石器时代(公元前约 3 400 年)遗址出土了罗纹葛布。1973 年,河北省藁城台西村商代遗址出土两块大麻布残片。1978 年在崇安武夷山岩墓(公元前 1 400 年)船棺内发现大麻和苎麻织物。

(3) 毛织品　1980 年,新疆考古研究所在古代"丝绸之路"的罗布泊孔雀河古遗址发现了裹着古尸的最早的粗毛织品。1978 年,在新疆哈密地区五堡遗址(公元前 1 200 余年)出土了精美的毛织品,有斜纹和平纹两种组织。这说明,当时哈密地区的毛纺织染技术已达到很高水平。

(4) 棉织品　1978 年,福建崇安武夷山岩墓船棺内出土一块青灰色的棉布,经鉴定棉纤维是联核木棉纤维。

2. 汉、唐纺织品

从汉至唐的纺织品在全国各地出土很多,其中湖南长沙马王堆汉墓出土的数量最多,品种最全,质量最高,其余大多是在古代"丝绸之路"沿线各地出土的,品种有丝织品、毛织品和棉麻织品等。

(1) 丝织品　各地出土的丝织品数量大、品种多、组织复杂、花纹多样、色谱齐全。汉代丝织品有锦、绮、罗等。

锦:1959 年,新疆民丰尼雅遗址出土多种东汉丝织品,其中以汉隶铭文为主的"万世如意"锦袍、"延年益寿大宜子孙"锦手套和阳字彩格锦袜等最有特色。

绮:具有代表性的是汉代的民丰尼雅遗址的树叶菱纹绮,蒙古诺音乌拉匈奴墓以及叙利亚帕尔米拉古墓出土的花卉对兽菱纹绮。这些绮与马王堆汉墓出土的基本相同,是在平纹地上起斜纹花形。

(2) 毛织品　汉代毛织品,在 1959 年新疆民丰尼雅遗址出土人兽葡萄纹罽。南北朝毛织品,主要有新疆于田县屋于来克北朝遗址出土的方格呢和紫色褐。唐代毛织品,多数是在新疆巴楚脱库孜沙来遗址出土的。

（3）棉织品　汉代棉布，又称白叠布。在1959年新疆民丰尼雅遗址出土的棉织品有蓝白印花棉布、白布裤和手帕等残片。魏、晋、南北朝棉布出土的数量较多。1964年吐鲁番晋墓出土的一个布俑，身上衣裤全用棉布缝制。唐代棉布，1959年在巴楚脱库孜沙来晚唐遗址出土了细密的棉布和一块蓝白提花棉布。

3. 宋代纺织品

宋代纺织品出土主要有福建福州黄昇墓的织品和衣物300余件，江苏金坛周瑀墓衣物50余件，江苏武进村前公社宋墓衣物残片，湖南衡阳宋墓和宁夏回族自治区西夏陵区108号墓丝麻织品，浙江兰溪棉毯等。黄昇墓出土的丝织品品种有平纹组织的纱、绉纱、绢；平纹地起斜纹花的绮，绞经组织的花罗，异向斜纹或变化斜纹组织的花绫和6枚花缎等7个品种，其中仅罗就近200件，黄昇墓出土的花绫和花缎，如图6.5所示。"宋罗"、"汉锦"和"唐绫"是具有时代特色的流行纺织品。

(a) 黄昇墓出土的花绫(纹样)　　　　　(b) 黄昇墓出土的松竹梅提花缎

图6.5　黄昇墓出土的花绫和花缎

4. 元代纺织品

元代纺织品在织造技艺上虽然大都继承前代，但由于特定时代背景，风格与品种颇有特色。元代纺织品以色彩华丽、纹样粗犷著称。内蒙古博物馆和新疆博物馆所珍藏的元代纺织品充分反映出这些特点。织金锦，简称"织金"，蒙语音译为"纳石失"，是元代纺织品种最具特色的产品。藏于内蒙古博物馆的双羊龟背纹提花被面，图案是以双羊龟背为纹，外框为缠枝宝相花纹样，采用斜纹为基础组织，用黄篮两色纬丝起花，以纬二重组织进行织造。藏于内蒙古博物馆的印金绸袄，反映出元代当时崇尚金色作为装饰色彩。这批绸袄多件均用蚕丝为经纬并经染色，用小提花或斜纹织成。

5. 明、清纺织品

明清纺织品传世较多，出土纺织品以定陵出土的为代表，传世品则可以各地收藏的明刊《大藏经》封面锦褾和故宫博物院保存的明清皇室服用的织物珍品为代表。明《大藏经》刊印于永乐、正统至万历时期（1403—1619年）。裱装经面的材料，多从内库和"承运"、"广惠"、"广盈"、"赃罚"四库中取用，基本上可以代表明代早期的提花丝织产品。这批经卷当时由朝廷分赐全国各大寺院。织物的纹样风格有的富丽雄浑，有的秀美活泼；织物组织和品种则有妆花缎、妆花纱、实地纱、亮地纱、暗花缎、暗花丝绒、织金锦和花绫等。故宫博物院收藏的明清织物，如漳缎、漳绒、双层锦、裁绒等都较罕见。

6.1.4　丝绸之路

研究中国的纺织文化,就不能不讲始自中国西北通往欧洲的丝绸之路。丝绸之路是中国纺织文化史上最闪光的一页。西方认识中国,是从知道中国的丝织品开始的。丝绸之路,虽以"丝绸"命名,而输出的并不只是中国的纺织技术和纺织品,还有中国的四大发明以及玉器、漆器和瓷器,而从其他国家输入的技术和器物亦不胜枚举。所以说,丝绸之路是古代中西文化相互交融碰撞之路,是中华民族向世界展示其伟大创造力和灿烂文明之路。古老的商路以"丝绸"命名,然而丝绸引发的却是各民族之间全方位的文化碰撞和融合。古代中国输出的技术、器物和风尚,一到国外就成为那里文化的一部分,而中华民族文化中也融进了异国的新鲜血液。

中国丝绸之所以能够充当中外文化使者的角色,这是由其文化品位所决定的。丝绸轻柔,舒适,光彩夺目,它善于包装人体,表现人体,所以一到欧洲,立即引起轰动,成了"挡不住的诱惑"。那薄如蝉翼的丝绸、色彩斑斓的刺绣和晶莹洁白的陶瓷,向西方世界展示了中华文化的绚丽风采。或许当初沙漠旅途上的胡商贩客们没有想到,他们的艰难跋涉在东西方之间架起了一座文化交流的桥梁。

丝绸之路的开辟,不仅交流了文化,而且繁荣了边境贸易。在漫长的历史中,以古城长安为中心成辐射状的丝路交通和以驼队为最主要的货运形式曾延续上千年。图 6.6 所示为秦汉时期的丝绸之路简图。在陕西、甘肃、山西、宁夏等地区,在历史上曾以浩大的驼队繁荣着城乡边寨的商贸。当时,远征的驼队多达上千乘,资金无数,商货远销外蒙古、俄罗斯,甚至远抵莫斯科、黑海沿岸各地。商贸的繁荣推动着经济的发展,许多实力雄厚的商号把商贸网络伸向大河上下、长江南北的广大地区,深入到山寨、农舍、蒙古包。许多世代相承的驼商业务精熟老道,不仅懂当地的民族语言、生活需求、民俗礼仪,而且怀诚守信,注重商贸信誉,为中外经济贸易交流发挥了不可磨灭的推动作用。

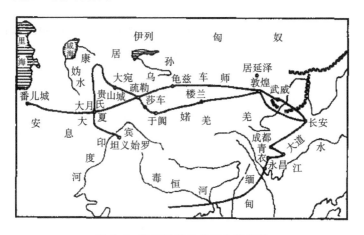

图 6.6　秦汉时期的丝绸之路简图

6.2　常用纺织材料

纺织材料是指纤维及纤维制品,包括纤维、纱线、织物及其复合物。纺织材料既是一种原料,用于纺织加工的对象,又是一种产品,是通过纺织加工而成的纤维集合体。纺织材料可以通过纤维的结合,使刚性材料变得柔软,使柔性材料变得刚硬;使性质均匀的材料变得各向异性,使各向异性的纤维组合成各向同性的物质;可使材料在多孔状态下达到隔热、保暖的目的;可使材料在很大的变形下保持弹性;可让其他材料无法实现的三维曲面造型,通过二维平面的纺织材料,柔性、自然地帖服于人体上。

6.2.1　纺织纤维

6.2.1.1　纺织纤维的概念及分类

1. 纺织纤维的概念

纤维是一种细丝状的物质,为几微米到上百微米的柔软细长体,其长度一般比直径大数百倍以上,有连续长丝和短纤之分。由于纤维大都用来制造纺织品,故又称纺织纤维。纺织纤维种类很多,可分为天然纤维和化学纤维两大类。纺织纤维必须具有一定的物理、化学和生理性质,比如必须有一定的长度和细度;有必要的强度及变形能力、弹性、耐磨性和柔性;有一定的吸湿性、导电性和化学稳定性等。穿着用和家用纤维要有良好的染色性能,应有无害、无毒、无过敏的生理友好性;产业用纤维则要求具有环境友好及特殊性能。

可纺性是指短纤维在纺纱时可以达到纱线所要求的性能,比如纤维的长度、细度、纤维形状(转曲、卷曲等)、强度、弹性等。越长、越细、越强、扭转卷曲越多、弹性越好的纤维,可纺性就越好,表现为纺纱过程顺利、成纱品质好。自然界中的棉、羊毛、蚕丝、麻纤维都是比较理想的纺织纤维。

2. 纺织纤维的分类

1) 天然纤维

棉、羊毛、蚕丝、麻等自然界生长形成的适用于纺织的纤维称为天然纤维,包括植物纤维、动物纤维和矿物纤维。

(1) 植物纤维　从植物的种子、叶、茎(韧皮部)、果实上获得的纤维称为植物纤维,主要组成物质为纤维素,并含有少量木质素、半纤维素等,因此又称为天然纤维素纤维。它包括种子纤维、韧皮纤维(茎纤维)、叶纤维和果实纤维。

① 种子纤维:取自植物种子表面的单细胞纤维,几乎完全由纤维素组成,如棉及彩色棉和转基因棉等纤维。

② 韧皮纤维:取自植物韧皮中的纤维,如亚麻、大麻、黄麻、红麻、罗布麻等。

③ 叶纤维:取自植物叶子的纤维,如剑麻、蕉麻、菠萝叶纤维、香蕉茎纤维等。

④ 果实纤维:取自植物果实的纤维,如木棉、椰子纤维。

(2) 动物纤维　从动物身上或动物分泌物中取得的天然纤维称为动物纤维,包括毛发纤维和丝纤维,主要组成物质为蛋白质,因此又称为天然蛋白质纤维。

① 毛纤维:取自动物的毛发,由角蛋白组成的多细胞结构的纤维,如绵羊毛、山羊毛、山羊绒、骆驼毛、驼羊毛、兔毛、牦牛毛、羽绒等。

② 丝纤维:指由昆虫的丝腺分泌物形成的纤维,如桑蚕丝、柞蚕丝、蓖麻蚕丝、天蚕丝、柳蚕丝、蜘蛛丝等。

(3) 矿物纤维　从纤维状结构的矿物岩石(蛇纹石、角闪石等)中获得的纤维称为矿物纤维,主要组成物为硅酸盐等,因此又称为天然无机纤维。如各类石棉、温石棉、青石棉、蛇纹石棉等。

2) 化学纤维

化学纤维是指用天然的或人工合成的高聚物,以及无机物为原料,经过人工加工制成的纤维状物质。化学纤维可分为无机纤维、再生纤维和合成纤维三大类。

(1) 无机纤维　指以天然无机物或含碳高聚物纤维为原料,经人工抽丝或直接碳化制成的无机纤维。主要有玻璃纤维、金属纤维、陶瓷纤维、碳纤维等。

① 玻璃纤维:把玻璃熔融后从细孔中挤出,经拉丝、冷却凝固后形成的无机纤维。玻璃纤维的特点是相对密度大、强度高、绝热和耐热性好、不吸湿、电气绝缘性好。其织物用于窗帘、墙布等,也可制成层压板,用于车辆、船舶、建筑、化工、保温、过滤和隔音等方面。

② 金属纤维:将金属丝拉细或将金属延压成片后切成细丝制成的。具有导电、相对密度大、质硬、不吸湿、易生锈等特点。金属纤维可使织物华丽美观,现已广泛使用。

③ 陶瓷纤维:以陶瓷类物质制得的纤维,如氧化铝纤维,碳化硅纤维、多晶氧化物纤维。

④ 碳纤维:以高聚物合成纤维为原料经碳化加工制取的,纤维化学组成中碳元素占总质量 90% 以上的纤维,是无机化的高聚物纤维。

(2) 再生纤维　用天然高聚物为原料经过化学方法制成的与原聚合物化学组成基本相同的化学纤维,包括再生纤维素纤维和再生蛋白质纤维。

① 再生纤维素纤维:用木材、棉短绒、蔗渣、麻、竹类、海藻等天然纤维素物质制成的纤维,如粘胶纤维、竹浆纤维、铜氨纤维、醋酯纤维等。

② 再生蛋白质纤维:用酪素、大豆、花生、毛发类、丝素、丝胶等天然蛋白质制成的,绝大部分组成仍为蛋白质的纤维,如酪素纤维、大豆蛋白纤维、花生蛋白纤维、再生角朊纤维、再生丝素纤维等。

③ 再生淀粉纤维:用玉米、谷类淀粉物质制取的纤维,如聚乳酸纤维(PLA)。

④ 再生合成纤维:指用废弃的合成纤维原料熔融或溶解再加工成的纤维。

(3) 合成纤维　以石油、煤、天然气及一些农副产品为原料制成单体,经化学合成为高聚物,纺制的纤维。合成纤维品种繁多,性能优良,具有很大的发展潜力。

① 涤纶:指大分子链的各链节通过酯基相连聚合纺制而成的合成纤维。

② 锦纶:指分子主链由酰胺键连接纺制的合成纤维。

③ 腈纶:通常指含丙烯腈在 85% 以上的丙烯腈共聚物或均聚物纤维。

④ 丙纶:分子组成为聚丙烯的合成纤维。

⑤ 维纶:聚乙烯醇在经缩甲醛处理后所得的纤维。

⑥ 氯纶:分子组成为聚氯乙烯的合成纤维。

6.2.1.2　常用纤维简介

1. 天然纤维素纤维

1) 棉纤维

在公元前 2 000 多年前,人类就开始采集野生的棉纤维用来御寒,后来棉花逐渐被推广种植。18 世纪下半叶纺织机械的发明,使棉纤维取代毛纤维等成为全世界最主要的纺织原料。

棉花大多为一年生植物。棉花在中国大约 4、5 月份开始播种,11 月前后枯死。棉花播种后 7~14 天发芽,以后继续生长,发育很快,最后形成棉株。棉株上的花蕾在 7、8 月陆续开花,花期 1 个月以上。花瓣脱落后开始结果,果实称为棉桃或棉铃。棉铃内分为 3~5 个室,每室内有 5~9 粒棉籽。棉铃由小逐渐长大,45~60 天后种子和纤维成熟。这时棉铃外壳变硬,干燥开裂,露出棉纤维,称为吐絮。棉纤维长于棉籽上,先生长变长,后沉积变厚至成熟的单细胞纤维。一个细胞就长成一根棉纤维,它的一端生于棉籽表面,另一端呈封闭状。棉纤维的生长过程可分为增长期、加厚期和转曲期。在显微镜观察下的棉纤维形态,如图 6.7 所示。

(1) 棉的分类。

① 按棉纤维的长度(品种)分类,可分为细绒棉、长绒棉和粗绒棉三种。

细绒棉:又称陆地棉、高原棉,是目前最主要的棉花品种,被发现于南美洲大陆西北部的安第斯山脉区。其长度为 23～33 mm;细度为 1.43～2.22 dtex;色泽洁白或乳白,有丝光。棉纤维中 85％以上是细绒棉。我国种植的棉花大多属于这一类。

长绒棉:又称海岛棉。被发现于美洲西印度群岛(位于北美洲东南部与南美洲北部的海岛)而得名。其长度为 33～45 mm,细度为 1～1.43 dtex,呈乳白或淡棕色,有丝光。用于纺制高档轻薄和特种棉纺织品。长绒棉的产量约占棉纤维总产量的 10％左右。

粗绒棉:又被称作亚洲棉和非洲棉。其棉纤维粗短,其长度为 15～24 mm,细度为 2.5～4.0 dtex,目前,已很少作为纺织纤维,一般为絮填材料。

这三类棉纤维的截面形态如图 6.8 所示。

图 6.7　显微镜观察下的棉纤维形态

长绒棉　　　细绒棉　　　　粗绒棉

图 6.8　不同棉纤维的截面示意图

② 按纤维的色泽分类可以分为白棉、黄棉和灰棉三种。

白棉:指正常成熟及吐絮的棉花,呈洁白、乳白或淡黄色,为棉纺厂最主要的原料。

黄棉:指棉花生长晚期,棉铃经霜冻冻伤后枯死,铃壳上的色素染到纤维上,使原棉颜色发黄。黄棉一般都属于低级棉,仅棉纺厂有少量使用。

灰棉:指棉花在生长或吐絮后,由于雨量过多、日照不足、温度偏低,使纤维成熟受到影响,颜色呈灰白。灰棉强度低、质量差,棉纺厂仅在纺制低级棉纱时搭用。

(2) 棉的其他品种有彩色棉、转基因棉、木棉。

彩色棉:是指天然生长的非白色棉花,由遗传基因控制,颜色可以传递给下一代。天然彩色棉已经培植出棕、绿、红、黄、蓝、紫、灰等多个色泽品系。在未来 30 年内,有色棉的产量将达到棉花总产量的 1/3 左右。由于其天然有色,不需染色加工,可减少环境污染和能源消耗,故非常符合现代人生活的品位需求;但彩色棉的产量低,衣分率低,非纤维素成分含量高,纤维长度偏短,强度偏低,可纺性差、色谱不丰富,色泽稳定性差,色素遗传变异大。

转基因棉:是借助转基因技术得到的棉花新品种。将转基因、分子标记等生物技术应用在棉花育种和生产中,目的在于提高棉花的产量、质量和抗病虫害能力。

木棉:木棉纤维是单细胞纤维,在形态、颜色、生长的蒴果上与棉纤维极为相似,如图 6.9 (a)所示,属果实纤维,可以认为是棉花的近亲。纤维是由附着于木棉蒴果壳体内壁的细胞发育生长而成,与内壁的附着力很小,易于分离,不需像棉花那样进行轧花加工,只要将木棉剥出,木棉籽会自行分离。木棉有白、黄和黄棕色之分,纤维长为 8～32 mm,直径为 15～45 μm,

表面光滑、无转曲、截面为大中腔、圆形的管状物,中腔的中空率达 80%～90%,如图 6.9(b)所示。木棉纤维表面有蜡质,回潮率为 10%～11%,但拒水,密度很小(0.29 g/cm³),强度较低,抱合力差,弹性小。虽不适于单纤维纺纱,但可以混纺,尤其是作为絮填隔热吸声材料和浮力救生材料极佳。纤维集合体在水中可以承受自重 20～36 倍的负荷而不会下沉,可以快速吸附水面上的油类物质。

 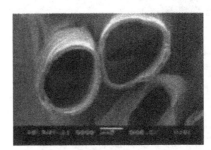

(a) 木棉果实　　　　　　　　　　　　(b) 纤维横截面

图 6.9　木棉纤维果实及纤维形态

2) 麻纤维

麻纤维由不同比例的纤维素、半纤维素、木质素和其他成分构成。麻纤维的许多化学特性与棉相同。麻纤维分茎纤维和叶纤维两类。茎纤维是从麻类植物茎部取得的纤维。茎部自外向内由保护层、初生皮层和中柱层组成。中柱层由外向内由韧皮部、形成层、木质层、髓和髓腔组成。茎纤维存在于茎的韧皮部中,所以又称韧皮纤维,绝大多数麻纤维属此类。如苎麻、亚麻、黄麻、檀麻(又称红麻、洋麻)、大麻和罗布麻等。叶纤维是从麻类植物叶子或叶鞘中取得的纤维,如剑麻(西沙尔麻)、蕉麻(马尼拉麻)等。常见麻纤维在显微镜观察下的纤维形态如图6.10 所示。

(1) 苎麻　苎麻又称为"中国草",也称白苎、绿苎、线麻和紫麻,为多年生宿根植物。其品质优良,单纤维长,有较好的光泽,呈青白色或黄白色。苎麻具有纤维素含量较高、单纤维长、纤维弹性好、质地软等特点。苎麻织物主要用于夏季面料、西装面料、抽纱、刺绣工艺品等。

(2) 亚麻　亚麻也称鸦麻、胡麻,为一年生草本植物。亚麻品质较好,亚麻单纤维长度较短,脱胶后呈淡黄色,具有吸湿性好、导湿快、细度较细等特点,是夏季衣衫的理想原料。除服装和装饰用外,亦可用于水龙带等。

(3) 大麻　大麻又称火麻、汉麻。大麻单纤维表面粗糙、有纵向缝隙和孔洞及横向枝节、无天然转曲等。大麻具有优异的毛细效应、高吸附性、吸湿排汗性能和抗霉杀菌功能等特点。大麻单纤维的细度和长度与亚麻相当,故亦需用工艺纤维纺纱,在欧洲常用作苎麻、亚麻的代用品,可制作绳索、粗夏布等。

(4) 黄麻　黄麻为一年生草本植物,生长于亚热带和热带。黄麻纤维单根长度短,必须采用工艺纤维纺纱。黄麻具有强度高和吸湿速度快等特点,吸湿后表面仍保持干燥,但吸湿膨胀大并放热。常用作麻袋、麻布等包装材料、地毯底布等。

(5) 红麻　红麻又称槿麻或洋麻,习性及生长与黄麻十分相近。红麻单细胞纤维很短,截面为多角形或近椭圆形,中腔较大。红麻纤维也必须是工艺纤维,工艺纤维的颜色较深,呈棕黄色。红麻吸湿性也很强,回潮率为 11%～15%。

(6) 罗布麻　罗布麻又称野麻、茶叶花,是一种野生植物纤维。其纤维较细软,细度为 3～

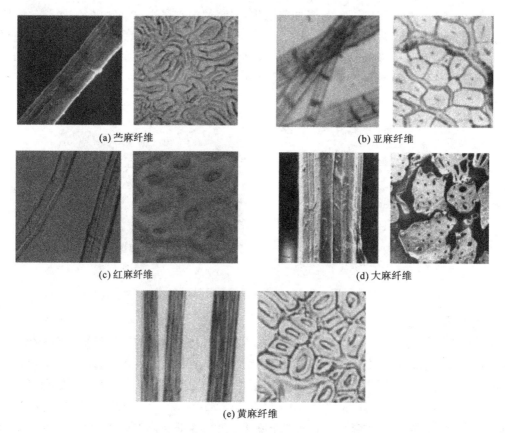

(a) 苎麻纤维　　　　　　　　　　　(b) 亚麻纤维

(c) 红麻纤维　　　　　　　　　　　(d) 大麻纤维

(e) 黄麻纤维

图 6.10　常见麻纤维在显微镜观察下的形态

4 dtex,由于纤维表面光滑,较短,平均长度为 20~25 mm,抱合力小,纺织加工中易散落,故制成率低。罗布麻含有强心苷、黄酮、氨基酸等成分,对防治高血压、冠心病等病具有良好药用效果。

(7) 蕉麻　蕉麻为多年生草本宿根植物,茎由叶鞘卷合而成,蕉麻纤维为叶鞘中的纤维,属于叶纤维。其单纤维长为 3~12 mm,直径为 12~40 μm,平均值为 24~25 μm,须用工艺纤维纺纱。蕉麻纤维强度高,伸长率低,耐海水侵蚀,回潮率与剑麻相似,用于制作船舶用绳索及缆绳。

(8) 剑麻　剑麻为多年生草本植物。纤维取自于剑麻叶,属龙舌兰麻类,因叶形似剑,故名剑麻。主要有西沙尔(Sisal)麻、马盖(Maguey)麻、赫纳昆(Henequen)麻、堪塔拉(Cantala)麻等。剑麻单纤维长为 2.7~4.4 mm,直径为 20~32 μm,须用工艺纤维纺纱,横截面为多角形,带有大小不一的椭圆形中腔,纵向表面存在结和细孔。剑麻耐海水腐蚀性强,多用于制作船用缆绳和网具。

3) 竹纤维

竹纤维是利用机械方法来粉碎、分离,并配以物理化学方法剔除竹中的木质素、竹粉、果胶等物质,制取竹纤维,是继棉、麻、毛、丝之后的第五大天然纤维。竹纤维在性能上与麻纤维接近,具有良好的透气性、瞬间吸水性、较强的耐磨性和良好的染色性等特性,同时又具有天然抗菌、抑菌、除螨、防臭和抗紫外线功能。

纺织用竹纤维按照加工方法不同,分为竹原纤维、竹浆纤维和竹炭纤维三大类。

（1）竹原纤维　竹原纤维又称天然竹纤维、原生竹纤维，有的学者认为，天然竹纤维属于麻类，称为竹麻纤维。这与竹浆纤维容易混淆。竹原纤维是一种全新的天然纤维，是采用物理、化学相结合的方法制取的，其制取过程为：竹材→制竹片→蒸竹片→压碎分解→生物酶脱胶→梳理纤维→纺织用纤维。

（2）竹浆纤维　竹浆纤维又称再生竹纤维、竹粘纤维、竹浆粘胶纤维、竹材粘胶纤维、竹素纤维等。竹浆纤维是以速生竹材为原料，经过人工催化、提纯，采用水解碱法及多段漂白等多道化学与物理技术制成竹浆粕，再经粘胶纺丝工艺（或其他工艺路线）加工成纤维。

（3）竹炭纤维　竹炭纤维是化纤或合成纤维在纺丝过程中加入竹炭粉球乳浆或竹炭母粒制成的纤维。竹炭纤维也是一种功能性纤维。目前，产品有竹炭粘胶纤维、竹炭聚酯纤维、竹炭丙纶、竹炭涂层织物等。

2. 天然蛋白质纤维

1）毛发类纤维

天然动物毛的种类很多，有绵羊毛、山羊绒、马海毛、兔毛、驼毛及牦牛毛等。

（1）羊毛纤维　纺织用毛纤维最主要的是绵羊毛，通常称为羊毛。羊毛纤维是由羊皮肤上的细胞发育而形成的，羊毛在显微镜观察下的形态，如图 6.11（a）所示。羊毛纤维是成簇生长在羊皮肤上的。在一小簇羊毛中，有一根直径较粗的毛称为导向毛，围绕着导向毛生长的较细的羊毛称为族生毛。羊毛丛的形态分为平顶毛丛和尖顶毛丛。毛丛中纤维的形态相同，细度、长度等性质差异较小，毛丛的底部到顶部具有同样的体积，顶端没有长毛突出，从外部看呈平顶状的，称平顶毛丛。毛丛中纤维粗细混杂，长短不一，细短的毛生在毛丛的底部，粗长的毛突出在毛丛尖端并扭结成辫，形成底部大、顶部小的尖顶形，称为尖顶毛丛。

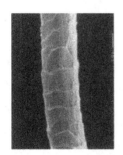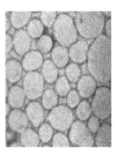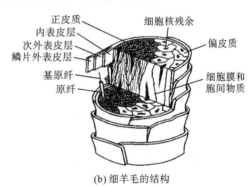

　　　　（a）羊毛在显微镜观察下的形态　　　　　　　　　（b）细羊毛的结构

图 6.11　羊毛的形态

羊毛由三个部分组成，包括覆在毛干外部的鳞片层、构成羊毛主体的皮质层和毛干中心的骨髓质层。细羊毛的结构如图 6.11（b）所示。鳞片层像鱼鳞或瓦片一样重叠覆盖在羊毛纤维的表面，对羊毛纤维起保护作用。皮质层一般由正皮质和偏皮质两种细胞组成，决定羊毛纤维的物理化学性质。正皮质结构较疏松、含硫较少，易吸湿；偏皮质结构较紧密，含硫较多。在细羊毛中正皮质和偏皮质分别居于纤维两半，形成双侧结构，并沿长度方向不断转换位置。由于两种皮质细胞的性质不同而引起的不平衡，形成了羊毛的天然卷曲。髓质层是由结构松散和充满空气的角蛋白细胞组成，细胞间相互联系较差。在显微镜下观察，髓质层呈暗黑色。细绒毛无髓质层。较粗的毛中有髓质层，呈连续或不连续的分布，分布的宽窄程度也不一样。含髓质层多的羊毛，脆而易断，不易染色。

　　羊毛纤维的分类方法很多,比如,按细度和长度可分为超细毛、细毛(直径为 18～27 μm、长度<12 cm)、半细毛(直径为 25～37 μm,长度<15 cm)、粗毛(直径 20～70 μm,为异质毛)和长毛(直径>36 μm,长度为 15～30 μm)。按羊种品系可分为改良毛与土种毛两大类。按羊毛的分级可分为支数毛和级数毛。按羊毛质地均匀性分为同质毛和异质毛。按颜色分为本色毛和彩色毛。按名称有美利奴细羊毛、考力代半细羊毛、林肯长羊毛等。

　　(2)山羊绒　山羊绒是从山羊身上获取的绒毛,又称为"开司米"或"克什米尔",是生长在山羊皮肤表面并由粗毛覆盖的一层密集的细绒毛。春天山羊脱毛的时候,人们用特制的铁爪从山羊身上抓毛,经分梳去掉粗毛后就得到山羊绒。山羊绒的颜色有白、紫、青色,其中以白羊绒品质最优。

　　山羊绒与细羊毛结构近似,无髓质层,由鳞片层和皮质层组成。山羊绒鳞片的边缘光滑,呈环状覆盖,间距较大。山羊绒横截面接近圆形,平均直径为 15～16 μm,平均长度 35～45 mm,在显微镜观察下的形态,如图 6.12(a)所示。山羊绒有不规则的卷曲,卷曲数比细羊毛少。山羊绒的吸湿能力、弹伸性、弹性一般优于绵羊毛,对化学品的作用比绵羊毛敏感。山羊绒比绵羊毛更细、更柔软、更保暖,其产品具有轻柔、滑糯、细腻、丰满、弹性好等优良特性。山羊绒价格昂贵,俗有"软黄金"之称。山羊绒一般是羊绒衫、羊绒大衣等高档服装的面料。

　　(3)马海毛　马海毛(Mohair)是土耳其安哥拉山羊毛的音译商品名称。马海毛为异质毛,混有一定的有髓毛和死毛,其鳞片密度小,紧贴毛干,平坦光滑;具有丝光、强度高、弹性较好、不易毡缩等特点。马海毛的细度为 10～90 μm,长度为 120～260 mm。马海毛的皮质层几乎都是正皮质,只有少量的偏皮质包覆在正皮质的外面,因而卷曲少。马海毛是纺制粗纺呢绒、长毛绒、提花毛毯、绒线的原料。马海毛也与绵羊毛、棉、化纤混纺制作衣料,如顺毛大衣呢、银枪大衣呢等。

　　(4)兔毛　兔毛分为普通兔毛和安哥拉兔毛。兔毛纤维分为直径 30 μm 以下的绒毛和直径 30 μm 以上的粗毛两种类型。兔毛的长度最短的为 10 mm 以下,最长的可达 115 mm、大多数为 25～45 mm。兔毛纤维由鳞片层、皮质层和髓质层组成,在显微镜观察下的形态,如图 6.12(b)所示。兔毛具有纤维细软、制品蓬松、轻质、表面光滑、少卷曲、光泽强等优点,但摩擦系数小、抱合力差、易落毛,纺纱性能差。兔毛含油脂较低,为 0.6%～0.7%,通常不需洗毛。一般与羊毛或其他纤维混纺,织制兔毛衫、帽子、围巾等,还可制造兔毛大衣呢、花呢、女式呢等。

　　(5)骆驼绒　骆驼绒是从骆驼身上自然脱落或经梳绒采集获得的绒毛。骆驼身上的外层毛粗而坚韧,称为骆驼毛;在外层粗毛之下有细短柔软的绒毛,称为骆驼绒。骆驼有单峰和双峰两种,双峰驼绒毛质量最好。骆驼毛有乳白、浅黄、黄褐、棕褐色等。驼绒主要由鳞片层和皮质层组成,有些绒毛有较细的髓质层,在显微镜观察下的形态,如图 6.12(c)所示。驼绒的性能与山羊绒相似,但骆驼毛不易毡并。驼绒是高级的毛纺原料,制成的服装和毛毯风格别致。驼毛可以制作粗纺毛毯、衬料、填充料,蓬松柔软,防寒保暖。

　　(6)羊驼毛　羊驼属于骆驼科,羊驼毛强力较高,断裂伸长率大,加工中断头率低,与羊毛相比,羊驼毛长度为 150～400 mm,细度为 20～30 μm,不适合纺高支纱。羊驼毛表面的鳞片贴伏、鳞片边缘光滑,卷曲少,卷曲率低,顺、逆鳞片摩擦系数较羊毛小,所以,羊驼毛富有光泽、有丝光,抱合力小,防毡缩性较羊毛好。羊驼毛的洗净率高达 90% 以上,不需洗毛就可直接应用。羊驼毛多用于夏季服装、衣里料等。

　　(7)牦牛绒与牦牛毛　牦牛是高山草原上特有的耐寒畜种,被称为"高原之舟"。牦牛绒(毛)大多为黑色、褐色,少量白色。牦牛的毛有粗毛和绒毛两种,绒毛有很高的纺用价值。牦牛绒平均直径约为 20 μm，平均长度为 30～40 mm。牦牛绒由鳞片层与皮质层组成，髓质层极少，在显微镜观察下的形态，如图 6.12(d)所示。牦牛绒鳞片呈环状、边缘整齐、紧贴于毛干上、有无规则卷曲、缩绒性与抱合力较小等特点。牦牛绒产品不易掉毛、有身骨、膨松、丰满、手感滑软、光泽柔和的特点，是毛纺行业的高档原料，可织制各类针织、机织衣料等。

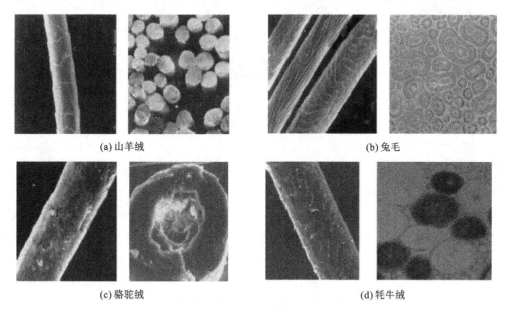

(a)山羊绒　　　　　　　　　　　(b)兔毛

(c)骆驼绒　　　　　　　　　　　(d)牦牛绒

图 6.12　常见毛纤维在显微镜观察下的形态

2）腺分泌类纤维

腺分泌类纤维主要包括桑蚕丝和蜘蛛丝等。

（1）桑蚕丝　桑蚕又称家蚕，桑蚕有中国种、日本种和欧洲种三个品系。蚕丝是蚕吐丝而得到的天然蛋白质纤维。考古学家对出土文物的研究指出，我国已有 6 000 多年的养蚕历史，远在汉、唐时代，我国的丝绸就畅销中亚和欧洲各国，在世界上享有盛名。

蚕分为家蚕和野蚕两大类，家蚕即桑蚕，结的茧是生丝的原料。野蚕有柞蚕、蓖麻蚕、麻蚕、天蚕和柳蚕等，其中柞蚕结的茧可以缫丝，其他野蚕结的茧不易缫丝，一般将它们切成短纤维作织纺原料或制成丝绵。

蚕一生经过卵、幼虫(蚕)、蛹和成虫(蛾)四个阶段。从卵孵化成小蚕，食桑叶，蚕长大成熟后，便上蔟吐丝结茧。茧丝是蚕体内一对绢丝腺分泌而形成的，如图 6.13 所示。绢丝腺由四部分组成，后部最长称为泌丝部 1，中部最粗称为贮丝部 2，前部最细称为输丝部 3，分泌物通过吐丝口 4 吐出体外，在空气中凝固成丝。桑蚕茧由外向内分为茧衣、茧层和蛹衬三部分，图 6.14 所示为蚕茧。其中茧层可用来做丝织原料，茧衣与蛹衬因细而脆弱，只能用作绢纺原料。蚕丝是高档的纺织原料，被誉为"纤维皇后"，它是天然纤维中唯一的长纤维，可直接用于织造。一根桑蚕丝由两根平行的单丝外包丝胶构成。单根丝素截面呈三角形，蚕丝主要为丝素蛋白，其次是丝胶，还含有色素、蜡质、脂肪无机物等，如图 6.15 所示。蚕丝的长度与蚕的品种有关。我国春茧的茧丝长一般在 900～1 400 m，夏秋茧的茧丝长一般在 650～900 m；柞蚕茧的茧丝长平均为 800 m。桑蚕茧丝的细度为 2.8～3.9 dtex，柞蚕茧丝细度约为 5.6 dtex。蚕丝的伸长率略低于羊毛，一般在 15%～25%。

桑蚕丝具有较好的强伸度、纤维细而柔软、平滑、富有释性、光泽好、吸湿性好等特点，主要

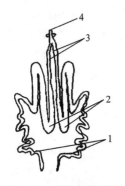

图 6.13　桑蚕的绢丝腺
1—泌丝部；2—贮丝部；
3—输丝部；4—吐丝口

图 6.14　桑蚕茧

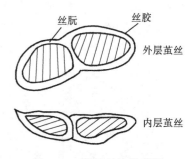

丝朊　　丝胶
外层茧丝
内层茧丝

图 6.15　桑蚕丝的横截面

用于织制各类丝织面料。在工业上，蚕丝还可以作为降落伞、人造血管、电气绝缘等材料。柞蚕丝具有坚牢、耐晒、富有弹性、滑挺等优点，柞丝绸在我国丝绸产品中占有较大比重。

（2）蜘蛛丝　蜘蛛和蚕都属于节肢动物。但蚕是六条腿昆虫的幼体，而蜘蛛则是八条腿的蛛形纲成虫。蜘蛛的肚子里有许多丝浆，它的尾端有很小的孔眼，结网的时候，蜘蛛便将这些丝浆喷出去，丝浆一遇到空气，就凝结成有黏性的蜘蛛丝。蜘蛛丝呈金黄色、透明，其横截面呈圆形。蜘蛛丝的平均直径为 $6.9\ \mu m$，大约是蚕丝的一半，是典型的超细、高性能天然纤维。蜘蛛的身上和脚上经常分泌出一层油质，黏丝是不粘油的。但是，一般飞虫的身上或脚上是没有一层油质的，所以蜘蛛网能牢牢地粘住飞虫却粘不住蜘蛛。

蜘蛛丝的耐紫外线性好、耐热性好、强度高、韧性好、断裂能高、质地轻，是制造防弹衣、降落伞、外科手术缝合线的理想材料，但无法大量获得而实用。

3. 再生纤维

再生纤维是化学纤维的一种，它是以天然高分子化合物为原料，经过化学处理和机械加工而制成的纤维，包括再生纤维素纤维、再生蛋白质纤维和其他纤维三类。

除无机纤维外，化学纤维一般都是高分子化合物，能制造纤维的高分子化合物称为成纤高聚物。成纤高聚物必须具备三个条件：线型分子结构，适当的相对分子质量，可溶解（熔融）性。化学纤维一般要经过纺丝液制备、纺丝成形和后加工三个工序。

（1）纺丝液制备　将成纤高聚物用熔融或溶解的方法制成纺丝流体。

（2）纺丝　纺丝溶液或纺丝熔体通过计量装置定量供给喷丝头使其从纺丝细孔中流出，再在适当的介质中固化成细丝，这一过程称为纺丝。常规的纺丝方法分为熔体纺丝和溶液纺丝。按凝固条件或介质的不同，溶液纺丝又分为湿法纺丝和干法纺丝。

（3）后加工　从喷丝孔喷出后凝固的纤维称为初生纤维，初生纤维的强度低，缩率大，没有使用价值，必须进行一系列的后加工，以改善纤维的物理机械性能。长丝的主要后加工工序有：牵伸、加捻，热定形、上油和成品包装等工序。短纤维的主要后加工工序有：拉伸、上油、卷曲、干燥定形、切断等。

1）再生纤维素纤维

再生纤维素纤维主要包括粘胶纤维、醋酯纤维、铜氨纤维和 lyocell 纤维等。

（1）粘胶纤维　粘胶纤维于 1891 年在英国研制成功，1905 年投入工业化生产，是从不能直接用于纺织加工的纤维素原料，如棉短绒、木材、芦苇、甘蔗渣、竹、海藻等中提取纯净的纤维素制成粘胶液,经纺丝制成粘胶纤维。粘胶纤维包括普通粘胶纤维、富强纤维、强力粘胶丝三大类。粘胶纤维的主要组成物质是纤维素$(C_6H_{10}O_5)_n$,其分子结构式与棉纤维相同。粘胶纤维由湿法纺丝制成,其横截面边缘为不规则的锯齿形,有皮芯结构,纵向平直,有不连续的条纹。粘胶纤维具有染色性能良好,染色色谱全,色泽鲜艳、耐热性较好等优点,但是具有湿强度低、初始模量低、弹性差、织物易变形起皱、耐碱不耐酸等缺点。

(2) 醋酯纤维　醋酯纤维又称醋酸纤维,分为二醋酯和三醋酯。醋酯纤维是以纤维素与醋酯酐等为原料,经一系列化学加工而制成的,是一种半合成纤维。醋酯纤维的截面为不规则多瓣形或耳状,无皮芯结构。醋酯纤维具有模量较低、易变形、密度小于粘胶纤维、织物柔软、有弹性、不易起皱、悬垂性好等特点。醋酯纤维表面平滑,手感柔软滑爽,有弹性,有丝光,适合于制作衬衣、领带、睡衣、高级女士服装和裙子。二醋酯纤维素纤维一般用作滤材,尤其是香烟滤嘴材料,能够吸附焦油和尼古丁。

(3) 铜氨纤维　铜氨纤维的组成物质与粘胶纤维相同,其制造方法就是将纤维素浆粕溶解在氢氧化铜或碱性铜盐的浓铜氨溶液内,制成铜氨纤维素纺丝溶液,在水或稀碱溶液的凝固浴中纺丝成形。铜氨纤维截面呈圆形,无皮芯结构,因塑性好,可制成较细的单丝,细度为$0.44\sim1.44$ dtex。铜氨纤维表面光滑,光泽柔和,有真丝感;吸湿性与粘胶纤维相似,回潮率可达$12\%\sim13\%$,上染性优于粘胶纤维;干强与粘胶纤维相近,湿强高于粘胶纤维,但加工中的酸、碱残留物易于损伤纤维。铜氨纤维的光泽和风格都与蚕丝类似,用于制作轻薄面料,如内衣、裙子、睡衣等。

(4) lyocell 纤维　英国考陶尔(Courtaulds)公司以溶剂法纺丝制造出来的纤维 tencel,国内谐音商品名"天丝",在 1989 年国际人造纤维和合成纤维委员会命名为 lyocell 纤维。天丝纤维的制造是将纤维素直接溶解在化学溶剂中,得到纺丝液,再经喷丝、精炼而成。lyocell 纤维除了具有粘胶纤维的优点外,还具有合成纤维的强伸性,加工制造是纯物理方法,无环境污染,被誉为"21 世纪的绿色纤维"。lyocell 纤维有原纤化倾向,纤维表面易发生分裂小纤维绒,具有棉的吸湿性能,丝的手感和光泽,化纤的强度,毛的挺爽等优良性能,用于开发高附加价值的机织和针织产品,比如牛仔布、套装、休闲服、色织布、衬衫和内衣等。

2) 再生蛋白质纤维

早在 19 世纪末期,人们就已经开始研究再生蛋白质纤维。蛋白质资源在自然界中非常丰富,包括植物蛋白和动物蛋白。纯蛋白质的再生纤维很难制取并且不具备使用的力学性质。制造再生蛋白质纤维的方法有两种:一是将蛋白质的溶液与其他高聚物材料进行共混纺;二是将蛋白质与其他高聚物进行接枝共聚。

(1) 大豆纤维　大豆蛋白纤维是一种再生植物蛋白纤维,是从豆渣中提取球蛋白,辅之以特殊添加剂制成,主要成分与羊绒和真丝类似,是人造纤维史上第一种由中国自主开发并投入工业化生产、应用的纤维。大豆纤维具有吸湿性好、机械性能好和保健功能等特点。用它织成的面料具有羊绒般的手感,蚕丝般的光泽,羊毛般的保暖、吸湿透气,悬垂感好,可做高档衬衫、内衣等。

(2) 牛奶纤维　牛奶蛋白纤维是以牛奶为原料,经分离、提纯出来的蛋白质与聚乙烯醇缩甲醛聚合接枝而成的新型化学纤维。牛奶蛋白纤维含有多种氨基酸,其制成的纺织品,具有润肤养肤的功效,具有良好的吸湿性和透气性,具有生物保健功能和天然持久抑菌功效。其面料质地轻盈、柔软,是制作儿童服饰和女性内衣的理想面料。牛奶蛋白纤维不像其他的动物蛋白纤维,如羊毛、真丝那样容易霉蛀或老化,即使放置几年仍能保持亮丽如新,所以穿着方便,符合人们现代生活的高品质需要。

4. 合成纤维

(1) 涤纶　涤纶是聚酯纤维的中国商品名,其学名为聚对苯二甲酸乙二酯纤维。涤纶在一些主要工业化国家都有各自的商品名称,如美国称为达可纶,英国称为特丽纶,日本称为帝特纶等。涤纶是聚酯纤维的一种,由熔体纺丝法制得,其品种很多,分为长丝和短纤两类。长丝分为普通长丝(包括帘子线)和变形丝;短纤分为棉型、毛型和中长型等。涤纶是合成纤维中产量最大的一类,于1941年问世,1953年投入工业化生产。涤纶采用熔体纺丝,具有一系列优良性能,如断裂强度和弹性模量高,回弹性适中,热定形性能优异,耐热性高,耐光性较好。涤纶织物具有洗可穿性,抗有机溶剂、肥皂、洗涤剂、漂白液、氧化剂等性能,以及较好的耐腐蚀性,对弱酸、碱等稳定,故应用较广,尤其适用于外衣原料。涤纶纤维的主要缺点是染色性差,吸湿性差,易燃烧,织物易起球等。普通短纤维适合于与棉、毛、麻及各种化学纤维混纺或纯纺,织制各种外套、衬衣、运动衣面料及装饰用布、床上用品等。长丝可织制各种类型的仿真丝产品,涤纶低弹丝是针织品的重要原料。工业上用涤纶制造滤布、渔网、电气绝缘材料、绳索、传送带等。

(2) 锦纶　锦纶是聚酰胺纤维的中国商品名,是以酰胺键与若干亚甲基连接而成的线型结构高聚物。1935年,杜邦公司首次合成了聚酰胺纤维(尼龙66),并于1938年开始工业化生产。同年,德国化学家P. Schlack制成了尼龙6,并于1941年实现工业化生产。锦纶具有耐磨性高、断裂强度高、伸展大、回弹性和耐疲劳性优良、吸湿性较好、染色性较好等优点,但耐光性和耐热性较差。锦纶以长丝为主,少量的短纤维主要用于同毛、棉或其他化纤混纺,目的是提高织物的强度和耐磨性。锦纶长丝一部分用于丝绸、纱巾、花边等,大部分加工成弹力丝,用其制成袜类、锦纶衫、手套等。由于锦纶的强度高,耐疲劳,抗冲击能力强,与橡胶的亲和能力好,适合于制作卡车、飞机等轮胎帘子线,用作渔网其寿命比棉渔网长4~5倍。此外,还用于运动类服装、缆绳、降落伞、软梯、传送带和锦纶绳等。

(3) 腈纶　腈纶是聚丙烯腈纤维的中国商品名,有"合成羊毛"之称。它是由85%以上的丙烯腈和其他第二、第三单体共聚的高分子聚合物纺制的合成纤维。1953年由美国杜邦公司最先实现腈纶的商品化。腈纶具有许多优良性能,如手感柔软,弹性好,耐日光和耐气候性好,染色性较好,常用于针织内衣、混纺毛线、腈纶毛线、膨体纱、毛毯、人造毛皮、长毛绒等产品的生产。由于腈纶的耐光性好,适合于制作帐篷、汽车篷布、炮衣、军用帆布等户外织物及窗帘、幕布等。腈纶的缺点是易起球、吸湿性较差,回潮率仅为1.2%~2%,对热较敏感,耐酸碱性较差,属于易燃纤维。

(4) 丙纶　丙纶是等规聚丙烯类纤维的中国商品名。丙纶是由聚丙烯经熔体纺丝制得的,产品主要有短纤维、长丝、膜裂纤维、鬃丝和扁丝等。1955年研制成功,1957年由意大利开始工业化生产。丙纶的质地特别轻,密度仅为 0.91 g/cm^3,是目前所有合成纤维中最轻的纤维。丙纶具有强度较高,强伸性、弹性、耐磨性高、耐化学腐蚀性较好等优点,但具有耐热性、耐光性、染色性较差、易老化等缺点。高强度的丙纶复丝和鬃丝是制造绳索、渔网、缆绳的理想材料;低强度的丙纶丝用作卷烟滤嘴的替代材料;普通丙纶用作服装面料,具有保暖性好,导湿性好,作内衣穿着无冷感;丙纶扁丝可代替麻类纤维用于包装材料、绳索等;高线密度丙纶用于地毯和工业用布,国外大量用作土建用布、人工草坪等。

(5) 维纶　维纶是聚乙烯醇纤维的中国商品名,有"合成棉花"之称。狭义的维纶专指经缩甲醛处理后的聚乙烯醇缩甲醛纤维。1940年开始工业化生产,目前世界上维纶的主要生产国有中国、日本、朝鲜等。维纶以短纤维为主,也有少量可溶性长丝,是纺织中伴纺、混纺交织的重要原料。维纶具有吸湿性好,化学稳定性好,耐腐蚀和耐光性好,耐碱性能强等优点,但维纶具有耐热水性能较差,弹性较差,染色性能差,颜色暗淡,易于起毛、起球等缺点。维纶成本低廉,主要用于工业制品,如绳索、水龙带、渔网、帆布、帐篷等,在土建中可用作增强材料,也用于农业、渔业、养殖、园艺等领域。

(6)氯纶　氯纶是聚氯乙烯纤维的中国商品名,它是由聚氯乙烯或聚氯乙烯占 50% 以上的共聚物经湿法或干法纺丝而制得。氯纶大分子含有氯取代基,纤维具有难燃性,极限氧指数(LOI)最高可达 45%,离开火源后,火焰会自行熄灭。氯纶的耐酸碱性是合成纤维中最好的,耐日晒性能优良,电绝缘性能好;但耐热性差,60~70 ℃时开始收缩,氯纶不吸湿,难以染色。氯纶主要用于制作各种针织内衣、绒线、毯子、絮制品、防燃装饰用布等;还可做成鬃丝,用来编织窗纱、筛网、渔网、绳索;此外,还可用于制作工业滤布、工作服、绝缘布等。

(7)氨纶　氨纶是一种与其他高聚物嵌段共聚时,至少含有 85% 的氨基甲酸酯(或醚)的链节单元组成的线型大分子构成的弹性纤维。现多采用干法纺丝,纤维截面呈圆形、蚕豆形,纵向表面暗深,呈不清晰骨形条纹。氨纶具有高伸长、高弹性、耐酸、耐碱、耐光、耐磨等优点,但吸湿性较差。氨纶主要用于纺制有弹性的织物,做紧身衣和袜子。一般将氨纶丝与其他纤维的纱线一起做成包芯纱或加捻纱后使用。

6.2.2　纱线

由短纤维沿轴向排列并经加捻而成,或用长丝组成的具有一定细度和力学性质的产品,统称为"纱"。而由两股或两股以上的单纱合并加捻而成的产品,统称为"线"。具有更多复合股和较粗的线,则习惯称为"绳"。纱线可用于织布、制绳、制线、针织和刺绣等。

6.2.2.1　纱线分类

1. 按结构和外形分类

1)短纤维纱

短纤维纱是由短纤维(天然短纤维和化学短纤维)纺纱加工而成。短纤维纱有单纱、股线、复合股线、花式纱线等。由短纤维集束为一股连续纤维束捻合而成,称为单纱。由两根或两根以上单纱合并加捻而成,称为股线。由两根或多根股线合并加捻而成,称为复捻股线。由芯线、饰线和固纱捻合而成,具有各种不同的特殊结构性能和外观的,称为花式纱线。

2)长丝纱

长丝纱由很长的连续纤维(蚕丝或化纤长丝)加工制成的。按结构和外形分为单丝纱、复丝纱和捻丝。单丝纱指长度很长的连续单根纤维,可直接用于织造。复丝纱指两根或两根以上的单丝并合在一起。捻丝指复丝加捻即得捻丝。

3)短纤维和长丝复合纱

短纤维和长丝复合纱主要品种有包芯纱,以长丝为纱芯,外包其他短纤维加捻而成的,如氨/棉包芯纱。

常见各种纱线结构图形如图 6.16 所示;常见各种花式纱线示意图如图 6.17 所示。

2. 按原料分类

1)纯纺纱线

由一种纤维或组分不变的高聚物纺成的纱、丝、线统称为纯纺纱线。如棉纱线、毛纱线、锦

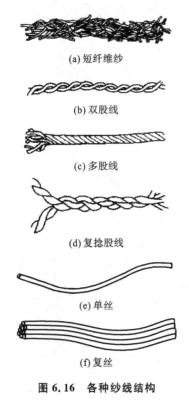

图 6.16　各种纱线结构

(a) 短纤维纱

(b) 双股线

(c) 多股线

(d) 复捻股线

(e) 单丝

(f) 复丝

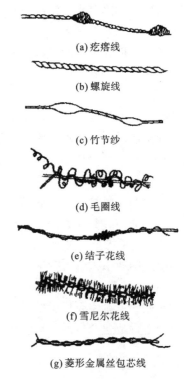

图 6.17　各种花式纱线示意图

(a) 疙瘩线

(b) 螺旋线

(c) 竹节纱

(d) 毛圈线

(e) 结子花线

(f) 雪尼尔花线

(g) 菱形金属丝包芯线

纶线、涤纶变形丝、粘胶纱等。

2）混纺纱线

由两种或两种以上纤维混合纺纱或纺丝或合股而成的纱、丝、线统称为混纺纱线。如涤/棉纱、麻/棉纱、异组分丝、复合纱、复合线等。

3）伴纺纱线

由可溶性纤维（短纤维或长丝）与短纤维伴纺纺成的纱线称为伴纺纱线。如水溶性维纶伴纺纱。伴纺是一种纺织过程中的混纺，但最终结果该组分会退出或部分退出纱体。

3. 按用途分类

1）机织用纱

机织用纱是指供织制机织物用的纱为机织用纱，又分为经纱和纬纱。机织物长度方向排列的纱为经纱，要求强度较高，捻度较大。机织物宽度方向排列的纱为纬纱，要求强度较低，较柔软。

2）针织用纱

针织用纱供织制针织物，要求洁净、均匀、手感柔软。

3）起绒用纱

起绒用纱是指供织入绒类织物，形成绒层或毛层的纱。

4）特种工业用纱

特种工业用纱是指供工业上用的纱，有特种要求，如轮胎帘子线、缝纫线、锭带等。

6.2.2.2　纱线的加工

1. 短纤纱的加工

棉、毛、麻、绢丝和化纤短纤维等的加工基本过程为：纤维开松（除杂和混合）→梳理成网→

成条→并条混合→牵伸加捻→成纱→卷装成形。

开松的目的是为了除去杂质、纤维混合及方便后道工序梳理。梳理的目的是使纤维分离，开始伸直取向，兼带除杂功能，并在成网后汇合成条。并条的作用在于使纤维条混合均匀，纤维进一步伸直，并确定稳定的纤维条重。牵伸加捻是将纤维条拉长变细，纤维平行排列，并实施加捻，使纤维相互抱合，形成具有一定强力的细纱。卷装则是将制成的纱及时卷绕成规定的形状和大小，以防止纱线紊乱和便于后道加工、使用、运输和贮存。

2. 长丝纱的加工

长丝有天然纤维丝和化纤长丝，其本身就可以直接使用。对生丝还可以合并混合集束成复丝或捻丝，加工原理十分简单。化纤长丝纱虽与天然丝长丝纱加工相同，但有较多的变化。

3. 线绳的加工

绳是由多股纱或线捻合而成，直径较粗。两股以上的绳复捻后成为索，直径更粗的称为缆。线、绳的加工制作方法源于纺纱的加捻。按其制作方式基本可分为编织、拧绞和编绞三类。编织又称锭织，是由若干根纱线以锭子循环回转作牵引，沿"8"字形轨道编织。编织线绳又可分为有芯线编织绳和无芯线编织绳（又称包芯绳、无芯绳）。编织绳是在圆锭编织机上加工，锭数为偶数，通常为 8 锭、12 锭，也有 48 锭。用编织方式生产的编织绳，直径通常为50 mm 以下。拧绞类似纱线加捻，有 3 股、4 股或更多股纱线加捻而成。该方式加工方便，产品结构没有编织绳复杂，但产量较高。由于结构关系，使用时易扭结。该类绳直径一般在 4～50 mm 之间，较为有代表性的品种为三股绳索。编绞类具有编织及拧绞的特点，通常由 8 根拧绞绳分 4 组以"8"字形轨道交叉编织而成，是在一种专门生产缆蝇的机器上进行的。

6.2.2.3　新型纱线

1. 变形纱

变形纱也叫变形丝，是用伸直的合成纤维长丝加工制成的具有卷曲形态的长丝纱，这种变形加工大大提高了合纤长丝的使用性能和应用范围。

1）弹力丝

弹力丝以弹性为主，同时具有一定的蓬松性，包括高弹丝和低弹丝两种。弹力丝的主要加工方法是假捻法，其工艺过程包括假捻、热定形、退捻三部分，其工作示意图如图 6.18 所示。假捻器使丝条假捻上下两段捻向相反。丝条向下移动，出假捻器后捻度就退去，在假捻器上段对丝条加热定形；使带有强捻的丝条消除扭曲应力，固定加捻变形。丝条退出假捻器后，捻度虽然退去，纤维的螺旋卷曲状保存下来，成为弹性大而又蓬松的高弹丝。加工低弹丝则需要再次热定形。在超喂条件下二次热定形，纤维分子的内应力得到部分消除，减少了纤维的卷曲，得到弹性较低而稳定性好的低弹丝。

2）网络丝

网络丝是一种特殊的空气变形丝。将稍有捻度的长丝束喂入高压喷气头，由于射流的冲击，丝束中纤维紊乱生成大小不同的环圈，被丝束捻回夹持于丝束中，得到空气变形纱。露在丝束表面的小环圈酷似短纤纱的毛羽。丝条在垂直气流撞击下，分散成单丝，按一定间距交络缠结，成为网络丝。丝条上分布有网络点，改善了合纤长丝的极光效应

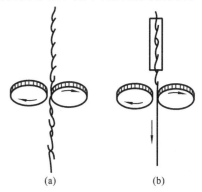

(a)　　　　　(b)

图 6.18　假捻法工作示意图

和蜡状感。

　　3）膨体纱

　　膨体纱是高度蓬松,同时有一定弹性的化纤纱。多以腈纶为原料,用于针织外衣、内衣、绒线和毛毯等。膨体纱的制作方法是组合纱法。将两种不同收缩率的腈纶纤维纺成纱,放在蒸汽、热空气或沸水中,高收缩腈纶遇热收缩,将低收缩纤维拉弯,整个纱线呈蓬松状。

　　2. 自由端纺纱

　　这种纺纱方法是将纤维分离为单根并使其凝聚,在一端非机械握持状态下加捻成纱,故称自由端纺纱。典型的自由端纺纱有转杯纺纱、静电纺纱、涡流纺纱和摩擦纺纱。

　　1）转杯纺纱

　　转杯纺纱是利用转杯内负压气流输送纤维和转杯的高速回转,凝聚纤维并加捻成纱的纺纱方法,简称转杯纺,早期国内称气流纺。适纺 18～100 tex 的纯棉纱,以及毛纱、麻纱或与化纤的混纺纱。转杯纺制成的纱可织制灯芯绒、劳动布、卡其、粗平纹、线毯、浴巾、针织起绒布、粗纺呢和装饰用布等。

　　2）静电纺纱

　　静电纺纱是利用高压静电场使纤维极化,取向凝聚成须条,由高速运转的空心管加捻的纺纱方法,简称静电纺。静电纺适于纺制 13～60 tex 纯棉纱、纯麻纱和棉麻混纺纱。所纺的纱可织制府绸、卡其、被单、线毯、绒底布、线毯、纯麻西服面料等。

　　3）涡流纺纱

　　涡流纺纱是利用涡流的旋转气流对须条加捻的纺纱方法,简称涡流纺。涡流纺主要适于纺织 60～100 tex 化纤纱或混纺纱。所纺成的纱多用作起绒纱,织制起绒织物,如毛毯、围巾等。

　　4）摩擦纺纱

　　摩擦纺纱是利用尘笼内的负压气流吸附纤维和尘笼回转对须条摩擦加捻的纺纱方法,简称尘笼纺或摩擦纺。摩擦纺适于纺制 10～100 tex 的纯纺、混纺,甚至复合纺纱。特别是摩擦纺纱可加工棉、毛、丝、麻与各种化纤及其下脚料,以及其他纺纱方法难以加工的短纤维,还可以加工陶瓷、碳素等刚性纤维。

　　3. 自捻纺纱

　　利用搓辊的往复运动对两根须条实施同向加捻,靠须条自身的退捻力矩相互反卷在一起,形成一个双股的稳定结构的纱,称自捻纱。自捻纺纱可以获得具有线特征的纱,用于棉、毛及化纤类织物。

　　4. 包芯纺纱

　　以长丝为芯,短纤维为皮的包缠结构的纱,称为包芯纱,属复合纱。可以在环锭纺纱机或捻线机上,在喂入粗纱的同时,向前罗拉喂入化纤长丝,二者汇合加捻得到包芯纱。包芯纱也可以通过转杯纺、涡流纺、尘笼纺、自捻纺、包缠纺等方式实现。

　　5. 喷气纺纱

　　利用喷嘴切向吹入的旋转气流对出前罗拉钳口的须条假捻,使突出的纤维头端包缠无捻纱体而成纱的纺纱方法,简称喷气纺。喷气纺制成的纱强力比环锭纱低,直径略粗,外包纤维有明显的方向性,表面光洁度差,手感较硬,着色性较好。喷气纱织物麻感较强,可织制府绸、卡其、中长花呢、床单、睡衣和运动服面料,以及某些产业、装饰用布。

　　6. 黏合纺纱

　　利用黏合剂使须条中纤维相互黏合成纱的方法称黏合纺纱。短纤维的黏合纱为无捻纱。

纺制时,需对须条施假捻,成纱后退去。采用的黏合剂及捻合方式有多种。由于无须加捻,黏合纺产量很高。所纺的纱初始模量较高,强度较低。黏合剂一般有热水溶性,可在织成织物后去除。黏合纱具有长丝的高强力和短纤维的毛茸感,纱疵少,无结头,耐磨性好,手感粗硬,毛羽多。

6.2.3　织物

6.2.3.1　织物的概念和分类

1. 织物的基本概念

织物是一种扁平、柔软又具有一定力学性质的纺织纤维制品,又被称为布、面料。织物不仅是人们日常生活的必需品,也是工农业生产、交通运输和国防工业的重要材料。织物按织造加工方法分为四大类:机织物、针织物、非织造织物和编结物。

(1)机织物　由互相垂直的一组经纱和一组纬纱在织机上按一定规律纵横交错织成的制品。

(2)针织物　由一组或多组纱线在针织机上按一定规律彼此相互串套成圈连接而成的织物。线圈是针织物的基本结构单元,也是该织物有别于其他织物的标志。

(3)非织造物　非织造物是指由纤维、纱线或长丝,用机械、化学或物理的方法使之黏结或结合而成的薄片状或毡状的结构物。

(4)编结物　一般是以两组或两组以上的条状物,相互错位、卡位交织、串套、扭辫、打结在一起的编织物。

人类最早使用的是编结物、毛皮和纤维絮,随后发展成了机织、针织和编结物,以及纸、毡类和非织造。纱线相互交叉形成的机织物或编结物,如图 6.19 所示。纱线相互串套形成针织物,一般分纬编针织物和经编织物两类。由一组系统纱线相互串套形成横向线圈的称纬编针织物;多组纵列线圈相互串套而成的则称经编针织物,如图 6.20 所示。

(a)机织物

(b)编结物

图 6.19　纱线相互交叉类织物

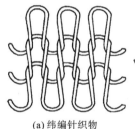
(a)纬编针织物
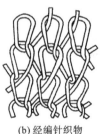
(b)经编针织物

图 6.20　纱线相互串套形成针织物

簇绒,是在基布上"栽"上圈状纱线或绒状纤维的织物,如图 6.21(a)所示。由纤维间直接固结而形成的片状纤维集合体称为非织造织物,它是通过机械纠缠抱合、或热黏合、或化学黏合、或多种固结方式组合制成的柔性、多孔结构、性状稳定的纺织品,如图 6.21(b)所示。它可与纱线、织物,甚至膜或其他片状物,缝编或复合制成纺织结构复合材料。

2. 织物的分类

织物分类的方法很多,现把常见的分类方法列举如下。

(1)按使用的原料分类　根据使用的原料不同,机织物可分为纯纺织物、混纺织物、交织

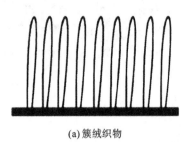

(a)簇绒织物　　　　　　　　　　(b)非织造织物

图 6.21　簇绒织物与非织造织物

织物三类。纯纺织物是经、纬纱均由同一种纤维纺制的纱线交织而成的织物;混纺织物是指经、纬纱均是由两种或两种以上的纤维混合纺制而成,经过织造加工而成的织物;交织织物是指经、纬纱采用各不相同的纤维原料,经织造加工而成的织物。

（2）按纺纱的工艺分类　根据纺纱工艺的不同,棉织物可分为精梳棉织物、粗梳(普梳)棉织物和废纺棉织物;毛织物分为精梳毛织物(精纺呢绒)和粗梳毛织物(粗纺呢绒)。

（3）按染整加工分类　根据染整加工方法的不同,织物可分为本色坯布、漂布、色布、花布和色织布。

6.2.3.2　织物的加工

1. 机织加工

机织加工是由织机将垂直配置的经纬纱按规律交织成织物的工艺过程,由织前准备、织造和织坯整理三个工序组成。织前准备工序包括络筒、整经、浆纱、穿经、卷纬等准备工序。织造由开口、送经、引纬、打纬和卷取五大运动构成。经纱由织轴引入,绕过后梁,穿过停经片和综丝眼进入织物形成区,在开口机构作用下形成梭口,然后通过引纬机构将纬纱引入梭口,在钢箱的作用下使纬纱被压向织口,在织物形成区与经纱交织成织物,接着由卷取机构把织物卷在卷布辊上。织坯整理一般包括检验、修织、清刷、烘布、折叠、分等和成包等过程。机织物成形及机构原理示意图如图 6.22 所示。

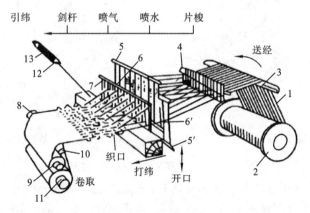

图 6.22　机织物成形及机构原理示意图

1—经纱;2—织轴;3—后梁;4—分绞棒;5、5′—综框;6、6′—综丝眼;

7—钢箱;8—胸梁;9—刺毛辊;10—导布线辊;11—卷布辊;12—梭子;13—纡管

2. 针织加工

针织物生产工艺过程有针织前准备工序、针织工序、染整工序和成缝工序。纬编前准备工序由络筒及一些辅助加工组成;经编前准备工序由络筒、整经和一些辅助加工组成。针织工序是把纱线按照一定的组织规律织成坯布或半成品的工序,它包括针织织造、验布、修布和打包等工序。成品缝制工序是将坯布裁剪、缝制成针织品,再经过整烫、检验、包装等工序后为最终产品。纬编成圈示意图如图 6.23 所示,经编成圈示意图如图 6.24 所示。

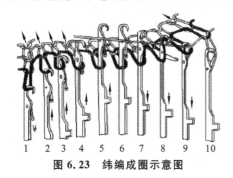

图 6.23　纬编成圈示意图

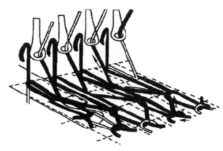

图 6.24　经编成圈示意图

3. 非织造布加工

非织造布加工的两个主要步骤是纤维成网和纤维固结,其流程与方法如图 6.25 所示。从成形加工过程看,成网就是纤维排列,如传统的纺纱,纤维排列的方式有单向、交叉、随机排列等,如图 6.26 所示;固结就是相互作用,如织造。

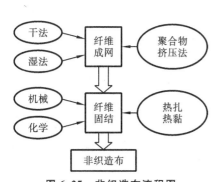

图 6.25　非织造布流程图

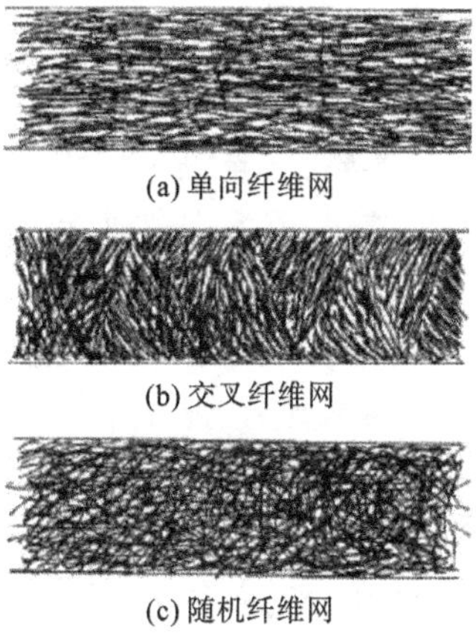

图 6.26　纤维网的排列方式

(a) 单向纤维网

(b) 交叉纤维网

(c) 随机纤维网

4. 编结加工

编结结构是利用两组回转相反的载纱器织制。圆形编结由编结纱绕中央纱芯回转而形成。圆形编结机包含有两组偶数的编结纱筒管,一组绕机器中心顺时针转动,另一组为逆时针转动。顺、逆时针的路径使两组纱线相互交叉,形成筒形编结物。在平面编结物成形中,不采用上述两种连续路径,而是让载纱器在两个固定点(即终端)循环转圈或反向回转,然后在相对的轨道上连续,使其轨迹不能构成圆环。编结加工示意图如图 6.27 所示。

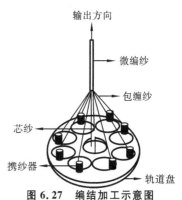

输出方向

微编纱

包缠纱

芯纱

携纱器

轨道盘

图 6.27　编结加工示意图

6.3　新型纺织材料

随着社会的发展和进步，人们物质生活水平的提高，人们对服装的消费水平发生了巨大改变，对纺织材料提出了更多、更高的要求，包括舒适、健康、安全、环保、新材料、新技术等。随着纺织技术和材料科学的发展，出现了许多新型纺织材料，现将一些常见的介绍如下。

6.3.1　新型纤维材料

1. 天然彩棉

普通的棉织品必须经过化学漂染工艺才能变得五颜六色，而天然彩色棉花制成的纺织品，不用化工染整工艺就可以拥有缤纷的色彩，称得上是绿色环保产品。天然彩色棉主要有棕色、绿色和褐色三大系列色彩。天然彩色棉存在变色、褪色、掉色、沾色等问题，利用天然彩色棉和白棉混纺以及天然彩色棉的变色现象，可以设计出丰富多彩的面料。

2. 改性羊毛

（1）表面变性羊毛　羊毛变性处理主要是使羊毛纤维直径能变细为 $0.5 \sim 1~\mu m$，手感变得柔软、细腻，吸湿性、耐磨性、保温性、染色性能等均有提高，光泽变亮。这种羊毛又称丝光羊毛和防缩羊毛。丝光羊毛与防缩羊毛都是通过化学处理将羊毛的鳞片剥除。而丝光羊毛比防缩羊毛剥取的鳞片更为彻底，两种羊毛生产的毛纺产品均有防缩、可机洗的效果，丝光羊毛的产品有丝光泽，手感更滑糯，被誉为仿羊绒的羊毛。羊毛的表面变性处理极大地提高了羊毛的应用价值和产品档次，如以常规羊毛进行变性处理，能使羊毛品质在很大程度上得到提高。

（2）拉细羊毛　羊毛可纺线密度取决于羊毛细度，纺低线密度或超低线密度毛纱需要细于 $18~\mu m$ 的羊毛，仅澳大利亚能供应，但产量极少。拉细羊毛具有丝光、柔软效果，其价值成倍提高，但是拉细羊毛的断裂伸长率下降。产品轻薄、滑爽、挺括、悬垂性良好、有飘逸感、呢面细腻、光泽明亮、反光带有一定色度。穿着无刺扎、刺痒感，无粘贴感，是新型高档服装面料。

3. 仿羊毛纤维

羊毛纤维及织物具有优良的保暖性，柔和自然的光泽，富有弹性和舒适美观的使用性能。但羊毛纤维也有它自身的缺点，如易产生毡缩，不宜机洗等。仿羊毛纤维就是利用化学纤维特征，采用超细纤维技术和异形截面技术，制造出既保持有羊毛纤维的优点，又可克服其缺点的纺织纤维。仿羊毛纤维为有光、异形和改性纤维。通常，在常温常压下经阳离子染色或分散性常温常压染色，可以使纤维或织物获得较好的染色性能。

4. 仿蚕丝纤维

蚕丝的特征是它独特的光泽、高雅的颜色、优良的蓬松性、悬垂性和悦耳的丝鸣。仿蚕丝纤维至少要具有蚕丝的几项性能，或者完全模仿蚕丝的性能，甚至超越了天然蚕丝的某些性能。

仿蚕丝纤维技术往往都是采用多种不同的技术加以灵巧组合而成。这些技术包括特殊的聚合体制造及纺丝技术、织造技术、染整加工技术，甚至包括仿蚕丝纤维织物的缝制技术。

6.3.2　功能性纺织材料

随着人们对生活环境与产品质量要求的提高，自我意识与环境保护意识的增强，人们越来越重视功能性、环保型新型面料的研制与开发,在各种新型面料的开发中,这种高科技产品正在蓬勃发展,并且必将成为世界纺织业发展的主流。

6.3.2.1　舒适性纺织材料

1. 保暖调温服装材料

在寒冷的环境中,织物的保暖性取决于织物和服装储存静止空气间隙的大小和防止织物受潮的能力,以及织物具有弹性以保持厚度的能力。

(1) 远红外线热纤维　由于陶瓷粉末或钛元素等可以发射远红外线,通过纺丝共混工艺使陶瓷粉末或钛元素等添加剂与涤纶或丙纶等纤维相结合形成具有保温功能的新材料。远红外纤维是向纤维基材中掺入远红外微粉而制成的保暖纤维,纤维基材可以是聚酯纤维、聚酰胺纤维、聚丙烯纤维等常用合成纤维。远红外纤维可用作电热毯罩、蓆子、电热器、运动服、内衣、袜子和防寒服等,还可用于具有镇痛效果的保护带和防止褥疮的躺椅等保健用品。

(2) 调温纤维　调温纤维是指可以根据外界环境温度变化而调节人体温度的纤维。1970年美国发明了将二氧化碳等气体溶解在溶剂中的技术,如果将此溶剂填充进纤维的中空部分,在织造前将中空部分封闭,这样就可以织造出具有调温功能的织物。当织物所处的环境温度较低时,纤维中空部分的液体凝固,气体在其中的溶解度降低,从而使纤维的有效体积增大,织物的绝热性能提高;反之,环境温度较高时则绝热性能降低。

(3) 太阳能放热纤维　科学家研究发现,北极熊能在寒冷的北极地区生活,因为北极熊的毛与光导纤维在结构上极其相似。熊毛的外端透明,犹如一根细小的石英纤维,与皮肤接近的一端则是不透明的神经髓鞘,表面既粗糙又坚硬,中间是空心状,这种结构对光的传输特别有利,它可以最大限度地将光能汇集到表皮上并转化成热能,通过皮下的血液循环,把热能输送到全身。

20 世纪 80 年代,日本的一些公司开发了一系列利用储存太阳光和人体辐射放热的纤维产品。例如复合纤维阳光 a,它具有杰出的吸收可见光和近红外线的功能。阳光 a 纤维制成的服装,在有阳光的日子里,服装内的温度比普通服装高 2～8 ℃;阴天时,也会高 2 ℃左右,保温效果明显提高。该纤维已被用来制作滑雪服、运动衫、紧身衣等多种产品。

2. 透湿吸汗纺织材料

吸湿透湿是指织物将湿气从皮肤输送到外层织物或外界空气,继而蒸发、散逸,从而使穿着者感到凉爽。服装面料的吸湿透湿性能主要取决于构成面料的纤维的吸湿性、导湿性和放湿性。

(1) 多孔高吸水吸湿纤维　这种纤维是将有特殊网络构造的吸水聚合物包覆在锦纶上的芯鞘型复合纤维,兼有吸水性和放水性。高吸水吸湿纤维(hygra)是采用微孔结构的原理制成的。多孔聚丙烯腈纤维也是一种高吸水吸湿纤维,如德国的 dvnova 和日本的 aqualon。聚酯纤维也可采用多孔的方法制成高吸水吸湿纤维,如日本的 wellkey 聚酯短纤维和 wellkey filament 聚酯长丝。

(2) 吸汗速干纤维　吸汗速干纤维是一种在吸了很多汗液时也会很快干燥,能够一直保持干爽状态的纤维。为了使其吸水后能够快速蒸发,纤维在具有适当的亲水性的同时,还有必要控制水分向纤维内部浸透的性能。赋予纤维吸汗速干性能的方法有:纤维截面异形化、偏心芯复合纺丝法、微细多孔化、复合纱、多层结构化。

(3) 防水透湿织物　在湿冷的天气里,有些服装如羽绒服、防寒服等,要么不防水,要么防水却不透湿,而使用高科技的防水织物具有防水保护和透湿性能。现在各种防水透湿的"可呼吸织物"已经面市。

透湿防水织物就是模仿荷叶的防水功能制成的。当水滴在荷叶上时,水不会浸入到荷叶中,而是在其上形成滚动的水滴。用电子显微镜观察荷叶表面发现其上被 $100~\mu m$ 直径的颗粒以 $300\sim500~\mu m$ 的间距间隔地排列覆盖着。颗粒与颗粒之间存有很多空气,颗粒与空气在荷叶表面上自然地混合覆盖着。这样的混合覆盖层,使水不能浸入荷叶内而形成水滴滑落下来。根据生产技术的不同,该类织物可以分为三种:采用高密度织物、利用复合织物、采用涂层织物。

6.3.2.2　卫生、保健纺织材料

1. 甲壳素

甲壳素又称甲壳质、几丁质、壳蛋白,是从虾蟹等甲壳动物的外壳及真菌和藻类等低等植物的细胞壁中提取的一种带正电荷的动物纤维素。甲壳素具有优良的吸水性,同时还具有一定的生物抗菌性。它的防菌特性能保护皮肤免受溶酶侵扰,还有抗霉菌功能及很好的保湿性、可染性和抗静电性。

甲壳素纤维的用途十分广泛:在医疗领域,可用于手术缝合线,它在人体内可被吸收,在体外可被生物降解;可用于制作烧伤、烫伤用纱布和非织造布等;还可用作人造皮肤。在工业领域可作吸收放射线的罩布、超级话筒布、特殊抗粘污罩布等。

2. 抗菌纤维

抗菌纺织品大致有三类:一是本身特有抗菌功能的纤维,如某些麻类纤维、甲壳素纤维及金属纤维等;二是用抗菌剂进行过抗菌整理的纺织品;三是将抗菌剂在化纤纺丝时加到纤维中而制成的抗菌纤维。

(1) 金属纤维　金属纤维是指银、铜及镍铬合金等金属丝经拉拔、电镀、分解等特殊工艺加工制成的截面直径为 $2\sim20~\mu m$ 纤维束。金属丝具有较好的防静电、防微波辐射功能和良好的抗菌功能。由于带正电荷的金属纤维与带负电荷的细菌相互吸引,使细菌活体运动受阻,抑制了细菌的生长。试验表明,镍铬合金及银纤维的抑菌效果较好,但镍铬合金价格相对较低。几种金属纤维的抗菌效果如表 6.1 所示。

表 6.1　几种金属纤维的抗菌效果

菌种 纤维种类	大肠杆菌		白色葡萄球菌	
	个/mL	抑菌率/(%)	个/mL	抑菌率/(%)
镍铬合金纤维	3.0×10^7	95.6	8.8×10^7	96.9
银纤维	2.8×10^7	95.9	1.04×10^8	96.3
铜纤维	1.6×10^8	76.5	8.4×10^8	70.0

(2) 纳米抗菌涤纶　由于涤纶熔融温度较高,对抗菌剂的选择首先要考虑耐高温、不易分解、安全卫生。纳米抗菌剂的制造方法是用碱金属或碱土金属的水合硅酸盐作载体,它是一种由氧桥连接的硅、铝、氧四面体,呈骨架状无限排列结构,其中铝所连接的一个负价由可交换的阳离子进行平衡。为了使纳米抗菌剂能均匀分散在聚合物中,除将抗菌粉体进行表面处理外,需用共混法制成的纳米抗菌母粒进行纺丝。

3. 生命衬衫

美国研制出一种装有 6 个传感器的高科技衬衫,能将穿着者的身体状况通过随身携带的微型电脑经互联网随时传给医生。"生命衬衫"既可像普通衣物那样进行洗涤,又可使医生及时了解病人的体能状况,尤其对防止心绞痛、睡眠性呼吸暂停等突发性衰竭比较有效,因此受到西方医疗界的高度评价,被誉为"医疗护理业未来发展趋势的路标"。

4. 能自然减肥的睡衣

人的一生大约有 1/3 的时光是在睡梦中度过的。日本科学家设计了一种轻薄柔软,穿在身上无束缚感的自然减肥睡衣,其原理是将它穿在身上睡觉时,可使身体保持在 33～37 ℃,而这一温度是人体发汗的最佳温度,能比普通的健康人在睡梦中排出的汗量多 3～5 倍。这样,每天睡梦中大量出汗,当然就能达到减肥的目的。

6.3.2.3　防护纺织材料

1. 防紫外线纤维

紫外线具有灭菌、消毒和促进人体内维生素 D 的合成,促进钙的吸收,预防软骨病的功能。但过量的紫外线照射可使人体肌肤产生红斑、皮炎、色素沉淀,加速人体老化,甚至致癌等。

防紫外线纤维对紫外线有较强的反射和吸收性能。对紫外线能起反射作用的物质,称紫外线屏蔽剂;对紫外线有强烈吸收并能进行能量转换而减少透过量的物质,称紫外线吸收剂。某些金属氧化物的超细粉体可作为紫外线屏蔽剂,如三氧化二铝、氧化镁、氧化锌、二氧化钛、石墨、高岭土等。防紫外线纺织品主要用于制作衬衫、运动服、休闲装、工作服、长筒袜、帽子、窗帘及遮阳伞等。

2. 防电磁辐射纤维

电磁波污染已成为继空气、水、噪音污染之后的第四大污染。长期生活在高压线、电讯发射装置、大功率电器设备周围及经常近距离使用各种家电者患各种疾病的可能性将大大增加,如头晕、乏力、食欲不振、视力下降、情绪烦躁,甚至诱发畸胎、癌变等。

对电磁辐射的防护可采用以下三种方式:时间、距离、屏蔽。最好与电磁辐射被接触的时间越少越好,与波源距离越远越好,在不得不接触时,应采取屏蔽措施。活动的人体,对电磁辐射屏蔽的最好方法就是穿有屏蔽功能的纺织品。这类纺织品的制造方法大致有两类:一是用后整理的方法使纺织品具有屏蔽功能,而更多的是采用具有屏蔽电磁辐射性能的纤维制作纺织品。这类纺织品和纤维也称吸波材料。

目前,具有屏蔽电磁辐射功能的纤维有 6 大类,包括:金属纤维、含碳纤维、表面镀层纤维、涂层纤维、导电聚合物纤维、嫁接导电复合物纤维等。

3. 阻燃纤维

有资料表明,近代大型火灾约有一半是由于纺织品燃烧引起的。在历次火灾中,有相当一部分遇难人员,并非被烧死,而是被浓烟毒雾窒息而亡。因而开发阻燃、低发烟纤维成为纺织科研人员努力的方向。

纺织品阻燃性能通常用极限氧指数(LOI)表示。极限氧指数是材料点燃后在大气中维持燃烧所需要的最低的含氧量体积百分数。极限氧指数大,则材料难燃;极限氧指数小,则易燃。

表 6.2　纤维燃烧性能分类

纤维品种	纤维名称	燃烧特征	极限氧指数（LOI）
不燃纤维	石棉纤维、玻璃纤维、碳纤维、金属纤维、无机纤维,氯纶	不能点燃	＞35％
难燃纤维	芳纶、氯纶、酚醛纤维、阻燃腈纶、阻燃涤纶、腈氯纶、维氯纶	在中小型火焰点燃下,纤维不会发生火焰燃烧,有少量分解或炭化,离开火焰后可自灭,不会发生火灾	26％～34％
可燃纤维	涤纶、锦纶、维纶、羊毛、蚕丝	在中小型火焰点燃下,容易发生燃烧,会延燃,但燃烧速度较慢	20％～26％
易燃纤维	棉、麻、粘胶纤维、丙纶、腈纶	在中小型火焰点燃下,容易发生燃烧,燃烧速度很快,并迅速蔓延	＜20％

6.3.3　高性能纺织材料

高性能纤维,是指有比普通合成纤维高得多的强度和模量,且具有优异的耐高温性能和难燃性及突出的化学稳定性的纤维。高性能纤维主要应用在有特殊要求的工业和技术领域,如耐高温材料,腐蚀性气体和液体的过滤材料,高强力复合结构材料,汽车、航空航天飞行器构件,优质运动器材等。用于服装上仅限于特种防护服,如防弹衣、耐热阻燃服、耐化学药品服等。

1. 碳纤维

碳纤维是以聚丙烯腈纤维、粘胶纤维等有机纤维为原丝,通过加热炭化除去碳以外的其他元素制得含碳量在 85％以上的纤维。它具有高强度、高模量、很好的化学稳定性和耐高温的性能,是高性能的增强复合材料。碳纤维具有密度小、重量轻、强度大、耐热性好、耐酸碱性好等特点。碳纤维主要是加入到树脂、金属或陶瓷等基体中,作为复合材料的骨架材料,主要用于以下几个方面。

（1）在航空航天和国防军工方面　用于宇宙飞船、火箭、导弹、人造卫星和高速飞机的结构材料,以减轻其自身质量,增加其强度和性能。

（2）在体育器材方面　近年来,高尔夫球杆、钓鱼竿和网球拍是碳纤维在体育用品中用量最大的 3 个品种,约占碳纤维体育用途的 80％。碳纤维也广泛用于滑雪材料、弓箭、自行车、山地车、赛车、风筝、滑翔机等。

（3）产业用途　据估计,产业用途将是今后碳纤维需求增长最快的一个领域,主要是将碳纤维以短切纤维的形式加到热塑性树脂之中,在模具中制成具有一定造型的复合器具,具有补强、抗静电、电磁波屏蔽的作用。

2. 芳纶

芳纶的全称为芳香族聚酰胺纤维,是以含苯环的二氨基化合物与含苯环的二羟基化合物为原料制成的,是由芳族聚酰胺长链大分子构成的合成纤维,其中有 85％的酰胺键直接与两个芳基连接,而有不超过 50％的酰胺键可被亚胺键所替代。最具典型的产品是芳纶 1313 和芳纶 1414。

（1）芳纶 1313　芳纶 1313 的耐温性能好,在 260 ℃高温下可持续使用 1 000 h,还能保持其原有强度的一半;它还有很好的阻燃性(其限氧指数为 28％),在火焰中不延燃。芳纶 1313

能耐大多数酸的作用,除不能与强碱(如烧碱)长期接触外,对碱的稳定性也很好。

芳纶 1313 主要用于制作防火和耐高温材料,如用于制作防火帘、防燃手套、消防服、耐热工作服等。在航空航天方面,芳纶 1313 可用于制作降落伞、飞行服、宇宙航行服等,也可用于民航客机的装饰织物。

(2)芳纶 1414　芳纶 1414 的强度为普通锦纶或涤纶纤维的 4 倍,为钢丝的 5 倍、铝丝的 10 倍。模量为锦纶的 20 倍,比玻璃纤维和碳纤维的模量都高。长期使用温度为 240 ℃,在 400 ℃以上才开始烧焦,可与 500 多摄氏度的物料接触使用,钢铁厂工人戴着芳纶手套在 760 ℃高温下工作。也不致灼伤皮肤。芳纶密度为 1.44 g/cm³,化学性能稳定,能耐盐酸、氢氟酸、磷酸、醋酸、氢氧化碳、二氯甲烷等多种酸、碱及有机溶剂的侵蚀。

3. PBI 纤维

PBI 纤维是聚苯并咪唑纤维的简称。它是一种典型的高分子耐热纤维,主要用作宇航密封舱耐热防火材料。PBI 纤维具有阻燃性好、尺寸热稳定性好、良好的染色性、化学稳定性好及穿着舒适等特点。

PBI 纤维主要用于要求纤维阻燃、耐高温的领域。该纤维织物可用于制作消防服、防高温工作服、飞行服和救生用品等,曾经用它制作阿波罗号和空间试验室宇航员的航天服和内衣。还可用作宇宙飞船重返地球时及喷气飞机减速用的降落伞、减速器和热排出气的储存器等。

4. PBO 纤维

PBO 纤维是目前所发现的有机纤维中性能最好的一种,其物理机械性能超过芳纶、碳纤维等,被誉为 21 世纪超级纤维,其商品名为柴隆(Zylon)。PBO 纤维的限氧指数值为 68%,只有在高浓度的氧气中才会燃烧,其难燃性是现有的有机纤维中最高的。PBO 纤维具有很好的尺寸稳定性、耐热性好、吸湿性小、化学稳定性好等特点。PBO 纤维的缺点是耐酸性较差、耐光性较差。PBO 纤维的用途主要有以下几方面:光纤张力构件和橡胶补强、高性能横梁外壳和桥梁缆索、体育用品、耐热衬垫、消防服等。

5. 聚乙烯纤维

超高分子量聚乙烯纤维是以超高分子量聚乙烯(UHMWPE)为原料,经纺丝加工而制成的一种高性能纤维,是继碳纤维和芳纶之后的又一大发明。超高分子量聚乙烯纤维是目前世界上强度最高的纤维之一,其强度是钢丝的 15 倍,比芳纶还要高(见表 6.3)。这种纤维的密度小,只有 0.96 g/cm³,用它加工的绳缆及制品质轻,可以漂在水面上。其能量吸收性强,可制作防弹、防切割和耐冲击品的材料。

表 6.3　几种合成纤维的力学性能比较

项　　目	UHMWPE	芳纶	碳纤维	玻璃纤维	涤纶(高强)	锦纶(高强)
密度/(g/cm³)	0.96	1.44	1.78	2.55	1.38	1.14
强度/(N·tex⁻¹)	2.65	1.90	1.90	1.20	0.80	0.80
模量/GPa	87	58	240	73	14	6
比模量/(N·tex⁻¹)	90	40	134	28	10	5
断裂伸长/(%)	3.5	3.7	1.4	2.0	13	20

超高分子量聚乙烯纤维具有良好的疏水性、耐化学品性、抗紫外线、抗老化和耐磨性,同时又耐水、耐湿、耐海水、抗展、耐疲劳等,主要缺点是耐热性差,在 150 ℃左右即熔化,其强度和模量随温度的升高而降低,因而这种材料要避免在高温下使用,主要用于防弹衣、手套、击剑套

服、头盔、绳缆和渔网等。

　　6. 聚四氟乙烯纤维(PTFE)

　　聚四氟乙烯纤维具有独特的综合性能,是迄今为止最耐腐蚀的纤维,具有摩擦系数低,不粘着、不吸水的特性,其限氧指数为 95%,是目前化学纤维中难燃性最好的。人们安装、修理水暖管件和阀门时,使用的"生料带"就是聚四氟乙烯纤维制品,不粘锅的表面也涂了一层薄薄的聚四氟乙烯膜。聚四氟乙烯纤维主要用于以下几个方面。

　　(1) 航天航空领域　用这种纤维制成的增强塑料,是制作飞机和其他飞行器的结构材料,也可以作火箭发射台的屏蔽物,其织物可制作宇航服。

　　(2) 工业上的应用　由于聚四氟乙烯纤维有极好的化学稳定性,摩擦系数又小,适宜制作各种耐腐蚀和耐高温的密封函,可作高温下腐蚀性气体及酸、碱雾滴的过滤材料和传送腐蚀性物质的传送带。

　　(3) 医疗和生活中的应用　聚四氟乙烯纤维在医疗上也有独特的用途,它可制作各种人造血管、人造气管,可以用来修补内脏,用它缝合非吸收组织。

思　考　题

　　1. 简述纺织的发明对人类发展的意义。

　　2. 羊毛天然转曲的形成原因是什么?

　　3. 羊毛单根纤维的宏观形态特征是怎样的? 羊毛纤维由外向内由哪几层组成? 各层的一般分布规律如何? 各层对纤维性质有什么影响?

　　4. 桑蚕丝与蜘蛛丝的宏观形态特征与突出性能是什么?

　　5. 粘胶纤维、涤纶、腈纶、锦纶、维纶等有什么主要特性? 它们的学名、我国的定名、一般的国外之名和商品名称是什么?

　　6. 简述纱线的分类。

　　7. 简述碳纤维的特点和应用领域。

参考文献

[1]　周启澄,屠恒贤,程文红. 纺织科技史导论[M]. 上海:东华大学出版社,2002.

[2]　陈维稷. 中国纺织科学技术史[M]. 北京:科学出版社,1984.

[3]　孟宪文,班中考. 中国纺织文化概论——靓丽人间[M]. 北京:中国纺织出版社,2000.

[4]　姚穆. 纺织材料学[M]. 北京:中国纺织出版社,2000.

[5]　李亚滨. 简明纺织材料学[M]. 北京:中国纺织出版社,1999.

[6]　于伟东. 纺织材料学[M]. 北京:中国纺织出版社,2008.

[7]　瞿才新,张荣华. 纺织材料基础[M]. 北京:中国纺织出版社,2004.

[8]　邢声远,江锡夏,文永奋,等. 纺织新材料及其识别[M]. 北京:中国纺织出版社,2002.

[9]　郁铭芳. 纺织新境界:纺织新原料与纺织品应用领域新发展[M]. 北京:清华大学出版社,2002.

[10]　葛明桥. 纺织科技前沿[M]. 北京:中国纺织出版社,2004.

第7章 信息材料

在人类社会的早期,对信息的认识比较广义而且模糊,对信息的含义也没有明确的定义。到了20世纪,尤其是中期以后,信息科学技术的发展,对人类社会产生了深刻的影响。当前,人类正以惊人的速度走出工业文明,步入信息时代。信息时代的来临不仅改变着人们的生产方式和生活方式,而且改变着人们的思维和学习方式。而支撑着信息技术的这座大厦背后,有一个人类不能忽略的"材料王国"——信息材料。生活在21世纪的我们可以真实地体会到:信息材料正日益改变着我们的生活。

7.1 信　　息

随着现代社会的发展,信息知识已经成为最重要的资源,信息产业成为核心产业,信息素养已成为每个公民必须具备的基本素质。

那么,什么是信息? 信息就是客观世界各种事物特征和变化的反映。信息的范围极其广泛,任何运动着的事物都存储着信息。信息是资源,正确地利用信息可以极大地提高劳动生产率,改善人类的生活质量。

在自然界,一年四季、春夏秋冬周而复始地变换,花卉的应季荣衰就是寒暑交替的信息。人类对世界的认知和改造过程就是获取信息、加工信息和发送信息的过程。在现代生活中人们通过电视、电话、报刊等各种媒体,每时都在获取、加工和传递着大量的信息,如通过天气预报获取气象信息,可以合理地安排生产、生活。在学习和工作当中,采集学习材料和学习文件是获取信息,处理相关调查数据是处理信息,得出结论并公布结果是传递信息。可见,信息来源于客观世界,范围广泛,具有一定的利用价值,可以通过载体为人们所获知,用来指导人类认识世界、改造世界。人类对信息的定义也处于不断发展当中。1928年,哈特莱一篇题为《信息传输》的论文中,他把信息理解为"选择通信符号的方式",且用选择的自由度来计量这种信息的大小。1948年,美国数学家仙农(C. E. Shannon)在《贝尔系统技术杂志》上发表了一篇题为《通信的数学理论》的论文中指出:"信息是用来消除随机不定性的东西。"这在信息认识方面取得了重大突破,被称为信息论的创始人。同年,维纳(N. Wiener)出版了专著《控制论:或关于动物和机器中控制与通信的科学》,创建了控制论。维纳从控制论的角度出发,认为,信息是人们在适应外部世界,并且这种适应在反作用于外部世界的过程中,同外部世界进行互相交换的内容的名称。1975年,意大利学者朗高(G. Longo)在《信息论:新的趋势与未决问题》一书的序言中认为,信息是反映事物的形式、关系和差别的东西,它包含在事物的差异之中,而不在事物本身。

总之,信息是指与客观事物相联系,反映客观事物的运动状态,通过一定的物质载体被发出、传递和感受,对接受对象的思维产生影响并用来指导接受对象的行为的一种描述。从本质上说,信息是反映现实世界的运动、发展和变化状态及规律的信号与消息。

7.2　信　息　技　术

　　人类已经步入知识经济时代,信息技术以一种前所未有的姿态展现在我们面前,它已经渗透到社会的各行各业。信息技术以前所未有的发展速度,成为推动经济和社会变革的中坚力量。信息技术的蓬勃发展,为加速经济和社会变革提供了强大的推动力,使得生产、金融、管理、办公、服务和军事指挥等的自动化都得以实现。当今社会的各个方面,广至宇宙空间,微至微观原子和电子,无论是科研、生产、社会交往、作战指挥还是家庭生活,无一例外地均与信息技术结下不解之缘。信息技术的普及和发展,使得整个社会的生产方式、生活方式与思维观念都在经历一场深刻变化。由于信息技术的广泛利用,人的大脑"扩展"了,人的四肢"延长"了,人的"视野"开阔了,人的时空观念也改变了,从而使得整个世界融为一体,地球由此变"小",人类与外星更接近,"天涯若比邻"也从诗人的幻想变为真正的现实……

　　人们对信息技术的定义,因其使用的目的、范围、层次不同而有所不同,可以从三个层面来定义。从哲学上阐述信息技术与人的本质关系而言,信息技术是指能充分利用与扩展人类信息器官功能的各种方法、工具与技能的总和。从人们对信息技术功能与过程的一般理解而言,信息技术是指对信息进行采集、传输、存储、加工、表达的各种技术之和。从强调信息技术的现代化与高科技含量而言,信息技术是指利用计算机、网络、广播电视等各种硬件设备及软件工具与科学方法,对文图声像各种信息进行获取、加工、存储、传输与使用的技术之和。

　　广义地讲,信息技术是扩展人类信息器官功能的一类技术。现代信息技术是以微电子技术和光电子技术为基础,以计算机与通信技术为核心,是包括信息获取、信息传递、信息存储、信息处理和信息显示等在内的总称。

7.3　信　息　材　料

1. 信息材料的定义

　　信息材料是指与现代信息技术相关,用于信息的获取、传输、存储、处理和显示的材料。

　　信息材料是信息技术的基础和先导。现代信息技术对各种信息的获取、传输、存储、处理和显示是通过各种信息功能器件来实现的。而这些信息功能器件的功能又是以各种信息材料为载体实现的。不同的功能器件具有不同的信息处理能力。因此,构成这些器件的信息材料也各不相同。

　　众所周知,人类社会迄今为止,已经历了四次信息技术革命:第一次是人类创造了语言、文字,接着出现了记录文献;第二次是人类发明了造纸和印刷术;第三次是电报、电话、电视等通信技术的出现,并实现广泛的应用;第四次是计算机微电子技术和通信技术在日常生活、科技、军事上的应用。

　　与其说信息技术的四次革命,倒不如说是材料发展史上的革命。材料的发展历史和人类社会的历史同样悠久,新石器时代距今已有1万年,中国在公元前17世纪初即进入青铜器时代,铁器时代距今已有3 500多年的历史。在材料世界里,以金属王国种类最多,历史最久。翻开元素周期表,在人类已经发现的109种元素中,和金属"沾边"的竟多达86种,真可谓"五分天下有其四"。但是,进入 20 世纪以来,由于金属材料在性能和应用方面所存在的局限,使其主导地位受到了严重的挑战。20 世纪是旷古以来材料发展史中流光溢彩的辉煌历史时期。社会进步及军事电子技术发展的迫切需要,使人们意识到未雨绸缪的时候到了。于是一大批新型电子材料应运而生,例如:1910 年蒂埃尔(Thiel)等报道了磷化铟(InP)材料;1950 年,用直拉(CZ)法制备出第一颗锗(Ge)单晶;1952 年,制备出第一颗硅(Si)单晶;1954 年,用区熔(FZ)法,水平(HB)法制备出砷化镓(GaAs)单晶;1965 年,耐特(Knight)首次用气相外延(vPE)法成功地制备了砷化镓(GaAs)单晶薄膜;1960 年,第一台红宝石激光器问世;1970 年,美国康宁公司首次研制成功低损耗光纤;1946 年,发现钛酸钡($BaTiO_3$)陶瓷经极化处理后具有压电效应;1954 年,发现了压电性能远比 $BaTiO_3$ 优良的锆钛酸铅($PbZrTiO_3$),推动了压电陶瓷的广泛应用;1967 年,皮诺(Pinnow)等人首次报道了优质声光晶体钼酸铅($PbMoO_4$)单晶的熔体生长。半个世纪以来,众多研究人员走出传统的思维定式,勇于探索,锲而不舍,使一代又一代充满生机的新材料如雨后春笋般脱颖而出。从新材料家族中涌现出来的新秀,不但为材料王国的兴盛带来了曙光,也为人类社会带来了新一次信息技术上的革命。

2. 信息材料的分类

信息材料作为信息的载体,是为实现信息探测、传输、存储、显示和处理等功能所使用的材料。信息材料按功能分主要有以下几类。

(1) 信息获取材料　对电、磁、光、声、热辐射、压力变化或化学物质敏感的材料属于此类,可用来制成传感器,用于各种探测系统,如电磁敏感材料、光敏材料、压电材料等。这些材料大致由陶瓷、半导体和有机高分子化合物等构成。

(2) 信息传输材料　信息传输材料主要是指光导纤维,简称光纤。它质量轻、占空间小、抗电磁干扰、通信保密性强,可以制成光缆以取代电缆,是一种很有发展前途的信息传输材料。

(3) 信息存储材料　信息存储材料主要包括:①磁存储材料,主要是金属磁粉和钡铁氧体磁粉,用于计算机存储;②光存储材料,有磁光记录材料、相变光盘材料等,用于外存;③铁电介质存储材料,用于动态随机存取存储器;④半导体动态存储材料,目前以硅为主,用于计算机内存。

(4) 信息显示材料　信息显示材料主要是指用于阴极射线管和各类平板显示器件的一些发光显示材料。

(5) 信息处理材料　信息处理材料是制造信息处理器件如晶体管和集成电路的材料。目前,硅和砷化镓是使用最为广泛的信息处理材料。

信息材料是信息技术发展的基础。只有信息材料的进步,才能实现信息技术的跨越。如作为电子信息材料的微电子材料、光电材料、传感材料、磁性材料等,这些信息材料支撑着通信、计算机网络技术等现代信息技术发展,并渗透到社会的各行各业当中。以硅及硅化物材料为基础的集成电路产业规模和技术水平的高低,已经成为可以衡量一个国家科技实力的重要标志。随着近代高容量和高速度信息技术的发展,必然会相应地出现新的信息材料,才能满足人类社会日益增长的发展需求,才更能促进人类社会更高、更快、更好地进步。

7.3.1　信息获取材料

自古以来,人类通过自身的感觉器官,或者耳听目视,或者手触鼻嗅,从外界获取信息。而面对或者来自遥远星际的微弱光亮,或者身边那些看不见、摸不着的事物(如红外光、磁场、微量气体等),人类无法获得相关信息。然而,随着人类社会的发展,人类发明了各种各样的传感器,延伸了自身的器官,从而能通过多种途径获得更多、更复杂的信息。

7.3.1.1　传感器材料分类

一般来说,现代人类获取信息主要使用探测器和传感器,信息获取材料是指用于信息探测和传感的对外界信息敏感的一类材料。在外界信息如热、力、光、磁、电、化学或生物信息的影响下,这类材料的物理或化学性质(主要是电学性质)会发生相应变化,通过测量这些变化可方便精确地探测、接收和了解外界信息变化。主要包括:力敏传感材料、热敏传感材料、光敏传感材料、磁敏传感材料、气敏材料、湿敏材料、压敏材料、生物传感材料等。

1. 湿敏材料

湿敏材料是指电阻值随环境湿度增加而显著增大或降低的一些材料。湿敏传感器件大部

分利用微孔吸附的水分与晶粒表面发生作用而使电导发生变化的原理制成,如图 7.1 所示。利用电容量变化的湿敏材料,常由于其性能的非线性变化、不稳定和寿命短等原因,应用范围比较狭窄。目前,陶瓷湿敏材料和高分子湿敏材料应用较多。

陶瓷湿敏材料主要有 $MgCrO_4$ 系、$ZnCr_2O_4$ 系和 $MnWO_4$、$NiWO_4$ 等。$MgCrO_4$ 系中最著名的是高温烧结而成的 $MgCr_2O_4$-TiO_2 系多孔陶瓷材料(见图 7.2),这种材料的感湿灵敏度、响应速度和精度都很高,可制成小体积的湿敏传感器。$ZnCr_2O_4$ 系中较著名的是 ZnO-Cr_2O_3-$LiZnVO_4$ 系多孔陶瓷,它也是高温烧结而成的。$MnWO_4$、$NiWO_4$ 都是厚膜型湿敏电阻,感湿膜厚度一般为 $50\ \mu m$,其特点是响应速度快。其

图 7.1　湿敏材料传感器

他湿敏陶瓷材料还有 TiO_2-V_2O_5、TiO_2-SnO_2、$CaTiO_3$、$MnTiO_3$ 和 $FeSbO_3$ 等,特别是近几年进行的 ABO_3 型材料研究,对湿敏材料的发展和制作湿敏器件有很大推进。

高分子湿敏材料(见图 7.3)是指吸湿后电阻率或介电常数会发生变化的高分子电解质膜,如吸湿性树脂、硝化纤维系高分子膜。可分为电阻式和电容式两种。吸湿后,前者电阻率发生变化,后者介电常数发生变化。这类器件的材料很多,如:高氯酸锂-聚氯乙烯、双二甲氨基乙烯基硅烷、四乙甲基硅烷等离子共聚物膜、亲水高氯酸锂-聚氯化乙烯双二甲氨基乙烯基硅烷 SO_3H 基和 $COOH$ 基的含氯聚合物、季胺化聚乙烯吡啶聚合物、羟丙烯酸丙酯与三甲基氯化胺盐共聚物、主链有氮的离子性聚合物膜等。

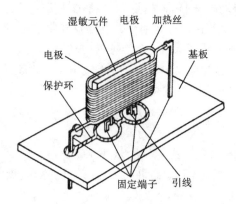

图 7.2　$MgCr_2O_4$-TiO_2 陶瓷湿敏元件

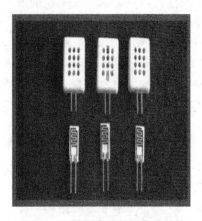

图 7.3　阻抗型高分子湿敏传感器

2. 热敏传感材料

热敏传感材料是指对温度变化具有灵敏响应的材料,热敏敏感器件用的功能陶瓷材料主要为各类电阻型材料,有正温度系数热敏电阻(PTC)(见图 7.4),负温度系数热敏电阻(NTC)(见图 7.5)和临界温度急变电阻(CTR)等。

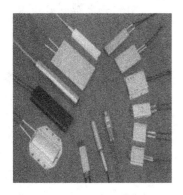

图 7.4　PTC 陶瓷温敏传感器

图 7.5　NTC 陶瓷温敏传感器

PTC 陶瓷热敏材料:半导化的 $BaTiO_3$ 陶瓷,即通过掺施主杂质形成 N 型半导体。

NTC 陶瓷热敏材料:热阻特性多为指数式变化,常需使用补偿使其线性化。目前,已有 $CdO\text{-}Sb_2O_3\text{-}WO_3$ 系和 $CdO\text{-}Sn_2O_3\text{-}WO_3$ 系两类材料,其电阻率和温度的关系在 $-100\sim300$ ℃ 范围内呈线性。

CTR 陶瓷热敏材料:利用材料从半导体相变到金属相时电阻的急剧变化而制成。这种敏感器件用了以 V_2O_5 为基础的半导体材料,并掺以各类氧化物改善其性能,如添加 MgO、CaO、SrO、BaO、B_2O_3、P_2O_5、SiO_2、GeO_2、NiO、WO_3、MoO_3 或 La_2O_3 等。

3. 气敏传感材料

气敏材料是对气体敏感,电阻值会随外界气体种类和浓度变化的材料,如 SnO_2、ZnO、Fe_2O_3、ZrO_2、TiO_2 和 WO_2 等 N 型或 P 型金属氧化物半导体。气敏材料用于制作气敏传感器,吸附气体后载流子数量变化将导致表面电阻率变化,进而对气体的种类和浓度进行探测。

在应用中使用较多的气敏材料有:SnO_2、Fe_2O_3、ZnO、WO_3、ZrO_2、TiO_2 等 N 型或 P 型金属氧化物半导体,以及许多复合氧化物系统的材料。工作原理在于 N 型半导体的负离子吸附和 P 型半导体的正离子吸附都会使载流子减少,导致表面电导率降低;反之,N 型半导体的正离子吸附和 P 型半导体的负离子吸附都会使载流子增多,导致表面电导率增高。无论是 N 型或 P 型金属氧化物半导体,对 O_2、NO_x 等氧化性气体大多都有负离子吸附,对 H_2、CO、乙醇等还原性气体大多都发生正离子吸附。

SnO_2 是目前应用最广和性能最优越的一种气敏器件材料。

4. 其他信息获取材料

其他信息获取材料包括力敏传感材料、光敏传感材料、磁敏电阻材料和压敏材料等。

力敏传感材料是指在外力作用下电学性质会发生明显变化的材料,主要分为金属应变电阻材料和半导体压阻材料两大类。

光敏传感材料在光照下会因各种效应产生光生载流子,用于制作光敏电阻、光敏三极管、光电耦合器和光电探测器。最常用的光学敏感材料是锗、硅和 Ⅱ-Ⅵ族、Ⅳ-Ⅵ族中的一些半导体化合物等,如 CdS、$CdSe$ 和 PbS 等半导体化合物。

磁敏电阻材料是指具有磁性各向异性效应的磁敏材料。这类材料在磁化方向平行电流方向时,阻值最大;在磁化方向垂直于电流方向时,阻值较小。改变磁化方向与电流方向夹角,即可改变磁敏电阻材料的阻值。强磁性薄膜磁敏电阻材料主要是 NiCo 和 NiFe 合金薄膜,可制备磁敏二极管或三极管,灵敏度高、温度特性好,可用于磁场测量。

压敏材料是指对电压变化敏感的一些非线性电阻材料。压敏材料一般被制成压敏电阻使用。主要有 ZnO、$BaTiO_3$、SiC 等。

7.3.1.2　传感器功能材料

传感器功能材料大致可分为有机系、无机系、金属系及复合系四种功能材料,目前,整个市场以无机材料的研究居多。表 7.1 给出了主要的传感器与所用材料的典型情况。用来制作相关传感器的材料还有半导体、光纤、高分子、稀有金属材料等。

表 7.1　主要的传感器与所用材料

测量对象	检测机理	器件	主要材料
温度	由块体中载流子数目的变化而引起电阻率的变化	负温度系数热敏电阻	NiO、FeO、MnO、SiC、CoO
	由晶界电位势垒高度的变化而引起电阻率的变化	正温度系数热敏电阻	$BaTiO_3$
光	由自极化温度变化而引起的表面吸附电荷数量的变化	热点传感器	$PbTiO_3$、$LiNbO_3$、$(Pb,La)TiO_3$、$Pb(Zr,Ti)O_3$
	由块体中载流子数目的变化而引起电阻率的变化	光电池	$Bi_{12}SiO_{20}$
	由晶界产生的约瑟逊效应而引起电压的变化	约瑟逊结型传感器	$Ba(Pb,Bi)O_3$、$(Ba,K)BiO_3$
气体	由晶界或顶部空间电荷层的变化而引起表面电阻率的变化	表面控制型传感器	SnO_2、MnO_2、Cr_2O_3
	由块体中晶格缺陷密度的变化而引起电阻率的变化	体积控制型传感器	Fe_2O_3、$(La,Sr)CoO_3$
	由 ZrO_2 表面氧离子极化而引起电功率的变化	固体电解质型传感器	$ZrO_2(CaO,Y_2O_3)$
湿度	由水蒸气的化学吸附、物理吸附而引起表面电阻的变化	质子电导型传感器	$MgCr_2O\text{-}TiO_2$、$TiO_2\text{-}V_2O_5$、$ZnCr_2O\text{-}LiZnVO$

7.3.1.3　传感器功能材料展望

1. 从社会需求看功能材料

传感器技术不仅随技术基础而提高,而且还随社会需求而变革,这些无不与新材料的应用有着密切关联。例如 21 世纪全世界的头等大事是能源和粮食问题。就能源而言,在热核反应堆这一理想能源实现以前,势必要向能源多样化方向发展,诸如太阳、风、地热、生物量、中小水力等自然能源,以及煤炭、液化、气化、工业余热的利用等都在新能源多样化开发之列,这些新能源技术与传感器技术都有着密切的关系。从安全方面考虑,信息检测对象多为温度、流量、压力、位移、振动、应力等。而在粮食领域正着力开发有关贮藏、加工、流通等方面的新技术,传感器技术显得十分重要,传感器功能材料也就不言而喻了。

2. 从传感器基础看功能材料

最早的传感器主要以取代人类五感中的视感、听感和触感,以及检测超越人的五感的能量。例如,用于高温、高压等方面的传感器,大都属于此类。所以,在原有的传感器中有关可见光、红外温度类传感器比较多。可是,仅就视觉、听觉、触觉类传感器而言,现在的研究水平还远远赶不上生物的感觉功能。这说明还需要在开发新技术方面下工夫,努力提高研究水平,以适应社会需求。

7.3.2 信息传递材料

人类运用自己的智慧来传递信息已经经历了长远的发展历程。古时用于点燃烟火传递重要消息的高台是古代重要军事防御设施,这种最古老但行之有效的信息传递材料——烽火台(见图 7.6),是为防止敌人入侵而建的。遇有敌情发生,则白天施烟,夜间点火,台台相连,传递信息。这也许是人类最古老的运用自己的智慧来远距离传递信息的技术。但是这种传递技术只适合示警类,并不能传递信息的具体内容。因而,驿站的出现补偿了这一缺点。驿站是古代供传递官府文书和军事情报的人或来往官员途中食宿、换马的场所(见图 7.7),驿马则为传递文书的交通工具。此外,古代传递信息技术还有"飞鸽传书"、"漂流瓶"、"孔明灯"等,但是这些技术在很大程度上都取决于当时材料科学发展的局限性。随着近代社会的快速发展,人类在经历短暂的电报类通信阶段过渡到了信息高速公路,互联网的时代,从此信息交流、知识传播建立了一种实实在在的现代信息传递载体——现代信息传递材料。现代信息传递材料是用于各种通信器件的能够用来传递信息的材料。

图 7.6　古时烽火台

图 7.7　古驿站

现代通信传递材料是现代通信方式的物质基础,它的类别很多,其中光纤通信、微波通信和 GSM 蜂窝移动电话通信是目前使用最为广泛的一些通信方式。以下主要讲述这三种通信方式下的通信材料。

7.3.2.1　光纤通信材料

光纤作为现代信息传递的主要介质,已被广泛应用于通信、广播电视及各种传感领域。光纤传输具有容量大、中继距离长、保密性好、不受电磁干扰和节省铜材等优点。常用光纤材料有石英光纤、红外光纤、高聚物光纤。

1. 石英光纤

石英光纤由纤芯、包层和表面涂覆层组成。纤芯的主要成分是 SiO_2,纯度达 99.999%,其余成分为极少量的掺杂物,如 GeO_2。掺杂物的作用是为了提高纤芯的折射率。包层的主要材料也是 SiO_2,只不过纯度相对较低。高分子材料涂覆层,常用的材料有环氧树脂、硅橡胶等,其作用是增强光纤的柔韧性和机械强度。石英光纤如图 7.8 所示。

2. 红外光纤

红外光纤指透光范围在红外波段的光纤材料。除超长距离通信外,红光光纤在医学、军事、工业和非线性光学方面都有重要的应用,如激光手术刀、能量术传输、红外遥感和探测等。目前研究的红外光纤主要有重金属氧化物玻璃、卤化物玻璃、硫化物玻璃和卤化物晶体等,其中氟化物光纤和硫化物光纤已成为红外光纤研究的两大主流方向(见图 7.9)。氟化物玻璃光纤的衰减值最小,在 3.4 μm 处为 10^{-3} dB/km,它是由二价、三价和四价氟化物形成的多组分玻璃,如以 ZrF_4、AlF_3、BaF_2 等为主体的五元、六元系的玻璃。硫化物玻璃光纤是由硫、碲、硒、砷、锗、磷等元素形成的二元或三元化合物玻璃,这类光纤的衰减值为 10^{-2} dB/km。它虽较氟化物光纤的衰减值稍大,但具有大的玻璃生成区,易形成稳定玻璃态,透外范围宽,成纤能力好,因此是颇受重视的红外光纤材料。

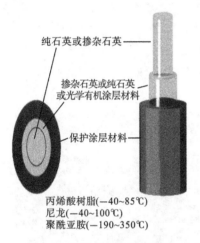

纯石英或掺杂石英 ———

掺杂石英或纯石英
或光学有机涂层材料 ———

保护涂层材料 ———

丙烯酸树脂(-40~85℃)
尼龙(-40~100℃)
聚酰亚胺(-190~350℃)

图 7.8　石英光纤结构示意图

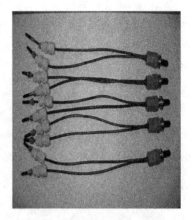

图 7.9　硫系红外光纤

3. 高聚物光纤

高聚物光纤是以透明高聚物为芯材,以比芯材折射率低的聚合物为包层材料所组成的光导材料。现在广泛使用的是塑料光纤,正在研究的还有橡胶光纤。高聚物光纤也是由纤芯和包层两部分组成。纤芯的主要材料是聚甲基丙烯酸甲酯(PMMA)和聚苯乙烯、聚碳酸酯和聚甲基硅氧烷等。用作纤层的塑料有氟树脂、聚甲基丙烯酸甲酯、聚甲基戊烯等。与石英光纤相比,塑料光纤更柔软、易弯曲、芯径大、易耦合、抗电磁干扰、制造简单、成本低,可广泛用于短距离数据通信,传感系统,以及广告牌、工艺品的制造等。

7.3.2.2　微波通信材料

微波系统是由微波传输线和各种微波元件构成的。常见的微波传输线有平行双线、矩形波导、圆波线、同轴线、带状线和微带线等。带状线和微带线的特点是利用高介电常数、低微波损耗的介质材料(如氧化铝陶瓷、蓝宝石、铁氧体等)对所传输的微波进行有效的约束和定向传

播。传输线常用的金属导体材料有黄铜、铜、铝等,常用绝缘层材料和护层材料有聚乙烯、聚四
氟乙烯、聚苯乙烯等。

微波元件主要采用铁氧体多晶和单晶制备。利用铁氧体独特的旋磁效应,即铁氧体在微
波频段呈现的磁导率张量特性和谐振特性,可制成多种微波器件。

7.3.2.3　GSM 数字蜂窝移动通信材料

早期的 GSM(Global System for Mobile Communications,全球移动通信系统)手机中使
用的各种集成电路模块以用硅基材料制备的为主,但为了改善器件的频率特性和减少耗电量,
近年来已逐步改用 GaAs 材料制备。为了提高存储密度和进一步减少耗电量,有的存储器已
改用铁电薄膜存储器,例如 FRAM(铁电存储器)。用于 FRAM 的铁电薄膜材料主要有 PZT
($PbZr_xTi_{1-x}O_3$)和 SBT($SrSi_2Ta_2O_9$)等。

7.3.3　信息存储材料

广义的信息存储材料可以认为是能够存储、记录语言、文字与图像等信息的一切材料。狭
义的信息存储材料是指用来制作各种信息存储器的一些能够记录和存储信息的材料。它的原
理是在外加物理场(如电场、磁场、光照、加热等)的影响下,信息存储材料发生物理或化学变
化,并能使变化后的状态保持比较长的时间,实现对信息的存储。如果存储材料在一定强度的
外场作用下,能快速从变化后的状态返回原先的状态,那么这种存储就是可逆的。

当前,信息存储的高密度化和数据处理的高速化是信息化技术追求的主要目标之一。随
着信息技术的不断进步,数据和信息量的急剧增长,对存储器提出了大容量、高存取速度的要
求,而目前广泛应用的磁盘、磁带、半导体固态集成 RAM 等存储设备,由于受其存储技术的基
本限制,这些传统的存储方法均不能同时满足现在存储器对存储容量、数据传输速率及寻址速
度等几项性能指标的要求,而且除半导体 RAM 外,上述其他几种存储器都带有机械运动部
件,因而在一些特殊的应用场合,如星载数据存储应用时,限制了它们的运行可靠性。发展比
目前使用的各种存储器容量更大、性能更好的存储器成为当前信息技术一个研究热点。

信息技术在经历了以解决计算机运算速度为主要任务 CPU 时代和解决信息传播、传输、
交换为主要矛盾的网络时代之后,现在又进入以解决信息存储和安全备份为主要矛盾的信息
存储时代。在各种未来高密度光存储技术中,全息光存储以其所具有的高存储容量、高存储密
度、高信息存储冗余度、存储速度和高存储可靠性等优点将会一直受到人们的重视。下面主要
对磁光存储材料、全息存储及其材料作进一步阐述。

7.3.3.1　磁光存储材料

磁光存储是用激光束照射,实现热磁记录和擦除信息,而用磁光法拉第效应或克尔效应来
读取信息。磁光存储兼有磁存储和光存储的如下优点。①可反复擦除,可重复写入。②高密
度。磁光存储系统的记录密度只受激光性能的限制,通常情况下,磁光存储的容量密度超过
1.8×10^8 b/cm^2。③非接触的快速随机存取。采用无惰性的光偏转技术,既避免了磁头对磁
介质的机械接触,又获得了较快的存取速度,且性能稳定,抗损伤、灰尘能力强。磁光盘大量的
投入使用对传统磁存储是一次信息记录的革命。

磁光存储材料主要有以下几种。

(1) 锰铋合金薄膜,如锰铋、锰铋锆合金薄膜等。锰铋合金薄膜存在以下的缺点:居里点
温度很高(约为 360 ℃),几乎接近膜的分解温度;法拉第旋转角和克尔旋转角不够大;另外,锰

铋合金薄膜多为多晶膜,存在着强烈的晶界散射,介质噪声很大,故信噪比较低,这些都大大地限制了锰铋合金薄膜的应用与发展。

(2) 稀土-过渡金属非晶膜,如钆铽、钆铁、钆钴金属非晶膜等。稀土-过渡金属非晶膜是近期研究得比较多的磁光存储材料之一。它最主要的优点包括无结晶晶粒晶界,有较高的信噪比,且易于在各种衬底上制备大面积均匀膜。但它也存在着明显的缺点,及磁光效应不够大,易氧化、易生锈,化学稳定性和热稳定性都比较差,不利于信息长期可靠地存储。

(3) 稀土铁石榴石薄膜。稀土铁石榴石薄膜,有大的磁光效应,法拉第旋转角和克尔旋转角都很大,因此,可以产生大的读出信号,且在近红外波段透明。它有可能制成多层膜磁光盘,晶体的物理化学性能稳定,耐腐蚀,耐高温,被认为是最有应用前景的新一代磁光记录介质。高掺铋系列稀土铁石榴石薄膜成为当前磁存储研究的重点。

7.3.3.2　全息存储材料

1. 全息存储技术

全息存储是利用光的干涉,在记录材料上以全息的形式记录信息,并在特定条件下以衍射形式恢复所存储的信息的一种超高密度存储技术。全息即物体的全部信息,包括物体光波的强度分布和位相分布。

1) 基本原理

晶体全息存储与读出系统原理图如 7.10 图所示,存储时,输入数据先通过空间光调制器(SLM)被调制到信号光上,形成一个二维信息页,然后与参考光在记录介质中干涉形成体全息图并被记录,实际记录的常是输入信息页的傅里叶谱,因此,在 SLM 与记录介质之间通常还没有傅里叶变换透镜。利用体积全息图的布拉格选择性,改变参考光的入射角度或波长,可以实现多重存储。读出时,利用适当入射角度或波长的参考光照射全息图,便可得到存储数据页的二维重建,利用 CCD 光电探测阵列,读出光信号又被转化为电子信号。以光折变晶体作为全息记录介质,利用晶体材料的光折变效应可以将干涉图案光强分布的变化实时转化为相应的折射率变化,即形成相位体全息图,因而全息图的衍射效率可能会很高。另外,以光折变晶体记录全息图,记录过程简单,无须后处理,记录的全息图既能擦除重写,又可以进行固化定影与长期保存。

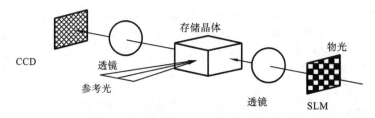

图 7.10　晶体全息存储器原理示意图

2) 全息存储的特点

(1) 存储密度高、容量大。全息存储容量上限为 $1/\lambda^3$,理论上全息存储密度可达 1 Tb/cm^2(1Tb＝1 024 Gb),目前的技术已达 10 Gb/cm^2。高存储密度是通过在感光材料的同一区域记录多张全息图得到的。

(2) 数据传输速率高和存取时间短。全息图采用整页存储和读出的方式,一页中的所有信息都被并行地记录和读出。此外,全息数据库可以用无惯性的光束偏转(如声光偏转器)或波长选择等手段来寻址,不一定要用磁盘和光盘存储中必需的机电式读写头,因而数据传输速率和存储速率可以很高。

（3）高冗余度。与按位存储的磁盘和光盘不同,全息图以分布式的方式存储信息,每一信息位都存储在全息图的整个表面上或整个体积中,故记录介质局部的缺陷和损伤不会引起信息的丢失。

（4）存储可靠性高。全息存储材料都选用光学性能好、化学性能稳定的银盐晶体、有机高分子聚合物或金属化合物晶体。全息存储材料记录的信息可保持 30 年以上。

（5）可进行并行内容寻址。全息存储器能够直接输出数据页或图像的光学重构信息,因此,可以并行地进行面向页面的检索和识别,具有快递的内容相关寻址功能。这种独特的性能可以用来构建内容寻址存储器。

2. 几种全息存储材料及特性

1) 卤化银乳胶

卤化银乳胶是全息领域应用最早的记录材料,它用来制作传统的全息干板用感光层,主要成分包括照相明胶、卤化银（$AgCl$、$AgBr$、AgI）及适当的添加剂（坚膜剂、增感剂、稳定剂等）。卤化银乳胶一般用于作平面全息存储,但膜层较厚的卤化银乳胶在经过漂白处理后,介质内部产生折射率变坏的现象,因此也可以看成体全息存储材料。卤化银感光胶其显著优点是感光灵敏度高、分辨率高和信噪比高。但银盐材料也有其本身的缺陷,用于全息记录时获得的衍射效率偏低,而且银盐材料需要经过湿法显影处理。卤化银乳胶已不能满足使用者越来越高的要求,尤其是它在全息领域的应用受到很大的限制。

2) 重铬酸盐明胶（DCG）

重铬酸盐明胶拥有很好的全息存储能力,其特点是高衍射效率、高分辨率、低噪声、图像消失后可以通过再处理基本恢复、制备工艺简单等。利用重铬酸盐明胶记录信息时,它很少吸收和散射光,在介质内可以形成很大的折射率变化,制成尽可能厚的全息图,衍射效率接近 100%。

DCG 光化学全息记录过程为:作为感光敏化剂的重铬酸盐溶解在明胶中,它以 6 价离子 Cr^{6+} 与明胶胶和,形成 DCG 膜。曝光时,在 DCG 膜吸收光后使 6 价铬离子 Cr^{6+} 变为低价离子态 Cr^{3+},随后与其附近的明胶分子的残基进行共价结合而形成交联,使明胶坚膜硬化。由于各区曝光程度不同,这种交联的数量也随之不同。交联程度与 DCG 的溶胀、密度、折射率等性质密切相关。由于整个光化学反应在明胶内,交联作用也使得水洗显影时,未曝光部分不像软明胶那样被冲洗掉,而仅仅是洗去残余的重铬酸盐。同时,明胶也因吸水而溶胀,溶胀程度与曝光量成反比。最后,在异丙醇中浸泡脱水,并快速干燥,使曝光部分的折射率提高,就制成了衍射效率很高的位相型全息图。

3) 光致聚合物

光致聚合物材料能够同时对红、绿光敏感,对红、绿光的两种衍射效率分别不低于 30%,灵敏度不低于 $25\ cm^2/J$。同时,该材料有较大的空间频率范围,分别为 $1\ 600\sim 2\ 800\ lp/mm$（红光）,$1\ 700\sim 3\ 000\ lp/mm$（绿光）。通过全息存储实验表明,记录信息重现清晰,信噪比高,相互间无串扰,有较好的存储性能,适合多波长复用全息存储记录。

光致聚合物主要由单体、聚合体和光敏剂组成。记录光照射聚合物后,光敏剂被激发,并引发曝光过程;然后,自由基引发单体分子聚合,最后在材料中形成位相型全息图。光致聚合物具有较高感光灵敏度、高分辨率、高衍射效率及高信噪比,可用完全干法处理及快速显影,记录的全息图具有很高的几何保真度,并易于长期保存。光致聚合物的主要缺点在于其体积容易受到影响而发生变化。

4)光致抗蚀剂

这种材料也可以旋涂在基片上制成干板,光照射后,抗蚀剂中将发生化学变化,且随着曝光量的不同,发生变化的部分将具有不同的溶解力。选用合适的溶剂显影,便可制成表面具有凹凸的浮雕相位型全息图。为了获得较好的图像质量,需要对负性光致抗蚀剂进行足够曝光,但这往往与全息图成像的最佳曝光量相矛盾,从而使负性光致抗蚀剂存储的全息图的精细线条往往由于曝光量不够,而在显影时被腐蚀掉,影响全息图的质量。

5)光折变材料

光折变材料是指光照射下能吸收光子而产生电荷转移,从而形成空间电场,再通过电光效应使折射率发生改变的材料。光折变材料具有高灵敏度、大存储容量、动态范围大、存储持久性长、可以重复使用等优点,在弱激光束作用下也可以显示出可观的非线性效应,因此在光学信息处理研究领域中有许多重要的应用,如在全息存储、实时干涉计量、实时图像边缘增强、关联存储等众多方面有广泛的应用,且有机光折变聚合物也没有光致聚合物的体积变化问题。全息信息存储是光折变材料最吸引人的应用之一。下面就其在光学体全息存储中的应用作简单的介绍。

目前,由于生长大体积高光学质量的光折变晶体的工艺已较成熟,因而光折变晶体在全息存储应用中已得到广泛的应用。现在应用的材料有有机高分子材料和无机晶体材料,这两种材料各具优缺点:有机存储材料的优点在于其可设计性,可根据所需要的材料性能,对有机材料进行设计,使其达到我们的要求,但有机材料的老化及其应用的温度范围等问题限制了有机材料的应用;无机信息晶体材料不具备可设计的特性,但无机晶体材料可通过掺入不同的掺杂剂和调节掺杂剂的量及其他手段,如氧化、还原及气相平衡处理等,改变其性质以适于我们的应用。目前,无机材料在光学体全息存储中仍占有主要地位。

从 $LiNbO_3$ 和 $LiTaO_3$ 晶体的光折变效应的发现至今,光折变无机晶体材料取得了长足的进步,用于光学体全息存储的新型的无机晶体材料随着信息产业的发展也取得了一些成果。近几年来,出现了一些新型用于光学体全息存储的光折变晶体:铌酸钾锂(KLN)晶体,它具有响应时间快的特点,为几十毫秒;铌酸铅钡(BPN)晶体,在未掺杂情况下其指数增益系数达到 $10 cm^{-1}$;钛酸钙钡(BCT)晶体,电光系数较大,这些晶体在某些方面都有优于 $LiNbO_3$ 晶体的性能。但因为这些晶体难以大尺寸生长,目前仍处于研究阶段。目前,最适合用于制作成大容量的三维体全息存储器的光折变材料是铌酸锂($LiNbO_3$,LN)晶体和掺杂 $LiNbO_3$ 晶体。它具有一些其他光折变材料不具备的优点而成为光折变三维存储器的首选材料,例如:铌酸锂晶体的光折变敏感波段位于可见波段,有利于仪器设备的调节;铌酸锂晶体的造价低廉,它对生长和处理条件要求较低,容易拉制成大尺寸单晶,晶体的成品率高,易于加工;铌酸锂晶体适用温度范围广,不存在钛酸钙钡(BCT)晶体那样的低温相变的问题;铌酸锂晶体不易退极化;铌酸锂晶体的衍射效率较高,可高达 80% 以上,衍射效率在不同的耦合角度下比较均匀,几乎不变;铌酸锂晶体全息图固定技术比较成熟,将晶体加热到 $100\sim180$ ℃,晶体中被热激发的离子将中和电子栅,将晶体冷却至室温后用均匀光辐照样品,电子将被擦除,由于离子栅对光不敏感,只对热敏感,光辐照后离子栅仍存在。这样,电子栅转化为离子栅,全息记录得以固定。基于这些优点,人们对体全息存储光折变材料选择的焦点主要集中在铌酸锂晶体上。

6) 光致变色材料

光致变色存储是利用记录材料在光子作用下发生化学变化而实现信息存储,常用的光致变色材料有二芳乙烯、螺吡喃、吡咯俘精酸酐等有机物。

利用光致变色材料作全息记录时,由于光致变色膜层内的分子极化特性在入射光光子的作用下发生改变,导致膜层折射率变化,尤其是记录波长与介质吸收谱线发生共振时,膜层内部可产生明显的折射率变化。此时全息图的衍射效率主要来源于介质折射率的变化,而不是介质吸收率的变化。利用这一特点,可用物光和参考光的干涉场在光致变色材料中形成折射率调制的全息图。

光致变色材料具有无颗粒特征,分辨率仅受记录波长的限制。并且,若记录光功率足够强,则不必采用干法或湿法显影,只需光照就可以在原位记录或擦除全息图。光致变色材料还具有宽的动态范围,其主要缺点是灵敏度较低,响应速度慢。

当前,磁盘和光盘存储仍然是数据存储技术的主流,磁光存储材料的广泛应用是信息记录的一次伟大革命。但信息社会的飞速发展,现代计算机速度的迅速提高,对高密度信息存储的需求愈加迫切。光学将成为穿越宏观世界和深入微观世界的重要工具。伴随着这一时代进程,全息存储必将在科学研究和社会生活的各个方面发挥重要的作用,存储材料必将快速朝着全息存储技术材料的方向不断前进。

7.3.4　信息显示材料

通常把显示器件中使用的光电子材料称为信息显示材料或光电显示材料。信息显示材料分为两类:本身发光的材料称为主动显示材料,如阴极射线发光材料、电致发光材料等;本身不发光,依靠它调制外界光完成显示功能的材料,称为被动显示材料,如液晶、电致变色材料等。按照显示原理,信息显示材料分为:液晶显示材料(LCD)、等离子体显示材料(PDP)、阴极射线管显示材料(CRT)、场发射显示材料(FED)、真空荧光屏显示材料、无机电致发光显示材料、有机电致发光显示材料等。

自 20 世纪初出现 CRT 以来,它一直是活动图像的主要显示手段。2000 年以后平板显示技术有了较快的发展,已经取代 CRT 成为计算机、多媒体、信息家电等产品的主要显示方式。平板显示技术主要包括液晶显示技术、等离子体显示技术和发光二极管显示技术等。发光二极管显示技术出现较早,但由于价格高、制成大面积列阵比较困难,主要应用于大型显示板,其作为规模生产的较大显示器发展比较缓慢。液晶显示屏(LCD)是由非晶硅薄膜晶体管驱动相应的液晶单元,代替传统的电子束显像管的像素而完成图像显示功能。这种显示器具有超低电磁辐射,能耗低,无闪烁现象,能保证计算机操作者长时间工作时视觉等方面的健康。平板液晶显示技术涉及的关键材料主要有非晶硅和液晶材料两种。非晶硅是当前非晶半导体材料和器件的研究重点和核心。下面主要介绍 LCD、等离子体显示材料(PDP)、阴极射线管显示材料(CRT)、场发射显示材料(FED)、真空荧光屏显示材料、无机电致发光显示材料和有机电致发光显示材料。

7.3.4.1　液晶显示材料(LCD)

1. 非晶硅材料

非晶硅又称无定形硅。单质硅的一种形态。棕黑色或灰黑色的微晶体。硅不具有完整的金刚石晶胞,纯度不高。硅的熔点、密度和硬度也明显低于晶体硅。化学性质比晶体硅活泼。

可由活泼金属(如钠、钾等)在加热下还原四卤化硅,或用碳等还原剂还原二氧化硅制得。结构特征为短程有序而长程无序的 α-硅。纯 α-硅因缺陷密度高而无法使用。采用辉光放电气相沉积法就得含氢的非晶硅薄膜,氢在其中补偿悬挂链,并进行掺杂和制作 PN 结。非晶硅在太阳辐射峰附近的光吸收系数比晶体硅大一个数量级。禁带宽度 1.7~1.8 eV,现已工业应用,主要用于提炼纯硅,制造太阳电池、薄膜晶体管、复印鼓、光电传感器等。

非晶硅(α—Si:H)是一种新兴的半导体薄膜材料,非晶硅中存在大量的氢,硅的悬挂键趋于饱和,因此非晶硅光电性能得到大大的改善,故一般所说的非晶硅,均指含氢的非晶硅,或称氢化非晶硅。它作为一种新能源材料和电子信息新材料,自 20 世纪 70 年代问世以来,随着对非晶薄膜的深入研究,取得了迅猛发展。工业上已获得了一系列新的薄膜材料,包括非晶硅合金薄膜材料、超晶格材料、微晶硅薄膜、多晶硅薄膜,以及最新的纳米硅薄膜材料。与晶态硅相比,非晶硅薄膜具有制备工艺相对简单的优点,仅通过各种气体源就可一次性连续完成复杂器件的制作,而且可获得大面积均匀的薄膜,不受衬底形状的限制,原材料消耗少,价格比较便宜,易实现规模生产等优点。目前,非晶硅的应用正在日新月异地发展,可以相信在不久的将来,还会有更多的新器件产生。例如,非晶硅太阳能电池是目前非晶硅材料应用最广泛的领域,也是太阳能电池的理想材料,光电转换效率已达到 13%,这种太阳能电池成为无污染的特殊能源。1988 年全世界各类太阳能电池的总产量 35.2 MW,其中非晶硅太阳能电池为 13.9 MW 居首位,占总产量的 40%左右。

2. 液晶显示材料

液晶是一种介于固态与液态间的有机化合物,也是一种具有规格性分子排列的化合物,将其加热会变成透明液态,将其冷却会变成结晶的混浊固态,因此称为液晶。液晶具有晶体一样的各向异性,也具有液体的流动性。在分子序列中,液晶分子具有和一维和二维远程有序,介于理想的液体和晶体之间。液晶的流动性表明液晶分子间作用力微弱,改变液晶分子取向排列所需外力很小,几伏电压就可改变,因此液晶显示具有低电压、微功耗的特点。液晶分子结构决定液晶具有较强的各向异性,稍微改变液晶分子取向就能明显改变液晶的光学和电学性能。液晶显示原理如图 7.11 所示。

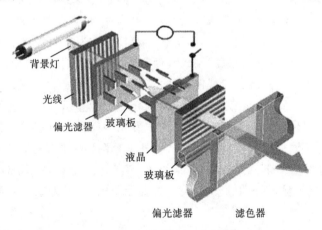

背景灯
光线
偏光滤器
玻璃板
液晶
玻璃板
偏光滤器　　　滤色器

图 7.11　LCD 液晶显示原理

液晶分子形状分为棒状、板状、碗状三种。液晶显示用的主要是棒状分子液晶(见图 7.12);板状分子液晶主要用于液晶显示器的光学补偿膜;碗状分子液晶目前还尚未得到应用。棒状分子长约一个纳米,宽约零点几个纳米,由中央基团和末端基团构成,这些含有极性的基团决定了液晶的性能。在电场作用下,液晶分子的偶极矩会按电场方向取向,使分子原有排列方式发生变化,引起液晶光学性质变化。这种因外加电场作用而引起液晶光学性质发生的变化称为液晶的电光效应,如图 7.13 所示。

图 7.12　棒状分子液晶

图 7.13　液晶分子的电光效应

液晶分子的电光效应和光学特性可进行液晶数码显示,早期用于笔记本式计算机、台式监视器和电器仪表显示,目前,应用领域已扩展到台式计算机、壁挂电视和广告牌等。如图 7.14 所示为液晶数码产品。

图 7.14　液晶数码产品

液晶分子的排列方式也可以影响液晶的性能。液晶分子按照排列方式的不同,可分成向列相、胆甾相和近晶相三大类,排列结构如图 7.15 所示。

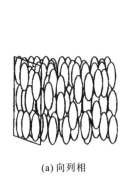 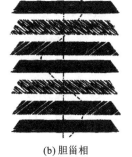 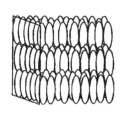

(a) 向列相　　　　　　(b) 胆甾相　　　　　　(c) 近晶相

图 7.15　液晶相和分子排列

向列相:棒状分子不分层,分子可以转动,向各个方向滑动,只在分子长轴方向保持平行排列。这类液晶黏度较小,流动性较好,是显示用液晶的主要类型。

胆甾相:棒状分子分层排列,层内分子相互平行,相邻两层分子的长轴方向略有变化,旋转一定角度,分子沿层的法线方向排列成螺旋状结构。例如,薄膜体温计就是利用胆甾相液晶的螺距随温度变化而变化,液晶显示的颜色会随之变化的原理制作的。

近晶相:棒状分子分层排列,分子在层内按分子长轴方向互相平行,可垂直或倾斜于层平面。分子只能在层内转动或滑动,不能在层间移动。这类液晶黏度很大,一般不用于液晶显示。

常用液晶材料包括:安息香酸酯类、联苯类和联三苯类、苯基环己烷基类和联苯基环类、换己烷基碳酸酯类。

7.3.4.2 等离子体显示材料

等离子体显示板(PDP)是一种平板发光器件。它是利用惰性气体在一定电压的作用下产生气体放电而形成等离子体,直接发射可见光,或发射真空紫外线,以激发荧光粉发射可见光。按材料可分为单色 PDP 和彩色 PDP 材料两种。

单色 PDP 材料是利用 Ne-Ar 混合气体在一定电压作用下产生气体放电,直接发出 582 nm 橙色光而制作的平板显示器。单色 Ac-PDP 可制作大尺寸的平板显示器件。图 7.16 所示为单色 PDP 广告牌。

图 7.16 单色等离子体显示材料(PDP)

彩色 PDP 是用 He-Xe 混合气体放电时产生的不可见 147 nm 真空紫外线激发荧光粉使其发出可见光实现显示的。它以惰性气体为工作媒质,可在 $-55\sim70$ ℃ 的范围内稳定工作,又由于体积小,便于携带,非常适合野战需要,在武器装备中获得广泛应用。主要用于多媒体终端显示、工作站显示和壁挂式大屏幕显示。

7.3.4.3 阴极射线管材料

阴极射线管(CRT)是将电信号转变为光学图像的一种电子束管。CRT 显示材料是指能在电子束轰击下发光的一类发光材料,即阴极射线荧光粉。阴极射线荧光粉有上百种,目前用于彩色显像管的典型发光粉是 $ZnS:Ag$(蓝色)、$ZnS:Cu$、Al(黄绿色)和 $Y_2O_3S:Eu^{2+}$(红色)等。CRT 显示器如图 7.17 所示。

此外,采用纳米发光材料既可提高 CRT 发光材料的发光效率,又可提高 CRT 显示屏的分辨率。纳米 $ZnS:Mn$ 粉末是目前较好的一种发光材料,可用于高清晰度电视显示。

7.3.4.4 其他信息显示材料

信息显示材料还包括场发射显示材料(FED)、真空荧光屏显示材料、无机电致发光显示材料、有机电致发光显示材料等。

值得关注的是,近年来电致发光的有机材料(OLED)有了长足的进展。OLED 主要分为两类:一类是有机分子,可用蒸镀法制成异质结构,在 10 V 电压下大于 1% 的量子效率;另一

图 7.17 CRT 显示器

图 7.18 OLED 显示器

类是共轭聚合物聚对苯乙炔(PPV),可采用溶液旋镀法制成,在小于 10 V 的电压下也可获得 1%的量子效率。OLED 是 21 世纪非常有前途的显示器材料,但仍需要在发光亮度、量子效率、稳定性和耐用性、膜层减薄及寻找蓝色和绝色发光材料方面不断提高和改进。OLED 显示器如图 7.18 所示。

7.3.5 信息处理材料

对载有信息的信号加以变换,以实现降低信息率或者方便提取有用信息的过程称为信息处理。信息的处理依赖于信息处理技术。目前,电子计算机是信息处理技术的基础,它的核心处理器是由以硅为主要材料的超大规模集成电路构成。由于需要处理的数据量成几何级数增加,因此,对电子计算机的处理能力要求越来越高,对计算机处理器(CPU)的速度和内存的要求也随之提高,相应地对集成电路的集成度的要求也日益提高。单纯使用硅来制成集成电路难以满足信息处理技术发展的需要,因此,研究新型信息处理材料已经是信息处理材料领域的首要任务。

信息处理材料主要是指用于对电信号或光信号进行检波、倍频、混频、限幅、开关、放大等信号处理的器件的一类信息材料,主要有微电子信息处理材料、光电子信息处理材料两类。微电子信息处理材料包括数字电子和模拟电子信号处理的集成电路材料,主要有 Si、Ge 等半导体材料,GaAs 系列、InP 系列、GaN 系列半导体材料,SiO_2 等氧化物材料等;光电子信息处理材料则包括用于光的调制和转换,以及制作集成光路和光集成回路等材料。

7.3.5.1 微电子信息处理材料

微电子信息处理材料主要是指用于制作半导体集成电路的硅、砷化镓、磷化铟、磷和其他一些半导体材料,以实现集成电路及微处理器对载有信息的电流、电压信号的接收、发射、转换、放大、调制、解调、运算、分析等处理功能。

1. 硅材料

硅(Si)是单一元素半导体,具有力学强度高,结晶性能好等特点,在自然界中有丰富的储量,约占地壳的 25%。主要以氧化物和硅酸盐的形式存在。

硅有许多优点:①禁带宽度为 1.1 eV,Si 器件的最高工作温度可达 200 ℃;②在高温下可氧化生成 SiO_2 薄膜,这种薄膜可用作杂质扩散的掩护膜,从而能与光刻、扩散等工艺结合起来制成各种结构的器件和电路;③SiO_2 层又是一种性能很好的绝缘体,在集成电路制造中可用作电路互联的载体;④硅是一种很好的保护膜,能防止器件工作时受周围环境影响而导致性能退化;⑤硅的受主和施主杂质有着几乎相同的扩散系数,这就为硅器件和电路的工艺制作提供更大的自由度。硅的这些优点降低了微电子器件的制造成本,同时有利于芯片集成度的提高,也因此在超大规模集成电路及器件中得到广泛应用。

以硅材料为核心的集成电路在过去 40 年取得迅速发展,硅集成电路器件集成度已提高了100 万倍,单位价格急剧下降。在这其中单晶硅片尺寸增大和质量提高起到重要作用。随着信息处理技术的发展,对单晶硅片的尺寸、缺陷尺寸、表面粗糙度和杂质含量的要求会越来越严格。虽然,硅材料始终是难以满足人类对更大、更复杂的信息处理的需求。但是,硅材料作为集成电路材料的主导地位依然不会动摇。

2. 锗材料

锗(Ge)是具有灰色金属光泽的固体,常温下化学性质稳定,是重要的元素半导体材料之一。锗的载流子迁移速率比硅高,相同条件下具有较高的工作频率、较低的饱和压降、较高的开关速度和良好的低温性能,适于制作各种高速高频器件,如可作为雪崩二极管、高速开关管及高频小功率三极管等。锗还具有高折射率和低吸收率等优良的红外光性能,可作为红外窗口和透镜、低温红外探测器及低温温度计等。目前,美国仍然把锗作为战略储备材料。

锗是较早开发的半导体材料,在 1948 年就诞生了第一支锗晶体管。锗在晶体管初期发展时代曾为晶体管的主要原料,到 20 世纪 60 年代中期才逐步被硅所代替。

3. 砷化镓(GaAs)材料

由于镓(Ga)是周期表中第ⅢA族元素,As 是第ⅤA族元素,所以称 GaAs 是Ⅲ-Ⅴ族化合物半导体。GaP、InP 等也是Ⅲ-Ⅴ族化合物半导体,这些材料具有优良的半导体特性。它们是微电子和光电子的基础材料,具有电子漂移速度高、耐高温、抗辐射等特点。

GaAs 中电子有效质量仅为自由电子质量的 1/15,电子在 GaAs 中运动速度比硅中快6~7倍,用 GaAs 做的晶体管开关速度比硅晶体管快 1~4 倍,成为微波通信、军事电子技术和卫星数据传输系统的关键部件。在高频通信信号放大、光探测等方面,GaAs 晶体管也有重要应用。

InP 具有比 GaAs 更优越的高频性能,在超高速、超高频、低功耗、低噪声器件和电路,特别是光电子器件和光电集成方面占有独特的优势。

4. 碳化硅(SiC)材料

SiC 属于高温性能稳定的高温半导体材料。一般军事工业、飞机发动机和宇航等产业要求研制在 500~600 ℃范围内工作的电子器件。SiC 器件制成的 PN 结可在 500 ℃下工作,这是它最重要的应用。SiC 是军用 GaN 微电子材料和器件的首选衬底,与传统的蓝宝石衬底相比,SiC 具有更高的热导率,晶格常数和热膨胀系数与 GaN 更为接近,失配度仅为 3.5%,蓝宝石为 17%。

7.3.5.2　光电子信息处理材料

广义上光电子信息处理包括光的发射、传输、调制、转换和探测等。以下主要介绍用于光的调制和转换的光电子信息处理材料。

1. 激光调制材料

激光调制的物理基础是在电场、声场和磁场存在的情况下光和介质的相互作用。本节主要介绍电光调制、声光调制和磁光调制的各种激光调制用材料。

1) 电光调制材料

在外加电场的作用下,晶体的折射率会发生变化,这种由于外加电场引起晶体的折射率变化的现象称为电光效应。电光效应可被用来对光的相位、频率、偏振态和强度进行调制。适用于制作电光调制材料的晶体主要分为 KDP 型、ABO_3 型和 AB 型等三类。

KDP 型电光晶体如磷酸二氢钾（KDP）、磷酸二氘钾（DKDP）、磷酸二氢铵（ADP）、砷酸二氢钾（KDA）和砷酸二氢铷（RDA）等的一次电光效应大，是应用最广的电光晶体材料。

ABO_3 型电光晶体如铌酸锂（LN）、钽酸锂（LT）等具有一次电光效应较大、居里温度高、半波电压低和容易制作成大尺寸优质晶体等优点，但抗激光损失能力较差。在 LN 基础上发展起来的铌酸钡钠、铌酸锶钡在保持 LN 的优点的同时，抗激光损伤能力有了很大的提高，其缺点是成分不易控制、制作较难。

AB 型化合物半导体电光晶体如氯化铜（CuCl）虽然电光系数较小，但其折射率较高、半波电压较低，而且透光范围宽，适于制作红外波段的电光器件。

2）声光调制材料

声光调制是以声光效应为基础的。声光效应是指光波在介质中传播时被超声波衍射的现象。对声光调制材料的主要要求是弹性系数、折光率和透光范围，声速、密度和超声衰减小，光学均匀性和化学稳定性好等。声光调制材料主要分为晶体和玻璃两类：①晶体类用来制作性能要求较高的器件，主要有二氧化碲（TeO_2）、钼酸铅（$PbMoO_4$）、铌酸锂（$LiNbO_3$）、卤化汞、溴化铅、磷化镓、砷化镓等晶体；②玻璃类主要是碲玻璃、铅玻璃和石英玻璃等。

3）磁光调制材料

磁光效应是指通过外加电场对某些磁光材料的控制改变光的传播特性的现象。磁光调制就是利用材料的磁光效应。磁光调制对材料的要求是磁光效应大，对光的吸收损耗小等。主要材料包括石榴石类晶体 $Y_3Fe_5O_{12}$（YIG）和 Ga：YIG、硼酸铁（$FeBO_3$）晶体和 EuF_2 晶体、InSb、$CdCr_2S_4$ 等。

2. 激光转换材料

激光转换材料主要是指用于激光频率变换的一些非线性光学材料。常用的激光转换材料主要有磷酸二氢钾（KDP）、磷酸钛氢钾（KTP）、偏硼酸钡（BBO）、铌酸锂（LN）、铌酸钡钠（BNN）、硫镓银（$AgGaS_2$）、硫砷银（Ag_3AsS_3）等非线性光学晶体材料。

7.3.5.3　集成光路材料

所谓集成光路材料，实际上是指一些光波导薄膜材料和它们的衬底材料。不同功能的集成光学器件需要不同的光波导薄膜材料，因此要选用不同的衬底材料。通常，无源光波导器件主要选用 $LiNbO_3$、石英或 Si 材料、玻璃等作衬底，其中，普通无源器件可选用玻璃、石英、SiO_2 等，电光调制器或声光调制器通常都采用光电系数和光弹性系数高的 $LiNbO_3$，含探测器的无源器件必须使用 Si 等半导体材料；有源光波导器件则主要选用 GaAs、InP 以及其他一些 III-V 族或 II-VI 族直接带隙半导体为衬底材料。

7.3.5.4　光电子集成回路材料

光电子集成回路（OEIC）是指把无源波导光学器件、有源波导光学器件及其驱动电路集成在同一块衬底上构成的单片 OEIC 器件，例如用于光通信的光发射机、光接收机、光中继器和用于光盘、激光打印机和各种光电测控系统的光头。可以预言，OEIC 将取代未来光纤通信系统与光电信息系统中的大部分功能器件。

目前，光通信用的 OEIC 光发射机和 OEIC 光接收机一般都采用半绝缘的 GaAs 和 InP 为衬底材料。

7.3.6　其他信息材料

　　一些材料,如用于制造各种陶瓷电容器的电子陶瓷材料、电路基板中用的覆铜板材料、用于覆铜板封装的 AlN 材料及用于谐振器、振荡器等元件压电晶体材料等,这些材料在信息器件中主要连接、传递和隔绝信号的作用,同时保护、支撑核心信息元件,在信息技术产品中都被广泛应用,也是信息材料的重要组成部分。

思　考　题

　　1. 什么是信息及信息材料?
　　2. 信息材料有哪些类型?
　　3. 以一种典型信息材料为例,谈谈其发展对人类生活的影响。

参考文献

[1]　谢长生. 人类文明的基石——材料科学技术[M]. 武汉:华中理工大学出版社,2000.

[2]　雷智,李卫,张静全. 信息材料[M]. 北京:国防工业出版社,2009.

[3]　林健. 信息材料概论[M]. 北京:化学工业出版社,2007.

[4]　姜复松. 信息材料[M]. 北京:化学工业出版社,2003.

[5]　干福熹. 信息材料[M]. 天津:天津大学出版社,2000.

[6]　闫凤,朱铁军,赵新兵. 半导体相变存储材料研究进展[J]. 功能材料,2006,(37):329-332.

[7]　赵会明,郑怀礼,钱力,等. 材料化学与高技术新材料和信息材料[J]. 重庆大学学报,2003,9(6):200-201.

[8]　孙维平. 磁记录技术的新发展[J]. 信息记录材料,2004,5(1):34-44.

[9]　耿冰,马桂荣. 磁信息材料的特点与应用[J]. 电大理工,2007(4):11-15.

[10]　何锋,王婧. 光纤通道网络与存储技术[J]. 广西通信技术,2009(3):19-22.

[11]　崔元靖,王民权,钱国栋,等. 光折变材料研究进展[J]. 材料导报,2002,16(10):12-15.

[12]　褚君浩. 红外光电子和信息获取传感技术发展[J]. 中国国际光电产业发展论坛论文集,2006.

[13]　杨春宜. 数字体全息记录技术及材料[J]. 信息记录材料,2000,1(1-2):39-44.

[14]　刘学璋,陈仲裕. 双波长敏感的光致聚合物全息存储材料[J]. 光学学报,2004,24(8):1099-1102.

[15]　江涛. 信息存储新领域——全息存储及其材料[J]. 信息记录材料,2006(7):32-35.

[16]　王占国. 信息功能材料的研究现状和发展趋势[J]. 化工进展,2004(23):117-126.

[17]　王宥宏,虞明香,崔小朝,等. 信息技术和材料的发展趋势[J]. 材料科学与工程学报,2003,21(6):908-911.

[18]　任常愚. 液晶全息存储材料研究的进展[J]. 淮北煤炭师范学院院报,2005,26(1):19-23.

[19]　李铭华,杨春晖,徐玉恒. 光折变晶体材料科学导论[M]. 科学出版社,2003.

第8章　材料与环境:人类的责任

随着社会经济的飞速发展,科学技术的突飞猛进,生产力得到空前的发展,人类利用和干预大自然的能力和规模空前增长,在创造丰富物质财富的同时,也消耗了地球上的大量自然资源,世界自然基金会(WWF)2010年10月13日发布《地球生命力报告》分析指出,人类对自然资源的需求已经超出了地球生态承载力的50%,人类在对自然资源的过度消耗的同时也对我们赖以生存的地球生态环境带来了前所未有的破坏。

图8.1所示为人类所面临的资源环境问题示意图。其中,人口膨胀、资源短缺、环境恶化是当今人类所面临的三大主要威胁。著名物理学家史蒂芬·霍金指出,由于人类基因中携带的"自私、贪婪"的遗传密码,人类对于地球的掠夺日盛,资源正在一点点耗尽,并预言地球将在200年内毁灭,人类需要迁移到外星球上,这并不危言耸听,它是一个负责任的和有良知的科学家对人类的忠告。

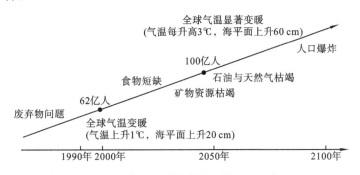

图8.1　人类所面临的资源环境问题示意图

可持续发展已经成为21世纪各个国家的发展战略。所谓可持续发展是指既可满足当代人的需要,又不损害后代人需求的发展。材料是资源和能源消耗的主要产业,而地球上的资源并不是取之不尽、用之不竭的,美丽的地球家园不仅属于我们当代的人们,也属于子孙后代。因此,我们在发展经济和技术更新的同时必须且有责任对材料与资源、环境的协调关系进行研究,确保社会、经济的可持续发展与环境承载能力相互协调,拯救目前遭受着生态破坏和环境污染双重创伤的地球。

8.1　材料与资源、环境的关系

材料作为人类文明进步的物质基础,归根结底都是从自然中来,再回归到自然中去。产品,包括材料本身,其生产流程大多要经过如图8.2所示的几个阶段,各阶段都是物质形态的变化。

根据物质不灭和能量守恒定律,在物质形态的改变过程中,必然会消耗大量的资源和能量,除形成所需的产品外还要形成一定的副产品或排放出废弃物。即使是最终的有形产品,经

图 8.2 产品生产流程示意图

过一定的使用寿命,最终也要废弃。

　　由于在传统的材料研究、开发与生产中,主要是以追求最大限度地发挥材料的性能和功能为目标,而对材料在生产、使用和废弃过程中需要消耗大量的资源和能源,对资源和环境的危害未能足够重视,这些废弃物最终只能由自然环境承担,给地球的生态环境将造成很大的破坏,使全球环境污染问题变得日益严峻。图 8.3 表示了材料的全寿命过程。

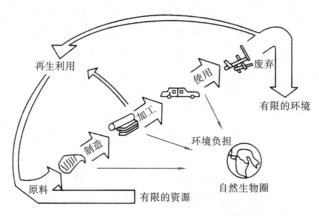

图 8.3 材料的全寿命过程示意图

　　就材料的整个寿命周期而言,从采矿开始,经过提取、制备、加工、运输、使用到废弃的过程中,要耗费大量的资源和能源,同时排放出大量的废气、废水和废渣,从而对环境造成污染或对环境造成影响,如温室效应、臭氧层破坏、噪声、放射污染等。

　　就材料到产品或零件的制造而言,由于制造工艺技术的局限,材料不可能百分之百地转化为有用产品或零件,必然存在一定的废料,同时在生产过程中还需要一定数量的辅料。不能回收再利用的废料和辅料,一般情况下都只能作为废弃物排放,同时也会排放出一定的废气和废液。

　　以钢铁材料为例,经过采选、储运、炼铁等步骤,最后平均 8 t 矿石可炼成 1 t 钢,再经过轧制、车、钳、刨、铣等金属加工,最后得到约 700 kg 的金属制品,这些金属制品按质量计算,能被有效使用的不到 500 kg,即使这些被有效使用的金属制品,也有一定的服役寿命,最后都被废弃而排放进入环境,由环境来承担吸收、消纳和分解的任务。

　　由上可知,对材料或产品的生产和使用而言,资源消耗是源头,环境污染是末尾,材料与资源和环境有着密不可分的关系。

8.1.1 材料与资源的关系

　　资源,也称为自然资源,是指人类在一定的技术经济条件下可以直接从自然界获得并可以用于生产和生活的物质与能量,是自然环境的重要组成部分。经济学对自然资源的最基本划分是可再生资源和不可再生资源。可再生资源指在短时期内可以再生,或是可以循环使用的自然资源,又称可更新资源,主要包括生物资源(可再生)、土地资源、水资源、气候资源等。不可再生资源是人类开发利用后,在相当长的时间内,不可能再生的自然资源,主要指自然界的各种矿物、岩石和化石燃料,如泥炭、煤、石油、天然气、金属矿产、非金属矿产等。

在材料的开发、生产和使用过程中,与材料之间关系较为密切的资源主要有矿产资源、水资源、土地资源以及森林资源。目前,我们所面临的资源枯竭的主要问题是非再生资源的储量、开发与需求的矛盾,同时还面临着土地资源、森林资源和水资源短缺的问题。

从根本原因上分析,材料及其制品的生产过程是目前造成能源短缺、资源过度消耗乃至枯竭以及造成环境污染的主要原因之一。随着世界经济的快速发展,对资源的消耗速度也成倍增长,比如金属资源,在 20 世纪的前 50 年间,全球金属消耗总量约为 40 亿吨,而在 20 世纪 80 年代的 10 年间,全球金属消耗总量即达到了 58 亿吨。

在非再生资源方面,全世界已发现的矿产有 250 多种,根据 20 世纪 90 年代对 154 个国家主要矿产资源的探测,在 43 种重要非能源矿产资源统计中,其中静态储量在 50 年内枯竭的有16 种,如锰、铜、铅、锌、锡、汞、钒、金、银、硫、金刚石、石棉、石墨、石膏、重晶石、滑石等。

表 8.1 是有关专家对全球矿产资源枯竭时间的预测,从表中可看出,人类如果没有新的矿产资源被发现,或者没有新的替代资源,到 21 世纪上半叶,人类的社会、经济生活将会面临着严峻的威胁,即使这些储量增加 5 倍,按照人类对资源的需求增长速度,其耗竭时间也不会延长多少。

表 8.1　全球矿产资源枯竭时间预测

年代	21 世纪 50 年代	21 世纪 70 年代	21 世纪 80 年代	22 世纪 20 年代
矿产资源	一般矿产资源	金属矿产资源	石油、天然气资源	煤资源

在能源方面,人类所需的能源 90% 都来自非再生的矿物能源,如石油、煤炭、天然气等。材料生产又是能源消耗的主要因素之一,从目前全球已探明的矿物能源储量、地域分布、产量及预计按照 1992 年的统计,主要矿物能源的可开采年数也很有限,如表 8.2 所示。

表 8.2　世界矿物能源的储量、产量及开采年限预测(1992 年)

年限	石油	天然气	煤炭	铀
确认储量	1 368 亿吨	1 380 000 亿立方米	10 392 亿吨	低品位铀约 139 万吨、高品位铀约 61 万吨
1992 年产量	6 800 万吨	21 600 亿立方米	45.5 亿吨	2.7 万吨(不包括发展中国家)
按 1992 年需求预计可开采年限	46	64	219	74
按 2000 年需求预计可开采年限	25	56	—	—
按 2010 年需求预计可开采年限	15	—	—	—

土地资源是人类生产活动最基本的生产资料和生活资料,为人类提供了 3/4 的食物和全部木材。目前面临的土地资源问题是可耕地资源损失、土壤退化和沙漠化。农药和化肥的不当使用又导致土壤污染,使现有耕地质量下降。据联合国环境规划署的资料,从 1975 年到 20世纪末,全球有近 3 亿公顷耕地被侵蚀,另有 3 亿公顷土地被城镇和公路所占用。同时森林、植

被的破坏使全世界每年流失的土壤达 240 亿吨。图 8.4 为土地沙漠化和土壤污染后的照片。

(a) 土地沙漠化   (b) 土壤污染

图 8.4　土地沙漠化和土壤污染

森林资源是木材的供应来源,并具有储水、调节气候、保持水土以及提供生计、保障生物多样性等重要作用。森林是自然界最大的一种生态系统,是生态系统中具有自净功能的重要组成部分,是维护陆地生态平衡的枢纽。但是,目前我们所面临的是森林正以每年 1 170 万平方千米的速度消失,许多世界著名的热带森林已所剩无几。20 世纪 90 年代初,全球 40% 的土地面积已变成耕地或永久牧场。图 8.5 为森林资源遭砍伐后的景象。

图 8.5　森林资源滥砍伐

水体污染是造成水资源短缺的重要原因之一。目前全球每年约有 4 200 亿立方米的各种污水排入江河湖泊,污染了 5 500 亿立方米的淡水。预计今后 30 年,全世界的污水排放量将增加 14 倍。特别是发展中国家,污水、废水几乎未经处理即排放入水体,造成区域性的严重缺水现象。图 8.6 为我国主要水资源(长江、黄河)被工业污染后的状况。

(a) 化工污水污染长江河岸   (b) 黄河污染

图 8.6　水体污染

8.1.2　材料与环境的关系

环境是人类周围一切物质、能量和信息的总和。这里所述的环境是影响人类生存和发展的各种天然和经过人工改造的自然因素的总体,包括大气、水、土地、矿藏、森林、草原、野生生物、自然遗迹、人文遗迹、自然保护区、风景名胜区、城市和乡村等。由于资源过度消耗、人口激

增以及环境污染的影响,生物多样性日益减少、全球气候变暖、森林面积锐减、土地荒漠化趋势
增加、大气污染持续恶化、水体污染严重、固体废弃物污染不断增加、酸雨蔓延、臭氧层不断被
破坏以及海洋污染日益严重是目前全球面临的十大环境问题。表 8.3 是 20 世纪因环境污染
给人类造成了严重的公害事件。

表 8.3   20 世纪十大环境公害事件

年份	地点	事件	致死人数/致病人数	污染原因
1930 年	比利时,马斯河谷	烟雾	63/20000	炼焦、炼钢、炼锌、玻璃生产等排放的 SO_2 气体
1948 年	美国,多诺拉镇	烟雾	20/6000	炼钢、炼锌等排放的 SO_2 气体及金属微粒
1952 年	英国,伦敦	烟雾	4000/8000	工业排放的 SO_2 气体
1955 年	美国,洛杉矶	光化学烟雾	400/	汽车尾气、炼油等排放的烯烃类碳氢化合物、二氧化氮等
1956 年	日本,熊本县	水俣病	60/10000	含汞废水
1961 年	日本,四日市	哮喘病	10^+/6736	炼油排放的 SO_2 气体
1968 年	日本,九州市等	米糠油	30^+/1684	多氯联苯液体污染米糠油
1972 年	日本,富士县	骨痛病	207/258	炼锌排放的含镉废水
1984 年	印度,帕博尔	农药泄漏	25000/200000	甲基异氰酸脂泄漏
1986 年	前苏联,切尔诺贝利	核泄漏	31/237	放射性物质泄漏

此外,进入 21 世纪以来,最严重的环境污染事件是 2010 年 10 月 4 日,匈牙利维斯普雷姆
州奥伊考的铝厂大约 100 万立方米有毒废水(炼铝废物、含铅等重金属、带轻微放射性的泥浆)
从贮存水塘内决堤外泄,至少流入 7 座村庄,造成 4 人死亡、6 人失踪、150 多人受伤,并对多瑙
河下流流域地区构成严重威胁,如图 8.7 所示。

图 8.7   匈牙利铝厂污染事件

从这些环境污染事件中可看出:这些公害事件几乎都直接或间接与材料的生产和使用有
关,如炼钢、炼锌、表面处理、材料生产的化学催化等。

材料在生产、加工、使用和废弃的过程中,在消耗大量的资源和能源的同时,排放出大量的
废气、废水和废渣进入大气和土壤、流入江河湖海,这些大量的废弃物带来了沉重的环境负担,
大大超出自然环境的自净能力,材料及其产品的制造是对环境造成污染的主要原因之一。与
材料有关的环境问题可以从以下几方面体现。

1. 温室效应

由温室气体所导致的近地层增温作用称为温室效应,就是太阳短波辐射可以透过大气射

入地面,而地面增暖后放出的长短波辐射却被大气中的二氧化碳等物质所吸收,从而产生大气变暖的效应。产生温室效应的主要气体是 CO_2、甲烷、臭氧、氯氟烃以及水汽等,其中 CO_2 的作用占约 75%、氯氟代烷占 15%～20%,此外还有甲烷、一氧化氮等 30 多种气体。因在材料生产、加工及使用过程中普遍采用矿物能源(如煤、石油、天然气等)作为燃料,这些燃料在燃烧过程中将向大气中排放大量的 CO_2、CH_4、N_2O 等。所以,材料是导致全球温室效应的主要责任者之一。温室效应带来的直接后果是:地球上的病虫害增加、海平面上升、气候反常、海洋风暴增多、土地干旱、沙漠化面积增大。图 8.8 为温室效应带来的冰层融化和海平面上升。

　　　　(a) 冰层融化　　　　　　　　　　　　　　(b) 海平面上升

图 8.8　温室效应带来的冰层融化和海平面上升

2. 臭氧层破坏

臭氧层是指大气平流层中臭氧浓度相对较高的部分,臭氧是大气中的微量气体之一,其主要浓集在平流层中 20～25 km 的高空。大气的臭氧层,是地球的一层保护膜,其主要作用是吸收短波紫外线。图 8.9 为臭氧层膜模型和卫星监测出的臭氧层空洞。

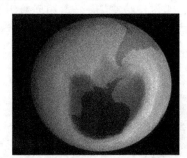

　　　　(a) 臭氧层膜模型　　　　　　　　　(b) 南极上空的臭氧层空洞

图 8.9　臭氧层膜和臭氧层空洞

导致大气中臭氧减少和耗竭的物质是人类活动排放到大气中的某些化学物质与臭氧发生作用导致臭氧的损耗,如 N_2O、CCl_4、CH_4,以及 CFC 和哈龙等物质,其中对臭氧层破坏作用最大的是 CFC 和哈龙。CFC 主要用作制冷剂、发泡剂,如材料制造中用作泡沫塑料的发泡剂,哈龙用作灭火器的灭火剂等。CFC 在大气中相对稳定,寿命长达 60～130 年,据统计,1933—1975 年间,全球共生产了 1 447 吨 CFC,其中有 1 300 多吨排放到大气中,经过 70 多年的排放积累,人类即使现在停止排放,CFC 对臭氧层的破坏也还要继续 50～70 年。

臭氧层被破坏造成地球紫外线增加,紫外线会破坏包括 DNA 在内的生物分子,还会增加罹患皮肤癌、白内障的几率,而且和许多免疫系统疾病有关。

3. 海洋污染

海洋污染是指人类活动排放的污染物进入海洋中,破坏海洋生态系统,引起海水质量下降的现象。海洋的污染主要是发生在靠近大陆的海湾。由于密集的人口和工业,大量的废水和固体废弃物倾入海洋,加上海岸曲折造成水流交换不畅,使得海水的温度、pH 值、含盐量、透明度、生物种类和数量等发生改变,对海洋的生态平衡构成危害。海洋污染物几乎都与材料的生产和使用有关。海洋污染可分为以下几类:①石油及其产品;②金属和酸、碱,包括铬、锰、铁、铜、锌、银、镉、锑、汞、铅等金属,磷、砷等非金属,以及酸和碱等;③农药,大量使用含有汞、铜以及有机氯等成分的除草剂、灭虫剂,以及工业上应用的多氯酸苯等;④放射性物质,主要来自核爆炸、核工业或核舰艇的排污,主要是锶-90、铯-137 等半衰期为 30 年左右的同位素;⑤有机废液和生活污水;⑥固体废弃物,主要是工业和城市垃圾、船舶废弃物、工程渣土和疏浚物等,全世界每年产生各类固体废弃物上百亿吨,若 1% 进入海洋,其量也达亿吨。图 8.10 为典型的海洋污染。

　　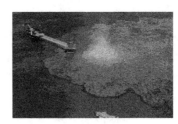

(a) 海洋赤潮　　　　　　　　　　　　(b) 石油污染

图 8.10　海洋污染

4. 大气污染

图 8.11 为常见的大气污染现象。自然或人为因素使大气中某些成分超过正常含量或排入有毒有害的物质,对人类、生物和物体造成危害的现象。其中,人为因素是指如工业废气、生活燃煤、汽车尾气、核爆炸等,尤其是工业生产和交通运输所造成的危害。煤和石油的燃烧是造成酸雨的主要祸因。现阶段的大气污染主要是以人为污染为主,因空气污染造成每年的死亡人数达到 20 万~57 万。

　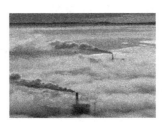　

(a) 废气排放　　　　　　　(b) 烟雾笼罩的工厂　　　　　　　(c) 酸雨后的森林

图 8.11　大气污染

5. 水体污染

水体污染是指排入水体的污染物,在数量上超过了该物质在水体中的本底含量和自净能力即水体的环境容量,从而导致水体的物理特征、化学特征发生不良变化,破坏了水中固有的生态系统,破坏了水体的功能及其在人类生活和生产中的作用。造成水体污染的因素是多方面的,向水体排放未经过妥善处理的城市生活污水和工业废水是水体污染的主要原因。在材料工业中,石油的开发、炼制、储运和使用,造纸、化工、人造纤维等是工业废水排放的主要产业。图 8.12 为水体污染后导致的后果。

(a) 工业废弃物污染水源　　　　　(b) 滇池中的蓝藻

图 8.12　水体污染

6. 固体废弃物

固体废弃物是指人类在生产、消费、生活和其他活动中产生的固态、半固态废弃物质,通俗地说,就是垃圾。有些国家把废酸、废碱、废油、废有机溶剂等高浓度的液体也归为固体废弃物。目前,全世界每年产生各类固体废弃物达百亿吨。工业废弃物或工业垃圾是指在工业、交通等生产活动中产生的采矿废石、选矿尾矿、燃料废渣、化工生产及冶炼废渣等固体废弃物。固体废弃物对环境的影响主要体现在:占用土地、破坏景观、污染水体、污染大气、污染土壤。图 8.13 为固体废弃物对环境的破坏。

图 8.13　固体废弃物污染

对固体废弃物处理的目标是无害化、减量化、资源化。目前,各国都在大力开展固体废弃物资源化技术的研究,固体废弃物资源化主要体现在以下三个方面:一是废物回收利用,包括分类收集、分选和回收;二是废物转换利用,即通过一定技术,利用废物中的某些组分制取新形态的物质,如利用垃圾微生物分解有机物生产肥料,裂解塑料生产汽油或柴油等;三是废物转化能源,即通过化学或生物转换,释放废物中蕴藏的能量,并加以回收利用,如垃圾焚烧发电或填埋气体发电等。如图 8.14 即为矿渣再利用制造的工艺品。

图 8.14　用矿渣制造的工艺品

8.1.3 我国材料工业与资源、环境的状况

我国的材料工业从无到有，经过了 60 年的发展，特别是改革开放以来，材料工业得到飞速的发展，为国民经济的高速增长提供了强大的物质基础。目前，我国已成为世界上最大的材料生产和消耗国家。表 8.4 为我国 2009 年几种主要原材料产量及世界排名。虽然材料产业为我国的国民经济发展、人们生活水平的提高做出巨大贡献，但是，国民经济和社会中 95% 以上的能源、80% 以上的工业原料和 70% 的农业生产资料来自于矿产资源，每年投入到国民经济运转的矿物原料已超过 50 亿吨。由于在资金、技术和管理等方面与世界先进国家存在较大差距，经济的增长当前仍然是以高投入、低产出、低效益的粗放型增长方式为主导，工业中的高能耗、高污染的行业增长超过整个工业增长，产品大多属于"两高一资"型产品（即高能耗、高污染、资源型产品，如钢铁产品）。材料工业给我国也带来资源枯竭、能源消耗及污染环境等系列问题。

表 8.4 我国几种主要原材料产量及世界排名（2009 年）

原材料种类	钢/亿吨	水泥/亿吨	煤炭/亿吨	平板玻璃/亿重量箱	十种有色金属/万吨
产量	5.65	16.5	29.1	5.79	2 604
世界排名	1	1	1	1	1

1. 材料产业是我国资源消耗的主要产业

我国是世界上矿产资源总量丰富、矿种比较齐全的少数几个资源大国之一，但人均占有量少，仅为世界人均占有量的 58%，排在世界第 53 位。我国已发现 168 种矿产，探明储量的矿产有 153 种，其中能源矿产 7 种，金属矿产 54 种，非金属矿产 87 种，以及地下水和矿泉水。由于资源利用率低和矿产资源的过度消耗，矿产资源的开发总回收率只有 30%～50%，比发达国家平均低 20%，如煤炭总回收率仅为 32%，铜矿平均回收率为 50%，钨矿平均回收率为 28%。我国石油成品率约为 63.7%，2009 年石油消耗量达到 3.88 亿吨，预计到 2020 年石油消耗将翻番，达到 4.5 亿～6.1 亿吨。即使按照 2009 年的消耗计算，现阶段的 100 亿吨静态储量可开采年限只能开采到 2035 年。现已探明的 45 种主要矿产，到 2010 年可以满足需求的有 21 种，而到 2020 年仅为 6 种。目前我国的资源型城市共有 118 个，由于大量开采利用，已确认了 44 个资源枯竭城市，面临产业转型。2010 年，伊春、白银、黄石、辽源、焦作、盘锦等 12 个城市已作为首批产业转型城市。表 8.5 为我国几种材料单位产量的资源消耗情况。

表 8.5 我国几种材料单位产量的资源消耗情况

类别	煤	铁	钢	铝	水泥	铑	防水涂料	磷化膜
资源消耗量 t(标准煤)/t	1.9	7.9	12.1	15.5	1.7	540 000	1.27	5 330
资源效率/(%)	52.6	12.7	8.3	6.45	58.8	1.85×10^{-6}	78.7	1.88×10^{-4}

表 8.5 中资源消耗量是指单位材料产量的资源消耗量。从表中可看出，主要材料的资源利用率不到 50%，形成大量的废弃物排放到环境中。

而在土地资源方面，根据中国土地矿产法律事务中心 2010 年 11 月 20 日在北京举行的"2010 低碳发展与土地复垦政策法律国际研讨会"上发布的《低碳发展与土地复垦政策法律研究报告》表示：目前中国因矿产资源开发等生产建设活动，挖损、塌陷、压占等各种人为因素造

成的破坏而废弃的土地约达 2 亿亩,约占中国耕地总面积的 10% 以上。

2. 材料产业为能源消耗的主要大户

我国主要原材料的能耗占据当年工业能耗总量的 40%。每万元国民收入的能耗为 20.5 t 标准煤,为发达国家的 10 倍,即使达到在"十一五"期间降耗 20% 计算,也远远高于世界平均水平,表 8.6 给出了部分原材料单位产量的能源消耗情况。如我国 11 种主要原材料的能耗占当年工业总能耗的 39.97%,其中在钢铁冶金生产中,1 亿吨钢铁的能耗占工业能耗的 17.46%,居产业耗能之首,其次是非金属矿物制造业占当年工业总能耗的 14.29%,表 8.7 为我国 11 种主要原材料工业在 1994 年的能耗数据。

表 8.6　部分原材料单位产量的能源消耗情况

材 料 种 类	钢	铝	水泥	防水涂料	磷化膜
能耗/(kg(标准煤)/t)	1 519.0	17 536.0	265.49	1 128.0	24 060.0

表 8.7　我国主要原材料工业的能源消耗(1994 年)

材料种类	能耗(万吨标准煤)	占工业总能耗比例/(%)
黑色金属矿采选业	282.6	0.32
有色金属矿采选业	487.3	0.55
非金属矿采选业	553.6	0.63
其他矿采选业	252.2	0.29
化学纤维制造业	993.1	1.13
橡胶制造业	630.4	0.72
塑料制造业	541.2	0.62
非金属矿物制造业	12 556.1	14.29
黑色金属冶炼	15 338.6	17.46
有色金属冶炼	2 555.1	2.91
金属制品业	926.9	1.06
合 计	35 117.3	39.97
工业能耗总量(万吨标准煤)	87 853.4	

3. 材料产业还是造成环境污染的主要责任者之一

在我国,对自然资源的不合理利用,资源、能源的过度消耗和效率低下,导致工业废气、废液和固体废弃物的排放量激增,加速了环境恶化和生态的失衡。美国媒体评出的世界 9 大污染最严重地区中,我国山西省临汾市位列第一。坐落在产煤带上的临汾市,堪称中国污染最严重的城市。根据环保组织的一项调查,临汾市空气污染极度严重,当地居民如果把刚刚洗完的白色衣服挂到室外,等干透时,衣服已经变黑了。环保组织称,由于临汾市空气污浊,在当地生活一天吸入的有毒气体,相当于抽了 3 包烟。临汾市的污染主要源于煤矿挖掘、汽车尾气排放和工业污染。表 8.8 为 2000 年我国主要原材料工业环境污染物排放统计。

表 8.8　我国主要原材料工业环境污染物排放统计(2000 年)

材料产业	工业废水(万吨)	工业废气(亿标立方米)	固体废弃物产生量(万吨)
矿业	127 952	3 541	39 203
化学纤维工业	53 134	2 750	329
橡胶制品业	8 124	476	77
塑料制品业	2 994	193	27
非金属矿物制造业	42 422	27 336	1 504
其中:水泥制造业	24 115	22 850	815
黑色金属冶炼	220 528	21 343	12 072
有色金属冶炼	32 871	8 533	2 949
金属制品业	11 817	425	69
合计	499 842	64 597	56 230
占工业排放总量的百分比(%)	25.73	46.76	68.9

综上所述,经济的增长在很大程度上还是依赖大量的资源和能源消耗为代价,导致我国目前资源需求压力不断加大,环境恶化程度日趋严重。反过来,又制约了我国经济的进一步发展,客观上将对我国工业的发展和经济结构升级造成明显的需求约束,为我国经济的可持续发展埋下了隐患。

此外,材料还与一些自然灾害的发生密切相关。由于矿物开采、冶炼,大量森林被砍伐、固体废弃物堆积占据土地资源等,破坏了地表植被,诱发自然灾害。如在有色金属材料的生产中,排放出的工业固体废弃物(主要是尾矿和废渣)每年超过 6 000 万吨,尾矿总库容超过了 10 亿立方米。图 8.15 为我国部分尾矿堆放照片。

2008 年 9 月 8 日 8 时左右,山西省襄汾县新塔矿业有限公司(铁矿)尾矿库突然溃坝,约 26.8 万立方米的泥沙碎石,从 50 多米的高度倾泻而下,冲垮和掩埋了尾矿库下方的新塔矿业公司办公楼、部分民居和一个集贸市场,导致 276 人死亡,如图 8.16 所示。

图 8.15　尾矿

图 8.16　尾矿溃坝(山西襄汾)

2010 年 8 月 8 日,甘肃省的舟曲县发生特大泥石流自然灾害,泥石流冲进县城,并形成堰塞湖,导致 1 465 人死亡,300 多人失踪。虽然导致这次灾害的原因很多,但与当地人大肆砍伐森林紧密相关,植被受到严重破坏,遇突如其来的强降雨,导致较严重的泥石流发生。

8.2　环境材料的概念及其研究的内容

8.2.1　环境材料的概念和含义

材料作为社会经济发展的物质基础,给人类带来了丰富的物质财富并推动人类文明进步。过去的材料科学与工程主要是以追求最大限度发挥材料的性能和功能为目标,而对材料所带来的资源和环境问题没有给予足够的重视。随着人类对材料的需求的增加,因材料所造成的环境负荷(所谓环境负荷是指包括资源摄取量、能源消耗量、污染物排放及其危害、废弃物排放及其回收处理的难易程度等)日趋严重,严重威胁着人类生存的自然环境,加剧了人与自然和谐发展的矛盾,并已显现出对社会经济的可持续发展和人类生存构成了新的障碍,在一定程度上阻止了人类文明的进步。在未来材料科技发展的战略目标上,研究材料与环境如何协调发展已成为全世界的共识。在此背景下,20世纪90年代初国际上提出了"环境材料"的概念,要求材料在满足使用性能要求的同时,还应具有良好的全寿命周期的环境协调,赋予材料及材料产业以环境协调功能。

环境材料(ecomaterials)或称为具有环境意识的材料或生态学材料或生态环境材料。1990年10月,日本东京大学的山本良一教授等首次提出了环境材料的概念,其基本含义是指那些环境负荷减至最低、再生率最大的材料,或直接具有净化和修复环境等功能的材料。环境材料赋予了传统结构材料、功能材料以特别优异的环境协调性能。由于材料对环境的影响或材料本身是一个动态和发展的过程,材料对环境的协调性只能是一个指导原则,目的是防止材料对环境的损害。目前对环境材料的定义在全球还未达成共识,以至于至今对环境材料还没有一个完整和权威的定义。我国材料科学家对环境材料的定义是:环境材料是指同时具有满意的使用性能和优良的环境协调性,或者能够改善环境的材料。所谓环境协调性是指资源和能源消耗少、环境污染小和循环再利用率高。对于这个定义,有学者认为也不完整,认为它应该包括材料在整个寿命周期中的经济成本的可接受性。所以又有部分专家对环境材料提出如下的定义:环境材料是指那些具有满意的使用性能和可接受的经济性能,并在其制备、使用及废弃过程中对资源和能源消耗少、对环境影响小且再生利用率高的一类材料。可见,随着人类对环境材料的不断研究和发展,关于环境材料的定义将不断完善。

不管对环境材料如何进行具体定义,正确理解环境材料的内涵是核心。材料科学技术发展到现在,在理解环境材料的内涵时应该给予其定义以适时拓宽与修正,更加明确地要求材料科学与工程工作者建立这样一种意识:第一,材料在尽可能满足用户对材料性能要求的同时,必须考虑尽可能节约资源和能源,尽可能减少对环境的污染,改变片面追求性能的观点;第二,在研究、设计、材料制备以及使用、废弃材料产品时,一定要把材料及其产品的整个寿命周期中,与环境的协调性作为重要评价指标,改变只管设计生产而不顾及使用和废弃后资源的再生利用及环境污染的观点;第三,环境材料定义及其内涵的拓宽将涉及多学科的交叉,不仅是理工交叉,而且具有更宽的理论基础和更强的实践性,不仅讲科学技术效益、经济效益,还要讲社会效益,要把材料科学技术与产业的具体发展目标和全世界各个国家可持续发展的目标结合起来。

环境材料出现本身是材料科学发展的必然阶段,也是自然界对人类行为反作用的结果,是人类社会进步到一定时期的必然,是人类保护资源、保护环境,实现可持续发展的共同责任。

8.2.2 环境材料的特征及其分类

作为环境材料应该是在环境意识指导下，或开发的新型材料、或改进改造传统材料所得到的，并非特指开发出的新材料。实际上任何一种材料只要经过改造达到节约资源并与环境协调共存的要求即可视为环境材料。环境材料与量大面广的传统材料不可分离，通过对现有材料的传统工艺流程的改进和创新，以实现材料生产、使用和回收的环境协调性，也是环境材料发展的重要内容。

8.2.2.1 环境材料的特征

1. 环境材料的基本特点

环境材料应该具有以下三个特点。

（1）先进性 即环境材料首先应该具有优良的使用性能，能为人类开拓更为广阔的活动范围和环境。

（2）环境协调性 材料的环境协调性表现在两个方面，即环境材料应该具有低的环境负荷和高的可再生循环性能。高的可再生循环性能也是低环境负荷的一种表现。

（3）舒适性 使活动范围中的人类生活环境更加繁荣、舒适。

2. 环境材料的特征体现

按照目前有关环境材料的研究成果和对环境材料的要求，环境材料的特征具体可从以下几个方面体现。

（1）节约能源 材料能降低某一系统的能量消耗，通过具有更优异的性能（如质轻、耐热、绝热等）提高能量效率，即改善材料的性能可以降低能量消耗达到节能的目的。

（2）节约资源 通过更优异的性能（如强度、耐磨损、耐热、绝热、催化性等）可降低材料消耗，从而节省能源。如提高资源利用率的材料（催化剂等）和可再生的材料也能节省能源。

（3）可重复使用性 材料或产品收集后，允许再次使用该产品的性质，仅需要净化过程如清洗、灭菌、磨光和表面处理等即可实现。

（4）可循环再生 材料或产品经过收集，重新处理后作为另一种新产品使用的性能。

（5）结构可靠性 材料使用时不发生任何断裂或意外的性质，可通过其可靠的力学性能（强度、延展性、刚度、硬度等）实现。

（6）化学稳定性 材料在很长的时间内通过抑制其在使用环境中（风、雨、光、氧气、温度、细菌等）的化学降解实现的稳定性。

（7）生物安全性 材料在使用环境中不会对动物、植物和生态系统造成危害的性质。不含有毒、有害、导致皮肤过敏和发炎、致癌和环境激素的元素和物质的材料，具有很高的生物安全性。

（8）有毒、有害替代 可以用来替代已经在环境中传播并引起环境污染的材料。因为已经扩散的材料是不可回收的，使用具有可置换性的材料是为了防止进一步的污染。

（9）舒适性 材料在使用时能给人提供舒适感的性质。如抗振性、吸收性、抗菌性、除臭性、温度控制等。

（10）环境清洁、治理功能 材料具有的对污染物分离、固定、移动和解毒，以便净化废气、废水和粉尘等的性质，包括探测污染物的功能。

3. 环境材料的制备与加工工艺过程的特征

在环境材料的制备与加工工艺过程中还应具有如下特征。

（1）能源节约工艺　能够通过提高能源效率或降低能源消耗但又不损害生产效率来节约能源的加工制造方法，包括热能循环。

（2）资源节约工艺　能够通过提高材料效率或降低材料消耗但又不损害生产率来节约资源的加工制造方法。

（3）降低污染的加工技术　能够降低污染物排放（如废气、废液、有毒副产品和废渣等）但又不损害生产效率的加工技术。

（4）净化环境的加工技术　能够净化有害物质（如废气、废液、有毒副产品等）、净化已经污染的空气、河流、湖泊和土壤等的加工技术。

8.2.2.2　环境材料的分类

由于环境材料科学还是一门新兴的学科，环境材料的分类目前还没有统一的标准。不同的研究工作者往往从不同的角度或者根据自己对环境材料的研究和理解，将环境材料分成不同的类型。国内的环境材料研究者将环境材料分为环境相容材料（包括天然材料、仿生合成材料、低环境负荷材料等）、环境降解材料（包括生物降解材料、生物陶瓷材料等）和环境工程材料（包括环境净化材料、环境替代材料和环境修复材料等）。环境材料的具体分类如表 8.9 所示。

表 8.9　环境材料的分类

环 境 材 料	分　　类	典型环境材料
环境相容材料	天然材料	木材、石材、竹材、天然高分子材料（纤维素、淀粉等）
	仿生合成材料	结构仿生材料、功能仿生材料等
	低环境负荷材料	绿色包装材料（包括可食性包装材料等）
		生态建筑材料（生态水泥等）
		传统材料的环境化等
环境降解材料	生物降解材料	光降解塑料、生物降解塑料、光生物降解塑料等
	生物陶瓷材料	羟基磷灰石等
环境工程材料	环境净化材料	吸收吸附材料、催化转化材料、沉淀中和材料等
	环境替代材料	无磷洗衣粉、氟利昂替代物等
	环境修复材料	防止土壤沙化的固沙植被材料等

8.2.3　环境材料的研究内容

环境材料在技术层面上属于材料科学与工程和环境科学与工程的交叉学科，但是，究其涉及的研究内容还应该包括社会科学与经济学。如：通过宣传和教育使全民特别是材料工作者的观念意识的转变；政府行政管理行为（如法律、法规、政策等）的建立，以及国家科技发展规划、经济发展规划、人才培养规划、学科建设、建立相应的管理机构及学术团体，国内外交流等。

就环境材料本身的研究内容基本上可以分为理论研究和应用研究两个方面，主要包括材料的环境负担评价技术及环境性能数据库、资源保护及再循环利用技术、与生态系统协调的材料及其加工技术等。

8.2.3.1　环境材料的理论研究

环境材料的理论研究主要涉及以下几个方面。第一，环境材料的定义、范畴和内涵研究，从而健全环境材料学科；第二，建立材料环境负荷的量化指标，收集材料的环境影响数据，为建

立材料的环境性能数据库提供框架和支持;第三,开展材料在加工、使用和废弃过程中的环境
影响评价理论和评价方法研究,为建立环境材料的生态化设计理论及方法,为环境友好型材料
加工制备工艺和生产过程提供决策依据和原则;第四,开展清洁生产技术和循环利用技术中的
热力学和动力学理论研究,进行材料再生的合理性评价,以及研究材料科学与技术的可持续发
展理论,健全材料学科与技术的资源保护及再资源化理论等。环境材料的理论研究的主要内
容如表 8.10 所示。

表 8.10　环境材料的理论研究的主要内容

类　　别	主要研究内容
环境影响评价	环境负荷评价体系、LCA 方法学、环境性能数据库
材料的生态设计	生态设计理论、再生循环理论
材料的可持续发展理论	资源效率、物质流分析、工业生态学

1. 材料的环境影响评价

目前对材料的环境影响评价研究主要集中在用数学物理方法结合实验分析,建立较完善
的材料对环境影响的 LCA 数学物理模型、建立材料的 LCA 环境性能数据库,对材料及产品
的资源和能源消耗、废物排放、环境吸收和消化能力等环境影响方面进行定量分析和评价。

2. 材料及产品的生态设计

生态设计的宗旨就是要把生态环境意识贯穿或渗透于产品和生产工艺设计以及回收再利
用之中,即材料或产品从“摇篮到坟墓再到再生”的全过程。利用生态学的思想,将工业生产过
程比拟为一个自然生态系统,对系统的输入(能源与原材料)与产出(产品与废物)进行综合平
衡,在产品开发阶段综合考虑与产品相关的生态环境问题,设计出对环境友好又能满足需求的
一种新的产品设计方法。

3. 材料的可持续发展研究

传统材料生产工业的生产活动是由“资源—产品—废物”所构成的物质单向流动的生产过
程,是一种线性经济发展模式,是以高能耗、高污染、低效率为其特征的发展模式,是一种不可
持续的发展模式。环境材料的理论研究着重于材料产业的可持续发展。即把若干工业生产活
动按照自然生态系统的模式,组织成一个“资源—产品—再生资源—再生产品”的物质流动循
环生产过程,这是一种循环经济发展模式,没有废物的概念,每一个生产过程产生的废物都变
成下一个生产过程的原料,所有的物质都得到了循环利用,从而实现材料的可持续发展。

8.2.3.2　环境材料的应用研究

目前关于环境材料的应用研究主要集中在开发环境协调性的新材料和环境友好型加工工
艺技术方面,即在保证材料具有满意的使用性能条件下,最大限度地降低材料在加工和使用过
程中对环境的影响,或节约资源、降低能耗。如各种绿色材料及其制品的开发,对现有材料的
环境友好性改造或改性。在生产工艺设计上采用清洁生产技术获得清洁的原材料和清洁的产
品,尽量减少在材料的制备过程中对环境的污染。表 8.11 为环境材料应用研究的主要内容。

表 8.11　环境材料应用研究的主要内容

类　　别	主要研究内容
环境协调性材料	天然材料、仿生物材料、绿色包装材料、生态建材
环境降解材料	可降解塑料、生物降解无机材料
环境工程材料	环境净化材料、环境修复材料、环境替代材料

1. 开发具有优良环境协调性的新型材料

在环境材料的应用研究中,强调材料与环境的相容性、协调性是主要的研究目的之一。开发与环境相容的新材料及其制品,是环境材料应用研究的主要内容。到目前为止,在纯天然材料、仿生物材料、绿色包装材料、生态建材等方面的开发与应用都有较大的进展。开发高性能、超长寿命的材料,可以有效地降低材料的环境负荷与寿命的比值,相应地降低其环境负担;同时,研究可生物降解的塑料,从根本上解决白色污染。

2. 开展传统材料的环境协调性改造

开展传统材料的环境协调性改造,实现清洁生产战略,已经成为当今环境材料研究的重要内容。传统材料的环境协调性改造的主要途径有:综合利用原料资源;实现物料的闭路循环;改革旧工艺,发展新工艺;废物资源化,建立无废区域生产综合体等。

改革旧工艺,发展新工艺,可以从分析原有工艺流程的情况出发,找出产生污染的原因,然后开展有针对性的研究,对旧工艺进行改革,或者提出新的工艺流程来替代旧工艺。

3. 开展废弃物的资源化研究

废弃物资源化是组织清洁生产的重要途径之一,目的是减少或消除生产过程中的废物排放量,同时将现有废物转化为可用资源,消除对环境的影响。伴随科技的发展,工业生产中产生的废物不再是可以任意丢弃的废物,而是具有某种用途的二次原料。工业废物的资源化包括三废(废水、废液和固体废弃物)资源化。

4. 研究开发环境净化和环境修复材料

环境净化和环境修复材料主要用于防止、治理环境污染,这一类材料称为环境工程材料,也是环境材料研究内容的重要组成部分。针对目前已经积累下的污染问题,研究开发门类齐全的环境工程材料,可以对环境进行修复、净化或替代处理,逐渐改善生态环境,实现可持续发展。

就我国目前材料生产和环境现状,关于环境材料的研究,大部分专家提出了可以按表8.12所示的三个阶段进行。首先是治表,将积累下来的污染问题,利用材料科学与技术进行末端治理,恢复环境对污染物的容纳能力和消化吸收能力;其次是治本,在材料科学与技术中引入环境保护的意识,即在清除积累的环境污染的同时,开展初始端治理,在设计阶段应考虑减少生产过程对环境的影响,如通过提高资源利用率,减少废物排放,改进生产工艺,实行清洁生产技术,从源头控制污染物的产生和排放,有效减少污染,改善生态环境;最后是回归,这是环境材料发展的最高阶段,要求所制备的材料和产品能够与环境尽量相容与协调,使人类社会真正回归大自然。

表 8.12 环境材料的研究目标与内容

阶　　段	目　　标	主　要　内　容
治表	末端治理	治理现在的污染,改善生态环境
治本	初始端治理	预防污染,减少污染的发生量
回归	环境协调	材料及产品在全寿命周期内与环境的相容

8.3　材料的环境影响评价(LCA)

评价一种材料是否为环境材料,首先必须确定其评价标准。从环境材料的定义和含义看,制定评价标准实际上是对材料的环境协调性、经济性、功能性等主要的几个方面进行标准指标的定量化。

8.3.1　环境材料的判据

根据不同要求可以将环境材料的判据细化为如下五个一般判据,在这五个一般判据中,质量判据和经济判据属于材料的共性判据,是普通材料均要求的判据,后三个是环境材料所特别强调的判据,也可以通称为环境判据。

(1)质量判据　质量是材料的一个重要技术判据。材料的质量是判断材料能否用来制造有用的器件的先决条件,如果用某种材料生产出的产品达不到使用的质量要求而成为废品,造成了材料、资源和能源浪费,它就不是环境材料。

(2)经济判据　材料的生产,必须进行成本分析和经济核算,对材料的生产成本进行分析,从中可以找出降低成本的环节,然后寻找改进措施。寻找一种持久性的材料或产品替代那些易损、易坏的材料或产品,其本身就具有节约能源、节省资源、节省经费的特征。

(3)资源判据　要求单位产品的材料由最少的资源构成或尽可能多地由可再生资源构成,这就是材料的资源判据。利用资源判据一方面大力开发材料再生循环设计技术,尽量减少资源消耗,延缓资源枯竭的速度和进度,另一方面还需研究材料的分离技术,提高材料的再生循环能力。

(4)能源判据　为了降低成本或满足日趋苛刻的政府法令法规要求,材料的生产和使用都需要考虑能耗问题。不仅要求在材料的寿命周期循环中用最少的能耗获得最大效益,而且要求逐步使用可再生能源、自然能源等取代矿物能源。这样,既可减少污染物的排放,又可实现可持续发展。

(5)环境判据　对项目中使用的材料,从它的开采、加工、使用、废弃等全寿命周期中的各个环节对环境影响进行评价。目前对材料的环境影响主要采用生命周期评价 LCA 方法。

8.3.2　常见的环境指标及其表达方法

1. 能源评价法

在材料的生产过程中,往往是单纯用所耗能的多少来衡量材料对环境的影响。如生产同样 1 t 的钢、铝、水泥材料时,分别要消耗掉 31.8、36.7、142.4 百万焦耳的能量,显然生产水泥对环境影响要比生产钢、铝时对环境的影响要大。但是,材料对环境的影响是多方面的,而且是极其复杂多样的,采用能量这一单因子指标的评价方法,难以综合表达对环境的复杂影响。在全面进行环境影响评价中,这一方法基本被淘汰。

2. 环境影响因子评价法(EAF)

环境影响因子评价法是将在生产某种产品时对环境影响各种因素给以综合考虑的评价方法,其表达式如下:

$$EAF = F(资源,能源,污染物,生物影响,区域性作用……)$$

相对于能耗表示法,环境影响因子综合考虑了资源、能源、污染物、生物影响及区域性水平等多个因素,它是对能源评价的一个补充与修正。表 8.13 所示为常见金属材料的环境影响因子。

表 8.13　常见金属材料的环境影响因子

材料	铁	锰	铝	钛	锌	铬	镍	铜	铅	镉
EAF	1.33	5.04	9.04	15.48	18.19	16.73	19.41	24	90.35	327.96

3. 环境负荷单位(ELU)法

是指同时考虑了材料消耗、能源消耗、环境污染等多个因素的作用后,将每生产一个单位(如 1 kg)的产品时的环境负荷单位 EAF 值的大小作为材料对环境的影响。环境负荷单位是一种无量纲单位,在实际中,如何换算某种材料的环境负荷单位并与其他材料的环境影响进行比较,目前还没有完全统一的标准,因此还没被大家完全接受。表 8.14 是一些材料环境负荷单位的比较,可见某些贵金属的生产,其环境负荷单位特别大。

表 8.14　部分材料的环境负荷单位比较

材　　料	ELU/kg	材　　料	ELU/kg
铁	0.38	锡	4 200
锰	21.0	钴	12 300
铬	22.1	铂	42 000 000
钒	42	铑	42 000 000
铅	363	石油	0.163
镍	700	煤	0.1
钼	4 200		

4. 生态指数(EI)法

生态指数法即对某一过程或产品,根据其污染物产生的量及其他环境作用的大小,综合计算出该产品或过程的生态指数,判断其对环境影响程度的方法。生态指数也是一个无量纲单位,计算产品或工艺对环境影响的生态指数是一个很复杂的过程,目前这一方法并不通用。

5. 环境商值(EQ)法

环境商值是综合考虑废弃物的排放量和废弃物在环境中的毒性行为,用以评价各种生产对环境的影响。EQ 值越大,废弃物对环境污染越严重。

$$EQ = E \times Q$$

式中:E 为每生产 1 kg 期望产品的同时产生的废物量,$E=$ 废物量/产品质量;Q 为废物对环境的毒性。

6. 生态因子(ECOI)法

与前几个评价方法不同的是该方法同时考虑材料的环境性能和使用性能。第一是要考虑生产材料时对环境的影响,包括资源消耗、能源消耗、排放的污染物(如废水、废气、废渣),加上由污染物所引发的一些环境效应,如温室效应、区域毒性水平,甚至噪声等因素;第二是要考虑材料在使用过程中的性能,如材料的强度、韧性、热胀性、电导率、电极电位等力学、物理和化学性能。材料的使用性能好,则对环境有利。

ECOI=生产某产品时对环境的影响量(EI)/该产品使用性能的综合量(SP)

7. 生命周期评价(LCA)法

生命周期评价法也称为环境协调评价法,它是一种评价产品在整个寿命周期中所造成的环境影响的方法,这种方法已经广泛地为国际上的研究机构、企业、政府部门所接受,并得到了广泛的应用和推广,已成为产品环境特性评价方法和企业环境管理的一种重要工具,在 ISO 14000 系列国际环境认证标准中得到规范化,成为 ISO 14000 系列标准之一。

8.3.3 生命周期评价方法

8.3.3.1 生命周期评价(LCA)的定义及特点

所谓生命周期(life cycle),是指产品从自然中来再回到自然中去的全部过程,即"从摇篮到坟墓"(from cradle to grave)的整个过程,包括了产品生产、包装运输、产品销售、产品使用、再使用以及产品废弃处置等过程。

生命周期评价(life cycle assessment,LCA)方法,又称为环境协调性评价法,生命周期评估法、寿命周期评价法等,已经成为对材料或产品进行环境表现分析的一种重要方法。

LCA 起源于 20 世纪 60 年代在化学工程中应用的物质—能量平衡方法,其理论基础是能量守恒和物质不灭定律,最先用来计算工艺过程中材料的消耗。到了 20 世纪 80 年代,把物质—能量流平衡方法引入到工业产品整个寿命周期分析中,以考察产品工艺过程的各个环节,即从原材料提取、制造、运输与分发、使用、循环回收直至废弃的整个过程对环境的影响。

LCA 作为正式的环境评价术语是在 1990 年由国际环境毒理和化学学会(Society of Environmental Toxicology and Chemistry,SETAC)提出并给出定义和规范。其后,国际标准化组织(International Standardization Organization,ISO)又对 LCA 开展了大量的研究工作,将 LCA 方法在全球范围内进行了标准化的推广。1993 年 6 月,ISO 成立了"环境管理"技术委员会(TC207,包括 6 个分委员会),开展环境管理方面的国际标准化工作,制定了包含环境管理系统、环境审计、环境标志、环境行为评价、环境影响评价、术语和定义等的 ISO 14000 管理系列标准,列入 ISO 14000 系列标准中的第四系列标准,成为 ISO 14000 中六大系列标准之一。表 8.15 为目前 ISO 国际环境管理系列标准的框架。

表 8.15 ISO 国际环境管理系列标准框架

系　　列	标　　准
环境管理系统(EMS)	14001 环境管理体系—规范与使用指南
	14004 环境管理体系—原则、体系和支持技术通用指南
环境审计(EA)	14010 环境审核指南—通用原则
	14011 环境审核指南—审核程序—环境管理体系审核
	14012 环境审核指南—环境审核员资格要求
	14015 环境管理—现场与实体的环境评价
环境标志(EL)	14020 环境标志和声明—通用原则
	14021 环境标志和声明—自行声明的环境申诉(Ⅱ型环境标志)
	14022 环境标志符号使用
	14023 环境标志认证方法指南
	14024 环境标志和声明—Ⅰ型环境标志和声明—原则与程序
	14025 环境标志和声明—Ⅲ型环境标志—指导原则与程序

续表

系　　列	标　　准
环境行为评价（EPE）	14031 环境管理—环境绩效评估—指导纲要
	14032 环境管理—环境绩效评估—ISO14031 案例研究技术报告
环境影响评价（LCA）	14040 环境管理—生命周期评价—原则与指南
	14041 环境管理—生命周期评价—目标和范围的界定及清单分析
	14042 环境管理—生命周期评价—影响评价
	14043 环境管理—生命周期评价—解释
术语和定义（TD）	14050 术语和概念—术语使用原则指南
	14060 产品标准的环境因素（EAPS）

LCA 的定义可以表述为：LCA 是应用数学和物理的方法，并结合试验分析对某一过程、产品或事件从原料投入、加工制备、使用到废弃的整个生态循环过程中的资源消耗和能源消耗、废物排放、环境吸收和消化能力等对环境负荷进行评价的一种定量方法，该方法可以定量地确定该过程、产品或事件的环境合理性及其环境负荷量的大小。

LCA 的特点主要体现在以下几个方面。第一，面向产品系统，关注产品从生产、使用和用后处理的全过程，包括原材料采掘、原材料生产、产品制造、产品使用和产品用后处理。第二，LCA 是对产品"从摇篮到坟墓"的全过程评价，从产品系统的原材料采集、加工，产品的生产、包装、运输、消费、回收，到最终处理与生命周期有关的环境负荷进行分析的过程，可以从以上每一个环境来找出对环境造成影响的来源和解决办法，从而综合性地考虑对资源和能源的使用和排放物的回收、控制。第三，在产品系统的整个寿命周期中，对于系统内外的物质和能量流在每一个环节都必须以量化的方式表达，定量评价能量和物质的使用以及所释放废弃物对环境的影响，可以辨识和评价改善环境影响的方法及机遇。第四，LCA 是一种充分重视对环境影响的评价方法，而非对环境质量进行评价，强调分析产品或行为在生命周期各阶段对自然资源、非生命生态系统、人类健康和生态毒性影响领域内的环境影响，从独立的、分散的清单数据中找出有明确针对性的有关环境影响的关联。第五，LCA 是一种开放性的评价体系和先进的环境管理思想，只要有助于实现这种思想，任何先进的方法和技术都可以应用到其中。所以其方法论也是在持续改进和不断发展，针对不同的产品系统可以采用不同的技术和方法。

8.3.3.2　LCA 的总体框架

1997 年 ISO 14040 标准定义的技术框架，如图 8.17 所示。它包含目的与范围的确定（goal and scope definition）、生命周期清单分析（也称为编目分析）、环境影响评价（impact assessment）和生命周期解释（life cycle interpretation，或环境改善评价）等四个组成部分。其中，目的与范围的确定和生命周期清单分析这两个部分发展相对比较完善。

按照 LCA 评估过程的总体技术框架，环境评价可按如下六个步骤进行：LCA 目的与范围的确定→清单分析→环境影响评价→生命周期解释→报告结果→鉴定性评审。

1. LCA 目的与范围的确定

这是 LCA 的第一步，它会直接影响到整个评价工作程序和最终结论。在开始进行 LCA 评估之前，必须明确地表述评估的目的与范围，并使之适合于应用意图。这是清单分析、影响评价和结果解释所依赖的出发点和立足点。目的与范围的确定应着重考虑以下几个方面的问

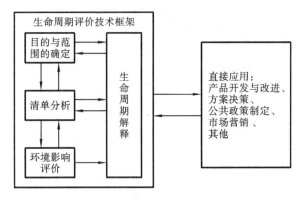

图 8.17　LCA 的评估过程及技术框架

题:研究的目的与范围、功能与功能单位、产品系统与系统边界、数据资料与范围要求、关键复核等。

在 LCA 研究目的中应明确陈述其应用意图,包括界定评价对象、实施 LCA 评价的原因,以及评价结果的输出形式。

LCA 的评价范围一般包括定义功能单位、定义评价边界、系统输入输出的分配方法、环境影响评价的数学物理模型及其解释方法、数据要求、审核方法和评价报告的类型与格式等。根据为评价所确定的目标,LCA 可能非常综合,也可能非常粗略。LCA 的范围应该根据需要达到的既定目标来确定。应妥善规定研究范围,以保证研究的广度、深度和详尽程度与之相符,并足以适应所确定的研究目的。LCA 本身是一个反复的过程,在研究过程中,可能由于收集到新的信息而要对研究范围加以修正。关于研究范围的定义,需要对以下几个概念加以说明。

(1) 功能与功能单位　由于 LCA 方法是一种基于定量计算的评价方法,所以产品系统各方面情况的描述就需要以一定的功能为基准。因此,一项环境协调评价研究的范围应当清楚地表述被研究产品系统的功能,功能单位是产品系统提供的功能度量单位,它在计量上应该是可数的。一旦确定了功能单位,就必须确定实现相对应功能所需的产品数量。如何选取功能单位是一个至关重要的问题,因为其基本作用是为有关的输入和输出提供参照基准,以保证LCA 结果的可比性。例如,在记录一个火电厂因发电而产生的二氧化碳排放量时,需要事先明确这种排放量是针对多少发电量而言的。

(2) 产品系统边界的确定　系统边界的确定是指对所研究分析的系统的功能、输入源、内部过程等方面进行描述,并且要对地域和时间加以明确的定义。同样,在对多个产品系统进行对比评价时,定义的各个系统也应该具有可比性。理论上讲,LCA 应分析一个系统对环境的所有影响方面,但这样的系统将是过于开放的,而通常没有充足的时间、数据或资源来进行这样全面的研究。因此,为了实现生产和产品系统环境负荷评价在实践中的可行性,必须要对实际研究的产品系统做一定限制,假设不包括在研究范围内的生产过程或产品所产生的环境负荷对于研究目的来说可以忽略不计,即确定所研究系统的边界。

系统边界决定了 LCA 需要包括哪些单元过程,有时候,即使在一个小型产品系统之内,LCA 研究范围也不是整个系统,而是将其分为几个部分,称为生命周期内的过程分割。图8.18为一产品系统示例。

(3) 数据质量要求　数据质量要求是 LCA 评估可信度的保障。这里的数据是指在 LCA评估中用到的所有定性和定量的数值或信息,这些数据可能来自测量到的环境清单数据,也可

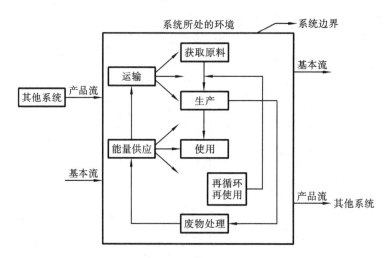

图 8.18 产品系统示例

以是中间的处理结果。数据质量要求需要说明数据的来源、精度、完整性、代表性和不确定性等因素,以及应考虑数据的时间跨度、地域广度、技术覆盖面、准确性、覆盖率、一致性及可重现性等。

2. 生命周期清单分析

生命周期清单分析(LCI)是收集产品系统中定量或定性地输入与输出数据、计算并量化的过程。即对产品生命周期中消耗的原材料、能源以及固体废弃物、大气污染物、水体污染物等,根据物质平衡和能量平衡进行正确的调查并获取数据的过程。如图 8.19 所示为一产品系统的相关输入与输出数据。

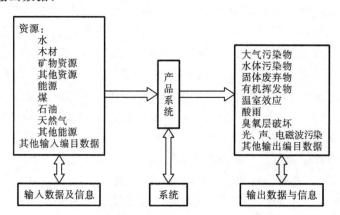

图 8.19 产品系统的相关输入与输出数据

生命周期清单分析是 LCA 的第二个阶段,它是 LCA 中最关键的一部分,是最终获得一个明确指标以表征该系统或过程环境影响的基础,LCI 主要包括以下几个方面:确定系统内部流程(分解为各单元过程)、细化系统边界、数据收集、数据确认(计算、数据检验)、数据与特定系统关联和分配、数据的集结与处理。清单分析的基本步骤如图 8.20 所示。

数据收集的准备　在进行数据收集时必须要对每个单元过程进行全面、透彻的了解。因为进行数据的收集会随不同系统模型中的各单元过程而变化,也会因参与研究的人员的构成和资格而有所不同,同时还受产权和保密要求的影响而有所不同。因此,为了避免出现重复计算或断档，需要对每个单元过程进行明确表述，包括对单元过程功能的定量和定性描述、输入和输出的定量和定性表述、确定过程的起始点和终止点等。

数据的确认　在数据收集过程中必须对数据的有效性进行检查，包括建立物质和能量平衡以及对排放因子所进行的比较分析。

数据与单元过程的关联　对每一单元过程必须确定适合的基准流（如：1 kg 材料或 1 MJ 能量），计算出单元过程的定量输入和输出数据。

数据与功能单位的关联和数据的集结　根据流程图和系统边界将各单元过程进行相互关联，从而对整个系统进行计算。计算中必须对系统中所有单元过程中的物流、能量流采用统一的功能单位作为计算的共同基础，求出系统中的所有输入和输出数据。

修改系统边界　LCA 的固有特性是其具有反复性，因此，必须根据从敏感性分析中所判定的数据重

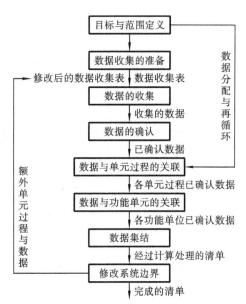

图 8.20　LCA 清单分析的基本步骤

要性来确定对相关数据进行取舍，初始产品的系统边界必须根据确定范围时所规定的边界准则进行适当的修改。在清单分析中还要注意处理好如下三类问题。第一是分配问题，当从系统中得到多个产品或某一回收过程中同时处理来自多个系统的废弃物时，就产生了输入输出数据如何在多个产品或系统之间的分配问题。尽管没有统一的分配方案，通常可以从系统中的物理、化学过程出发，依据质量大小或是经济上的考虑，重新进行分配。第二是能源问题，在能源数据中应考虑能源类型、转化效率等。不同的化石能源和电能应分别列出，能源的消耗量应以相应的热值如 J 或 MJ 单位计算，对于燃料的消耗也可以使用质量或体积进行计算。第三是清单中所使用的数据应取尽可能长的一段时间数据，如一年中的平均值，以消除非典型值的干扰。

3. 环境影响评价

环境影响评价建立在清单分析的基础上，其目的是为了更好地理解清单分析数据与环境的相关性，评价各种环境损害造成的总的环境影响的严重程度，即采用定量调查所得的环境负荷数据定量分析对人体健康、生态环境、自然环境的影响及其相互关系，并根据这种分析结果借助于其他评价方法对环境进行综合的评价。目前，环境评价的方法有许多，但基本上都包含四个步骤：即分类、特征化、归一化和评价，如图 8.21 所示。

(1) 分类　分类是将 LCI 中的输入与输出数据与环境损害种类相联系并分组排列的过程，它是一个定性的、基于自然科学知识的过程。在 LCA 中将环境损害分为三类，即资源消耗、人体健康和生态环境影响。环境损害又细分为许多具体的种类，如全球变暖、酸雨、臭氧层减少、沙漠化、富营养化等，一条清单条目可能与一种或多种具体的环境损害有关，如图 8.21 所示。

(2) 特征化　清单中不同的环境损害种类造成的同一种环境损害的程度会不同，例如二氧化硫和氧化氮都可以引起酸雨，但同样的量引起的酸雨的浓度并不相同。特征化就是对比分析和量化这种程度的过程。它是一个定量的、基本上基于自然科学的过程。通常在特征化中都采用了计算"当量"的方法，用以比较和量化这种程度上的差别。将当量值与实际清单中

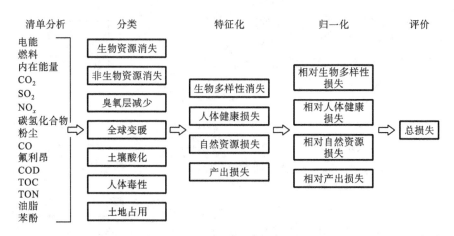

图 8.21　环境影响评价图

数据的量相乘,可以比较相关清单条目对环境影响的严重程度。常用的集中特征指标如表 8.16所示。

表 8.16　常用特征化指标

环境损害类型	指标名称	参 照 物
温室效应	GWP100	CO_2
臭氧层减少	ODP	CFC11
酸雨	AP	SO_2
富营养化	NP	P

目前研究特征化的计算模型有很多种,常用的特征化模型主要有如下五种。

① 负荷评估模型。在这类模型中,清单分析的相关资料只是简单罗列出来,也可以根据它们的潜在影响加以分类,在该模型中,只需要根据物理量大小来评价生命周期清单分析提供的数据。如一个制造系统产生的二氧化硫为 1 kg,另一个系统生产等效量的产品时释放二氧化硫为 2 kg,则认为前者对大气的影响更小。这种方法并不考虑各影响因子间的替代效应,也无法完全反映各影响因子的含量或排放量的差异。

② 当量评价模型。这类模型使用当量系数(如 1 kg 甲烷相当于 11 kg 二氧化碳产生的全球变暖潜力)来汇总生命周期清单分析提供的数据,前提是汇总当量系数能量度潜在的环境影响。

③ 毒性、持续性及生物累积性评估模型。这类模型以释放物的化学特性,如毒性、可燃性、致癌性和生物富集等为基础来汇总生命周期清单分析数据。其前提是这些标准能将生命周期清单分析数据归一化,以测度潜在的环境影响。目前此方法主要用于对人体健康影响的评估。

④ 总体暴露效应模型。这类模型中,排放物的加和总是针对某些特殊物质的排放所导致的暴露和效应做一般性(非特定)的分析,来估计潜在的环境影响,有时候也会加入对背景含量的考查。

⑤ 点源暴露效应模型。这类模型以点源相关区域场所的影响信息为基础,针对某些特殊物质的排放所导致的暴露和效应做特定位置的分析,来确定产品系统实际的影响。在此模型中,排放物影响的加和必须考虑到特定位置的背景含量。

（3）归一化 由于环境影响因素有许多种,如资源消耗、能源消耗、废气、废液、废渣、温室效应、酸雨、有机物挥发、区域毒性、噪声、电磁波污染、光污染等,每一种影响因素的计量单位都不同。为实现量化,通常对清单分析和特征化结果数据采用加权或分级的方法进行处理,以简化评价过程,使评价结果一目了然。这个量化的处理在 LCA 应用中被称为归一化处理,其主要目的是将环境因素简化,用单因子表示最后的评价结果。

（4）评价 为了从总体上概括某一系统对环境的影响,将各种因素及数据进行分类、特征化、归一化处理后,最后进行环境影响评价。这个过程主要是比较和量化不同种类的环境损害,并给出最后的定量结果。环境评价是一个典型的数学物理过程,经常要用到各种数学物理模型和方法,不同的方法往往带有个人和社会的主观因素和价值判断,这是评价结果容易引起争议的主要原因。因此,在环境评价过程中,一般要清楚、详细地给出所采用的数学物理方法、假设条件和价值判断依据。

4. 环境改善评价（生命周期解释过程）

LCA 的第四部分是环境改善评价,在新的 LCA 标准中,第四部分由环境改善评价修改为生命周期解释过程。生命周期解释的目的是基于生命周期清单分析和影响评价的发现,分析结果、形成结论、解释局限及提出建议,并以透明化方式报告解释结果。生命周期解释具有系统性、重复性的特点。第一,它基于 LCA 或 LCI 的研究发现,运用系统化的程序进行识别、判定、检查、评价和提出结论,以满足研究目的与范围中所规定的应用要求。第二,无论是在生命周期解释阶段内部还是与生命周期评价或清单研究其他阶段之间,都是一种反复的过程。第三,通过强调涉及研究目的和范围的生命周期评价或清单研究的优势与局限,提供了 LCA 方法和其他环境管理技术的关联。生命周期解释包括三个要素,即识别、评估和报告。

（1）识别 识别主要是在生命周期评价或清单研究结果的基础上对重大问题的辨识,旨在根据所确定的目的与范围以及评价要素的相互作用,对 LCA 和 LCI 阶段得出的结果进行组织,以便确定重大问题。在清单分析和影响评价阶段取得的结果满足研究目的与范围要求后,通常可能涉及的重大问题包括:①清单数据类型(如能源消耗、环境排放物、废物等);②环境影响类型(如资源利用、全球变暖潜值等);③生命周期各阶段对 LCA 和 LCI 的结果的主要贡献。确定产品系统的重大问题,可以比较简单、也可以非常复杂,须根据实现确定的研究目的与范围来确定。

（2）评价 评价是对生命周期评价或清单研究结果中的完整性、敏感性和一致性分析进行检查评估,是对环境协调性评价的整个步骤进行检查,目的是建立并加强 LCA 或 LCI 实施结果,包括所鉴别出的重大问题的置信度和可靠性。评价步骤应与 LCA 或 LCI 实施的范围和目的相吻合,并考查其最终的预期用途。通常要进行完整性、敏感性和一致性三个方面的检查。

（3）报告 报告主要是得出解释结论、建议和最终报告。生命周期解释的最终目的是根据规定的目的与范围对产品系统的环境协调性作出结论和建议并形成最终报告。报告应完整、客观地叙述整个 LCA 或 LCI 实施过程,严格遵循在价值选择、理论依据及专家判断方面的公开性和透明性。

8.3.3.3 LCA 的局限性

尽管 LCA 在环境评价中得到广泛的应用,但随着对 LCA 应用经验的丰富,人们逐渐发现它也存在一些不足,在应用范围、评价范围,甚至评价方法本身都存在一些局限。

1. 应用范围上的局限性

LCA 本身是为环境服务,它只考虑了产品系统对生态环境、人体健康、资源和能源消耗等方面的问题,对于技术、经济和社会效益方面,如质量、性能、成本、赢利、公众形象等方面的因素很少考虑。因此,不论是政府或企业都不可能仅仅依靠 LCA 评价的结论来解决所有问题,这时就要求决策者在决策阶段必须结合其他方面的信息。

2. 评价范围的局限性

LCA 只考虑了已经发生了或一定会发生的环境影响因素,没有考虑可能发生的环境风险突发事件所造成的危害及其采取必要的预防应急措施。在评估时,LCA 也没有考虑与有关环境的法律规定和限制是否冲突。但对企业在进行产品生产来说,这些环境政策和法规都是十分重要的问题。

3. 评估方法的局限性

LCA 的评估方法既包括了客观成分,又包含有主观成分。其中主观性选择、假设和价值判断涉及多个方面,如系统边界设定、数据来源选择、环境损害的种类选择、计算方法的选择以及环境影响评估中的评估过程等。无论其评估的范围和详尽程度如何,所有 LCA 都包含了假设、价值判断和折中这样的主观因素,所以,LCA 的结论需要完整的解释说明,以区别由测量或自然科学知识得到的信息和基于假设和主观判断得出的结论。

4. 时间和地域的局限性

无论 LCA 中的原始数据还是评价结果都存在时间和地域的限制。在不同的时间和地域范围内,会有不同的环境清单数据,相应的评价结果也只适用于某个时间段和某个地区,这是由产品系统的时间性质和空间性质决定的。从时间范围上看,一般情况下,LCA 评价对象的周期越长,相应的环境影响会越小,因为污染物的排放量一定时,时间越长,单位时间内的排放量越小;相反,时间越短,相同的环境负荷的环境影响越大。同样,相同的环境负荷,地域越大,环境影响越小;反之,环境影响越大。

5. LCA 理论上的困难

LCA 作为一种评价产品环境影响的方法,最重要的是要保证结论的客观性。但 LCA 所处理的环境问题以及所要用的量化方法,恰恰都对 LCA 的客观性有着极大的影响。首先,在 LCA 方法的许多环节中,由于缺乏普遍适用的原则与方法,实施的每一步既依赖于 LCA 的标准,也依赖于实施者对 LCA 方法的理解和对被评估系统的认识以及自身积累的评估经验和习惯。这些难以完全避免的非标准化的因素有损于 LCA 的客观性。其次,LCA 的环境影响评估试图量化环境影响,量化有利于概括和理解产品系统的环境影响,并得出一个确定的结果。但是在量化过程中,首先在清单分析过程中就会遇到问题,清单分析是量化评估的开始,在数据收集和计算输入输出时,采用的数据来源、计算方法并不是唯一确定的,而取决于实施者的主观选择。例如,在产品系统有多个产品时,或者在一个回收过程中处理了来自多个系统的产品时,各产品与输入输出之间的对应关系并不是绝对的,如何将输入输出在产品之间进行分配是一个十分困难的问题,只能遵循 ISO14041 和 ISO14049 给出的一些指导意见,由实施者进行选择,不可能找到一个通用方法。还有在评价过程中对不同类型的环境损害进行叠加时,必然要引入如权重因子这样的主观因素。通过引入大量的主观参数去量化环境影响,其评估的结果必然因人而异,没有重复性,并且难以验证,使得其客观性受到损害,也就很难得到认同。

LCA 方法所需数据繁杂,运行代价较高,如果仅靠数据清单分析评估则不足以进行有意义的比较。进一步的影响评估目前还存在科学和技术上的困难,此外,LCA 方法难以及时跟踪日益变化的动态市场和技术要求。

8.3.4　LCA 数据与评价软件

LCA 的整个评价过程,主要是对环境影响数据的处理过程。按应用系统的数据处理分类,可以分为 LCI 数据和评价软件分析(计算)数据。LCI 数据是对环境负荷数据的采集、分析、建模等生成的基础数据;评价软件分析数据则是在 LCI 数据的基础上,应用评价方法生成的评价数据,可以是文本文字、数据表、图形、图像,也可以是一些中间过程数据。

对 LCI 数据、评价软件分析数据的管理,应用数据库技术是最有效的数据管理和处理方法,是 LCA 研究和发展的主要领域之一。

8.3.4.1　LCA 数据

LCA 的研究与应用不仅依赖于标准的制定,还依赖于评估数据与结果的积累。在绝大多数的 LCA 个案研究中,都需要一些基本的生命周期清单分析数据,如材料的生产、使用、运输、回收再利用等相关的清单分析数据。对于一般的研究小组或中小型的企业而言,如果 LCA 评估总是要从产品寿命周期的原材料开采阶段开始评估的话,其工作量和代价将是非常巨大而难以承受的。所以,不断积累评估数据,并将这些数据做成数据库的形式,是在 LCA 研究中的一项非常重要的工作。这些数据库的功能在于将生命周期清单分析中所获得的相关数据,如空气污染方面的 SO_2 的排放、水污染方面的重金属排放、臭氧层破坏气体的排放量、温室效应方面的 CO_2 排放量以及矿物能源的消耗等,进行冗长的计算,包括标准化、平均、总计等,再将计算结果换算成对各种环境的影响或对某种特定环境的负荷,供设计或决策人员参考。

LCA 的研究经历了从具体的 LCA 个案分析到建立环境影响数据库的过程。到现在,全世界围绕 LCA 建立的环境影响数据库已经超过 1 000 个,著名的有十几个。由于不同国家和地区的资源、能源占有量各不相同,各自的科技水平也不平衡,这些体现在 LCA 数据也就具有很强的地域性,所以,几乎各个国家或地区都需要建立自己的环境数据库。目前发达国家在 LCA 研究中占据了重要地位,著名的 LCA 数据库几乎都是发达国家建立的,并在不断更新中。而发展中国家由于客观原因,对环境问题的认识还存在不足,对 LCA 的研究还处于较低的水平,相应的数据库也较少。具体的著名数据库可参阅有关 LCA 技术专著。

8.3.4.2　LCA 评估软件

由于 LCA 评估中需要处理大量的数据,近几年已经开发出数十个用于 LCA、LCI 的计算机软件,以及用于环境管理系统(EMS)的管理软件。其中最著名的有:SimaPro®、GaBi®、EcoPm® 和 KCLECO® 等,功能都符合 ISO 14040 对 LCA 方法的定义。它们支撑用户管理大量的数据,为产品系统建立模型,能够进行不同类型的计算,并帮助生产评估报告,但评估质量仍取决于用户。

8.3.5　材料的生命周期评价方法(MLCA)

材料的生产过程是一个消耗大量资源、能源,产生大量环境污染的过程,所以,研究如何减少与材料相关的环境污染是一个十分重要的课题。那么,什么样的材料才能被称为环境材料呢？这就涉及对材料的环境表现和环境性能如何评价的问题，由此产生了对材料的生命周期评价的研究，即将 LCA 的基本概念、原则和方法应用到对材料的生命周期的评估中去。材料的生命周期评价通常称为 MLCA(material LCA)，而一般产品的生命周期评价称为产品生命周期评价 PLCA(product LCA)。

LCA 方法应用到材料环境评价中，是从 1989 年对软饮料易拉罐、有机高分子塑料袋、塑料杯和纸杯等包装材料及制品对环境的综合影响开始的。MLCA 概念目前已经得到国际材料界的普遍认同，其研究范围也在不断扩大，从传统的包装材料、容器等产品研究领域转向各种金属、高分子、无机非金属和生物材料的研究领域，从传统上侧重于结构材料的评价转向对功能材料的研究。

在很多 LCA 的研究中，单从评估的对象来看，有时很难区分材料和产品之间的区别。从材料生产者的角度看，材料就是其生产的产品。例如，钢材是一种典型的材料，对钢厂而言就是一种产品；而在进行塑料制品的环境评价时几乎就是对塑料材料的环境表现在进行评价。但这并不是说 MLCA 就等同于 PLCA。首先，从研究的范围上看，MLCA 侧重于产品生命周期中与材料相关过程的研究，包括从自然资源中制备材料和材料加工成型过程，以及产品废弃后特定材料的处理过程，它们与产品的制造、分发、使用和废弃过程共同构成产品的整个生命周期。其次，从研究的目的来看，通过 MLCA 的研究希望能够改进材料的设计，这个过程通常比通过 PLCA 的研究改进产品设计要复杂得多。因为在产品设计中主要的改进方向是在满足性能要求的前提下，尽可能减少材料的使用，相应地也就能减少成本和环境负担，这个准则相对而言是比较具体和明确的。而在材料设计中，材料的改进方向涉及在满足材料性能要求的前提下，改进材料的制备和加工技术，这是一个材料科学的问题，无法从 MLCA 中直接得到答案，相对来讲就要复杂得多了。

MLCA 与 PLCA 并不相同，它主要应包括以下几个方面的内容。

(1) 性能要求　要明确作为研究目标的材料所要求的特性及其允许的范围，还要明确为了达到上述性能指标，对加工、表面处理等技术操作的要求，以及使用状况对使用寿命的影响。

(2) 技术系统　建立与材料对应的技术系统，包括材料的制备、加工成形和再生处理技术以及相应的副产品、排放物等基本情况。

(3) 材料流向　着眼于分析资源的使用和流向，特别是作为微量添加元素的使用，因为这些元素很难被再循环使用。

(4) 统计分析　对技术流程中各阶段的能源和资源消耗、废弃物的产生和去向进行分析和跟踪。

为了建立包含上述四个要素的材料环境协调性评价体系，就需要建立相应的资料库，并研究相关的方法，引入相应的指标体系。其中资料库大致可分为有关材料性能的材料特性资料库和有关材料环境表现的资料库两大类。环境表现资料库应包含相关的资源储量、探测、采掘、制造技术、循环利用、废弃排放等资料，并用计算机数据库的形式保存起来，便于数据查询和获取。

8.4　材料的生态设计与典型环境材料

传统经济社会中，产品的生产特征是"大量生产、大量消费和大量废弃"。迄今为止，材料的研究与开发一直都是以"高强度、高韧性、更适合在严酷环境条件下的高性能"为目标,结果是开发出了元素种类越来越多、组成越来越复杂的各种材料,基本上不考虑资源的节约、材料的再生循环利用和环境保护等问题,作为环境污染的治理也大多采用末端处理的方式进行。从前面分析材料与环境的关系中已经知道,在材料制备、使用及废弃的整个生命周期中的各个阶段,材料都是现代工业污染的主要责任者之一,而片面追求材料和产品的高性能、高附加值的设计思想使人类面临资源枯竭和环境污染问题也日趋严重。事实上,一个产品所带来的环境问题往往在产品的设计时就已经决定了的。据统计资料表明,90%的环境污染问题可以通过产品设计和制造工艺设计来进行控制,图 8.22 所示为产品设计对改善环境性能的贡献示意图。

因此,为了从根本上解决环境污染问题,必须在产品和生产技术的设计阶段就考虑到资源、环境及循环再利用等因素,即从环境污染的源头开始进行控制,按照生物圈中的生态平衡思路(工业生态系统)对产品进行生态设计,采用先进的技术、工艺并采用可循环材料,才能将材料的使用和废弃过程对环境的影响减小到最低的程度。图 8.23 所示为生态设计中资源和能源循环再利用原理示意图。

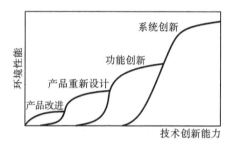

图 8.22 产品设计对改善环境性能的贡献

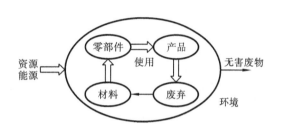

图 8.23 生态设计循环再利用原理

8.4.1 材料的生态设计

8.4.1.1 生态设计

1. 生态设计的含义

生态设计(Eco-design,ED)是一种新的设计思想,它把保持生物圈的生态平衡纳入设计范畴,把可持续发展作为最终目标,通过材料和产品性能、利润和环境等目标融为一体,实现经济活动的可持续发展,最终实现人类社会的可持续发展。图 8.24 所示为产品的现代设计内容和目标示意图。

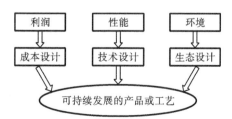

图 8.24 现代设计内容和目标示意图

生态设计的基本概念是指在材料和产品的设计中,将保护生态、人类健康和安全意识有机地融入其中的设计方法。具体来说就是在材料和产品设计时,在考虑成本、功能或性能、质量、外观等传统使用性能指标的基础上,还要着重考虑材料和产品在整个生命周期内的环境性能,如可回收性、可重复利用性、可拆卸性、可维护性等,使之不断改进并达到经济、环境和社会效益的和谐统一。由于生态设计是面向产品的整个生命周期,是"从摇篮到再生"的系统设计,所以生态设计又称为生命周期工程设计(life cycle engineering design,LCED)、绿色设计(green design,GD),或为环境而设计(design for environment,DFE)以及环境协调性设计等。

目前生态设计已经成为推行预防生态环境受到危害的重要手段,是最高级的清洁生产措施和可持续发展的最佳途径。生态设计的原则和方法不仅适用于新材料和新产品的开发,也适用于传统材料和传统产品的改进设计。通过对材料和产品进行生态设计,人类才有可能对环境污染从被动的末端控制转化为主动的始端(源头)控制,同时也是实现提高资源效率、降低能源消耗的有效措施。

2. 生态设计的基本过程

按照日本学者山本良一的观点,生态设计就是"设计+LCA",如图 8.25 所示。生态设计的目标是降低各个过程综合环境负荷指标和降低总影响的评估值。生态设计的主要过程如下。

生态设计 ＝ | 设计:
先进性
环境协调性
经济性
舒适性 | ＋ | LCA:
环境负荷 |

图 8.25　生态设计的概念

(1) 调查各个生命周期阶段的资源、能源消耗和废弃物排放量,并进行清单分析。

(2) 掌握消耗量和排放量(环境负荷)最大的生命周期阶段。

(3) 掌握影响评估的各类别之间环境负荷相对较大的类别。

(4) 根据环境负荷的空间规模(当地、区域或全球)考虑权重系数。

(5) 将环境负荷的时间非可逆性纳入权重系数。

(6) 根据产品销售、使用地区有关政策、法规,决定重点降低的环境负荷。

(7) 根据影响评估加权总和,提出材料、产品环境质量改进方案和新产品的设计方案。

3. 生态设计方法

目前生态设计方法主要有系统设计、模块化设计、长寿命设计和再生设计等。

1) 系统设计

生态设计要求设计人员在产品开发设计过程中要有系统的观点,充分掌握设计的全盘性、相互联系及制约的细节。其设计思想是整体性、综合性和最优化。特点是采用物料和功能循环的思想,扩大了产品的寿命周期,有利于维护生态系统平衡,提高资源效率,减少废弃物数量及处理成本。

2) 模块化设计

模块化设计是指对一定范围内的不同功能、不同性能、不同规格的产品进行分析,划分并设计出一系列的功能模块。通过模块的选择和组合可以组装成不同的产品,以满足市场需求。同时,模块化设计也有利于产品使用后的拆卸,继续利用一些可用的模块。其特点典型地体现在拆卸技术与回收技术等方面。目前,模块化设计已广泛应用于汽车、家电、计算机、复印机及许多工业机器制造行业。

3）长寿命设计

按照 LCA 理论,产品的寿命越长,其环境负荷越小。因此,长寿命设计目前在工业产品设计中也比较流行。特别是对一些影响到人身安全的产品,长寿命设计更是首选的设计原则,以确保产品能够长期安全使用。

4）再生设计

由于产品的生产过程每一步都有大量废弃物产生,因此,在生态设计中,一个重要的内容就是关于废弃物的再生设计。把生态设计的思想始终贯穿在从采矿开始,到材料的冶炼、加工、使用、废弃,一直到再生利用等诸环节,使材料的服务性能和环境性能相协调。

再生设计的主要思想是把上一个过程的废弃物作为下一个过程的原料,建立利用废弃物作为资源的观念。在技术可能的条件下,考虑最经济的循环再生利用率。减少一次污染,把污染物尽量在过程内部消化,控制排除循环过程以外的污染物总量。对那些不得不排出循环过程以外的污染物,应设计污染处理流程,对污染进行治理,努力避免二次污染等。

8.4.1.2　材料的生态设计

作为材料的生态设计,目前有两种类型。第一,对现有材料进行生态化再设计。即对现有材料以降低资源、能源消耗,降低环境负荷,通过环境标志标准等为主要目的的设计。这一类设计已占有相当多的信息资源,有明确的设计依据,一般比较容易实现。第二,新型生态材料的生态设计。该类型生态材料的设计目前尚处于研究发展阶段,还缺乏充分的数据和知识。需要有材料的组成、结构及加工方法与材料环境负荷的内在规律数据的积累。需要建立完善材料生态设计的数据库和知识库,以人工智能、模式识别、计算机模拟等技术作为设计支撑体系。初期是以实验—设计—LCA 的反馈来达到生态设计的目标值。

在材料设计时,必须从材料资源、材料成分、制备工艺、产品结构和性能、制造工艺方法、循环使用及生态平衡等诸环节综合考虑。从设计一开始,就把材料的使用性能与环境保护结合起来,使所设计的材料在具有优异的性能的同时,充分考虑资源的有限性和环境容量的有限性。由于材料和产品的生产过程每一步都会有大量的废弃物产生,因此,在材料的环境协调性设计中,材料的再生设计是一个十分重要的内容。

对于材料的再生设计应主要从以下几个方面考虑。

（1）对某种废弃物直接再利用,即将某种不用的物品或材料不再进行加工或处理,直接作为产品使用。

（2）零部件的回收再利用,即将废弃物中的一部分零件取出,在其他系统上继续发挥其结构或功能的作用。

（3）废弃物作为原料再利用,即将废弃物作为原材料生产出另一种产品或材料。如废旧塑料的再加工成器件或用来生产汽油、柴油。用废钢回炉生产成品钢,炼钢的钢渣生产水泥和建筑。一般来说,材料每循环利用一次,其性能有所下降,主要原因是材料在再生利用加工过程中其组织中的大量杂质难以去除,从经济角度上考虑一般都采用降级使用的设计技术。

（4）材料生产过程中的能源回收再利用,也是材料生态设计的重要组成部分。特别是在钢铁、水泥等高能耗的材料加工行业,开展废热、废气等废弃能源的回收再利用具有更特别的重要意义。

在产品设计中,减少材料环境影响可通过减少材料的用量、回收循环再利用、降解及废物处理等来实现。减少材料的用量主要通过采用高强、长寿命及其他性能优异的新材料来实现;加强材料的回收再利用,是提高资源效率的有效措施;对某些材料,特别是一次性的包装材料,可采用可降解材料,减少对环境的影响;对一些既不能回收再利用也不能降解的材料,可以采用废物处理的方式进行处理,尽量减少对环境的污染。

8.4.2　典型环境材料

8.4.2.1　金属环境材料

工业中常用的金属材料普遍都是以合金形式使用的,为了得到不同的使用性能,往往在一种金属材料中存在多种合金元素,这就使金属材料再生循环变得十分困难。因此作为金属环境材料应该具有如下特征:①减少合金元素而保持高性能;②可以通过调整显微组织来替代加入的合金元素获得所需要的性能;③再生过程中易于分离和无二次污染。目前,研究开发的典型金属环境材料有以下几种。

1. 通用合金

通用合金主要特点为成分组成合金种类少,且能通过调整合金成分分配比例来达到各种性能要求,其强化手段主要采用固溶强化而不是相变强化,具有较好的循环再生性能。如:Fe-Cr-Ni 钢,通过改变 Fe、Cr、Ni 的相对含量,其组织和性能可以在很大范围内发生变化,可以生产出从铁素体钢到不锈钢的一系列钢种;Ti 合金,其合金成分为 Ti、Al、V,根据合金元素种类的加入量不同,可以分别得到具有良好耐热性能和焊接性能的 α 钛合金、具有良好的综合力学性能和塑性加工性能的 $\alpha+\beta$ 钛合金,以及具有高强度和优良冷成形性能的 β 钛合金;Cr-Mo 钢是一种耐热抗高温蠕变钢,其高温蠕变强度和铁素体基体中的置换溶质元素 Cr、Mo 的固熔量成正比,因此,可以通过优化合金成分,在保证合金元素在基体中必需的固熔量的前提下,尽可能减少合金元素的总加入量,既保证了耐热钢的持久蠕变强度,又节约了合金元素,减少了合金生产过程中的环境负荷。

2. 简单合金

这类合金特点是合金组元及规格简单、再生循环过程中易于分离,原则上不添加现在尚不能精炼提取的元素,不用环境协调性不好的合金元素。通过选择适当的化学成分和热加工工艺,可获得大范围内变化的显微组织和力学性能,在再生循环过程中回收的废钢具有大致相同的成分,易于再生循环利用,主要是代替目前大量消耗的金属结构材料,它不含枯竭性元素的合金钢。如 Fe-C-Si-Mn 系合金,控制成分及显微组织获得满足不同用途的性能要求。

3. 金属复合材料

这类合金的特点是用单一组分代替多组分,废弃后易于分解或降解,可多次重复使用。如 Fe-Fe 复合材料,它用冷拔成型直径为 $100~\mu m$ 的 Fe-C-Si-Mn 钢纤维(SCIFER 纤维)作为增强纤维,利用平均尺寸为 $50~\mu m$ 的铁超细粉在低温下的烧结性,将其作为黏接剂,再将平均尺寸为 $5~\mu m$ 的碳铁粉作为铁基材料,将这几种铁材料混合之后经 $250~^{\circ}C$ 下保温 $60~min$ 制成 Fe-Fe 复合材料,其抗断裂强度可超过 $294~MPa$。

8.4.2.2　绿色包装材料

产品无论是在生产、流通、仓储、销售等环节都离不开包装,而包装制品循环利用率很低,几乎都是一次性使用,并且使用周期较短,因而大量的包装制品约有 80% 成为废弃物。在全球排放的所有固体废物中,包装废弃物在体积上约占 $1/2$,给资源和环境带来了严重的影响,因此,开展绿色包装研究开发使用环境友好性的包装材料的是人类远离白色污染的有效途径。

绿色包装的主要方法是采用减量化材料、可重复利用和可回收材料、可降解材料和无毒无害材料。典型的绿色包装材料有如下几大类。

1. 天然生物包装材料

用一些天然植物纤维制作的包装材料，如麦秸、芦苇、竹材、稻草、甲壳素等制成包装箱、包装板等包装材料；如纸、瓦楞纸板、蜂窝纸板、稻草板、竹板以及可直接成型出包装制品的纸浆模塑包装制品等。

2. 可食性包装材料

可食性包装材料主要采用人体可消化吸收的淀粉、蛋白质、植物纤维和其他天然物质作为包装材料。目前以玉米淀粉改性后制成可食性包装材料最为典型。可食性包装材料可以制成黏结剂、膜、袋、垫、肠衣、果衣、胶囊等，广泛用于食品、药品的包装，以及刚性及半刚性包装容器，如饮料杯、餐具等。

3. 绿色塑料包装材料

塑料包装材料是仅次于纸质包装材料的第二大包装材料，也是造成白色污染的主要根源。绿色塑料包装材料主要是致力于轻量、高性能塑料、无氟泡沫塑料、可回收塑料和可降解塑料的研发，其中，可降解塑料被认为是最具有发展前景的绿色包装材料之一。可降解塑料包装材料即具有传统塑料的功能和特性，又可以使用完成后通过土壤或水中的微生物作用，或者通过阳光中紫外线的作用，在自然界中分裂降解和还原，最终以无毒无害的形式回归自然。可降解包装材料分为生物降解塑料、生物分裂塑料、光降解塑料和光/生物双降解塑料。

此外，作为环保的高分子包装材料还有水溶性塑料包装薄膜、塑木复合材料、合成纸、竹胶板、钙塑瓦楞箱等。

4. 绿色金属包装材料

金属包装材料是一种可回收再利用的包装材料，本身对环境不会有太大的影响。但是，金属材料在采矿、冶炼、轧制等加工过程以及包装制品的生产和使用过程中，会导致资源和能源的消耗，带来环境问题。针对绿色金属包装主要体现在以下几个方面：①以高强低厚的马口铁代替铝罐，节约材料用量，降低成本，还能减小废弃物的环境污染；②降低马口铁的镀锡量；③改进焊接工艺，据统计，人体内 14% 的铅是来自马口铁的锡焊材料，高频电阻焊可减轻污染，并提高焊接质量；④采用铝箔代替塑料和纸，这主要是基于铝箔的回收利用非常容易；⑤建立完善的金属包装废弃物的回收处理机制。

5. 玻璃包装材料

与金属包装材料一样，玻璃包装材料也是一种可回收再利用的包装材料，其本身不会对环境造成太多的危害，主要是在生产过程中对环境造成污染。其主要发展方向是提高玻璃的强度，减小玻璃包装材料的厚度，玻璃包装制品的减量化设计，提高废弃玻璃包装容器的循环使用次数等，同时对玻璃生产过程的污染进行有效控制。

8.4.2.3 降解塑料材料

塑料因其性能稳定、轻质而广泛应用于国民经济的各个领域，但由于塑料废弃后在自然界难以分解，(普通塑料在自然界中大致需要 200～400 年时间才能完全分解)，因而造成大量的永久性垃圾，形成巨大的"白色污染"源而污染环境。目前开发和研究的环境降解塑料主要有以下几种类型。

1. 生物降解塑料

生物降解塑料包括淀粉填充型(如含淀粉的高密度聚乙烯 HDPE、低密度聚乙烯 LDPE、聚苯乙烯 PS、聚氯乙烯 PVC 等)、微生物合成型(如聚羟基丁酸酯 PHB、脂肪族酯、聚乳酸 PLA)、化学合成型(如聚羟基羧酸酯、聚乙交酯、聚己内酯等)、天然物质利用型。

2. 光降解塑料

在塑料中添加光敏物质,如含羰基结构的 PE、PS、PVC、PET 和 PA 光降解塑料。

3. 光/生物双降解塑料和水溶性塑料

光/生物双降解塑料是一种复合塑料,这些可降解的塑料的制备方法主要有共聚法和共混法两种。共聚法是把含酰胺键、酯键、醚键基团或含羰基的化合物经聚合反应而结合到大分子链中,或是对可生物降解材料进行共聚改性,在微生物或酶的作用下可发生生物降解。共混法是把可生物降解的高分子如纤维素、淀粉、聚乙烯醇(PVA)等或可诱发光降解的光敏剂与聚乙烯(PE)、聚丙烯(PP)、聚苯乙烯(PS)或聚氯乙烯(PVC)等进行共混,借助淀粉等生物降解作用和通过光的诱导作用来引发聚合物发生降解。

8.4.2.4 环境建筑材料

建筑材料与人类居住环境息息相关,传统的建筑材料在生产使用过程中不仅消耗大量的资源和能源,还对环境造成了严重的污染,主要表现在大气污染、建筑垃圾、废水污染、土地减少、噪声污染、光污染和光化学污染、放射污染等。目前主要的环境建筑材料类型有如下几种。

(1)天然型建材　天然型建材中除大理石具有一定的放射性外,常见的木、竹等具有很好的环境协调性能。

(2)节能生态建材　节能生态建材如免烧、低温快烧、新预分解类建材。

(3)利废环保型生态建材　利用工业废渣或生活垃圾及其他废弃物生产的建筑材料,既可实现废弃物资源化利用,又可治理环境污染。

(4)安全舒适型生态建材　安全舒适型生态建材主要指具有高强、轻质、防火、防水、保温隔热、隔音、调温调湿、调光等功能的材料。

(5)保健型生态建材　保健型生态建材具有灭菌、消毒、防臭、防霉、吸附有害气体等功能的建材。

(6)特殊环境型生态建材　特殊环境型生态建材具有超高强度、长寿命、抗风沙、抗腐蚀等功能的材料,以用于地下、海洋、河流、沙漠及沼泽等特殊环境下的建筑材料。

具有代表性的环境建筑材料如生态水泥、生态混凝土、生态玻璃(热反射玻璃、隔音隔热玻璃、调光玻璃、电磁屏蔽玻璃、抗菌自洁玻璃)、卫生陶瓷、水基涂料、液体无溶剂涂料、杀虫内墙装饰乳胶漆等。

8.4.2.5 环境工程材料

环境工程材料是指在防止、治理环境污染过程中所用的材料,包括环境净化材料、环境修复材料和环境替代材料。

1. 环境净化材料

环境净化材料包括大气污染控制材料、水污染控制材料以及其他污染控制材料。

(1)大气污染控制材料　大气污染物主要有二氧化硫和含氮氧化物,一般由吸附、吸收和催化、转化材料处理。石灰、石灰石是最早使用于二氧化硫烟气净化的材料,优点是成本低廉,但脱硫效率不高。活性炭在氧气和水蒸气的存在下,可以将二氧化硫连续不断地转化为硫酸。氧化锌和三氧化二铁是常见的中低温脱硫剂。近年来,世界上又出现了用离子交换树脂和稀土氧化物处理二氧化硫的方法。含氮氧化物的催化法处理目前主要采用氧化铝为载体的催化剂、铁铬催化剂和铜基催化剂。吸收法主要用到一些氧化、还原试剂。吸附法处理时常用到杂多酸、分子筛、活性炭、硅胶等。

（2）水污染控制材料　水污染控制中氧化、还原是一种基本方法。常用的氧化剂是臭氧、氧、氯气和含氧酸盐等，常用的还原剂是活泼金属，常用催化剂是活性炭、黏土、金属氧化物和高能射线等。沉淀分离方法是将水中悬浮物与水分离的方法，用到多种絮凝剂材料和沉淀剂材料，如常用的高分子絮凝剂非离子型的聚丙烯酰胺、聚氧化乙烯等，阴离子型的聚丙烯酸（PAA）、水解聚丙烯酰胺（HPAM）等，阳离子型的丁基溴聚乙烯吡啶、聚二丙烯甲基胺等。稀释中和材料如石灰石、大理石、白云石、氢氧化钠、碳酸钠等。另外还有膜分离材料。

（3）其他污染控制材料　噪声控制材料中主要吸音材料是玻璃棉、矿渣棉、泡沫塑料、毛毡、棉絮等多孔材料。电磁波防护材料主要有两类，一是吸波材料，包括以有机材料为主的泡沫吸波材料和铁氧体吸波材料；二是反射材料，主要是各种金属。

2. 环境修复材料

环境修复材料是指对已经破坏的环境进行生态化治理、恢复被破坏的生态环境的材料。一般来讲，环境修复材料和技术主要用于全球性的宏观环境问题。常见的环境修复材料有固沙植被材料、二氧化碳固化材料和臭氧层修复材料。固沙植被材料中的一种是高吸水性树脂，吸水率可高达 3 000～5 000 倍，可在干旱条件下供应植物的发芽、生长。另一种是高分子乳液，是把增黏剂、养生剂和草籽、肥料、水混合而成，用于绿化、固沙和粉料固定。

3. 环境替代材料

常见的环境替代材料有替代氟利昂的制冷剂材料、工业和民用的无磷化学品材料和工业石棉替代材料等。制冷剂氟利昂（破坏臭氧层）的替代材料，如丙烷、异丁烷和环戊烷等，或改用传统制冷剂氨、CO_2 等。

磷是导致水体富营养化的主要元素，无磷洗涤剂主要采用增加表面活性剂比例、用 α-烯基磺酸盐和醇系表面活性剂代替目前使用的烷基苯磺酸盐，高产品的生物降解性和去污能力、用沸石替代洗涤剂中的主要助洗剂三聚磷酸钠等。

工业石棉替代材料有用树皮陶瓷材料代替含石棉纤维材料的汽车刹车片，用硅酸铝、硅酸锌陶瓷纤维代替石棉制造高温隔热和保温绝热材料等。防止石棉带来的刺激、致癌等。

还有采用竹-铝、苎麻-铝等天然纤维增强铝基复合材料替代铝合金材料制作铝合金建筑门窗材料等。

思　考　题

1. 材料的发展与环境、资源有何关系？
2. 什么是环境材料？
3. 传统材料就一定不是环境材料吗？
4. 环境材料有哪些特征？
5. 什么是材料的生命周期评价？

参考文献

[1]　左铁镛,聂祚仁. 环境材料基础[M]. 北京:科学出版社,2003.

[2]　王天民. 生态环境材料[M]. 天津:天津大学出版社,2000.

[3]　钱晓良,刘石明. 环境材料[M]. 武汉:华中科技大学出版社,2006.

[4]　翁端. 环境材料学[M]. 北京:清华大学出版社,2001.

[5]　孙胜龙. 环境材料[M]. 北京:化学工业出版社,2002.

[6]　洪紫萍,王贵公. 生态材料导论[M]. 北京:科学出版社,2001.

[7]　戴宏民. 包装与环境[M]. 北京:印刷工业出版社,2007.

[8]　戴洪民. 绿色包装[M]. 北京:化学工业出版社,2002.

[9]　苏达根,钟明峰. 材料生态设计[M]. 北京:化学工业出版社,2007.

[10]　戴宏民. 新型绿色包装材料[M]. 北京:化学工业出版社,2005.

[11]　国家新材料行业生产力促进中心. 中国新材料发展报告(2004)[R]. 北京:化学工业出版社,2004.

第9章　新能源材料

9.1　概　　述

9.1.1　能源及其应用

能源是自然界中能为人类提供某种形式能量的物质资源,是人类活动的物质基础、现代文明社会的动力。能源与人类的生存与发展休戚相关,人们日常生活中衣、食、住、行均离不开能源,机器运转、车船行驶、邮电通信、卫星通信、卫星发射、太空探索等,无不以能源为动力。没有能源,人类社会活动将陷入停顿。

人类所使用的能源有各种形式,一般可以分为一次能源和二次能源两大类,如表9.1所示。其中,一次能源是指直接取自自然界,没有经过加工转换的各种能量和资源,二次能源是由一次能源经过加工转换以后得到的能源产品。

表 9.1　能源的分类

一次能源		二次能源
可再生能源	非再生能源	
风能、水能、太阳能、地热、海洋能、生物能	化石燃料(煤、石油、天然气)、核能(铀)	电能、氢能、煤气、蒸汽、汽油、柴油、酒精、沼气、焦炭等

随着社会的进步,能源的发展、能源与环境的关系等问题已成了当今世界全人类共同关心的重大问题,也是我国社会经济发展的重要问题。总地来看,人类对能源的应用具有如下一些特点。

1. 对能源的需求不断增加

人类文明的发展,一直伴随着能源消耗的不断增加。"二战"以后,世界一次能源消耗不断增加,尤其是发展中国家的能源消耗增长率远大于世界平均水平。据统计,目前我国一次能源消耗占全世界的13%左右,预计到2030年我国能源需求量将达到100亿吨油当量(ton of oil equivalent,TOE)。

2. 能源结构发生变化

在20世纪,人类利用的能源主要是煤炭和石油(见图9.1)。1970年,石油在世界能耗中的比重达43%(煤占35%),1979年石油生产的比例又进一步上升到49%。进入21世纪以来,虽然石油依然是主要利用能源,但是人类社会开始利用核能、太阳能等可再生的一次能源。将来,这些可再生能源有望取代石油成为人类社会的主要能源。

3. 能源应用形态有所改变

能源形态与社会发展之间有着密切的关系,它在一定程度上反映了社会发展的状况。从

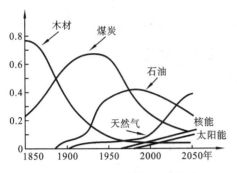

图 9.1　世界一次能源消费结构变化

20 世纪中期到现在,新技术革命方兴未艾,使得核能、太阳能、风能、氢能等新能源的利用成为可能。同时,煤炭、石油等矿物能源所造成的环境污染,以及由于矿物能源短缺所造成的能源危机,促使人们去开发和使用效率更高、环保更好的能源。

近年来,信息技术得到高速发展,小型可移动电源的需求量增长很快,特别是笔记本电脑和手提电话等移动通信、摄像机、声像设备以及一些军用电子设备的发展,对电池的能量密度要求更高,并要求能够反复使用,这促进了高容量二次电池的发展。

4. 矿物能源面临枯竭

地球上的石油、煤炭等有机燃料的储量是有限的,且无法再生。目前容易开采和利用的有机燃料的储量已经不多,剩余部分的开发难度也越来越大,到一定限度就会失去继续开采的价值。据普遍估计,全世界石油、天然气和煤炭的已探明储量,按目前的消耗水平来看,少的只能开采几十年、多的(如煤炭)也只能开采几百年。另外,全世界对能源的需求量逐年增加,照目前的增长势头,不久的将来石油就无法充当世界能源主要支柱,在能源中将处于越来越次要的地位。尽管煤作为能源的衰落周期会长一些,但也必将耗尽,而且相比石油,煤的开采成本高、燃烧效率低,燃煤所造成的污染问题更为严重。因此,如果人类仅依赖于石油或煤炭这样一些化石燃料而不建立新的能源体系,终将会发生能源危机。况且,石油和煤还是一种十分重要的化工原料,用来制造化肥、农药、医药、润滑剂、塑料、合成纤维、合成橡胶等化工产品,价值比用作能源要高得多。

5. 化石燃料燃烧造成环境污染

化石燃料燃烧产生 CO_2、CO、SO_2、NO 等有害气体,这些酸性气体将对植被、土壤造成破坏。其中,CO_2 的大量排放将改变全球的气候,形成"温室效应",而 CO、SO_2、NO 等有害气体将影响人体的健康。

6. 新能源的开发不断取得进展

人们已经意识到,人类社会要实现可持续发展,需要从现有常规能源向清洁、可再生的新能源过渡。所谓新能源,主要是指核能、太阳能、生物能、风能、地热、海洋能(包括潮汐能和波浪能)等一次能源,以及二次能源中的氢能。新能源的开发,需要以高新技术为依托,一方面利用新的原理来发展新的能源系统,另一方面依靠能源材料的开发与应用,实现新的能源系统并提高效率、降低成本。

清洁能源主要是指开发和使用对环境无污染的能源。可靠的清洁能源应具备以下特征:资源量丰富、环境友好、技术与经济可行且易于实现。目前,核能被公认为是唯一一种能够大规模取代常规能源的清洁能源。但由于现阶段核电站存在一定的安全隐患,核废料的处理也是一个很难解决的全球性问题,导致核电的发展受到了影响。

太阳能的利用潜力也十分巨大。与其他能源相比,太阳能具有很多优点:①地球上一年接受的太阳能总量约为 1.8×10^{18} kW·h,远大于人类对能源的需求量;②分布广泛,不需要开采和运输;③不存在枯竭问题,可以长期使用;④安全卫生,对环境无污染。

太阳能的利用,按照材料和性质可分为光电利用(太阳电池或光伏电池)、光热利用(太阳能热水器、太阳能建筑、太阳热发电)、光化学能利用(光解制氢、光催化、光降解等)、光能调控变色(变色玻璃、智能窗)等。

生物能则是指直接或间接地通过绿色植物的光合作用,把太阳能转化为化学能后固定和储藏在生物质内的能量,又称生物质能。实际上,生物能一直是人类赖以生存的重要能源,是仅次于煤炭、石油和天然气,居于世界能源消费总量第四位的能源,在整个能源系统中占有重要地位。与化石燃料相比,生物能最大的优点是资源可再生性,其次是生物质来源广泛,资源巨大,包括天然植物、农作物、能源植物、海洋生物、动物粪便和生活垃圾等,尤其是海洋生物能前景诱人。另外,生物能使用过程中几乎没有 SO_2 产生,产生的 CO_2 气体与植物生长过程中需要吸收大量 CO_2 在数量上保持平衡,被称为 CO_2 中性的燃料。联合国粮农组织认为,生物能有可能成为未来可持续能源系统的主要能源。

9.1.2 能源材料

能源材料是指与能源的开发、运输、转换、储存和利用等有关的功能材料或结构功能一体化材料。广义上,凡能源工业及能源利用技术所需的材料都可称为能源材料,例如:核能、太阳能、氢能、风能、地热能和海洋潮汐能等新能源技术所使用的材料;各种能量转换与储能装置所使用的材料(包括锂离子电池材料、镍氢电池材料、燃料电池材料、超级电容器材料和热电转换材料等),这是发展研制各种新型、高效能量转换与储能装置的关键,也是发展节能的清洁交通和新型储能器件的重要支撑;能够提高能源利用效率的各种新型节能技术所使用的节能材料(包括超导材料、建筑节能材料等)。

未来的能源领域将面临一系列的挑战,开发新能源是优化能源结构、降低碳排放、实现可持续发展的重要途径,而能源材料是发展新能源产业的核心和基础,它引导、支撑着新能源的发展。具体体现在以下一些方面。

(1)新的能源材料可以把原来习用已久的能源变为新能源。一些新能源材料的发明,催生了新能源系统的诞生,如半导体材料把太阳能有效地直接转变为电能,燃料电池能使氢与氧反应而直接产生电能,代替过去利用氢气燃料获得高温。

(2)新能源材料可提高储能和能量转化的效果,从而提高新能源系统的效率。镍电池、锂离子电池等,都是靠电极材料的储能和能量转化功能而发展起来的新型二次电池。

(3)新能源材料的组成、结构、制作、加工工艺,决定着产业的投资与运行成本。如太阳电池材料决定着光电转换效率,燃料电池的电极材料决定着电池的质量和寿命,材料的制备工艺决定着能源的成本。

(4)能源材料决定着核反应堆的性能与安全。

总之,在新能源的发展过中,能源材料将发挥不可替代的重要作用。本章将以新型二次电池材料、燃料电池材料、绿色照明材料(LED 照明)、太阳能电池材料、核能材料为例,对典型的能源材料进行介绍。

9.2 新型二次电池及其材料

9.2.1 电池的种类

电池分为一次电池和二次电池。一次电池的充、放电过程是不可逆的,且参与化学反应的物质无法重复使用,放电完时,电池的寿命即告结束,只能丢弃。一次电池有锌锰干电池、纽扣电池、锂原电池等(见图 9.2(a))。这类电池价格较便宜,储存能量大且更换容易,无需长时间充电,作为最重要的民用电池大量出现在市场上。

二次电池充、放电过程是可逆的,放电时通过化学反应产生电能,充电时通过反向电流将电能以化学能形式重新储存起来,如铅酸电池(见图 9.2(b))、镍氢电池、锂离子电池(见图 9.2(c))等。

(a)一次电池　　　　　　(b)铅酸电池　　　　　　(c)锂离子电池

图 9.2　一次电池和二次电池

二次电池的产生,有着其特殊的时代和科技背景。传统电池中大都含有少量的重金属,它们通过各种途径进入人体以后积蓄下来,难以排除,久而久之对人体的神经系统造成很大的伤害。另一方面,信息科技和产业的发展日新月异,手机、笔记本电脑等便携式电器层出不穷,电动自行车、电动汽车也悄然成为路面上的常见交通工具。这些移动型产品的开发,高度依赖着能量高、可移动、节约资源、能反复充放电的小型电源。二次电池一方面满足了市场的需求,另一方面,与普通电池相比,二次电池通过增加使用周期,也就相当于减少了污染物的排放。目前,二次电池以其广泛的适应性和使用的可重复性逐渐拥有了广阔的市场。预计将来它可能会代替传统的电池,成为可移动电源的主导。

铅酸电池和镍镉(Ni/Cd)电池是早已广泛使用的二次电池,但是它们比能量都很低。目前,新型二次电池的研究重点是储氢材料及镍金属氢化物电池、锂离子嵌入材料及液态电解质锂离子电池、聚合物电解质锂离子电池等。

9.2.2　镍氢电池(Ni/MH 二次电池)

1. 工作原理

Ni/MH 二次电池的基本原理是利用氢的吸收和释放的电化学可逆反应。正电极采用氧化镍物质,负电极采用吸收氢的合金。电解质由水溶液组成,其主要成分为氢氧化钾(KOH)。KOH 电解质不仅起离子迁移电荷作用,而且参与了电极反应,如图 9.3 所示。

电极反应如下:

电池反应
$$Ni(OH)_2 + M \underset{\text{放电}}{\overset{\text{充电}}{\rightleftharpoons}} NiOOH + MH$$

正极
$$Ni(OH)_2 + OH^- \underset{\text{放电}}{\overset{\text{充电}}{\rightleftharpoons}} NiOOH + H_2O + e$$

负极
$$M + H_2O + e \underset{\text{放电}}{\overset{\text{充电}}{\rightleftharpoons}} MH + OH^-$$

2. Ni/MH 二次电池特点

(1) 能量密度高;

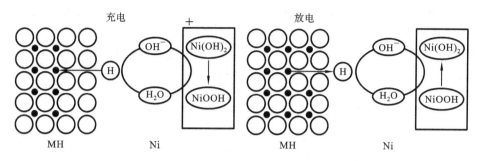

图 9.3　Ni/MH 二次电池工作原理图

（2）无镉污染；

（3）可以大电流快速充放电；

（4）工作电压也是 1.2 V，与 Ni/Cd 电池具有互换性等独特优势。

目前 Ni/MH 二次电池在小型便携电子器件中获得了广泛应用，在电动工具、电动车中也正逐步得到应用。Ni/MH 电池在 20 ℃条件下的放电性能最佳；但低温下（0 ℃以下）MH 的活性低；高温时（+40 ℃以上）MH 易于分解析出 H_2，致使电池的放电容量明显下降，甚至不能工作。

3. Ni/MH 二次电池电极材料

（1）正极材料——高密度球形 $Ni(OH)_2$。$Ni(OH)_2$ 是涂覆式 Ni/MH 电池正极使用的活性物质。电极充电时，$Ni(OH)_2$ 转变成 NiOOH，Ni^{2+} 被氧化成 Ni^{3+}；放电时 NiOOH 逆变成 $Ni(OH)_2$，Ni^{3+} 还原成 Ni^{2+}。

（2）负极材料——储氢合金（MH）。关于储氢合金，后面再详细介绍。用于 Ni/MH 电池负极材料的储氢合金，应满足下述条件：

① 电化学储氢容量高；

② 在热碱电解质溶液中合金组分的化学性质相对稳定；

③ 反复充放电过程中合金不易粉化；

④ 合金应有良好的电和热的传导性；

⑤ 原材料成本低廉。

9.2.3　锂离子二次电池材料

1. 工作原理

锂离子电池是由锂电池发展而来，所以先说明一下锂电池。锂电池的正极材料是二氧化锰或亚硫酰氯，负极是锂。电池组装完成后，电池即有电压，不需充电。这种电池也可以充电，但循环性能不好，在充放电过程中容易形成锂枝晶，造成电池内部短路，所以一般情况下这种电池是禁止充电的。常用的纽扣式电池，就属于锂电池。

后来，日本索尼公司发明了以炭材料为负极，以含锂的化合物（$LiCoO_2$）作正极的锂电池，在充放电过程中，没有金属锂存在，只有锂离子，这就是锂离子电池。当对电池进行充电时，电池的正极上有锂离子生成，生成的锂离子经过电解液运动到负极。而作为负极的碳呈层状结构，它有很多微孔，达到负极的锂离子就嵌入到碳层的微孔中，嵌入的锂离子越多，充电容量越高。反过来，当对电池进行放电时（即使用电池的过程），嵌在负极碳层中的锂离子脱出，又运动回正极。回正极的锂离子越多，放电容量越高。通常所说的电池容量，指的就是放电容量。

在锂离子电池的充、放电过程中,锂离子处于从"正极→负极→正极"的运动状态。锂离子电池就像一把摇椅,摇椅的两端为电池的两极,而锂离子就像运动员一样在摇椅间来回奔跑。所以锂离子电池又叫摇椅式电池。图 9.4 所示为锂离子电池的工作原理图。

正极反应　　　　　　　　　　　　$LiCoO_2 \rightarrow CoO_2 + Li^+ + e^-$

负极反应　　　　　　　　　　　　$Li^+ + e^- + C_6 \rightarrow LiC_6$

电池反应　　　　　　　　　　　　$LiCoO_2 + C_6 \rightarrow CoO_2 + LiC_6$

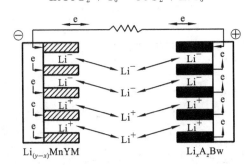

图 9.4　锂离子电池工作原理图

2. 锂离子电池的特点

1) 优点

(1) 工作电压高　单体电池的工作电压高达 3.7～3.8 V(磷酸铁锂的是 3.2 V),是 Ni-Cd、Ni-MH 电池的 3 倍。

(2) 能量密度高　目前能达到的实际比能量为 555 W·h/kg 左右,即材料能达到 150 mA·h/g 以上的比容量(3～4 倍于 Ni-Cd,2～3 倍于 Ni-MH),已接近其理论值约 88% 的水平。

(3) 自放电速率低　室温下充满电的锂离子电池储存 1 个月后的自放电率为 2% 左右,大大低于 Ni-Cd 的 25%～30%,以及 Ni/MH 的 30%～35%。

(4) 循环寿命长　锂离子电池可充放电 1 000 次以上,磷酸铁锂可以达到 2 000 次以上。

(5) 无记忆效应　部分工艺(如烧结式)的 Ni-Cd 电池存在的一大弊病为"记忆效应",严重束缚了电池的使用,但锂离子电池不存在这方面的问题。

(6) 环保　锂离子电池中不含镉、铅、汞等对环境有污染的元素。

2) 缺点

(1) 快充放电性能差、大电流放电特性不理想　由于有机电解质体系等原因,电池内阻相对其他类电池大。故要求较小的放电电流密度,只适合于中小电流的电器使用。锂离子电池过度充放电会对正负极造成永久性损坏。过度放电导致负极碳片层结构出现塌陷,而塌陷会造成充电过程中锂离子无法插入;过度充电使过多的锂离子嵌入负极碳结构,造成其中部分锂离子再也无法释放出来。

(2) 价格偏高　锂离子电池使用的主要材料价格较高,如钴酸锂、高纯电解铜、高纯电解液等材料价格昂贵,电解质体系提纯困难。另外,生产过程控制的要求很高,增加了管理和设备运行成本。

(3) 存在过充、放电保护问题　锂离子电池过充将破坏正极结构而影响性能和寿命,同时过充电使电解液分解,内部压力过高而导致漏液等问题,故必须在 4.1～4.2 V 的恒压下充电;过放会导致活性物质的恢复困难,故也需要有保护线路控制。

3. 锂离子电池电极材料

对锂离子电池的电极材料有如下要求:具有稳定的层状或隧道的晶体结构,较高的比容量,平稳的电压平台,正、负极材料具有高的电位差,较高的离子和电子扩散系数,对环境友好。

1) 负极材料

目前的研究工作主要集中在碳材料和具有特殊结构的其他金属氧化物,如石墨、软碳、中间相碳微球,以及硬碳、碳纳米管、巴基球 C_{60} 等多种碳材料。嵌锂石墨离子型化合物分子式为 LiC_6,其中的锂离子在石墨中嵌入和脱嵌过程发生动态变化,石墨结构与电化学性能的关系、不可逆电容量损失的原因和提高方法等问题,得到了大量的探讨。从理论上说,纳米结构可提供的嵌锂容量会比目前已有的各种材料要高,其微观结构已被广泛研究并取得了较大进展,但如何制备适当堆积方式以获得优异性能的电极材料,仍然是研究的一个重点。

2) 正极材料

大多数可作为锂离子电池的活性正极材料是含锂的过渡族金属化合物,而且以氧化物为主。目前规模生产的锂离子电池正极材料为 $LiCoO_2$,其理论比容量为 $275\ mA \cdot h/g$。当锂脱出量小于 0.5,工作平台位于 4.0 V 时,比容量为 $137\ mA \cdot h/g$,循环性能好。当锂脱出量大于 0.5 时,结构不稳定,需要充电保护。目前 $LiCoO_2$ 存在的主要问题是:实际比容量与理论值 $275\ mA \cdot h/g$ 有较大的差距,资源匮乏、成本高。现阶段的主要解决办法是利用 Ni、Al 等元素掺杂替代,稳定结构、提高电位和比容量,降低成本。

此外,锂离子电池的活性正极材料还有 $LiNiO_2$、$LiMn_2O_4$ 等。$LiNiO_2$ 与 $LiCoO_2$ 属于层状结构材料,$LiMn_2O_4$ 属于尖晶石结构材料。到目前为止,$LiNiO_2$ 和 $LiMn_2O_4$ 的研究虽有一些突破和应用,但还有许多关键问题没有解决,性能方面还与 $LiCoO_2$ 有着较大差距,$LiCoO_2$ 仍是目前小型锂离子电池的主要正极材料。

9.3　燃料电池及其材料

9.3.1　概述

燃料电池(fuel cell)是一种把燃料所具有的化学能直接转换成电能的化学装置,又称电化学发电器,是继水力发电、热能发电和原子能发电之后的第四种发电技术。

燃料电池通常以氢气为燃料,氧气为氧化剂,在阳极氧化燃料,在阴极还原氧气。常用的氢-空气燃料电池,实际上就是电解水发生氢的逆过程,操作时几乎无声,只有轻微的气流声,表明电池正在工作。燃料电池可建造得很小,也可以很大,小的可用于手电筒,大的可做小城市电源。早期的燃料电池在阿波罗空间飞行器上用作运行动力,这类燃料电池要求用纯氧和纯氢,氢-氧燃料电池和氢-空气燃料电池在原理上是一样的。在载人空间飞行器中,燃料电池为空间飞行器所有仪器的运作提供动力,要求有极高的可靠性。与电能同时产生的水是极纯的蒸馏水,可以不经处理就可用做宇航员的饮用水。这类早期的燃料电池造价极昂贵,随着科技的发展,燃料电池的制造费用逐渐降低,种类也越来越多。

虽然燃料电池用燃料和氧气作为原料,但并没有经过燃烧的过程,排放出的有害气体 SO_x、NO_x 极少,也没有机械传动部件,因此没有噪声污染。其发电步骤简单,不像传统的火力或核能发电需经多次转换才能发电,效率高、体积小,且效率与组数无关。另外,目前一直被使用的单纯发电系统,能源效率只有 30%～40%,而由燃料电池组成的热电并用系统,可以将能源利用效率提高到 70%～80% 以上。因此,它是一种极具发展前景的发电技术。

9.3.2 燃料电池的组成

燃料电池基本元件包括阳极、阴极、电解质和双极板或连接器。通常,以这样的核心单元串联组成较大功率的电池组,或称电池堆。

1. 阳极

电子由阳极导至外接电路,形成电流。而氢离子也由阳极端透过可导离子性质(电子绝缘体)的高分子薄膜电解质抵达阴极。薄膜隔离阴阳两个电极,避免阴阳两极接触而短路,薄膜还可输送在阳极所生成的氢离子到阴极。氢气在阳极进行的是氧化反应,氢分子气体输至多孔阳极后,于是进行氧化反应。

2. 阴极

氧气在阴极进行还原反应,与由阳极传来的氢离子结合生成水,产生水及 1.229 V 的电压。此氧化还原反应所产生的电流,会由电池释放出来推动连接到电池的电子设备。单一燃料电池的理论输出电压约为 1 V,可借由双极板或连接器将组件予以串、并联,例如当多组的单位原件重叠一起时,即可串联增加电压及电能,从而制备出不同规格的产品。

根据所使用的电解质不同,燃料电池可分为碱性燃料电池(AFC)、磷酸燃料电池(PAFC)、熔融碳酸盐燃料电池(MCFC)、质子交换膜燃料电池(PEMFC)以及固体氧化物燃料电池(SOFC)等。

碱性燃料电池通常用氢氧化钾或氢氧化钠作为电解质(同时还可兼做冷却剂),燃料为氢,催化剂主要用贵金属铂、钯、金、银等和过渡族金属镍、钴、锰等。工作温度一般为 80 ℃,对二氧化碳中毒很敏感。

磷酸燃料电池的电解质采用由碳化硅和聚四氟乙烯制成的微孔隔膜,浸泡浓磷酸而成,燃料为氢,采用铂作催化剂。工作温度为 200 ℃ 左右,也存在一氧化碳中毒问题。

熔融碳酸盐燃料电池使用碱性碳酸盐作为电解质,燃料为氢,可使用镍作催化剂。工作温度为 650 ℃ 左右。

质子交换膜燃料电池采用一种固体有机膜作为其电解质,燃料为氢,一般需要铂作催化剂。工作温度一般为 50～100 ℃,对一氧化碳中毒极其敏感,但二氧化碳的存在对其影响不大。

由于碱性燃料电池、磷酸燃料电池、熔融碳酸盐燃料电池的电解质非属固态且具腐蚀性,逐渐失去了市场,下面主要介绍固体氧化物燃料电池。

9.3.3 固体氧化物燃料电池

被认为是最有效率的发电系统,它具有以下突出的优点。

(1) 高效,且环境友好;

(2) 全固体的电池结构,避免了因使用液态电解质所带来的腐蚀和电解液流失问题;

(3) 在高温下工作,电极反应迅速,无需采用贵金属电极和催化剂,成本大大降低;

(4) 排出的高温热气能充分利用,实现热电联供,能量综合利用效率可达 70% 以上;

(5) 燃料适用范围广,可用 H_2、CO、CH_4、碳氢化合物以及其他可燃烧的物质(NH_3、H_2S 等)作为燃料发电原料。

1. 固体氧化物燃料电池材料

单体固体氧化物燃料电池主要组成部分由电解质、阳极或燃料极、阴极或空气极和连接体四部分组成。

电解质是电池核心,电解质性能直接决定电池工作温度和性能。目前大量应用于固体氧化物燃料电池的电解质是全稳定 ZrO_2(氧化锆)陶瓷,它构成了 O^{2-} 的导电体。在 ZrO_2 中掺入某些二价或三价金属氧化物(如 CaO、Y_2O_3),低价金属离子占据了 Zr^{4+} 位置,结果使 ZrO_2 从室温到高温(1 000 ℃)都有稳定的相结构(萤石结构),而且由于电中性要求,在材料中产生了大量的 O^{2-} 空位,因而大大增加了 ZrO_2 的离子电导率,同时扩展了离子导电的氧分压范围。目前常用 Y_2O_3(氧化钇)稳定 ZrO_2(简称 YSZ)为电解质材料,其离子电导率在氧分压变化十几个数量级时,都不发生明显变化。

电极材料本身是一种催化剂。对固体氧化物燃料电池阳极材料,要求电子电导高,在还原气氛中稳定,并保持良好透气性。常用的材料是 Ni 粉弥散在 YSZ 中的金属陶瓷。固体氧化物燃料电池阴极材料在高温氧气氛环境工作,起传递电子和扩散氧的作用,应是多孔洞的电子导电性薄膜。阴极材料要求具有高电导率、高温抗氧化性以及高温热稳定性,并且不与电解质发生化学反应,通常采用 $LaMnO_3$(氧化镧锰)。空气极隔板采用 $LaCrO_3$(氧化镧铬)。

连接体材料在单电池间起连接作用,并将阳极侧的燃料气体与阴极侧氧化气体(氧气或空气)隔离开来。在固体氧化物燃料电池中,要求连接体材料在高温下、氧化和还原气氛中组成稳定、晶相稳定、化学性能稳定,热膨胀性能与电解质组元材料相匹配,同时具有良好的气密性和高温下良好的导电性能。钙钛矿结构的铬酸镧($LaCrO_3$)常用作固体氧化物燃料电池连接体材料,此外高温低膨胀合金材料作为平板型固体氧化物燃料电池连接体材料也是研究的热点。

2. 固体氧化物燃料电池工作原理

固体氧化物燃料电池工作原理如图 9.5 所示。

在阴极(空气电极),氧分子得到电子,被还原成氧离子,即

$$O_2 + 4e^- \rightarrow 2O^{2-}$$

氧离子在电池两侧氧浓度差驱动力的作用下,通过电解质中的氧空位定向跃迁,迁移到阳极(燃料电极)上与燃料进行氧化反应,即

$$2O^{2-} + 2H_2 + 4e^- \rightarrow 2H_2O$$

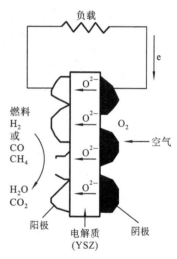

图 9.5　固体氧化物燃料电池工作原理图

9.3.4　燃料电池的应用

发电是燃料电池应用的一个重要内容。以目前容量最大的燃料电池发电厂为例,当使用天然气为燃料时,不但只排出极微量的氮化物及二氧化硫,而且能量转换效率可达 40% 以上。若再配合热电联供技术,利用所回收的废热,则效率可超过 80%,且发电厂的噪声低于 55 dB。

燃料电池可用于笔记本电脑等移动电子设备(见图 9.6(a))。新型燃料电池能使笔记本电脑连续运行 40 h,比一般锂电池寿命高 10 倍。

由于保护环境、石油匮缺和尾气排放政策三方面的推动,目前世界各大汽车公司都在加紧

研究开发尾气零排放的绿色能源汽车。燃料电池用于电动汽车(见图 9.6(b)、(c)),也是一个重要的发展方向。

　　此外,燃料电池用作舰载电池(见图 9.6(d)),可实现标准化、低噪音、无振动,且操作简单、易维护,可以减少舰上操作人员。用多个燃料电池分别为不同的舰载系统供电,可避免集中式供电系统一旦受损全舰都无法工作的问题。潜艇采用燃料电池不依赖空气动力装置(air independent propulsion,AIP)系统后,红外特征很小、向海水辐射的能量很少,基本不向艇外排放废物,能够进行超安静运行,这些特性使得潜艇的隐蔽性大大提高,具有极强的"隐形"作战能力。AIP 质量轻、体积小、功率密度高,从而可扩大仓容,增强潜艇的灵活性和战斗力。其低噪声、无污染的优点,还能改善艇员的生活条件。

(a)燃料电池用于笔记本电脑

(b)燃料电池用于电动车

(c)美国通用新型燃料电池车

(d)世界上第一艘非核潜艇U31号

图 9.6　燃料电池的应用

9.3.5　储氢合金

1. 储氢合金及其发展历史

　　氢是一种热值很高的燃料,相同质量的条件下氢气燃烧产生的热量为汽油燃烧的 2.7 倍、煤的 3.54 倍。氢能的主要实现方式是依靠氢与氧反应将化学能转化为电能。氢氧反应的副产物是水,没有环境污染问题。氢可以通过电解水的方法产生,几乎是一种取之不尽、用之不竭的二次能源。另外,通过利用太阳能、核能等廉价能源大量制氢,其成本将进一步降低,能使氢价格与石化燃料相匹敌,因此人们对氢作为燃料抱有很大的期望。自 20 世纪 60 年代开始,氢能首先被用于火箭和航天飞机发射等领域。随着科学技术的进步和对环境保护的重视,氢能源的应用领域逐步扩大到汽车燃料、飞机燃料和氢燃料电池等方面。

　　虽然普遍认为,不久的将来氢可能成为一种重要的能源燃料,但如果没有一种方便的储存办法,氢就不可能作为普通的常规能源得到广泛应用。目前使用的储氢办法,是采用高压钢瓶装压缩气态氢或用一种特制瓶装液态氢。但这两种方法都存在耗能高、容器笨重、运输不便、不安全等缺点,因而应用受到限制。储氢合金的出现,很好地解决了这个问题。

　　关于储氢材料有一些有趣的历史。早在第二次世界大战期间,美国的飞行员经常随身携带一种药丸式的东西,但又不是药,它一进水里就会冒出大量气体。原来这是一种氢化锂丸,是飞行员的保命丸。当飞行员在海上失事或座机被击落坠海时,只要把氢化锂"药丸"放进特制的盛有水的装置内,氢化锂丸就会立即溶解而释放出大量氢气。一个氢化锂丸释放出的氢气,足以使救生艇、救生衣一类的救生器具充气膨胀,安全地漂浮在水面上,因为 1 kg 氢化锂可以释放出 2 800 标准升的氢气。当时使用的这种氢化锂,其实就是一种储氢合金,但这种合金储氢过程复杂,氢释放后,锂本身很活泼,会立即吸收大量空气而无法第二次吸氢,只能一次性使用,因此后来很少应用。此后,又陆续发现不少金属能吸氢,但吸氢量很少,没有实用价值。一个偶然的机会给氢的利用带来了希望。1974 年底,日本大阪守口市松下电器公司中央研究所发生了一件令人不解的事。在一个用钛锰合金制造的氢气瓶内,前一天晚上还储有 10 个大气压的氢气,第二天早上的压力已低于一个大气压,而气瓶的密封性没有任何损坏。原来,钛锰合金是一种吸收氢气能力极强的储氢合金,瓶内的部分氢气"钻到"钛锰合金瓶壁内去了! 这一偶然事件,使人们意识到发现了一种新的储氢合金。这种合金使氢能的大量、普遍利用成为可能,因而成为当代新能源材料的重要组成部分。

储氢合金,就是在一定温度和压力下能可逆地大量吸收、储存和释放氢气的金属间化合物,是近年来开发的一类新型高性能材料。其工作原理,主要是通过可逆地与氢形成金属氢化物,或者说是氢与合金形成了化合物,即气态氢分子被分解成氢原子而进入了金属之中。

储氢合金具有储氢量大、无污染、安全可靠、可重复使用等特点。例如,储氢合金吸氢量高达其合金体积的 1 000 多倍,较液态氢密度还高,且十分安全,因而被称为氢海绵。氢储入合金中时不仅不需要消耗能量,反而能放出热量。储氢合金释放氢时所需的能量也不高,加上工作压力低,操作简便、安全,因此是很有前途的储氢介质。

储氢合金在降低温度或提高压力时吸收氢气,相反在升高温度或降低压力时则放出氢气。另外,储氢合金在吸、放氢过程还伴随有热效应发生。例如,吸氢过程合金内部温升有时高达 700 ℃以上,而放氢时则降温可至 -100 ℃,储氢合金这种在不同条件下的吸、放氢特性及其伴随的热效应特征,可应用在不同的场合中。

2. 储氢合金的种类与基本性能

由于氢本身会使材料变质,如氢损伤、氢腐蚀、氢脆等,而且储氢合金在反复吸收和释放氢的过程中,会不断发生膨胀和收缩,使合金发生破坏,因此,良好的储氢合金必须具有抵抗上述各种破坏作用的能力。

目前开发的储氢合金,按组成元素的主要种类分为稀土系、钛系、锆系、镁系四大类;按主要组成元素的原子比分为:AB5 型、AB2 型、AB 型、A2B 型,另外也可按晶态与非晶态,粉末与薄膜进行分类。

正在研究和发展中的储氢合金,通常是把吸热型的金属(例如铁、锆、铜、铬、钼等)与放热型的金属(例如钛、锆、镧、铈、钽等)组合起来,制成适当的金属间化合物,使之起到储氢的功能。吸热型金属是指在一定的氢压下,随着温度的升高氢的溶解度增加,反之为放热型金属。效果较好的储氢材料,主要有以镁型、钙型、稀土型及钛型等金属为基础的储氢合金。

例如,用钛锰储氢合金储氢,与高压氢气钢瓶相比,具有质量轻、体积小的优点。在储氢量相同时,它的重量和体积分别为钢瓶的 70% 和 25%。这种储氢合金不仅具有只选择吸收氢和捕获不纯杂质的功能,而且还可以使释放出的氢的纯度大大提高,因此又是制备高纯度氢的净化材料。这类储氢合金可采用高频感应炉熔炼和铸造,并经高温氢气处理而制得。特点是密度小、储氢量大、价格低廉。在 20 ℃时,每克合金可吸收 225 cm³ 的氢,或释放 185 cm³ 的氢,即每 1 cm³ 的合金能储藏 1 125 cm³ 的氢。

3. 储氢合金的应用

储氢材料的应用主要包括以下几个方面。

（1）氢气的储存和运输。金属氢化物储运氢气具有安全性高、成本低、体积密度高等优点，一个钢瓶高压氢气可储存在体积仅为其 1/5 的小瓶金属氢化物中，而且安全性很高、使用方便。

（2）作为 Ni/MH 电池的负极材料。这是目前研究和开发工作的重点，也是储氢材料走向市场最成功的领域。储氢合金现在之所以受到国内外广泛的重视，主要原因之一就是进入 20 世纪 90 年代以来，它在量大面广的充电电池中应用获得了巨大的成功。

储氢合金目前主要用于手机用 Ni/MH 电池，这种电池在手机电池中的市场占有率超过 70%。除手机用 Ni/MH 电池外，电动自行车、摩托车、三轮车及汽车用动力 Ni/MH 电池的研究与开发也受到了广泛的重视。每立方米氢气燃烧后可使一辆小轿车行驶 5～6 km。日本研究出一种体积只有 0.4 m³ 的储氢合金容器，储存的氢气可达 175 个标准立方米，相当于 25 个高压氢气罐的储氢能力。与手机电池相比，动力电池要求具有更高的高倍放电率，这要通过调整合金的成分来实现。镍氢电池比能量高，不污染环境，无记忆效应，循环寿命长，与镍镉电池有互换性，可以取代有毒的、废电池难以处理的镍镉电池。

（3）利用金属氢化物生成时释放（吸收）热量这一特性进行热量的储存与运输。例如，国外有采用储氢合金制成太阳能和废热利用的冷暖房以及储热系统，其主要原理就是利用储氢合金在吸氢时的放热反应和释放氢时的吸热反应。此外，储氢合金还可应用于核反应堆中，作为分离重氢的材料。

（4）利用储氢材料对氢气的选择性吸附可进行氢气的分离与净化。目前，已能成功地从化肥厂废气中分离出氢气，并使之净化得到纯度达 99.99% 的高纯氢。

（5）利用储氢材料对氢的三种同位素吸附的不同 P-C-T 曲线可进行氢同位素分离。

（6）利用储氢材料高比表面积和选择性吸附等特性，作为合成化学中的谷物催化物。

（7）利用金属氢化物压力、温度、吸氢量的关系实现无运动部件的动力转换机械。例如，利用储氢合金在加热时快速释放的氢压作为机械能，可以制成压缩器。荷兰专家采用镧镍合金，制成了一种在 15～160 ℃温度下具有 4～45 个大气压的无噪音静止压缩器。日本也将储氢合金应用于加压型的海水淡化过程中。

9.4　LED 绿色照明

9.4.1　LED 的特点与应用

LED（见图 9.7）即发光二极管，是一种利用半导体电致发光效应的特殊二极管。加正向电压时，发光二极管能发出单色、不连续的光。LED 通常由镓（Ga）与砷（As）、磷（P）的化合物制成，当电子与空穴复合时能辐射出可见光。磷砷化镓二极管发红光，磷化镓二极管发绿光，碳化硅二极管发黄光。改变所采用半导体材料的化学组成成分，可使发光二极管发出在近紫外线、可见光或红外线的光。LED 最初多在电路及仪器中作为指示灯，或者组成文字或数字显示。随着白光 LED 的出现，开始被应用到照明领域。

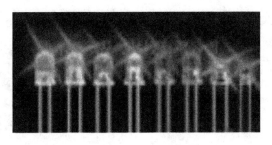

图 9.7　LED

与传统光源相比,LED 具有以下优点:

① 效率高、省能源。消耗能量较同光效的白炽灯减少 80%,每瓦流明高于白炽灯和卤素灯泡;

② 体积小,使用结构的设计极其灵活;

③ 寿命长(50~100 kh),为白炽灯的 20~30 倍、荧光灯的 10 倍;

④ 固态式照明,不怕振动,不易破损,维修成本很低;

⑤ 光学控制方便,无须滤(色)片即可制造彩色,色彩/色温控制方便,色彩饱和鲜艳;

⑥ 全局调光,不会造成色彩差异;

⑦ 无紫外线、红外线;

⑧ 光源不含水银,没有 CO_2 和有害金属排出;

⑨ 可冷启动(可于－40 ℃点灯);

⑩ 光源本身为低电压的 DC 驱动,使用安全。

由于具有许多独特的性质,LED 被誉为 21 世纪的新型光源,应用领域很广。其中,最大的市场将是作为半导体灯进入千家万户,以及作为城市及景观的照明、户外大屏幕显示等。目前,LED 在车用市场的发展也很快,此外,还用于特殊工作照明和军事等用途。

据统计,2008 年我国照明用电量高达 4 100 亿度,约占总发电量的 12%(发达国家为 20% 左右),大大超过三峡水力发电站年总发电量 840 亿度。因此,降低照明用能源消耗是重要的节能途径之一。以 LED 为主的半导体照明产业潜藏着巨大的经济和社会效益,许多国家和地区纷纷制定了相应的发展计划,如美国的"国家半导体照明研究计划"、日本的"21 世纪光计划"、韩国的"GaN 半导体开发计划"、欧盟的"彩虹计划"、我国的"国家半导体照明工程"以及我国台湾地区的"次世代照明光源开发计划"。

2008 年,北京奥运会开幕式大量地应用以 LED 为主半导体照明技术,描绘出一幅幅炫丽夺目的画面(见图 9.8)。但目前,有能力大批量供应白光 LED 功率芯片及 LED 器件厂商只是少数。

近年来,大功率 LED 的应用逐步推开,价格也随之大幅降低。以功率为 1W 的白光 LED 来对比,2003 年单颗价格为 5~6 美元,到 2007 年则降到 2~3 美元,而光效则由 30 lm/W 提升到 2007 年的 70~80 lm/W。

现阶段 LED 研究与开发的热点与难点,主要在于寻找更好的衬底、进一步研发高效三色荧光粉或其他新型荧光材料,同时改进外延技术,以及解决大功率器件的封装及散热等问题。

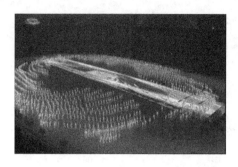

图 9.8　北京奥运会 LED 的应用

9.4.2　LED 的结构与光学特性

1. LED 的结构

LED 发射的是自发辐射光（非相干光）。大多采用双异质结构，把有源层夹在 P 型和 N 型限制层间，但没有光学谐振腔，故无阈值。LED 分为正面发光型和侧面发光型，如图 9.9 所示。侧面发光型 LED 的驱动电流较大，输出光功率小，但光束发射角小，与光纤的耦合效率高，故入纤光功率比正面发光型 LED 高。

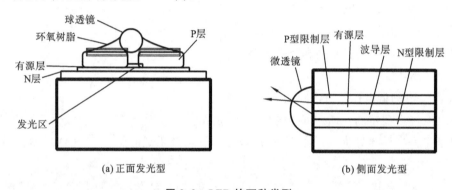

图 9.9　LED 的两种类型

2. LED 的光谱特性

发光二极管发射的是自发辐射光，没有光学谐振腔对波长的选择，谱线宽，短波长 LED 的谱线宽度为 30～50 nm，长波长 LED 的谱线宽度为 6～120 nm，如图 9.10 所示。

3. LED 的输出光功率特性

LED 的一般外量子效率小于 10%，驱动电流较小时，P-I 特性呈线性，I 过大时，由于 PN 结发热产生饱和现象，使 P-I 特性曲线斜率减小。通常 LED 的工作电流为 50～100 mA，输出光功率为几毫瓦，由于发光光束辐射角大，入纤光功率只有几百微瓦，如图 9.11 所示。

9.4.3　LED 材料

1. LED 衬底材料

目前所使用的衬底材料有蓝宝石（Al_2O_3）、碳化硅、Si、GaN、ZnO，其中 GaN 是最理想的衬底，蓝宝石（Al_2O_3）是 GaN 外延最普遍的衬底，碳化硅衬底的应用程度仅次于蓝宝石；ZnO 是 GaN 外延的理想候选衬底，Si 衬底则是近年来关注的焦点。

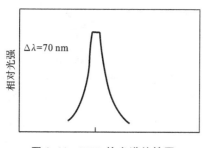

图 9.10　LED 的光谱特性图

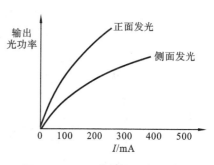

图 9.11　LED 的输出光功率特性

2. LED 荧光材料

传统荧光材料有铝酸盐、硫属化合物基荧光材料,新型荧光材料有硅酸盐荧光材料、氮化物和氮氧化物基荧光材料、有机物基荧光材料。

(1)硅酸盐荧光材料　硅酸盐荧光材料原料来源丰富、工艺适应性广泛、稳定性较高,且避免了多种光转换材料的配比调控,提高了白光的重现性,但发光强度与铝酸盐荧光粉相比还有一定差距。

(2)氮化物和氮氧化物基荧光材料　氮化物和氮氧化物基荧光材料具有良好的热稳定性和化学稳定性,它具有多种发光颜色,近乎覆盖了全可见光区域,且激发范围宽,适用于蓝光、紫光或紫外光激发,但合成成本相对偏高。

9.5　太阳能的利用与材料

与其他可再生能源相比,太阳能具有广泛、安全、实用、充足及经济等无可比拟的优点,是取之不尽、用之不竭,最清洁、最强大的能源。据有关统计,一个 3 kW 的太阳能光电板每年的发电量,等同于普通电厂燃烧 744 L 石油的发电量,而且这个石油燃烧的过程中还要产生 1 150 000 L 的 CO_2。

自 20 世纪 70 年代以来,鉴于常规能源供给的有限性和环保压力的增加,全球许多国家掀起了开发利用太阳能的热潮,开发利用太阳能成为各国制定可持续发展战略的重要内容。近 30 多年来,太阳能利用技术在研究开发、商业化生产、市场开拓等方面都获得了长足发展,成为世界快速、稳定发展的新兴产业之一。

太阳能的开发利用,主要集中在太阳能热利用和太阳能光电利用两个方面,即太阳能的"光热"和"光电"转换。在这些技术中,起关键作用的是相关的转换材料。

当前太阳能热利用最活跃、并已形成产业的当属太阳能热水器和太阳能热发电。在全球范围内,太阳能热水器的发展经历了闷晒式、平板式、全玻璃真空管式等阶段,目前技术已很成熟,并正在以优良的性能不断地冲击电热水器市场和燃气热水器市场。2000 年,世界太阳能热水器的总保有量达到 6 500 万平方米。21 世纪,热水器将仍然是太阳能热利用的最主要市场之一,其发展方向,仍然是不断提高效率。

利用太阳能发电,是研究太阳能利用的主要方面,太阳能发电主要有太阳能蒸汽锅炉发电、太阳能温差发电和太阳能电池(光伏发电)。

太阳能热发电正处于商业化前夕,预计到 2020 年前,太阳能热发电将在发达国家实现商业化,并逐渐向发展中国家扩展。当前技术上和经济上可行的三种形式如下。

① (30～80)×10³ kW 聚焦抛物面槽式太阳能热发电技术(简称抛物面槽式);

② (30～200)×10³ kW 点聚焦中央接受式太阳能热发电技术(简称塔式);

③ (7.5～25) kW 点聚焦抛物面盘氏太阳能热发电技术(简称抛物面盘式)。

太阳能电池是发展太阳能利用最有前途的一个方面,其基础是发展神速的半导体材料和日益成熟的光电转换理论。相关产业自 20 世纪 80 年代以来得到了迅速发展,全球光伏电池的生产持续高速增长,平均年增长率达到 15%,近年来的年均增长率更是达到了 30%以上,成为全球增长最快的高新技术产业之一。目前世界上已建成了 10 多座兆瓦级的光伏发电系统,6 个兆瓦级的联网光伏电站。欧盟、美、日和部分发展中国家都制定出了庞大的光伏应用发展计划。据预测,到 21 世纪中叶,光伏发电市场的容量将达到 50 万兆瓦。

9.5.1　光热转换材料

常用的光热转换材料包括光吸收材料和相变储能材料,如表面涂黑的金属板,多层光吸收和减反射膜等吸光材料,无机水合盐、氟石和金属合金;有机石蜡、多元醇和聚乙烯等固-液和固-固相变储能材料。产品为平板式集热器、热管式玻璃或金属真空集热管与集热器,以及由此而组成的太阳能热水器和太阳能空调、相变储能式太阳能炉和灶等。其中,太阳能集热器是太阳能热利用过程中的重要设备。一般太阳能集热器分为平板型太阳能集热器和聚光型太阳能集热器两类。平板型太阳能集热器不具有聚光作用,接收太阳光的面积与吸收太阳光的面积是相等的,能够利用太阳光的直射和漫射。这种集热器通常由集热板、透明盖板、隔热层和外壳组成,广泛用在家庭热水采暖、空调和工业生产中。聚光型太阳能集热器通常由聚光器、吸收器和跟踪器等组成,具有聚光作用。它与平板型太阳能集热器相比,可以使太阳光聚焦在较小的面积上,能够获得较高的温度,并且热损失较小。太阳炉是利用聚光系统将太阳辐射能集中在一个较小面积上而获得较高温度的设备,可以获得 3 500 ℃左右的高温,在冶金和材料科学领域备受重视。太阳炉分为直接入射型和定日镜型两种,由于无污染性,被认为是一种非常理想的高温科学研究的工具。太阳灶是利用太阳辐射能烹调食物的设备。目前,太阳灶有热箱式和聚光式两种。前者的结构简单,成本低,使用方便,但功率有限,温度不高;后者利用聚光的方法大大提高了太阳灶的温度,但制作复杂,成本较高。

除了上述常用的光热转换材料外,还有一些高效率的转换材料。如为了增加太阳能收集器的效率,科学家们将一种多层涂料涂在太阳能热水器上。这种多层涂料的第一层是防阳光反射层,使照射在涂料上的阳光只进不出,防止阳光反射损失热量,它是用透明又隔热的氧化硅制成的。第二层是专门吸收阳光热量的金属陶瓷。第三层则是由铜、金、镍等导热性良好的金属组成的金属层,通过它把吸收的阳光热传到和水接触的水管上。第三层材料加起来也就1 000 nm 厚。当把这种多层涂料涂在阳光收集器的内管外表面上时,涂料可利用吸收的阳光把管内的凉水加热到沸腾(水温最高可达到 180 ℃),成为高压力的蒸汽推动涡轮发电机发电。用高效太阳能吸热涂层材料制造的太阳能收集器的整体尺寸大约为 2 m 长,直径 1 m。一个这样的太阳能收集器发出的电力成本为每千瓦时 0.04 美元,比当前用煤或核发电的成本还便宜。

9.5.2　光电转换材料

日常所看到的各种太阳能电池都是光电式的,能够将太阳能直接转换成电能输出。光电转换材料主要是硅和锗半导体材料,太阳能电池实际就是一种利用半导体 PN 结将光能直接转化成电能的一种器件。当把一块 N 型半导体和一块 P 型半导体放在一起,就会发现所有的自由电子和空穴分别聚集在接触面的两侧,其中电子富集区称为 N 型区,空穴富集区称为 P 型区,共同构成 PN 结,可以允许电子从 P 区向 N 区移动,但不能反方向。PN 结就像一座山,电子就像个登山人,它可以很容易地滑下山坡(去 N 区),但不能爬上山坡(去 P 区)。

把硅晶体放在阳光下照射,在一部分阳光被反射的同时还有一部分将会被晶体吸收,当某个光子的能量大于或等于电子的束缚能时,能量便会被电子吸收,使其摆脱束缚,成为自由电子,同时形成一个空穴。电子向 P 型区移动,空穴向 N 型区移动,将原来的电中性破坏,如图9.12 所示。如果此时给它接上一个外电路,电子便会反方向运动回到它原来的位置,同时形成一定的电流和电压,给外电路提供能量。

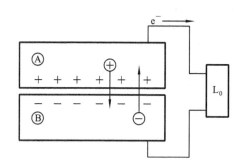

图 9.12　太阳能电池工作原理图

图 9.13　卫星上的太阳能电池翼

但太阳能电池并不能把所吸收的太阳光全部转换为电能。实际上,现阶段光电转换材料的主要问题是转换效率较低(10%～40%),制造成本较高,大面积使用还有许多工作要做。目前比较好的电池也只能吸收 25%,还有很多只能吸收 15%甚至更少。太阳光是由很多波长的光共同构成的白光,具有很宽的能量范围。照射到硅晶体上,长波光具有较小的能量不足以使电子挣脱束缚,形成电子-空穴对,只好透过晶体继续传播;而另外一些短波光又具有较高的能量,远远大于电子的束缚能,剩余部分也只能白白损失掉。两部分加起来就有将近 70%的太阳能不能被有效利用。半导体也不是电的良导体,电子在通过 PN 结后如果在半导体中流动,电阻是非常大的,损耗也就非常大。解决的办法是在半导体片上沉积金属,但如果在上层全部涂上金属,阳光就不能通过,电流就不能产生。目前,通常用金属网格覆盖 PN 结,但是仍有部分阳光被金属反射掉了,减小了吸收率。还有一个问题,就是硅表面非常光亮,会反射掉大量的太阳光,不能被电池利用。为此,科学家们给它涂上了一层反射系数非常小的保护膜,将反射损失减小到 5%甚至更小。一个电池所能提供的电流和电压毕竟有限,于是人们又将很多电池(通常是 36 个)并联或串联起来使用,形成太阳能光电板。图 9.13 所示为卫星上的太阳能电池翼。

新近开发的 GaAs 和 CdS 材料,主要产品为太阳能电池板,可实现低成本制造大面积太阳能电池。

9.5.3　太阳能电池的发展

1. 第一代太阳能电池

第一代太阳能电池是基于晶体硅基础之上,主要包括单晶硅太阳能电池和多晶硅太阳能电池。它转化效率高,技术比较成熟,目前在工业生产和市场上处于主导地位,产量占整个太阳能电池的 90％以上。但是它需要消耗大量高质量的硅材料(6N 级),加上工艺也比较复杂和繁琐,导致其成本太高,大规模工业化生产应用受到严重制约。

2. 第二代太阳能电池

第二代太阳能电池通称为薄膜太阳能电池,常见的有多晶硅薄膜电池、非晶硅薄膜电池、铜铟硒薄膜电池、碲化镉薄膜电池、染料敏化纳米晶太阳能电池、有机聚合物太阳能电池等。薄膜太阳能电池耗材少,易于大面积沉积,转化效率也在不断提高,成为近些年来太阳能电池研究的热点和重点。

(1)多晶硅薄膜太阳能电池　使用的硅远低于晶体硅电池,又无光衰效应,并可在廉价衬底上制备,成本远低于晶体硅太阳能电池,效率高于非晶硅太阳能电池,被认为将会在未来占据重要地位。

(2)非晶硅薄膜太阳能电池　非晶硅太阳能电池是在玻璃衬底上沉积透明导电膜,然后依次用等离子体反应沉积 P 型、I 型、N 型三层非晶硅,接着再蒸镀金属电极铝。光从玻璃面入射,电池电流从透明导电膜和铝引出,还可以用不锈钢片、塑料等作衬底。硅材料是目前太阳电池的主导材料,在成品太阳电池成本份额中,硅材料占了将近 40％,而非晶硅太阳电池的厚度不到 1 μm,不足晶体硅太阳电池厚度的 1/100,这就大大降低了制造成本。又由于非晶硅太阳电池的制造温度很低(约 200 ℃),易于实现大面积等优点,使其在薄膜太阳电池中占据首要地位,在制造方法方面有电子回旋共振法、光化学气相沉积法、直流辉光放电法、射频辉光放电法、溅射法和热丝法等。特别是射频辉光放电法,由于其低温过程(约 200 ℃),易于实现大面积和大批量连续生产,现成为国际公认的成熟技术。

(3)铜铟硒薄膜和碲化镉薄膜太阳能电池　铜铟硒薄膜和碲化镉薄膜太阳能电池是最有前途和最具发展潜力的薄膜太阳能电池,但是它的主要缺点是铟和碲的资源缺乏,镉的环境污染性大。目前,科学家正努力避免镉污染并节省稀贵材料,无镉缓冲层和铜铟镓硒吸收层仅为 1 μm 的铜铟镓硒太阳电池,转化效率已分别达 18.5％和 16.5％。

(4)染料敏化纳米晶太阳能电池和有机聚合物太阳能电池　染料敏化纳米晶太阳能电池和有机聚合物太阳能电池均拥有制作工艺简单、材料来源广泛和成本低廉的优点,得到了广泛的研究和重视。但目前存在效率低、性能不稳定、寿命难以保证等不足,离实用化仍然有较大距离。

总的来看,目前第二代太阳能电池的效率仍较低,如商用薄膜电池的光电转换效率只有 10％左右,低于第一代太阳能电池的转化效率,而且均不同程度的存在各种问题。但第二代电池在很大程度上解决了太阳能电池的成本问题,随着技术不断的进步和成熟,电池效率不断提高以及成本不断降低,第二代太阳能电池将会逐渐进入市场,并在未来占据主导地位。

3. 第三代太阳能电池

为了进一步提高太阳能电池的转化效率,人们在研究太阳能电池的能量损失机理和极限转化效率的基础上,提出了第三代太阳能电池的概念。第三代太阳能电池要求具有薄膜化结构、更高的光电转化效率、原料丰富且无毒等特点。目前已经提出有叠层太阳能电池、多带隙太阳能电池、热载流子太阳能电池、热光伏电池和量子点太阳能电池等,但主要还限于概念和简单的试验研究。

(1)叠层太阳能电池　采用多个不同带隙的单结电池,分别吸收能量稍微大于其带隙能量的光子,通过光谱分裂或堆叠电池,大大消除热损失。堆叠电池能够实现自动滤光作用,效率随着堆叠电池数目的增加而增加,能够避免光谱分裂方式需对每一单个电池进行复杂的独立操作,极限效率为 86.8％。目前已有 GaInP/GaAs/Ge 太阳能电池等商业化产品。

(2) 多带隙太阳能电池 通过掺杂等方式在半导体材料中引入若干中间带隙,从而使不同能量的光子能够将电子激发至不同能级,从而有效利用各个波段的太阳光。其极限转化效率也是 86.8％。

9.5.4 太阳能电池的应用

1. 水冷式太阳能电池板

水冷式太阳能电池板是一种特殊的短焦距、由丙烯酸材料合成的太阳能集光透镜。太阳光在这种透镜中进行反射和折射后,能够有效地将能量集中到一点。第二个透镜在捕捉到第一个透镜传过来的能量后,再将其集中到一块小型的光伏板上,生产的电力是同等大小的矽太阳能电池板的 800 倍。水冷式太阳能电池板如图 9.14 所示。

2. 将太阳能转化成氢气

将太阳能转化成氢气的主要原理是利用太阳能电池板为电解槽提供电力,用以生产能够储存在燃料罐里的氢气,当人们需要电能的时候,存储的氢气就能驱动燃料电池产生电能。

3. 太阳能屋顶板及可涂刷的太阳能电池板

人们曾一直设想,假如安装太阳能电池板能像铺设屋顶瓦那样简单,或者能像刷油漆一样将太阳能转化涂料刷在屋顶上该有多好。实际上,这个设想目前已经得到实现,这种太阳能涂料被称为硅墨水。目前,采用这项技术的太阳能电池已经可以将 18％的太阳能转化为电能。

4. 大型薄膜太阳能电池

大型薄膜太阳能电池主要是在薄膜技术的基础上,利用非晶硅太阳能电池板建成面积大、产能多的太阳能薄膜电池板,如图 9.15 所示。这种做法一方面可以成功降低材料的成本,另一方面还可以和太阳能产业最高端的制造技术进行结合。

图 9.14 水冷式太阳能电池板

图 9.15 大型薄膜太阳能电池

5. 有机太阳能集光器

科学家已经找到一种能够将普通玻璃变成高端太阳能集光器的方法,这项技术结构复杂,但成本较低,主要是利用镀膜玻璃板来收集那些未被太阳能电池表面吸收的太阳光,从而将普通的镜子变成太阳能集光器,甚至是楼房的玻璃,也可以应用这项技术来吸收转化能源。

6. 空间太阳能技术

这是一种巨大的空间太阳能发电装置。在未来,该装置有望在距地球 36 万千米的太空轨道中将太阳能传送到地球上。例如,日本的一个计划包括建造一个拥有 4 km² 太阳能面板的太阳能发电站,预计能产生 10 亿瓦的电力,足够东京近 30 万家庭使用。

7. 太阳能道路

其理念就是研发一种像地板砖一样的太阳能电池板,并将其铺设在道路上。这些电池板能够不断收集光能并产生电能,可以供夜间路面照明及冬天暖路,同时还能将剩余的电力出售给家庭或企业使用。预计每英里的太阳能电池板可以为 500 个家庭提供电力,而每块 12×12 英尺的电池板,成本约需 5 000 美元。

8. 纳米太阳能技术

纳米太阳能技术主要是利用高效的光伏材料和耐用的碳纳米管纤维研发出一种吸光纳米线,并将其植入韧性较好的聚酯薄膜中以生产太阳能电池板。相对现在的光伏板,这种太阳能电池板更加具有韧性,且造价更低。

9.6　核　能　材　料

9.6.1　概述

1. 核能的历史

在发现放射性和放射性核素的初期,人们就从镭射线烧伤皮肤的现象中觉察到,各种射线具有很大的能量。但因为这些放射能的释放过程非常缓慢,早期人们对放射能的实际应用没有实现。当时人们已知原子是构成物质的最小单位,自然认为放射能来源于原子内部。1903年,卢瑟福研究了 α 射线的能量后指出:"这些需要加以思考的事实都指向同一个结论,即潜藏在原子里面的能量必是巨大无比的。"所以至今人们仍习惯把放射能叫做"原子能"。随着核科学的不断发展,1911 年卢瑟福又发现了原子中存在着某一核心部分,即原子核,并从它的特性中知道,原子质量的绝大部分都集中在原子核上。这样,原子核中储藏着巨大能量的说法更能反映客观实际,而实际上放射能就是由于原子核自身发生变化时所释放出的能量,所以把放射能称为核能更为准确。

卢瑟福的理论由于原子核放射性的衰变现象而遭到了质疑。有些学者认为在衰变的过程中物质似乎消失了,而能量却无中生有了。但是,杰出的物理学家爱因斯坦这时发现了能量和物质的关系式,他提出的"相对论"合理地解释了核子的衰变。根据对各种运动物体的观察(特别是那些作高速运动的物体)和分析的结果,他发现随着物质运动速度的增大,特别是接近光速 3×10^5 km/s 时,物质在运动方向上的长度(即由静止观察者所测得的长度)越来越短,其质量却越来越大。由此不难看出,能量的增加并不意味着质量的减少。相反,物体运动速度加快后,不但能量增加,而且质量也变大。微观世界中的这种奇妙现象再次证明了"自然界中的一切运动都可以归结为由一种形式向另一种形式不断转化的过程"和"把能量理解为物质的运动"这一见解的正确性。从此以后,绝大多数的人都肯定了相对论的正确性,也就慢慢接受了"核能"这个说法。

核能是指由原子核的链式反应所产生的能量。原子核的链式反应有两类:裂变与聚变。不同的反应有不同条件,核反应条件都较为苛刻,但聚变条件比裂变条件苛刻。原子弹和原子反应堆就是利用重核的裂变反应,而氢弹则是利用氢核的聚变反应。下面分别说明。

2. 裂变反应与聚变反应

1) 裂变反应

一个重的原子核分裂成两个质量略为不同的较轻的原子核,同时放出大量能量,这种反应叫做裂变反应。裂变有自发裂变和受激裂变反应两种。自发裂变是原子核不稳定性的一种表现形式,天然同位素自发裂变半衰期都很长,如铀-238 约为 1 016 年;一些原子核比铀原子核重的同位素(超铀核素)自发裂变半衰期相对较短,如锎-252 只有 85.5 年。重原子核受到其他粒子(中子、带电粒子、光子)轰击时分裂成两个质量略为不同的较轻原子核,叫受激裂变。1947 年,我国科学家钱三强、何泽慧首先观察到中子轰击铀裂变时,铀核也有分裂成三块或四块的情况。但这种现象是非常稀少的。三分裂和四分裂相对于二分裂之比分别为 3∶1 000 和 3∶10 000。重核裂变时释放出大量的能量,是获得原子能的重要途径之一。1 kg 铀-235 完全裂变释放出的能量相当于 20 000 t TNT 炸药爆炸时释放的能量,也相当于 2 700 t 标准煤完全燃烧释放出的能量。

2) 聚变反应

两个较轻的原子(质量数大致小于 16)聚合成一个较重的原子核,同时放出大量的能量,这种核反应叫聚变反应。它是获得原子能的重要途径之一。1 L 的海水约含有 0.03 g 的氘,通过核聚变反应能产生相当于 300 L 汽油燃烧所放出的能量。要使两个核融合发生聚变反应,必须克服它们间的静电斥力。目前研究认为,这可用"受约束的高温等离子体"方案来实现。

(1) 高温　将聚变燃料加热到上亿度的高温,这时燃料变成正负电荷相等的混合气体——等离子体。其中所有粒子都处于高速无规则运动状态,它们之间发生碰撞产生聚变反应,又称热核反应。加热等离子的方法很多,如放电电流的欧姆加热等。

(2) 约束　高温等离子体必须约束在一定体积内,使其有足够的密度(n),同时约束时间(τ)要足够长,以保证有足够大的反应几率。

太阳和一些恒星内部温度很高,原子核有足够大的动能克服核间静电斥力而发生聚变反应。太阳里发生的持续的核聚变反应,源源不断地给我们提供光和热。

3. 核反应堆

核反应堆又称为原子反应堆或反应堆,是装配了核燃料以实现大规模可控制链式反应,能够有效获取核能的装置,它是核电站的"心脏"。核反应堆可分为裂变反应堆和聚变反应堆两大类。裂变反应堆已经大量使用,对其材料的研究除了优化商品堆的性能外,主要为了满足新型堆的需要,如满足高温气冷堆和快中子增值堆的要求。聚变堆离实际应用还有相当的距离,核能界公认聚变堆材料是技术难点之一。

以裂变反应堆为例,核反应堆的工作原理如下。

原子由原子核与核外电子组成。原子核由质子与中子组成。当铀-235 的原子核受到外来中子轰击时,一个原子核会吸收一个中子分裂成两个质量较小的原子核,同时放出 2~3 个中子。这裂变产生的中子又去轰击另外的铀-235 原子核,引起新的裂变。如此持续进行就是裂变的链式反应。链式反应产生大量热能。铀-235 原子每次裂变放出约 200 MeV 的能量。一个碳原子燃烧时放出的能量为 4.1 eV。铀的裂变能是碳燃烧释能的 4.878 万倍,可见裂变能是十分巨大的。用循环水(或其他物质)带走热量才能避免反应堆因过热烧毁。导出的热量可以使水变成水蒸气,推动汽轮机发电。由此可知,核反应堆最基本的组成是裂变原子核加上热载体。但是仅有这两项是不能工作的。因为,高速中子会大量飞散,这就需要使中子减速增加与原子核碰撞的机会;核反应堆要依人的意愿决定工作状态,这就要有控制设施;铀及裂变产物都有强放射性,会对人体造成伤害,因此必须有可靠的防护措施。综上所述,核反应堆的合理结构是:核燃料+慢化剂+热载体+控制设施+防护装置。需要说明的是,铀矿石不能直接做核燃料。铀矿石要经过精选、碾碎、酸浸、浓缩等程序,制成有一定铀含量、一定几何形状的铀棒才能参与反应堆工作。

4. 核能的特点

核能具有许多优点。

(1) 它是十分有效的替代能源。核燃料的体积小而能量大,核能比化学能大几百万倍。1 kg 铀-235 释放的能量相当于 2 700 t 标准煤释放的能量。一座 1 000 000 kW 的大型烧煤电站,每年需要原煤 300 万～400 万吨,运这些煤需要 2 760 列火车,相当于每天 8 列火车,还要运走 4 000 万吨灰渣,而同功率的压水堆核电站,一年仅耗含铀-235 量为 3% 的低浓缩铀燃料 28 t,比烧煤电站节省大量人力物力。另外煤炭、石油、天然气等石化燃料,都是宝贵的化学工业原料,可以用来制造各种合成纤维、合成橡胶、塑料、染料、药品等,因此将它们烧掉十分可惜。用核燃料做替代能源,可节约常规能源,并用在其他工业上。而铀对人类有益的用途目前只有一个,就是作为核反应堆的燃料。

(2) 环境污染小。目前的环境污染问题大部分是由使用化石燃料引起的。化石燃料燃烧会放出大量的烟尘、二氧化碳、二氧化硫、氮氧化物等。由二氧化碳等有害气体造成的"温室效应",将使地球气温升高,造成气候异常,加速土地沙漠化过程,给社会经济的可持续发展带来灾难性的影响。核电站设置了层层屏障,把"脏"东西都藏在"肚子"里,基本上不排放污染环境的物质,就是放射性污染也比烧煤电站小得多。据统计,核电站正常运行的时候,一年给居民带来的放射性影响,还不到一次 X 光透视所受的剂量。

(3) 经济合算,发电成本低。世界上有核电国家的多年统计资料表明,虽然核电站的基本建设投资高于燃煤电厂,一般是同等火力厂的一倍半到两倍,不过它所用的核燃料的费用要比煤便宜得多,运行维修费用也比火电厂少。因此综合看来,核电站的发电成本比火电厂发电要低一些,目前低 20%～50%。

(4) 核能是可持续发展的能源。世界上已探明的铀储量约 500 万吨,钍储量约 275 万吨。这些裂变燃料足够人类使用到聚变能时代。聚变燃料主要是氘核锂,海水中氘的含量约有 0.034 g/L,据估计地球上总的水量约为 138 亿亿立方米,其中氘的储量约 40 万亿吨;地球上的锂储量有 2 000 多亿吨,锂可用来制造氚,足够人类在聚变能时代使用。按目前世界能源消费的水平,地球上可供原子核聚变的氘和氚,能供人类使用上千亿年。因此,有些能源专家认为,只要解决了核聚变技术,人类就将从根本上解决能源问题。

但核能也是一把双刃剑,它给人类带来财富的同时,也给人类的安全蒙上了阴影。核武器是现代国防的战略重点,但是其巨大的杀伤力和破坏力会给人类带来灾难性而且是持续的破坏,全面核战争的爆发,甚至会导致人类的灭亡。

9.6.2　核能应用

1942 年,以费米为首的一批科学家在美国建成了世界上第一座人工核反应堆,首次实现了人类历史上铀核的可控自持式裂变反应。伴随着科学技术的发展,核能的利用逐渐走进人类的生活。核电作为一种可持续发展的清洁能源受到世界各国的普遍重视。根据国际原子能机构动力堆信息系统的数据显示,截至 2003 年 3 月,全世界共有 441 个核电机组运行,总装机容量 3.59 亿千瓦,在建核电机组 33 个。随着人们环保意识的增强,用新一代的核电站代替化石燃料发电将成为 21 世纪能源舞台上的主旋律。核能供热是和平利用核能的另一途径,根据供热温度的不同又分为低温供热和高温供热两大类。核反应堆还可以作为航空母舰、破冰船等各种重型舰船的动力装置。微型的反应堆质量轻、性能可靠、使用寿命长,可作为空间核电源。此外,大力发展和推广同位素与辐射技术也是核能为经济建设和人民生活服务的重要内容,同位素和辐射技术在工业、农业、医学、环境、考古、科研和教学等领域有着广泛的应用,是核能产业化的重要组成部分。

1. 核能发电

国际上通常把核电技术的发展划分成四个阶段。第一个阶段是 20 世纪 50—60 年代核电大规模商业化应用之前的实验验证阶段,其中比较典型的有美国的希平港(Shipping Port)压水堆核电站。这一阶段的核反应堆技术被称为第一代核能系统(Generation I)。从 20 世纪 60 年代后期至 21 世纪初世界上大批建造的、单机容量在 600～1 400 MW 的标准型核电厂反应称为第二代核能系统(Generation II)。目前世界上在运行的核电机组基本上都是第二代核能系统。

和第一代核能系统不同的是,第二代核能系统是基于几个主要的反应堆技术形式,每种堆型都有多个核电厂应用,是标准化和规模化的核能利用。第二代核能系统的堆型分布为:PWR(轻水压力堆)约为 66%(290GW);BWR 或 ABWR(沸水堆和先进沸水堆)约为 22%(97GW);PHWR(重水压水堆)约为 6%(26GW);其他堆型为 6%。

第三代核能系统(Generation III)是在 20 世纪 80 年代开始发展、90 年代中期开始投放核电市场的先进轻水堆,是在第二代核能系统的基础上进行的改进,基于第二代核能系统的成熟技术,提高了安全性,降低了成本。

21 世纪初,在美国的倡导下,一些国家的核能部门开始着手联合开发第四代核能系统(Generation IV)。目前,第四代核能系统处于概念设计和关键研发阶段。按预期要求,第四代核能系统应在经济性、安全性、核废处理和防护扩散等方面有重大变革和改进,在 2030 年实现实用化的目标。

从 20 世纪 50 年代开始,核能从军用向民用发展。在 2004 年,全世界核电发电总量 2.6 万亿千瓦时,占当年全世界发电总量的 16%,美国、英国、法国、德国、日本等发达国家的比例都超过了 20%,其中法国已达 78%。截至 2006 年 1 月,全世界 30 个国家和地区共有 443 台核电机组在运行,总装机容量约为 370 GW。核电厂的种类也从原始的石墨水冷反应堆发展到以普通水、重水、沸水、加压沸水为慢化剂的轻水堆、重水堆、沸水堆和先进沸水堆等。同时,还有 700 多座用于舰船的浮动核动力堆、600 多座研究用反应堆。

我国的核电事业开始于 20 世纪 70 年代。到 1999 年,中国大陆有 3 台核电机组在运行,即秦山核电站一期工程(1 台 3×10^5 kW)和大亚湾核电站(2 台 9.84×10^5 kW)。另外,中国台湾省有 6 台核电机组在运行,6 台机组装机容量为 4.884×10^6 kW,1999 年核电产出 3.691×10^{10} kW·h,占台湾省电力总产出份额的 25.32%。

大亚湾核电厂是中国第一座大型商业压水堆核电厂(见图 9.16),坐落于广东省深圳市以东大亚湾畔的大鹏半岛上。大亚湾核电厂已实现了美国三里岛核电厂事故后的各项改进措施,并根据法国核电厂历年发生的各种故障和所进行的改进,特别是有关核安全的改进,采取了相应的措施。

秦山核电厂位于浙江省海盐县东南 8 km 的秦山山麓,是中国自己独立设计与建造的第一座核电厂(见图 9.17),采用双环路压水反应堆。

2. 核能海水淡化

淡水资源的短缺是很多国家和地区面临的严重问题之一。我国有 2/3 的城市缺水,其中

图 9.16　大亚湾核电厂

图 9.17　秦山核电厂

大约 1/5 的城市属于严重缺水。淡水资源短缺已经成为很多地区制约经济和社会发展的主要因素。目前解决供水不足问题的方法是节水、水的循环再利用、调水（如南水北调特大工程）、蓄水及海水淡化等。与调水、蓄水不同的是，海水淡化是可以增加淡水供给总量的有效方法。

目前，工业规模的海水淡化技术分为两类：一类是利用膜技术的耗电工艺，即反渗透法（reverse osmosis，RO），消耗的能量主要来自于高压泵所需的电能；另一类是耗热工艺，即利用热能加热海水，通过蒸发—冷凝物理过程生产淡水，包括低温多效蒸馏（multi-effect distillation，MED）和多级闪蒸（multi-stage flash，MSF）技术等。利用核能进行海水淡化具有良好的发展前景。

3. 核能供热

核能供热是 20 世纪 80 年代才发展起来的一项新技术。核供热不仅可以用于居民冬季采暖，也可用于工业生产供热。特别是高温气冷堆提供的高温热源，可以用于煤的气化、炼铁等高耗热行业。当然，核能既然可以用来供热，也可以用来制冷。因此，在核能的利用中，可以单纯发电，或利用核反应堆生产的能量单纯供热，也可以用综合利用，如热电联供、热电冷联供等。由于环境污染小，燃料运输量小，因此核电供热的市场前景十分广阔。

目前主要有两种核能供热的方式。

第一种是在发电的同时采用汽轮机抽气供热。这种方式和常规燃煤电站的热电联产类似。从有效利用燃料的角度来分析，汽轮机抽气供热的热经济性较好，可以实现能量的梯级利用。不过，在目前广泛采用的轻水压水堆技术和电站中，冷却剂的温度低于水的临界温度，因此远低于燃煤锅炉的烟气温度，蒸汽动力循环本身的热效率不高，能量梯级利用的效果就不明显了。

第二种方式是建造单纯核供热反应堆，即核反应堆只产生低压蒸汽和热水而不用于发电。这样，反应堆就不必采用高温高压，只需要 1.5～2.0 MPa 甚至更低的冷却系统压力，反应堆和所有回路系统设备管道就可以降低要求，从而降低设备制造、安装的成本。此外，由于核供热反应堆低温低压，安全可靠，完全可以建造在热负荷中心附近，降低热管网投资，直接向城市居民区供热。

9.6.3　核能材料

1. 概述

核能材料是指各类核能系统主要构件所用的材料，含义相近的还有"反应堆材料"和"核材料"。前者是各类裂变和聚变反应堆使用的主要材料。因为目前的核能系统主要是发电用的各类裂变和聚变反应堆,所以除核能系统常规所用材料外,反应堆材料与核能材料基本相同。后者泛指核工业所用材料,或者专指易裂变材料铀、钚和可聚变材料氘、氚,以及可转换材料钍、锂。目前国际上禁止核扩散和将要禁产的核材料则是核武器的主要原料——高富集铀和钚。

核能材料当前研究发展的重点有以下几方面。

1) 包壳材料

包壳材料的主要功能是在裂变堆中将燃料与冷却剂分开。对它的技术要求是:具备低的中子吸收截面、良好的抗辐射性能、与燃料相容性好、耐腐蚀、足够的力学性能等。目前已使用的包壳材料有铝合金、锆合金、镁合金、不锈钢等。

因为快中子增值堆裂变密度高,同时其熔融钠的温度介于 525～975 K 之间,容易使包壳材料产生众多的结构缺陷,从而导致力学性能劣化,因此快中子增值堆的包壳材料是研究重点。目前快中子增值堆多采用 316 型奥氏体不锈钢及其改进型,正在研究的有铁素体不锈钢、镍基合金、氧化物弥散强化合金等。现在运行的水冷堆中多采用锆合金作包壳材料。在三里岛事故后,考虑到大破口失水事故的危险性,人们又在探讨用不锈钢取代锆合金的问题。在空间用的热离子反应堆中,兼作支持极的包壳的温度可达 1 500 ℃,多选用难熔金属钨、钼等。

2) 核燃料

核燃料一方面要在核素组成方面满足核反应的要求,另一方面应具备符合反应堆要求的具体形状,如圆柱形、板状、颗粒状等。高温气冷堆的温度很高,要求使用包覆型颗粒,即在氧化物核燃料小球的表面用热裂解碳或碳化物包覆。颗粒的破损率会直接影响高温气冷堆的运行。现在正在研究用碳化锆进行包覆,以提高堆的工作性能。

3) 聚变堆的第一壁材料

它是聚变堆中技术要求最苛刻的材料。第一壁是托克马克型聚变堆包容等离子区和真空区的部件。它要经受 14 MeV 中子及其他高能带电粒子的轰击,其辐照效应比裂变堆所经受的要强得多,而且 14 MeV 中子不仅会在材料中产生离位损伤,而且所造成的中子嬗变反应会产生大量的氢、氦等气体及其他杂质。由于第一壁与等离子体之间会发生强烈的相互作用,引起材料的严重剥蚀,所以第一壁的结构是由两种材料组成的,包括等离子体面向材料和结构材料。前者的研究对象主要有铍、钨、钨合金及复合材料,后者有不锈钢、钒合金及复合材料等。

4) 核废料的处理

在反应堆的运行和退役阶段均产生具有不同放射性核废料。其中,高放射性核废料最难处理。不仅由于其放射性强,而且有些核素具有几万年或更长的半衰期。如何保证这些放射性物质长期不扩散到生物圈中,是困扰核能利用的一大难题。最近正在研究利用核反应"焚烧"这种废物,使之转化为无放射性或短半衰期的核素。

2. 裂变反应堆材料

1) 裂变反应堆的构成

裂变反应堆有多种类型,但构成基本相同,都由堆芯和辅助系统组成。堆芯内装有核燃料,维持链式裂变反应,绝大部分裂变能以热的形式释放出并由冷却剂向外传递。核燃料是含有易裂变核素(铀-235、铀-233、钚-239 中任意一种)的金属或陶瓷,通常覆以包壳材料,组成一个可以拆卸和更换的独立单元,称为燃料元(组)件。因为热中子更易维持链式反应,而裂变反应释放的中子能量较高(平均 2 MeV)需要慢化至热能(～0.025 eV)范围。慢化是借助慢化剂与高能中子的多次散射来实现的。慢化(剂)材料是那些含有质量数低且不易俘获中子的核素材料,如轻水(H_2O)、重水(D_2O)、铍(Be)和石墨(C)。堆芯周围还设有中子反射层,作用是减少中子泄漏,从而降低易裂变核素的临界质量。原则上所有慢化材料都可用作反射层材料。

链式反应要有控制地进行,必须利用能吸收中子的控制棒。调节控制棒在堆芯的位置可以控制链式反应的速率,即反应堆的释热功率。控制棒材料常选用镉(Cd)、碳化硼(B_4C)、铪(Hf)等。

反应堆是一个巨大的释热装置和放射源,所以还需要庞大而复杂的冷却系统、辐射屏蔽系统和安全保护系统。

中子需要慢化的反应堆称为热中子反应堆。直接利用高能中子的反应堆称为快中子反应堆。钚-239的快中子裂变反应产生的裂变中子数多,除维持链式反应外,有更多的剩余中子可将铀-238转换成钚-239。由于这类反应堆除了释热外,还能增殖易裂变材料,所以又称快中子增殖堆。为了避免中子慢化,快中子反应堆不但没有慢化剂,就是冷却剂也要使用原子质量较大的钠。

像化石燃料热电厂一样,裂变堆核电厂由蒸汽驱动常规汽轮机生产电力,但产生高质量蒸汽的方法随反应堆类型而异。例如:直接循环的沸水堆(BWR)在堆芯产生蒸汽;双循环压水堆(PWR)利用蒸汽发生器;快中子增殖堆既用中间热交换器,又用蒸汽发生器;高温气冷堆既可采用直接循环,又可利用间接循环。

2) 裂变堆材料分类和特征

裂变堆核电厂材料分为堆芯结构材料和堆芯外结构材料。堆芯处于很强的核辐射环境,对材料有特殊的核性能要求,还有各种严重的辐照效应,需要特别考虑;堆芯外结构材料与通用结构材料相同,主要考虑它在使用条件下的强度和腐蚀。只是涉及核安全的构件要求更为严格。

堆芯结构材料主要有以下几种。

(1) 燃料组件用材料。

核燃料组件将裂变能以热的形式安全可靠地传递给冷却剂。燃料组件用材料包括燃料元件(棒)芯体(燃料)材料、燃料元件(棒)包壳材料、控制棒导向管材料和燃料组件的其他部件材料。

如果核燃料裸露,将与冷却剂直接接触,裂变反应产生的强放射性裂变产物就会进入冷却剂,导致系统严重污染。所以必须在燃料上加包壳,所用材料称为包壳材料。核燃料由铀和钚的合金或陶瓷组成,作为燃料元件(棒)的芯体,通常做成圆柱状、板状或粒状。热中子堆燃料元件的包壳材料必须选用热中子吸收截面很低的材料,如铝合金、锆合金和镁合金;快中子堆的则选用不锈钢。这些材料除了满足核性能要求外,还要考虑本身的辐照效应,如辐照脆性、辐照生长和辐照肿胀等。与冷却剂和核燃料的相容性也是人们所关注的。核燃料在裂变过程中产生的大量高能裂变产物使核燃料发生损伤和变形。气态裂变产物如Kr、Xe会使核燃料发生肿胀,从晶格中释放出来,使包壳经受很大的压力;固态裂变产物改变核燃料的化学成分引起导热等物理性能的变化,有些挥发性裂变产物,如I、Cs会与包壳材料发生化学相互作用,引起应力腐蚀破坏。

高温气冷堆的工作温度很高,一般采用涂层颗粒燃料。这种燃料的制法是,先在几百微米的球状燃料颗粒(如UO_2)外面涂覆几层热解碳和碳化硅,得到涂层燃料芯核,然后将其弥散在石墨中,经成型加工,做成石墨燃料球或柱,成为燃料元件。

(2) 慢化剂材料。

热中子反应堆内的中子需要慢化。按反应堆的原理,为了达到良好的慢化效果,质量数接近中子的轻原子核对中子慢化有利。此外,该核与中子的散射截面要大,中子吸收截面要小。符合这些要求的核素主要有氢、氘、铍和石墨。所以热中子反应堆一般采用轻水（H_2O）、重水（D_2O）、铍、石墨和氢化锆等作慢化剂材料。

（3）控制材料。

对反应堆的链式裂变反应进行控制,通常是向堆芯内放入或取出容易吸收中子的材料,包括控制棒芯体（中子吸收体）材料、控制棒包壳材料和液体控制材料。

材料的吸收热中子特性用中子吸收截面表示。它的大小因材料不同而差别很大,最高与最低差可达 7 个数量级。作为控制棒的中子吸收材料,中子吸收截面在 $10^{26} \sim 10^{24}$ m^2 范围。常用的控制材料如 B_4C、硼硅酸玻璃、Ag-In-Cd 合金、铪等。铪可以直接以裸露的金属作为控制棒使用,因为它与反应堆冷却剂的相容性很好。但其他吸收材料都要有一个能耐冷却剂腐蚀的包壳管,常用的是不锈钢。在快中子反应堆中,各类材料的快中子吸收截面不是很大,作为控制材料,还是要选用吸收截面较大的材料,如 B_4C。在水冷动力堆中,硼酸水溶液也是一种常用的控制材料。

（4）冷却剂材料。

反应堆冷却剂应是载热性能良好的流体。由于回路冷却剂流经堆芯,在热中子堆中不能过多吸收中子,在快中子堆中不能有过多的慢化中子。同时冷却剂材料应与包壳材料及其他结构材料有良好的相容性。另外,冷却剂流经强核辐射的堆芯,要考虑是否会引起辐射分解、变质。所以有机溶剂作为冷却剂必须考虑这一可能。目前在热中子堆常用的冷却剂是轻水（H_2O）、重水（D_2O）、CO_2、He,在快中子堆中则用液态金属钠。

（5）反射层材料。

为了防止堆芯的裂变中子泄漏到堆芯外部,在堆芯周围一般设置反射层,尽可能将泄漏中子反射回堆芯。作为反射层的材料,中子散射截面应大,中子吸收截面应尽量小。使用状态可以是固体砌块构成的反射墙,如铍块、石墨块。也可以液体充注堆芯周围反射中子,如水堆中水兼作慢化剂、冷却剂和反射层。在高通量材料试验堆中,被作反射层,由于中子注量很高,铍和中子发生（n,2n）反应生成 He,会在铍块中形成气泡,靠堆芯的一侧会突起弯曲。通常使用数年之后就要更换。

（6）屏蔽材料。

选择屏蔽材料应依据核辐射的特性而有所不同:屏蔽 γ 射线要用高密度的固体,如铁、铅、重混凝土;屏蔽热中子要用热中子吸收材料,如硼钢、B_4C/Al 复合材料。屏蔽材料接受核辐射,也会发热,也会引起结构和性能的变化,这在设计和使用中应予考虑。

（7）反应堆容器材料。

反应堆容器包容堆芯和一回路的冷却剂,是反应堆的一道安全屏障,而且在反应堆全寿期内不可更换,必须十分可靠。对于水冷动力堆,冷却剂压力很高,堆容器是高压容器,器壁很厚。一般采用高强度钢,如 A-508。堆容器也受到高能中子照射。典型水冷动力堆的全寿期中子注量在 $10^{19}/cm^2$ 以上,必须充分考虑辐照脆性。对于钠冷快堆,由于冷却剂是常压,一般使用奥氏体不锈钢。因工作温度较高也要考虑辐照效应,如辐照脆化、辐照肿胀等问题。

3. 聚变反应堆材料

聚变堆技术难度很大,普遍认为聚变堆材料是聚变技术的主要难点之一。特别是第一壁材料要经受 14 MeV 中子和其他高能带电粒子的轰击,其辐照效应比裂变堆材料所遇到的辐照效应更为严峻。

按目前托卡马克磁约束聚变装置,聚变堆材料主要包括以下几类。

(1)聚变核燃料　它主要是氘和氚。

(2)氚增殖材料　这指含有可与中子反应而生成氚、锂的陶瓷或合金。这种材料主要有Al-Li合金、陶瓷型的Li_2O、偏铝酸锂($LiAlO_2$)、偏锆酸锂(Li_2ZrO_3)等,还有液态锂铅合金(Li-Pb,17%(原子)Li)、锂铍氟化物(FLiBe)熔盐等。氚增殖材料的基本要求是,有一定的氚增殖能力,化学稳定性好,与第一壁结构和冷却剂有好的相容性,回收容易,残留量低。

(3)中子倍增材料　这是含有能产生(n,2n)和(n,3n)核反应的核素的材料,如铍(Be)、铅(Pb)、铋(Bi)和锆(Zr)。含有这些元素的化合物或合金如Zr_3Pb_2、PbO和Pb-Bi合金等都可以作为中子倍增材料。

(4)第一壁材料　第一壁是托卡马克聚变装置包容等离子体区和真空区的部件,又称面向等离子体部件,它与外围的氚增殖区结构紧密相连。如前所述,第一壁经受很强的高能中子和聚变反应生成的高能氦的轰击,辐照效应很严重。第一壁材料主要包括第一壁表面覆盖材料,可以选择与等离子体相互作用性能好的材料,如铍、石墨、碳化硅,以及碳/碳、碳/碳化硅纤维强化复合材料。第一壁结构材料要在高温、高中子负荷下有合适的工作寿命。目前选用的有奥氏体不锈钢、铁素体不锈钢、钒(V)、钛(Ti)、铌(Nb)和钼(Mo)等合金。第一壁材料还包括高热流材料、低活化材料等。

除上述材料,还有电绝缘材料、超导磁体芯线、磁体支撑部件、激光窗口材料、辐射屏蔽材料、冷却剂材料等,都有各自特殊的要求。

思 考 题

1. 人类目前所用的主要能源形式有哪些?
2. 举例简述能源材料的发展对人类应用能源方式的影响。
3. 你认为目前人类应该如何应对未来可能面临的"能源危机"?

参考文献

[1] 张世超. 中国能源材料战略需求与中长期科技发展[J]. 新材料产业,2004,8:22-30.

[2] 梁彤祥. 清洁能源材料导论[M]. 哈尔滨:哈尔滨工业大学出版社,2003.

[3] 蒋利军,张向军,刘晓鹏,等. 新能源材料的研究进展[J]. 中国材料进展,2009,28(7-8):50-56.

[4] 李兵. 新型能源材料——储氢合金[J]. 金属世界,2004,6:43.

[5] 雷永泉. 新能源材料[M]. 天津大学出版社,2000.

[6] 张晓东,杜云贵,郑永刚. 核能及新能源发电技术[M]. 北京:中国电力出版社,2007.

[7] 李方正. 能源世界[M]. 长春:吉林出版集团有限责任公司,2009.

[8] 王修智,程林. 能量之源[M]. 济南:山东出版集团,山东科学技术出版社,2008.

[9] 林鸿溢. 材料新葩[M]. 石家庄:河北少年儿童出版社,1999.